LES

SCIENCES USUELLES

ET LEURS APPLICATIONS

MISES A LA PORTÉE DE TOUS

LOUIS DU TEMPLE

COLLECTION HETZEL

LES

ET

LEURS APPLICATIONS

MISES A LA PORTÉE DE TOUS

ARITHMÉTIQUE. — GÉOMÉTRIE. — PHYSIQUE. — CHIMIE.
MÉCANIQUE.
NAVIGATION. — CHEMINS DE FER.

par le capitaine de frégate

LOUIS DU TEMPLE

ANCIEN COMMANDANT ET PROFESSEUR DE L'ÉCOLE
DES MÉCANICIENS DE BREST
PRÉSIDENT DE LA SOCIÉTÉ ACADÉMIQUE DE BREST

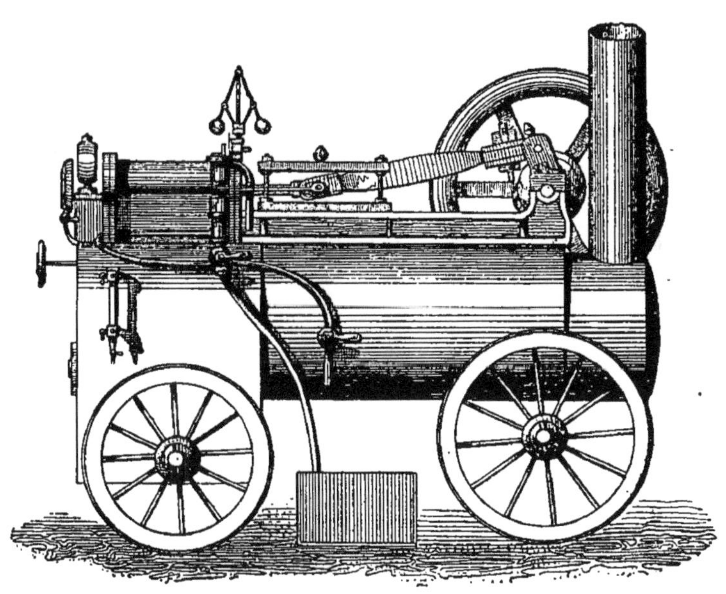

BIBLIOTHÈQUE
D'ÉDUCATION ET DE RÉCRÉATION
J. HETZEL ET Cie, 18, RUE JACOB, PARIS

PARIS — TYPOGRAPHIE MOTTEROZ
31, RUE DU DRAGON

AVERTISSEMENT DE L'ÉDITEUR

A aucune époque de notre histoire on n'a mieux senti, à tous les degrés de l'échelle sociale, la nécessité de l'instruction. Ce n'est pas que nous ayons à déplorer un amoindrissement de notre influence littéraire : en dépit de quelques défaillances momentanées, la France gardera sa supériorité dans le domaine des arts et des lettres. Mais qui n'a compris, depuis nos récents malheurs, que l'insuffisance de notre enseignement scientifique était notre pire ennemi ?

La franchise de l'aveu est le commencement du repentir. Petits ou grands, nous sommes tous plus ou moins coupables, et c'est du bon vouloir de tous que sortira le salut commun. On peut être écolier à tout âge, et on n'est jamais autre chose devant ce qu'on ignore. Il faut donc que la France entière donne au monde ce salutaire exemple d'une nation qui se remet à l'école et veut réparer le temps perdu.

Le livre que nous offrons au public est appelé, par sa méthode et son but, à devenir l'un des instruments efficaces de la nouvelle éducation nationale. La lucidité de son style et la clarté de ses démonstrations trouveront le chemin de toutes les intelligences. Il sera le bienvenu de l'atelier et du salon, de l'homme du monde et de l'artisan. Nul mieux que l'auteur n'était en situation de justifier le titre qu'il lui a donné : *les Sciences usuelles et leurs Applications mises à la portée de tous.*

M. le capitaine de frégate Louis du Temple, créateur de l'Ecole des mécaniciens de la marine, commandant et professeur de cette Ecole pendant dix années, général commandant en chef les troupes réunies dans la Nièvre pour protéger les grands établissements du centre de la France pendant la dernière guerre, a ce rare avantage sur beaucoup de professeurs d'avoir, pendant une longue carrière, uni la pratique à la théorie. Il a eu des élèves de tout âge et de tout rang. Il a acquis ainsi cette science difficile du maître qui sait deviner et prévenir les embarras de l'écolier et qui finit, à force de bon vouloir et de bon sens, par faire la lumière dans les intelligences encore mal éveillées.

Un rapide examen du livre justifiera nos promesses L'auteur va droit au but. Il suppose que ses lecteurs ne possèdent que les éléments de l'instruction primaire : la lecture, l'écriture et les quatre règles. Les premiers chapitres sont destinés à les initier aux principes fondamentaux de la géométrie et de la physique, nécessaires les uns pour acquérir l'idée de la grandeur des corps et de la manière de les mesurer, les autres pour l'étude de leur nature et de leurs propriétés. Vient enfin la mécanique, qui fait comprendre le mouvement, ses causes et ses connaissances.

Tel est l'ensemble des notions préliminaires qui forment en quelque sorte l'entrée en matière du livre : c'est dans ces pages d'introduction que le lecteur se munit du bagage scientifique indispensable pour continuer avec fruit son instructif voyage.

Il arrive ainsi sans effort en plein traité de mécanique usuelle. L'étude de l'air lui explique les effets de la pression atmosphérique dans ses applications les plus ordinaires, et lui permet de comprendre le mécanisme de ces appareils variés qui s'appellent les siphons, les fontaines, les baromètres, les pompes, la machine pneumatique, les manomètres, les scaphandres, les ballons, etc. L'étude des vapeurs et des liquides lui donne l'explication raisonnée de la machine à vapeur, au point de vue de la fonction particulière de chacun de ses organes et de son travail. Une fois là, le chemin est aisé jusqu'à l'application de la vapeur à la locomotion : le voilà prêt à se rendre compte de la navigation à la vapeur et des chemins de fer, dernier terme de ce fécond et lucratif enseignement.

Ajoutons, en terminant, que de nombreux dessins éclairent le texte de leurs démonstrations vivantes et le rendent accessible à tous. Nous avons donc la ferme confiance que le Traité de M. Louis du Temple est fait pour répondre aux justes exigences de ce grand public qui veut retirer de cette instruction aujourd'hui nécessaire autant d'agrément que de profit.

J. HETZEL ET Cie.

PRÉFACE DE L'AUTEUR

Bien des tentatives ont été faites pour mettre la science, ou du moins les principes sur lesquels elle repose, à la portée de tout le monde. C'est un problème bien difficile à résoudre, car aucune solution complète n'a été donnée ; parmi les ouvrages écrits pour atteindre ce but, les uns sont trop élémentaires, les autres ne le sont pas assez. Je n'aurais jamais eu l'idée de me joindre aux hommes de bonne volonté qui se sont lancés dans cette voie, si je n'avais pas été mis dans l'obligation de montrer les éléments des sciences à des hommes sachant à peine lire et écrire ; ce qui arriva à la création des écoles des mécaniciens de la marine.

Pour faire comprendre à mes élèves les machines à vapeur, il fallait leur expliquer l'action de la pression atmosphérique, la puissance expansive de la vapeur, les relations des différents mouvements entre eux, l'influence de la chaleur, les phénomènes de la combustion, les fonctions particulières et nécessaires des différents organes d'une machine, etc., etc. Par le fait, je devais donner des notions de chimie, de physique, de mécanique et même de géométrie ; car le dessin industriel était exigé.

Pendant plusieurs années, je fis simultanément trois cours : l'un, aux simples chauffeurs, pour les mettre à même de passer quartier-maître mécanicien, ou caporal : l'autre, aux quartiers-maîtres, pour le grade de second maître ou sergent ; et enfin le troisième, aux seconds maîtres, pour le grade de premier maître mécanicien ou adjudant sous-officier. Dans chacun de ces cours, je traitais à peu près les mêmes questions, plus ou moins développées ; mais, pour chacun d'eux, j'employais un langage différent, des démonstrations différentes. Le plus difficile à faire était, sans contredit, celui des simples chauffeurs.

Les résultats que j'ai obtenus m'ont fait penser que je pourrais, dans des causeries écrites, faire comprendre, et peut-être démontrer d'une manière simple, les principes sur lesquels repose la science en général, tout en expliquant les applications utiles faites jusqu'à ce jour.

Mais, écrivant pour ceux qui ne savent que lire, écrire et faire les quatre premières opérations de l'arithmétique, je devais m'imposer deux obligations :

1° N'employer un mot nouveau, scientifique ou autre, qu'après en avoir donné la signification réelle ;

2° Ne m'appuyer que sur des principes déjà démontrés, sur des idées déjà émises.

J'ai traité successivement les questions suivantes, qui devaient me conduire aux machines à vapeur, but principal de cet ouvrage :

1° Comment se rendre compte des objets qui tombent sous nos sens, au point de vue de leurs dimensions, de leur volume, de leur poids et de leur nature particulière ;

2° Propriétés générales des corps ;

3° Mouvement, repos, vitesse, force, etc. ;

4° Machines simples ;

5° Chaleur ;

6° Gaz, vapeur, liquide ;

7° Machines à vapeur. Locomotion sur les eaux et sur la terre.

En étudiant l'histoire de l'humanité, on constate que toujours une idée prédominante semble la conduire malgré elle, une force supérieure l'emporte dans une voie nouvelle. Aujourd'hui, nous sommes poussés vers l'industrie, qui se développe avec une activité vertigineuse dans toutes les parties du monde. Des besoins nouveaux, des idées nouvelles, donnent naissance à un langage nouveau, à des connaissances nouvelles qui doivent être comprises par tout le monde. Ce qui intéresse l'homme, ce qui demande tout son temps, ce qui réclame toutes ses forces, ne peut être indifférent à sa compagne, à ses enfants; le père de famille doit pouvoir communiquer aux siens les préoccupations de sa vie. Un fardeau, trop lourd pour un seul, devient léger quand il est divisé et partagé.

L. DU TEMPLE.

INTRODUCTION

Chers amis et amies, je voudrais bien ne me servir que des mots que vous entendez chaque jour, et dont vous comprenez parfaitement le sens. Mais je ne puis éviter des expressions nouvelles pour vous ; et, en outre, je dois vous donner quelques idées générales, indispensables, pour l'intelligence des entretiens qui vont suivre.

1. **IMMENSITÉ, ÉTENDUE OU ESPACE.** — L'immensité, l'étendue ou l'espace est tout ce qui nous entoure. La terre que nous habitons, le soleil qui nous éclaire, les étoiles qui tapissent les cieux, roulent dans l'immensité comme des grains de poussière dans un rayon lumineux traversant une chambre dont les volets sont fermés.

2. **Tous les objets occupent une portion de l'étendue**. — Non-seulement les astres occupent une partie de l'étendue, mais il en est de même de tout objet grand ou petit.

3. **Dimensions**. *Longueur, largeur; épaisseur ou hauteur.* — Pour connaître la partie de l'étendue occupée par un objet quelconque, on considère sa longueur, sa largeur et son épaisseur ou sa hauteur, que l'on appelle ses trois dimensions.

Un fil très-fin, qui n'a que très-peu de largeur et très-peu d'épaisseur, peut vous donner une idée de ce qu'on appelle une longueur ou une *ligne*.

Une feuille de papier ou une étoffe très-mince qui, par le fait, n'a que longueur et largeur, représente ce que l'on nomme une *surface* ou un *plan*.

Enfin, une pièce de bois, une boîte, une maison, etc., qui ont longueur, largeur et épaisseur ou hauteur, sont des *volumes*.

4. **Mesure des objets.** — Pour se former une idée des lignes, des surfaces et des volumes, on les compare à une ligne, une surface, un volume que l'on connaît, que l'on voit parfaitement les yeux fermés, et que l'on nomme *unités de mesure*.

Chaque jour vous faites des comparaisons semblables. Quand vous dites à un ami : Mon père m'a donné cinq francs, vous comparez les cinq francs que vous possédez avec un franc, qui est, dans ce cas, l'unité de mesure. Si vous dites : J'ai quinze ans, vous comparez votre âge à une année, dont vous avez une idée exacte. Le résultat de ces comparaisons est, dans le premier cas, la mesure de votre argent, et, dans le second, la mesure de vos années.

Ainsi donc, *mesurer* un objet quelconque, c'est le comparer avec une unité déterminée et connue, pour savoir combien il contient de fois cette unité.

Avant de vous dire quelles sont les unités adoptées pour mesurer les longueurs, les surfaces et les volumes, je dois vous donner quelques idées générales sur la géométrie.

5. **Figures.** — Les lignes, les surfaces et les volumes se désignent sous le nom générique de *figures*.

Il y a deux espèces de lignes :

1° La *ligne droite*, qui est le plus court chemin d'un endroit à un autre. Ainsi, de A en B (fig. 1), le plus court chemin est la ligne droite AB. Il ne peut en exister qu'une, ou du moins toutes celles que l'on pourrait mener se recouvriraient mutuellement, ou *coïncideraient*.

Fig. 1

A · B

2° La *ligne brisée*, qui est composée de parties droites (fig. 2), comme ACDEGHIKB, ALMNB, AOPQB. Vous voyez que, du point A au point B, on peut mener autant de lignes brisées qu'on le voudra, sans qu'elles soient de la même longueur.

Quand les parties droites d'une ligne brisée sont excessivement petites, comme dans les lignes ARB et ASB (fig. 2), on appelle ces lignes des *lignes courbes.*

6. **Plan.** — On appelle plan (3) une surface indéfinie sur laquelle une règle s'applique exactement, quelle que soit la position qu'on lui donne. Si l'on prend deux points du plan et qu'on les réunisse par une ligne droite, cette ligne touchera la surface dans tous ses points.

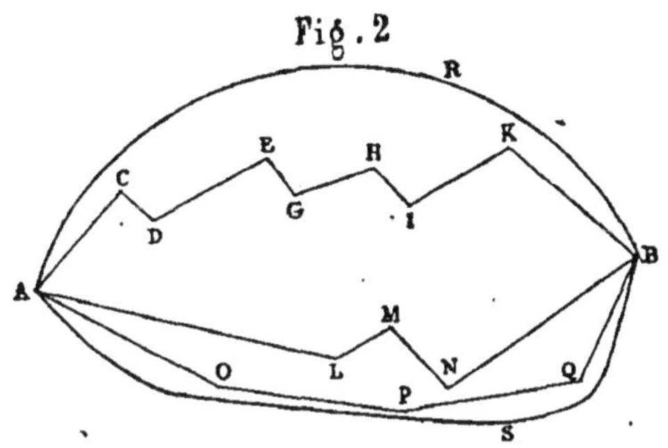

Une *surface plane* est celle dont tous les points sont dans un même plan.

Une *surface brisée* est celle dont la surface est composée de plusieurs surfaces planes non situées dans un même plan. Parmi les surfaces brisées, celles composées de surfaces planes excessivement petites sont appelées *surfaces courbes.*

7. **DE LA LIGNE DROITE ET DES ANGLES PLANS.** — Lorsque deux lignes, BA, BC (fig. 3), par exemple, ont une extrémité commune B, et des directions différentes, elles laissent entre elles une ouverture plus ou moins grande, qu'on nomme *angle.*

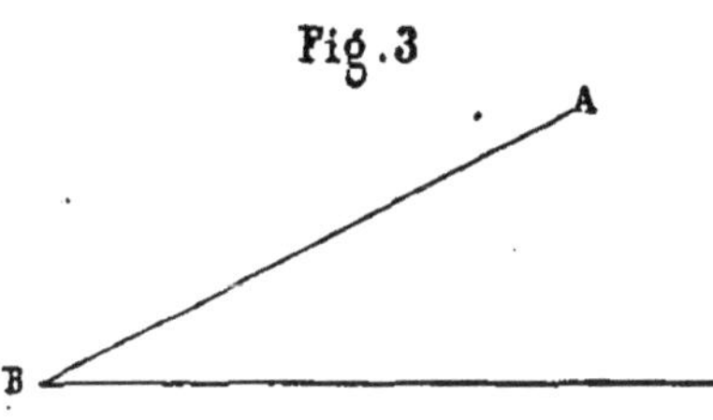

L'extrémité commune B est le *sommet de l'angle.*

L'*angle est rectiligne* (fig. 3) lorsque les deux lignes qui le forment sont droites.

L'*angle est curviligne* (fig. 4) quand les deux lignes DE et DG, qui le limitent, sont des lignes courbes.

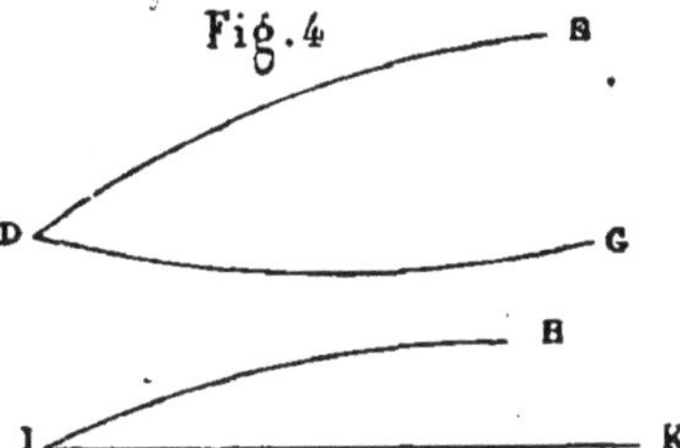

L'*angle est mixtiligne* (fig. 4) quand l'une des lignes IH, qui le comprennent, est courbe et l'autre IK est droite.

Pour vous former une idée exacte d'un angle, concevez que la ligne BD qui le forme (fig. 5) était primitivement couchée sur la ligne AC, et qu'on l'a fait tourner sur le point B, comme une branche de compas sur sa charnière, pour lui faire prendre la position BD qu'elle a maintenant. La quantité dont BD a tourné est précisément ce qu'on appelle un angle. La grandeur d'un angle est indépendante de la longueur de ses côtés.

Fig. 5

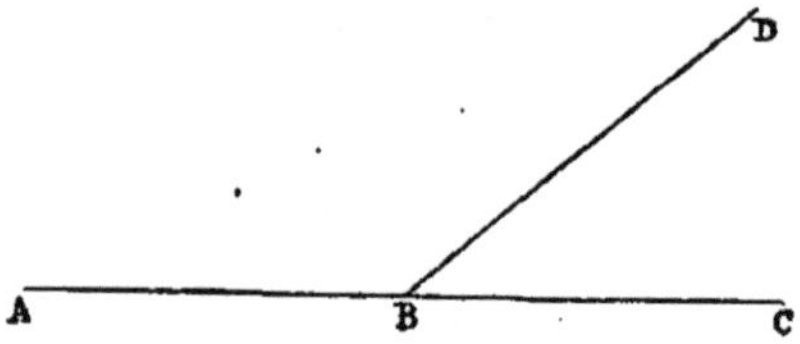

Une droite DC (fig. 6) est *perpendiculaire* à une autre AB lorsque la première fait avec la seconde, et du même côté de cette dernière, deux angles égaux, appelés *angles droits*. Ainsi, la droite DC est perpendiculaire à la droite AB, parce que les deux angles DCB et DCA sont égaux. Il en est de même des deux angles KCA et KCB ; par suite, la ligne AB est aussi perpendiculaire à la ligne DC prolongée ou DK.

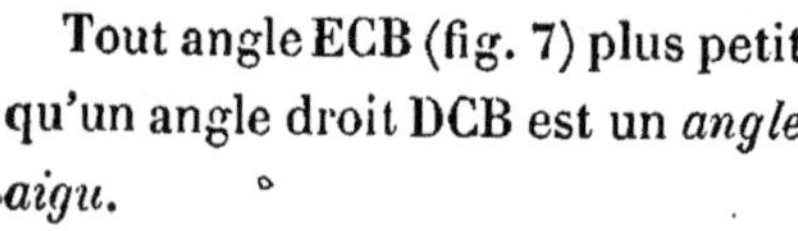

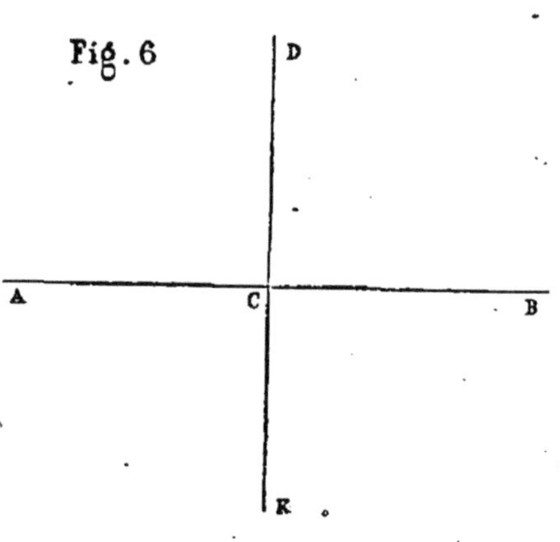

Fig. 6

Tout angle ECB (fig. 7) plus petit qu'un angle droit DCB est un *angle aigu.*

Tout angle ACE plus grand qu'un angle droit ACD est un *angle obtus.*

Tous les angles que l'on peut faire, dans un même plan, au point C, du même côté de la droite AB, ne peuvent valoir que deux angles droits ; et tous ceux que l'on pourrait faire autour du point C, des deux côtés de la droite AB, ne vaudront jamais que quatre angles droits.

Fig. 7

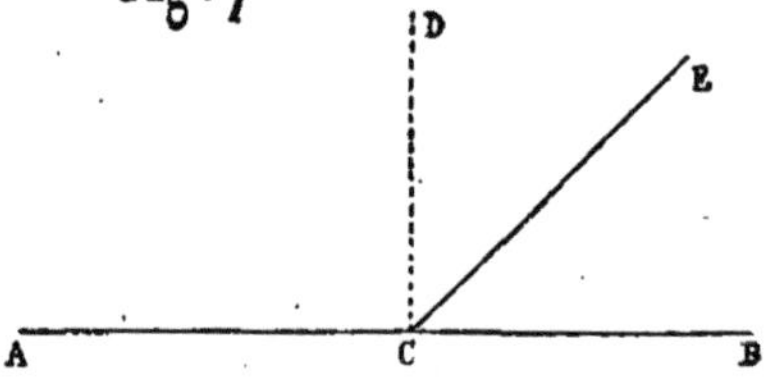

Lignes parallèles. — Deux lignes droites AB et CD (fig. 8) sont parallèles quand, étant situées dans un même plan (6), elles ne peuvent se rencontrer, à quelque distance qu'on les prolonge.

Fig. 8

8. Mesure des lignes. — Les lignes se mesurent en portant, sur leur longueur, la ligne prise pour unité de longueur, de manière que la seconde unité soit portée à la suite de la première, la troisième à la suite de la seconde, et ainsi pour toute la longueur de la ligne.

Je vous dirai plus tard (23) quelle est l'unité de longueur adoptée.

9. DE LA LIGNE BRISÉE ET DES POLYGONES. — Un polygone est une surface plane (6) ABCDE (fig. 9) limitée par une ligne brisée (5). Chacune des lignes droites AB, BC, CD, DE et AE qui composent le *contour* ou le *périmètre*, est un *côté du polygone*.

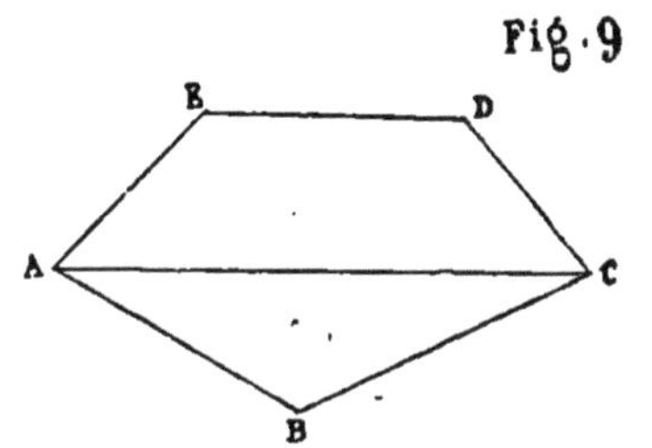

Chacun des angles A, B, C, D, E est un des *angles du polygone*, et chacun des points A, B, C, D, E est un des *sommets du polygone*.

Toute droite, telle que AC, qui joint deux sommets non situés sur un même côté, est une *diagonale*.

Les polygones portent des noms particuliers qui indiquent le nombre de leurs côtés. Les polygones de trois côtés s'appellent *triangles;* ceux de quatre, *quadrilatères;* ceux de cinq, *pentagones;* ceux de six, *hexagones;* ceux de sept, *heptagones;* ceux de huit, *octogones;* etc.

Un polygone est *équilatéral* lorsque tous ses côtés sont égaux; il est *équiangle* lorsque tous ses angles sont égaux; il est *régulier* lorsque ses angles étant égaux, ses côtés le sont aussi, ou quand il est en même temps équilatéral et équiangle.

10. Triangles. — Le triangle est le plus simple des polygones. La *base* d'un triangle ABC (fig. 10) est un des côtés AC; le *sommet* d'un triangle est le sommet (7) B de l'angle opposé à la base.

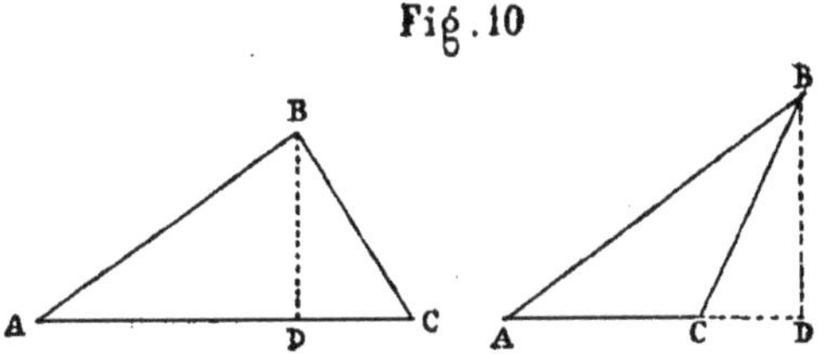

La *hauteur* d'un triangle est la perpendiculaire BD (7) à la base ou à son prolongement, qui passe par le sommet B du triangle.

Un triangle ABC (fig. 11) est *équilatéral* (9) quand il a ses trois côtés égaux; comme il est en même temps équiangle, c'est un polygone régulier. Un triangle est *isocèle* quand il a seulement deux de ses côtés égaux, comme dans la figure 12.

Un triangle BAC est rectangle (fig. 13) quand il a un angle A droit.

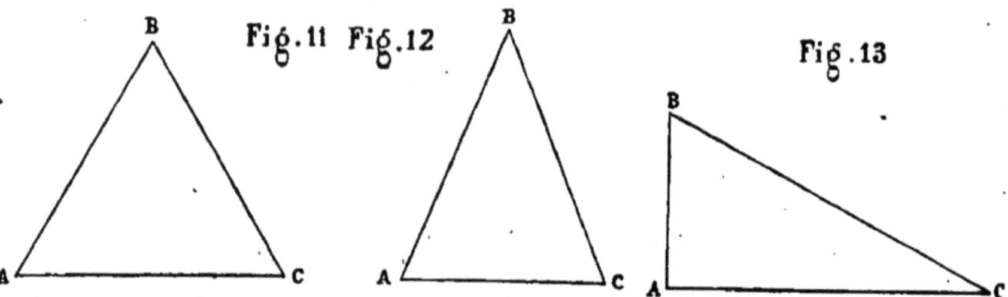

Mesure de la surface des triangles. — On obtient la surface d'un triangle quelconque en multipliant le nombre d'unités de longueur contenues dans la base par la moitié du nombre d'unités contenues dans la hauteur.

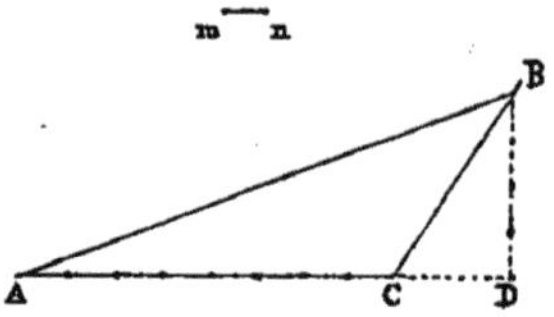

Ainsi, soit le triangle ABC (fig. 14), dont la base AC contient 8 fois l'unité de longueur *mn*, et la hauteur BD quatre fois.

La surface de ce triangle sera égale à

$$8 \times \frac{4}{2} \text{ ou } 8 \times 2 = 16 \text{ unités de surface.}$$

11. Quadrilatères. — Les quadrilatères ont reçu des noms différents rappelant leurs propriétés particulières.

Parallélogrammes. — Le parallélogramme est un quadrilatère dans lequel les côtés opposés AB et DC, BC et AD (fig. 15) sont parallèles (7) et égaux entre eux. DB et AC sont les *diagonales.* L'un des côtés, DC par exemple, est la *base*; la hauteur est la perpendiculaire quelconque EH, qui va de la base au côté opposé. Cette perpendiculaire mesure la distance de ces deux lignes parallèles (7); elle est perpendiculaire aux deux.

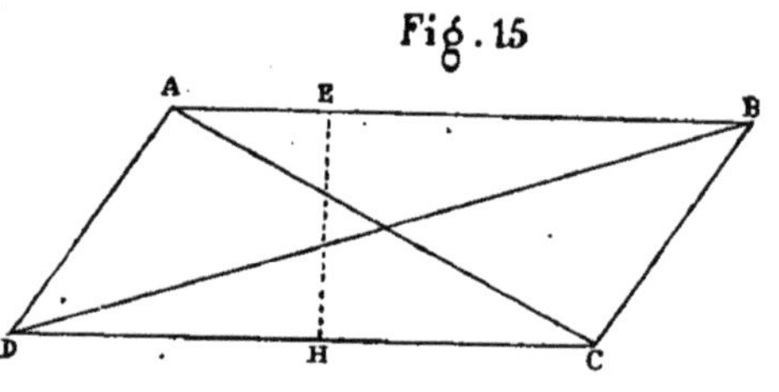

Rectangle. — Un rectangle est un parallélogramme dont les angles A, B, C, D sont droits (fig. 16). La *base* est un des côtés, DC par exemple ; la *hauteur* est un des côtés perpendiculaires, AD ou BC.

BD est une *diagonale.*

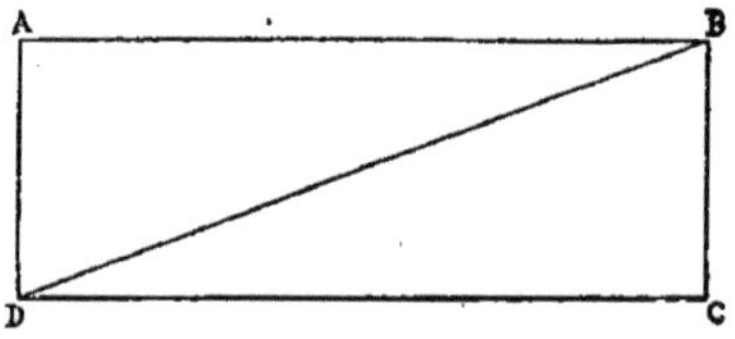

Losange. — Un losange est un parallélogramme ABCD (fig. 17) dont les côtés sont égaux ; c'est un polygone équilatéral (9).

Carré. — Un carré est un parallélogramme dont les quatre côtés AB, BC, CD, AD (fig. 18) sont égaux et les quatre angles droits.

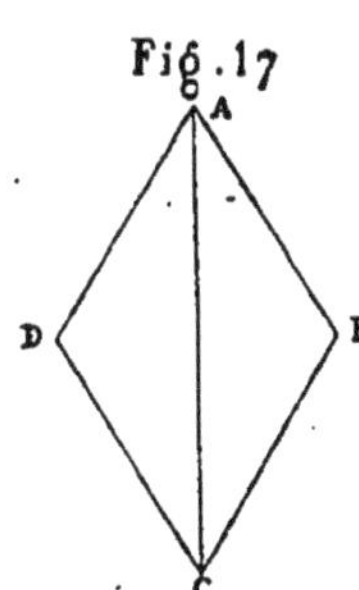

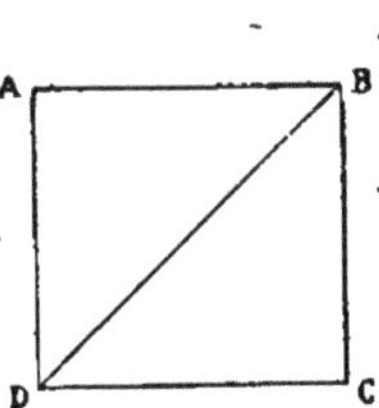

C'est un polygone régulier (9).

C'est un rectangle (11) dont les côtés sont égaux.

C'est enfin un losange (11) dont les angles sont droits.

Mesure de la surface d'un parallélogramme. — Pour avoir la surface d'un polygone quelconque, rectangle, losange ou carré, il faut multiplier le nombre d'unités de longueur contenues dans la base par celui indiquant combien la hauteur contient de fois cette même unité; le produit donne le nombre d'unités de surface contenues dans le parallélogramme.

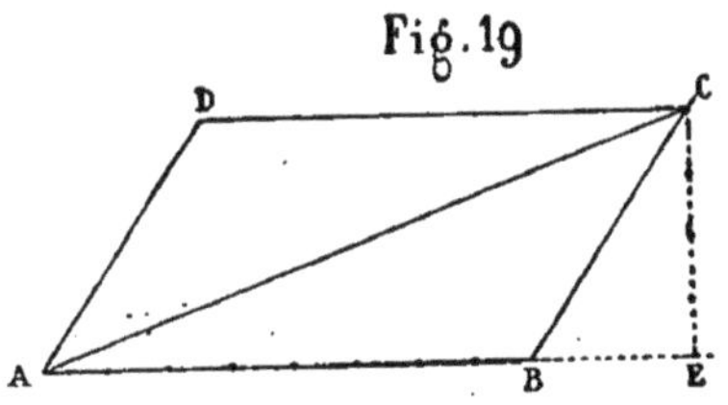

Ainsi, le parallélogramme ABCD (fig. 19) a sa base AB qui contient 8 fois l'unité de longueur, et sa hauteur CE qui la contient 4 fois; sa surface s'obtiendra en multipliant 8 par 4, et le produit 32 donnera le nombre d'unités de surface contenues dans le parallélogramme.

Remarquez que vous obtiendriez le même résultat en prenant la surface de chacun des deux triangles égaux ADC et ABC. Car la surface de l'un d'eux serait $8 \times \frac{4}{2}$ et le double de cette quantité, 8×4, donne 32 (10).

12. **Trapèze.** — Un quadrilatère ABCD (fig. 20) qui n'a que deux côtés AB et CD parallèles se nomme un trapèze. Les deux côtés parallèles sont les *bases* du trapèze; sa *hauteur* est la distance de ses deux bases, ou la perpendiculaire BE, ou encore celle DG.

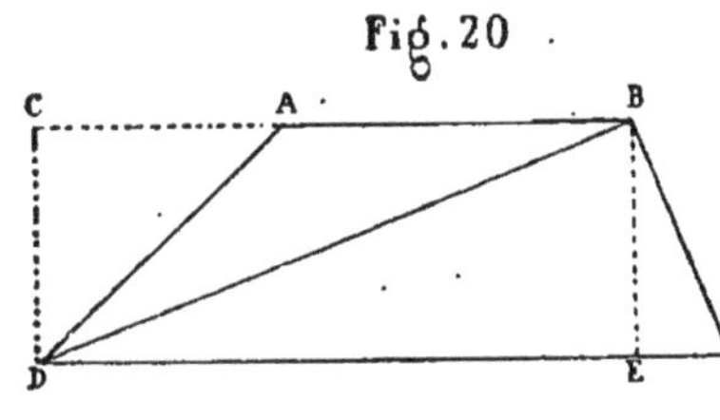

Les autres quadrilatères (fig. 21) ne portent pas de noms particuliers.

Mesure de la surface d'un quadrilatère. — Si l'on mène une diagonale DB, soit dans un trapèze (fig. 20), soit dans un quadrilatère quelconque (fig. 21), on décompose la surface en deux triangles. La surface de ces deux triangles (10) donne la surface de ces quadrilatères.

13. **Polygones en général.** — Tout polygone ABCDEGH (fig. 22) peut se décomposer en triangles. Il suffit de mener des diagonales (11) partant d'un même sommet. Ainsi, l'hexagone représenté par la figure 22 peut se décomposer en quatre triangles, ou en autant de triangles qu'il y a de côtés, moins deux. La somme des surfaces de tous ces triangles donne la surface du polygone.

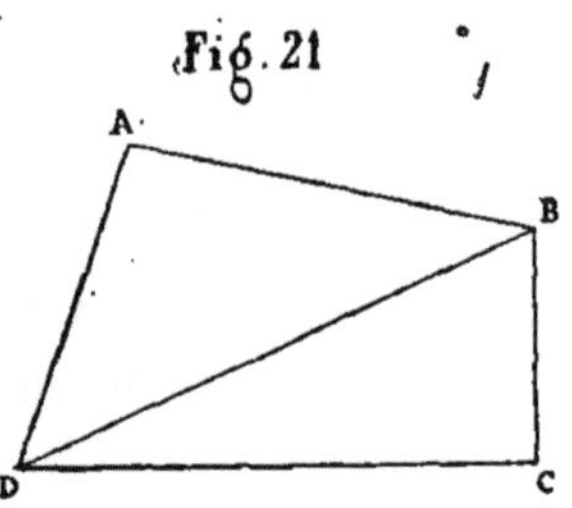

14. **DE LA LIGNE COURBE.** — Le nombre et la forme des figures dont le pourtour est une ligne courbe sont indéfinis. Toutes du reste peuvent être considérées comme des polygones d'un nombre infini de côtés et, par suite, être décomposées en une infinité de triangles. Cependant il en est plusieurs qui ont des caractères particuliers; une surtout, le *cercle*, dont je vais vous parler, se présentera souvent dans ce que j'aurai à vous dire par la suite.

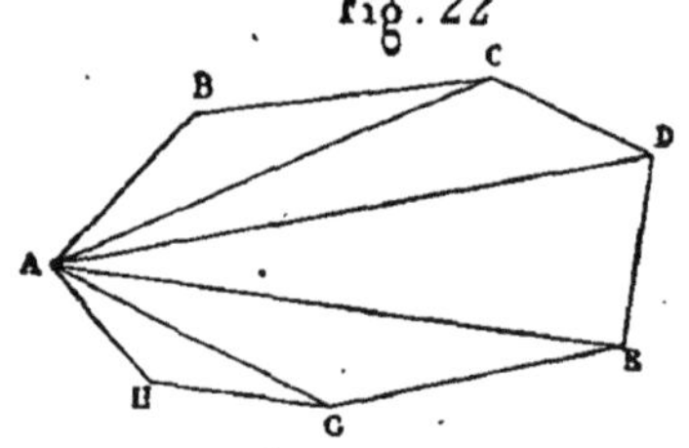

15. **Du cercle.** — Le cercle est une surface plane (6) limitée par une ligne courbe ABCDEGH (fig. 23), dont toutes les parties sont également éloignées d'un point intérieur O, nommé *centre*, pris dans le plan du cercle.

La *circonférence* est le contour ou le périmètre (9) du cercle; la ligne OG, qui mesure sa distance au centre O du cercle, s'appelle le *rayon*. Tous les rayons sont égaux, puisque la distance de la circonférence au centre est la même partout.

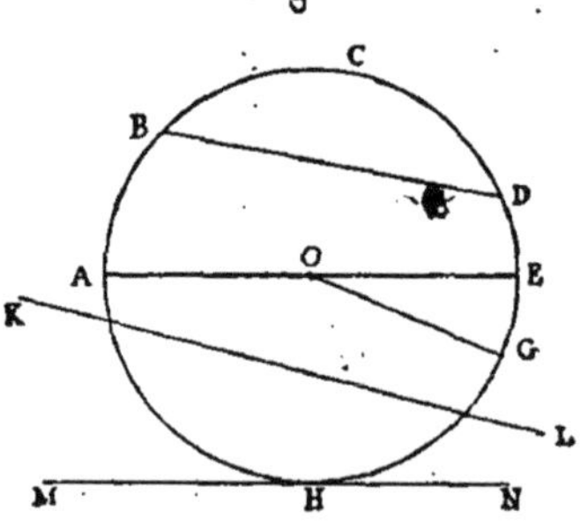

Une ligne BD, qui va d'un point de la circonférence à un autre point du contour, est une *corde*. Si la corde AE passe par le centre O, elle prend le nom de *diamètre*. Tous les diamètres sont composés de deux rayons, donc tous les diamètres sont égaux. Le diamètre est la ligne droite la plus longue que l'on puisse tracer dans un cercle.

Si la corde KL se prolonge en dehors du cercle, on l'appelle une *sécante*. Si la sécante MN ne touche la circonférence qu'en un point H, elle prend le nom de *tangente*.

Une portion quelconque BCD d'une circonférence est un *arc*.

Un diamètre AB (fig. 24), quelconque, partage un cercle en deux parties égales nommées *demi-cercles*, et la circonférence en deux parties égales appelées *demi-circonférences*.

Fig. 24

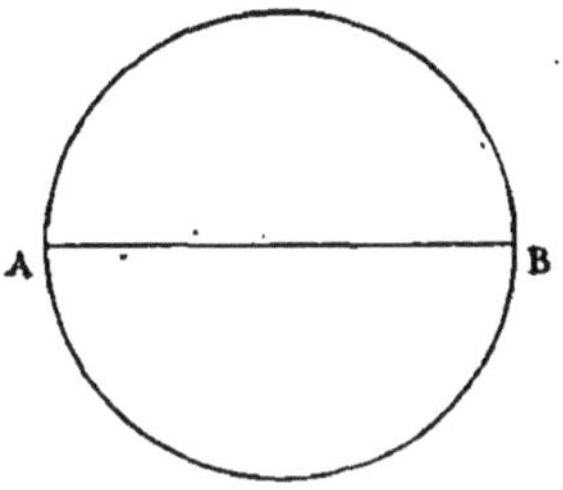

Deux diamètres AC et BD (fig. 25), qui se coupent à angles droits, ou qui sont perpendiculaires entre eux (7), partagent la surface du cercle en quatre parties égales appelées *quarts du cercle*; il en est de même pour la circonférence qui est partagée en *quarts de circonférence*.

Mesure des angles. — De ce qui précède, vous pouvez voir que les quatre angles droits AOB, BOC, COD et DOA (fig. 25), faits au centre du cercle, comprennent chacun, entre leurs côtés, un quart de la circonférence. Et il en sera de même pour toutes les circonférences qui auront le même centre O. On peut donc prendre pour mesure des angles l'arc de cercle compris entre leurs côtés et ayant pour centre le sommet de l'angle. Pour cela, on suppose toutes les circonférences partagées en 360 parties égales que l'on nomme *degrés*. L'angle droit, comprenant le quart de 360 degrés ou 90, on dit qu'il a pour mesure 90 degrés.

Fig. 25

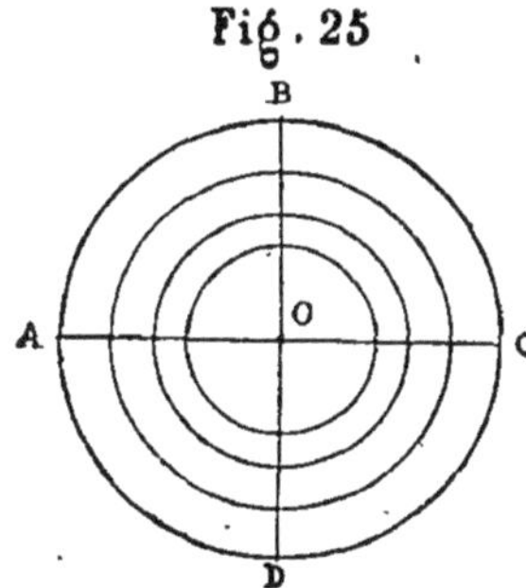

Un angle aigu (7) est d'un nombre de degrés moins grand; un angle obtus est d'un nombre de degrés plus grand.

Mesure de la surface d'un cercle. — Pour avoir la surface d'un cercle, on multiplie le nombre d'unités de longueur contenues dans sa circonférence par la moitié de celui indiquant combien son rayon contient de fois cette même unité de longueur.

Rapport de la circonférence d'un cercle à son diamètre. — Dans tous les cercles, la circonférence, si elle était déroulée de manière à former une ligne droite, contiendrait le diamètre 3,14 fois. Ce rapport est désigné dans tous les ouvrages de science par la lettre grecque π, nommée pi. On se sert beaucoup de ce nombre 3,14. Veut-on avoir la longueur d'une circonférence ? on multiplie le nombre d'unités de longueur que contient le diamètre par 3,14. Veut-on connaître la surface d'un cercle ? on multiplie la circonférence, obtenue comme il vient d'être dit, par la moitié du nombre qui indique combien le rayon contient de fois l'unité de longueur prise pour mesurer le diamètre, ou encore par le quart du nombre d'unités de longueur contenues dans le diamètre.

16. DES VOLUMES. — Comme les surfaces planes, les volumes ou solides peuvent avoir une infinité de formes différentes, qu'on désigne par des noms rappelant à l'esprit leurs propriétés les plus remarquables.

17. Polyèdres. — On appelle polyèdres les solides terminés de toute part par des polygones. Ces polygones sont les *faces* des polyèdres.

Les polyèdres ont reçu différents noms, suivant le nombre de leurs faces :

1° Le plus simple de tous est celui qui n'a que quatre faces, il se nomme *tétraèdre*. Le tétraèdre est régulier quand ses faces sont quatre triangles équilatéraux (10), comme dans la figure 26.

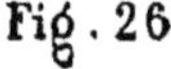

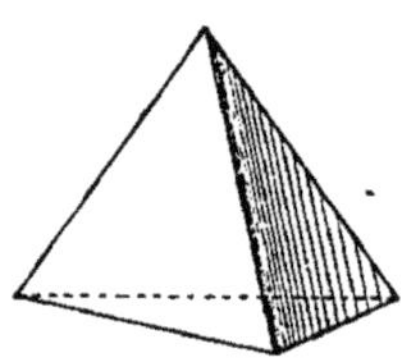

2° L'*hexaèdre*, dont les faces sont six quadrilatères (11).

Si les faces sont des carrés, comme dans la figure 27, l'hexaèdre est régulier.

L'hexaèdre régulier se nomme encore cube. Les dés qui servent pour différents jeux sont des hexaèdres réguliers.

3° L'*octaèdre* a huit faces. L'octaèdre régulier est compris sous huit triangles équilatéraux.

Fig. 27

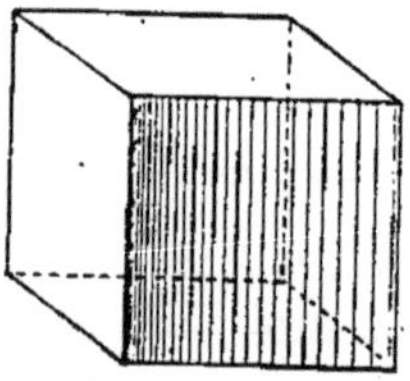

18. Prismes. — En général, on appelle prismes les polyèdres dont les faces sont des parallélogrammes, et dont le haut et le bas, ou les bases, sont des polygones égaux et situés dans des plans parallèles (fig. 28).

Un prisme est *triangulaire* (fig. 28, 1), *quadrangulaire* (fig. 28, 2), *pentagonal* (fig. 28, 3), *octogonal* (fig. 28, 4), etc., etc., selon que ses bases sont des triangles, des quadrilatères, des pentagones, des octogones, etc., etc.

La *hauteur d'un prisme* est la perpendiculaire qui va d'une base à l'autre, ou de l'une des bases au plan de l'autre prolongée, s'il est nécessaire.

Les prismes, dont les bases sont des parallélogrammes, se nomment des *parallélipipèdes ;* ils sont rectangles si les faces sont des rectangles.

Les cubes, dont il a été parlé plus haut (17), sont des parallélipipèdes dont toutes les faces sont des carrés.

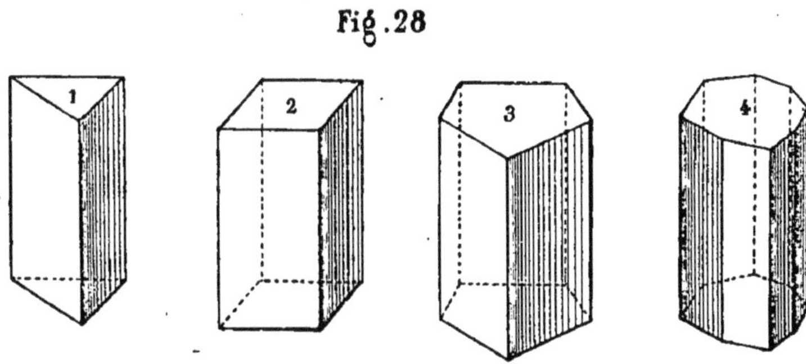

Fig. 28

Un *prisme est droit* quand ses faces sont perpendiculaires aux bases, ou, réciproquement, quand les bases sont perpendiculaires aux faces, comme dans la figure 28.

Volume ou solidité d'un prisme droit. — On obtient le volume d'un prisme droit quelconque, en multipliant la surface de l'une de ses bases par le nombre qui indique combien sa hauteur contient de fois l'unité de longueur. Le résultat donne un nombre d'unités de volume.

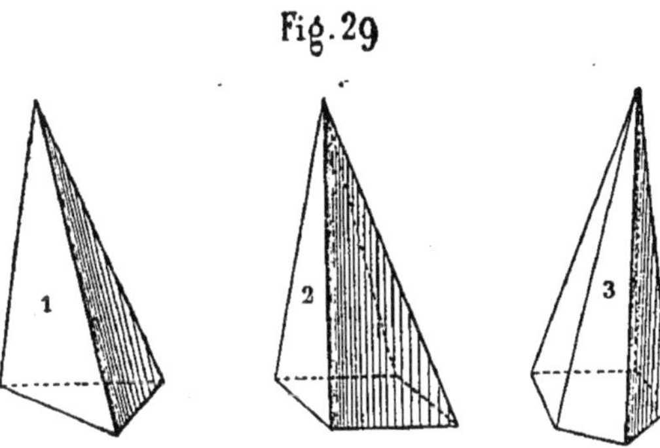

Fig. 29

19. **Pyramides.** — Les pyramides sont des solides qui n'ont qu'une base, formée par un polygone quelconque, et dont les faces sont des triangles ayant tous un sommet commun, qui est aussi le *sommet* des pyramides.

La *hauteur* d'une pyramide est la perpendiculaire abaissée du sommet sur la base ou sur cette base prolongée.

Les pyramides sont triangulaires, quadrangulaires, pentagonales, etc., selon que leur base est un triangle (fig. 29, 1), un quadrilatère (fig. 29, 2), un pentagone (fig. 29, 3), etc., etc.

Volume ou solidité des pyramides. — On obtient la solidité d'une pyramide en multipliant la surface de sa base par le tiers du nombre qui indique combien sa hauteur contient de fois l'unité de longueur.

20. **Corps ronds.** — *Cylindres.* Supposez le rectangle ABCD, dans la position indiquée par la figure 30, et pouvant tourner autour de son côté BC, comme le ferait une porte. Quand le rectangle aura fait un tour complet, ou une *révolution*, il aura formé ou *engendré* un volume AA′A″DD′D″, qu'on appelle un cylindre. Les cercles AA′A″ et DD′D″ sont les *bases;* BC est l'*axe;* AD, le côté qui a engendré la surface extérieure, est la *génératrice;* AD ou BC est la *hauteur*, car ces lignes donnent la distance qui sépare les deux bases l'une de l'autre.

Fig. 30

Un cylindre est, par le fait, un prisme droit ayant une infinité de faces.

Volume ou solidité d'un cylindre. — Cette similitude avec le prisme fait qu'on obtient, comme pour ce dernier, le volume d'un cylindre en multipliant la surface de l'un des cercles (15), qui lui sert de base, par le nombre qui indique combien la hauteur contient de fois l'unité de longueur.

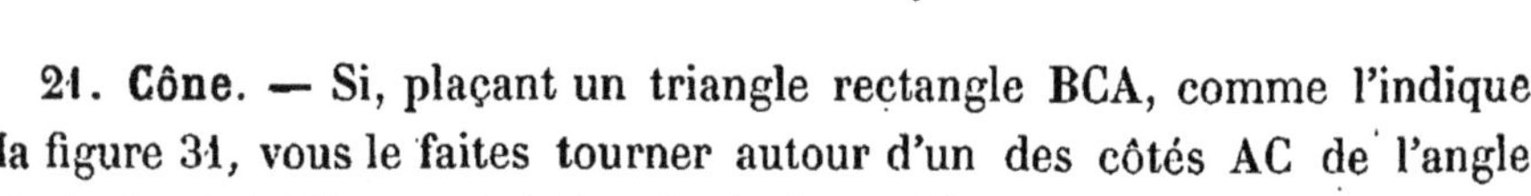

21. **Cône.** — Si, plaçant un triangle rectangle BCA, comme l'indique la figure 31, vous le faites tourner autour d'un des côtés AC de l'angle droit, le côté AB opposé à l'angle droit, ou l'*hypoténuse*, engendrera un solide nommé *cône*, dont la *base* est un cercle BB′B″, et dont la *hauteur* est le côté du triangle qui a servi d'axe.

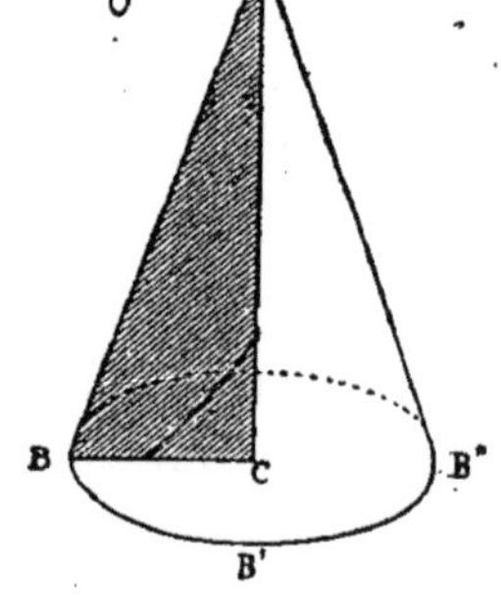

Fig. 31

L'hypoténuse AB est la *génératrice.* Le cône est véritablement une pyramide ayant une infinité de faces.

Volume ou solidité d'un cône. — Aussi le volume d'un cône s'obtient, comme celui d'une pyramide (19), en multipliant la surface du cercle, qui lui sert de base, par le tiers du nombre d'unités de longueur que contient sa hauteur.

22. **Sphère.** — Le volume engendré par un demi-cercle ACB (fig. 32),

tournant autour du diamètre AB, est ce qu'on nomme une spère. C'est encore un solide dans lequel il existe un point nommé *centre*, qui est également distant de tous les points de la surface courbe formant l'extérieur. Enfin, c'est ce que l'on nomme vulgairement une *boule*.

Volume ou solidité de la sphère. — Comme la sphère peut être considérée comme formée par une infinité de petites pyramides égales, ayant pour base une toute petite partie de la surface courbe de la sphère, ou un *élément* de cette surface, et pour hauteur un rayon de la sphère, la solidité d'une sphère s'obtient en multipliant sa surface courbe par le tiers de son rayon (19).

Fig. 32

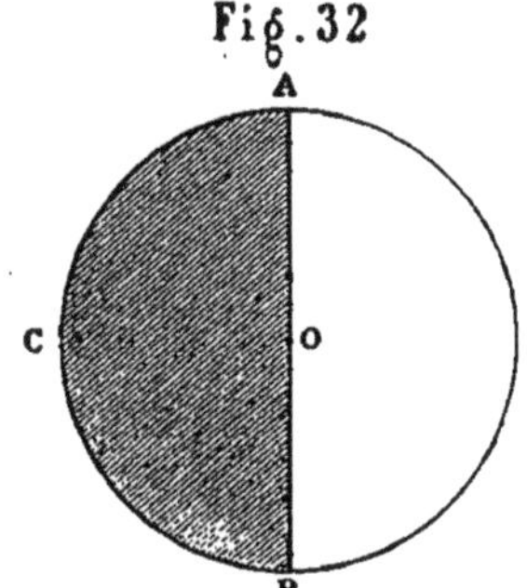

En géométrie, on démontre que la surface courbe d'une sphère est égale à celle de quatre cercles ayant pour rayon celui de la sphère dont il s'agit (15). Pour avoir le volume d'une sphère quelconque, il suffira donc de prendre quatre fois la surface du cercle, qui aurait même rayon qu'elle, et de multiplier la quantité obtenue par le tiers du nombre qui indique combien ce même rayon contient de fois l'unité de longueur.

23. **UNITÉS DE MESURE. — Le mètre, unité de mesure pour les longueurs.** — Souvent vous avez vu les ouvriers employer, pour mesurer les matériaux qui leur servent, une espèce de règle, en bois ou en cuivre, qui se plie le plus souvent en dix parties, et qu'ils appellent un mètre (fig. 33). C'est l'unité de mesure pour toutes les longueurs, et même pour les surfaces et les volumes, comme vous le verrez tout à l'heure.

Fig. 33

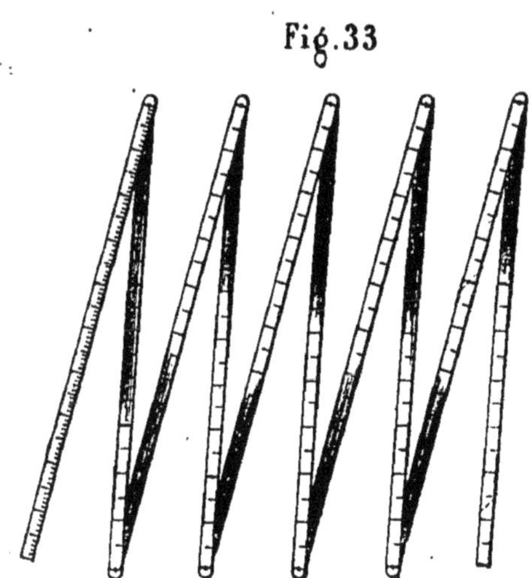

Prenez un mètre et examinez-le. Vous verrez d'abord qu'il est partagé en dix parties d'égale longueur, qui sont des dixièmes de mètre, et que l'on nomme pour cette raison *décimètres*. Les décimètres sont eux-mêmes divisés en dix parties égales (fig. 34); chacune d'elles est la centième partie du mètre, et se nomme *centimètre.*

Enfin, chaque centimètre est lui-même divisé en dix parties égales.

Fig. 34

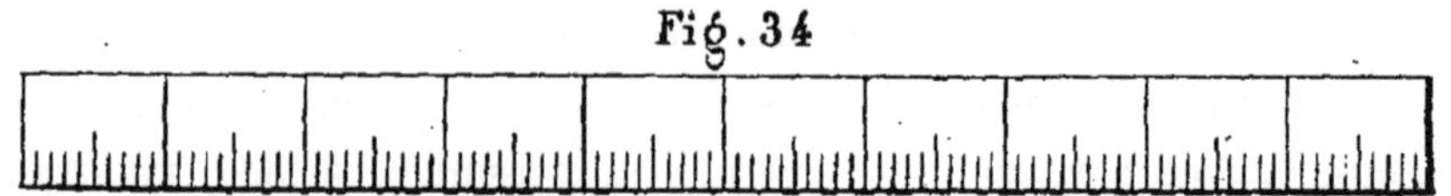

Chacune de ces nouvelles divisions est la millième partie du mètre, et se nomme *millimètre.*

La figure 34 représente, en grandeur réelle, un décimètre, avec ses divisions en centimètres, demi-centimètres et millimètres.

En vous promenant sur une grande route, vous pouvez remarquer de distance en distance, toujours la même, de petits pieux ou de petites bornes; et, après avoir passé devant dix de ces petites bornes, vous arrivez devant une plus grande portant des numéros. Ces bornes indiquent les divisions du chemin ; les petites sont éloignées l'une de l'autre de 100 mètres; cette distance est appelée *hectomètre.*

Les grandes bornes mesurent des longueurs de mille mètres, appelées *kilomètres.*

Il faut quatre *kilomètres* pour faire une *lieue*, et dix pour faire un *myriamètre.* Ainsi, la lieue est de 4,000 mètres, et le myriamètre, de 10,000.

Plus tard, je vous dirai comment on a trouvé le mètre.

24. Le mètre carré, unité de mesure pour les surfaces. — Vous avez entendu parler de la contenance d'un champ : on disait bien encore qu'il avait un certain nombre de mètres; mais alors il était question du mètre carré (11), c'est-à-dire d'un carré ayant un mètre de côté.

Prenez quatre mètres gradués pour former un carré (fig. 35), passez des fils allant des décimètres de gauche à ceux de droite correspondants, et agissez de la même manière pour les deux autres qui font l'un le côté d'en haut, l'autre le côté d'en bas. Vous partagerez ainsi la surface du mètre carré en petits carrés égaux ayant pour côtés des décimètres, et, si vous les comptez, vous trouverez 100 *décimètres carrés*, quantité que l'on obtient en multipliant le nombre de décimètres contenus dans la base par celui contenu dans la hauteur : $10 \times 10 = 100$ (11).

Si vous faites, pour chaque décimètre carré, ce que vous venez de faire pour le mètre, c'est-à-dire si vous menez des fils des centimètres de gauche à ceux de droite et des centimètres du haut à ceux du bas (la figure 35 est un décimètre carré en vraie grandeur), vous partagerez le décimètre carré en cent parties égales qui seront des *centimètres carrés*. Et, par suite, le mètre contiendra 10,000 centimètres carrés.

Enfin, si vous partagez de même chaque centimètre carré en *millimètres carrés*, chacun d'eux contiendra 100 millimètres carrés ; chaque décimètre

Fig. 35.

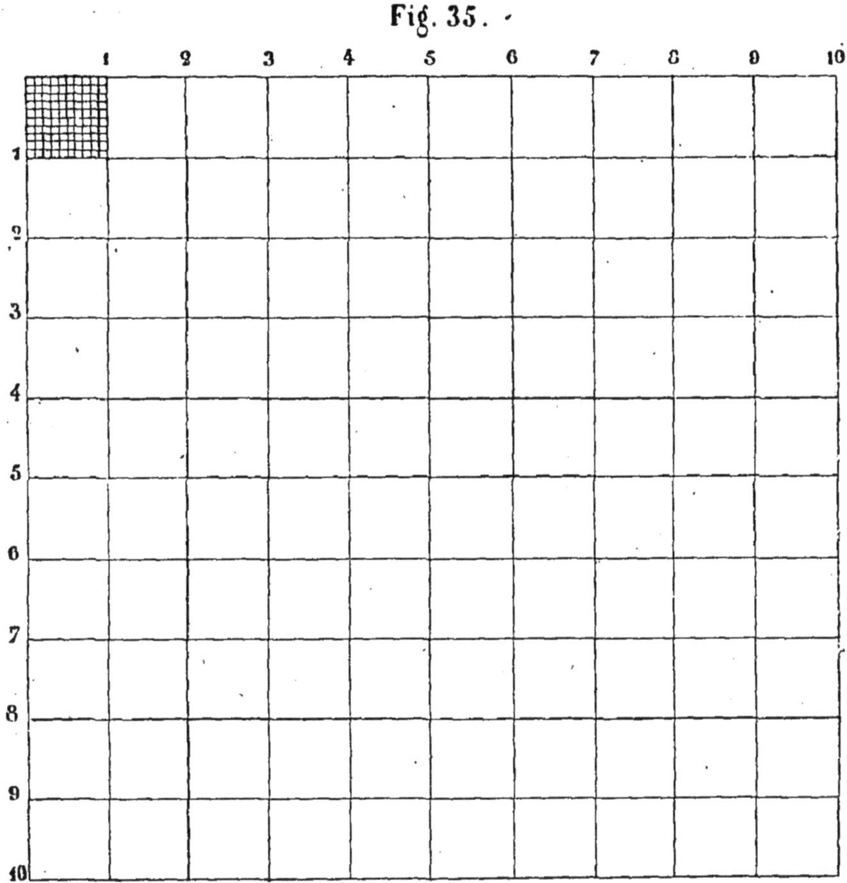

carré, 10,000 millimètres carrés ; et, enfin, le mètre sera décomposé en un million de millimètres carrés.

Revenons maintenant au champ dont je vous parlais tout à l'heure. S'il contient cent petits carrés d'un mètre de côté, ou si sa forme est un carré ayant 10 mètres de côté, ce qui revient au même pour la surface, on dit qu'il a un *are*. cent ares ou 10,000 mètres carrés font un *hectare*. Un carré qui a pour côté 100 mètres, ou un hectomètre, contient 10,000 mètres, et par suite représente un hectare.

25. Le mètre cube, unité de mesure pour les volumes. — Pour les volumes ou solides (3), c'est-à-dire pour les objets ayant longueur, largeur et épaisseur ou hauteur, l'unité de mesure est le mètre cube. C'est une caisse ayant la forme d'un hexaèdre régulier (17). C'est par le fait un cube ayant chacune de ses six faces fermée par un mètre carré (fig. 36, B).

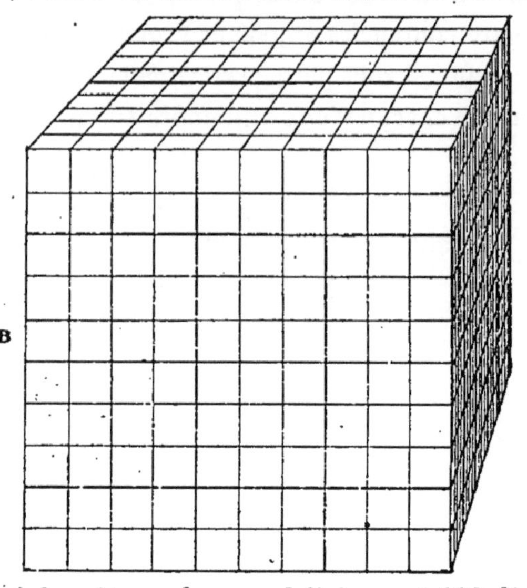

Fig. 36.

Si vous aviez à votre disposition des cubes ayant pour faces des décimètres carrés (fig. 36, A), vous pourriez en loger exactement mille dans le mètre cube (fig. 36, B) ; ainsi, le mètre cube se subdivise en 1,000 *décimètres cubes*. Et, comme chaque décimètre cube peut contenir exactement mille petits cubes ayant pour côtés des centimètres carrés, le mètre cube se subdivise en un million de *centimètres cubes*. Enfin, un centimètre cube contenant exactement mille petits cubes ayant pour côtés des millimètres carrés, il y a donc un billion de *millimètres cubes* dans un mètre cube.

Ces résultats s'obtiennent immédiatement en multipliant l'une par l'autre les trois dimensions du mètre cube (18) :

Volume...		hauteur du mètre cube. . .		10 décim.
	surface. . .	longueur	—	10 —
		largeur	—	10 —

$10 \times 10 = 100$ $100 \times 10 = 1000$ décimètres cubes.

Volume. .		hauteur du mètre cube...		100 centim.
	surface. . .	longueur	—	100 —
		largeur	—	100 —

$100 \times 100 = 10000$ $10000 \times 100 = 1000000$ de centimètres cubes.

Volume...		hauteur du mètre cube...		1000 millim.
	surface. . .	longueur	—	1000 —
		largeur	—	1000 —

$1000 \times 1000 = 1000000$ $1000000 \times 1000 = 1000000000$ de mill. cubes.

26. **CORPS.** — Lorsque nous parlons de la partie matérielle de notre individu, nous disons généralement notre corps ; mais ce mot s'applique, dans les sciences, à tous les objets de l'univers. Ainsi les étoiles, le soleil, la lune, la terre, une maison, une boîte, une table, un morceau de pierre, une pièce de fer, de l'eau, du vin, de l'huile, la fumée qui sort des cheminées, le gaz qui sert à éclairer les villes, la vapeur qui s'élève au-dessus d'un vase dans lequel un liquide bout, etc., etc., sont des corps.

27. **Division des corps.** — *Solides, liquides, gaz.* Or, selon la nature des corps, on les range dans trois grandes divisions.

Tous ceux qui ont une forme à eux ou qui gardent celle qu'on leur donne, comme le bois que l'on coupe, la pierre que l'on taille, le fer que l'on forge, le cuivre que l'on étire entre les rouleaux d'un laminoir, etc., etc., sont appelés des solides.

Tous ceux qui n'ont pas de forme à eux, qui prennent seulement celle du vase qui les contient, comme l'eau, le vin, l'huile, etc., etc., sont désignés sous le nom de liquides.

Enfin, ceux qui non-seulement n'ont pas une forme à eux, mais encore qui ne gardent celle du vase qui les contient que si ce vase est bouché, ou du moins tourné d'une manière convenable, comme le gaz d'éclairage, celui qui fait mousser le champagne, etc., etc., sont nommés gaz.

28. **MESURE DES VOLUMES.** — Revenons maintenant au mètre cube (25), et voyons dans quelles circonstances et comment on s'en sert.

Pour les bois de chauffage et ceux employés dans les constructions, on se sert du mètre cube, qui prend, dans cette circonstance, le nom de *stère*.

Pour les pierres, les terres, etc., on mesure par mètres cubes.

Pour les grains, les liquides et les gaz (27), on emploie bien encore le mètre cube, mais le plus souvent on prend pour unité de mesure la millième partie du mètre cube ou le décimètre cube (25), que l'on appelle *litre*. Cent litres font un *hectolitre*, et mille litres, ou le mètre cube, un *kilolitre*.

Mais le litre n'a pas en général la forme d'un cube, il a celle d'un cylindre (20) (fig. 37). Du reste, peu importe la forme, le contenu est exactement le même que celui d'un décimètre cube.

29. **POIDS DES CORPS; comment on le constate.** — Si vous prenez un objet quelconque et que vous l'abandonniez d'une certaine hauteur, il tombera immédiatement et ne s'arrêtera que s'il rencontre un obstacle; si au-dessous de lui il y a un puits ou toute autre cavité plus ou moins profonde, il ira jusqu'au fond et ne s'arrêtera que là. Si vous lancez au-dessus de votre tête un objet quelconque, une pierre par exemple, elle monte d'abord vite, puis moins vite, puis elle s'arrête pour redescendre d'abord lentement, puis plus vite, et elle retombe sur le sol.

Fig. 37

Ces effets sont produits par la terre, qui attire à elle tous les corps (51). C'est en vertu de ce principe, désigné sous le nom d'*attraction terrestre*, que les pierres roulent du haut d'une montagne, que la pluie tombe sur la terre, et que les eaux coulent dans les ruisseaux, les rivières et les fleuves.

Fig. 38.

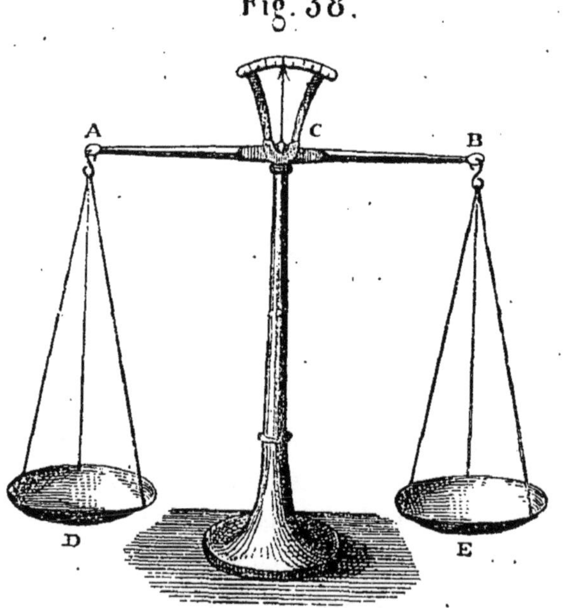

Prenez deux balles de la même grosseur, l'une en plomb et l'autre en liége ; mettez chacune d'elle dans une main ; vous reconnaîtrez immédiatement que l'une est plus lourde que l'autre. Je ne vous fais remarquer que le fait, sans vous donner la raison de ce phénomène, que je vous expliquerai plus tard.

L'attraction de la terre qui se produit sur tous les corps, grands ou petits, lourds ou légers, s'appelle le *poids;* et c'est pour le constater qu'on a inventé la balance.

30. **Balance.** — La balance ordinaire se compose d'une barre AB

(fig. 38), nommée *fléau*, suspendue par son milieu C. Il faut que dans cette position il ne penche ni d'un côté ni de l'autre. A chacun des bouts A et B est suspendu un *plateau* D et E. Le fléau AB doit encore, avec ses plateaux, ne pencher ni d'un côté ni de l'autre.

Si vous placez dans chacun des plateaux une balle de plomb, et que le fléau reste sans pencher ni d'un côté ni de l'autre, c'est une preuve que l'attraction de la terre, qui s'exerçait de la même manière sur les deux plateaux, agit de même sur les deux balles; on dit alors qu'elles ont le même poids.

Si vous remplacez l'une des balles de plomb par une en liége, par exemple, immédiatement le plateau qui contient la balle de plomb se rapproche de la terre, et l'on en conclut que la balle de plomb a un poids plus grand que la balle de liége. La balance donne donc le moyen de savoir que tel ou tel corps est plus lourd ou plus pesant que tel autre. Elle sert aussi, comme vous allez le voir, à faire connaître le poids des objets; pour cela, il suffit d'avoir une unité de poids.

Moyen de vérifier si une balance est juste.— Placez dans l'un des plateaux un objet quelconque; dans l'autre plateau mettez du petit plomb de chasse, de la cendrée par exemple, jusqu'à ce que le fléau ne penche ni d'un côté ni de l'autre. Changez ensuite les objets de plateau; c'est-à-dire mettez la cendrée dans le plateau qui contenait l'objet, et ce dernier dans le plateau où était la cendrée. Si la balance est juste, le fléau devra rester encore sans pencher ni d'un côté ni de l'autre. Si le contraire a lieu, la balance est fausse.

Différentes formes données aux balances. — On fait des balances de bien des formes différentes, mais toutes remplissent le même but. Il y a de ces instruments d'une délicatesse extrême, aussi leur construction est très-difficile et leur prix très-élevé.

Quant aux *romaines*, aux *pesons*, aux *dinamomètres* (44) et aux *bascules* (63), dont nous parlerons plus loin, ils sont bien encore employés pour connaître le poids des corps, mais ce ne sont plus des balances proprement dites.

31. **Kilogramme, unité de poids.** — L'unité de poids adoptée en France est le poids de l'eau pure (*) contenue dans un décimètre cube (25) ou

(*) Nous verrons au nº 91 ce qu'il faut entendre par de l'eau pure, et comment on peut s'en procurer dans tous les lieux de la terre.

un litre (28). On nomme cette unité kilogramme, qui veut dire mille grammes. Un *gramme* est donc, par le fait, le poids de l'eau pure contenue dans un centimètre cube, puisqu'il y a mille centimètres cubes dans un décimètre cube (25).

Le *demi-kilogramme*, ou cinq cents grammes, se désigne souvent par le nom de *livre;* mais cette expression est mauvaise, car la livre est une unité anciennement employée et qui n'a pas le même poids qu'un demi-kilogramme.

D'après ce qui précède, on peut, en plaçant un objet dont on veut avoir le poids dans un des plateaux d'une balance, et mettant dans l'autre plateau autant de grammes qu'il en faut pour que le plateau ne penche ni d'un côté ni de l'autre, avoir le poids de ce corps en grammes. C'est ainsi que les marchands pèsent les denrées qu'ils vendent; mais, pour que le poids donné soit exact, il faut que la balance que l'on emploie soit juste, et il peut arriver qu'elle ne le soit pas.

Supposons que l'expérience dont je viens de vous parler (30) montre que l'instrument est faux, on pourra, en procédant de la manière suivante, connaître le poids exact des objets à peser.

Méthode des doubles pesées.— Cette méthode est due à un savant mathématicien et physicien français, nommé *Borda*, né à Dax, dans les Landes, en 1733 et mort à Paris en 1799. Elle consiste à placer dans l'un des plateaux le corps à peser, à mettre dans l'autre plateau de la grenaille de plomb, ou de la cendrée, de manière à ramener le fléau de telle sorte qu'il ne penche ni d'un côté ni de l'autre. Puis, retirant du premier plateau le corps à peser, on le remplace par des grammes jusqu'à ce que le fléau revienne dans la position qu'il avait. Le nombre de grammes mis ainsi à la place du corps à peser est le poids exact de ce corps.

32. **Quintal, tonneau ou tonne.** — Vous avez quelquefois entendu parler du quintal et du tonneau; ainsi, on a dû dire devant vous que tel objet pesait tant de quintaux, et que tel navire ou tel bateau portait tant de tonneaux ou tant de tonnes. Le quintal est un poids de cent kilogrammes, et le tonneau ou la tonne pèse mille kilogrammes; c'est le poids d'un mètre cube d'eau pure.

33. **DENSITÉ DES CORPS.** — D'après ce que je viens de vous dire (29 et 30) au sujet de la balle de plomb et de la balle de liége, qui ont des

poids différents, quoiqu'elles soient de la même grosseur, vous comprenez que si vous aviez à votre disposition des décimètres cubes de tous les corps, et que vous pesiez un décimètre cube de bois, un décimètre cube de fer, un décimètre cube de charbon, un décimètre cube de cuivre, un décimètre cube d'huile, un décimètre cube de plumes, un décimètre cube de vin, etc., etc., vous trouveriez évidemment, pour chacun d'eux, un poids particulier. C'est précisément le *poids d'un décimètre cube d'un corps* quelconque, exprimé en kilogrammes et parties de kilogrammes, ou seulement en parties de kilogrammes, que l'on nomme la densité de ce corps.

Puisque le kilogramme est l'unité de poids adopté, et que le kilogramme est le poids d'un décimètre cube d'eau pure (31), la densité d'un corps est, par le fait, le résultat de la comparaison du poids d'un décimètre cube de ce corps, avec celui d'un décimètre cube d'eau pure. Ainsi, quand on vous dit que le fer, par exemple, a une densité représentée par le nombre 7, cela signifie que le fer, sous un volume quelconque, pèse sept fois plus que le même volume d'eau pure ; par suite, un mètre cube de fer pèsera 7,000 kilogrammes, puisqu'un mètre cube d'eau pure pèse 1,000 kilogrammes. De même, si la densité d'un corps est représentée par $\frac{1}{2}$ ou 0,50, cela veut dire qu'un décimètre cube de ce corps ne pèse que 500 grammes et par suite le mètre cube de ce corps n'est que de 500 kilogrammes ou *kilo*, comme on dit par abréviation.

Si donc vous connaissiez les moyens de calculer le nombre de décimètres cubes contenus dans un corps d'une forme quelconque, il suffirait de multiplier ce nombre par celui représentant la densité de ce corps pour avoir son poids. C'est en effet le procédé dont on se sert pour connaître le poids de beaucoup d'objets qu'il est matériellement impossible de peser. Au moyen de la densité des corps, un ingénieur peut, avant même d'avoir construit un pont, par exemple, alors qu'il n'est qu'à l'état de projet sur le papier, connaître son poids et calculer la force des piles qui devront le supporter.

34. Principe d'Archimède. — *Pourquoi certains corps flottent sur l'eau, tandis que d'autres tombent au fond.* — Si vous mettez dans l'eau un morceau de liége ou de bois, vous le verrez se tenir à la surface du liquide ou *flotter*. Prenez une pierre et jetez-la aussi, elle s'enfoncera dans le liquide ; et, si ce dernier est transparent, vous pourrez suivre la pierre, qui ne s'arrêtera que lorsqu'elle sera arrivée au fond. Il en sera de même pour un morceau de fer, une balle de plomb, etc., et, en général, pour tous les corps qui auront une densité supérieure à celle de l'eau (33). Cette dernière phrase doit immédiatement vous faire comprendre la cause du phénomène.

Faites encore les expériences suivantes :

Mettez de l'eau et de l'huile dans une bouteille, secouez cette dernière et laissez-la ensuite tranquille. Bientôt l'huile se séparera de l'eau et viendra surnager au-dessus d'elle.

Dans un vase contenant de l'eau, versez avec précaution du vin en aussi grande quantité que vous voudrez ; le vin restera au-dessus, tandis que l'eau occupera la partie inférieure du vase.

Il en sera de même si, prenant une petite bouteille remplie de vin (fig. 39), dont le bouchon sera traversé par un petit tuyau de verre, vous placez cette bouteille A au fond d'un vase B rempli d'eau. Le vin sortira de la bouteille sous la forme d'un petit filet rouge, et bientôt l'eau aura remplacé tout le vin qui sera monté à la surface. Il en serait de même si la bouteille contenait de l'huile ou tout autre liquide d'une densité plus faible que celle de l'eau.

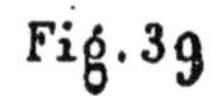

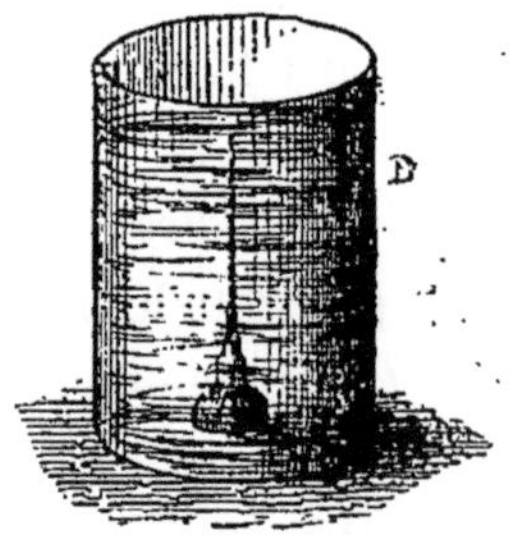

La cause de tous ces phénomènes est, comme vous l'avez déjà compris, la différence de densité des corps mis en présence. Dans la première expérience, un décimètre cube d'eau pesant plus qu'un décimètre cube de liége ou de bois, ces derniers ne s'enfoncent que de la quantité nécessaire pour que le poids de l'eau déplacée soit précisément égal à leur poids. Dans la seconde, un décimètre cube d'eau pesant moins qu'un décimètre cube de pierre, de fer ou de plomb, ces derniers ne peuvent déplacer une quantité de liquide assez considérable pour égaler leur poids et ils tombent au fond. Dans la troisième et la quatrième, un décimètre cube d'eau pesant plus qu'un décimètre cube de vin ou d'huile, ces derniers liquides flottent au-dessus de l'eau.

Mais alors pourquoi un vase en fonte, un navire en fer surnagent-ils ? C'est qu'ils sont creux et que le volume d'eau qu'ils déplacent arrive bientôt à avoir un poids égal au leur.

Ainsi donc, un corps dont la densité est moindre que celle de l'eau se tient à la surface ; un corps dont la densité est égale à celle de l'eau reste entre la surface et le fond, ou entre deux eaux. Enfin, un corps dont la densité est plus grande que celle de l'eau, et qui ne présente pas de parties creuses non accessibles à l'eau, tombe nécessairement au fond.

Il y a là un moyen d'avoir le poids d'un corps qui flotte; il suffit en effet de connaître le volume d'eau qu'il déplace. C'est ainsi que l'on trouve le poids d'un navire; la géométrie donne la manière de calculer le volume de la partie qui plonge dans l'eau, et autant de mètres cubes déplacés, autant de tonneaux (32) de poids pour le bâtiment. De là on arrive facilement à connaître le poids de son chargement; on sait qu'il pourra s'enfoncer sans danger jusqu'à une certaine ligne, appelée *ligne de flottaison en charge;* le poids de l'eau déplacée par son enfoncement, depuis la ligne de flottaison, le navire non chargé, jusqu'à celle du bâtiment complétement chargé, est précisément le poids cherché. Il n'est pas ici question de l'eau de mer, mais bien de l'eau pure, parce que la densité de la première, 1,03, est plus grande que celle de la seconde, qui est 1; aussi le mètre cube d'eau de mer pèse 1,030 kilogrammes environ, au lieu de 1,000 kilogrammes. De là vous pouvez comprendre qu'un même bateau s'enfoncera plus ou moins, suivant qu'il sera sur des eaux plus ou moins denses.

Mais puisqu'un corps qui flotte déplace un poids d'eau égal au sien, un corps qui se tient entre deux eaux ou qui tombe au fond doit perdre, du poids qu'il possédait avant d'être plongé, un poids égal au volume d'eau qu'il a déplacé; c'est en effet ce qui arrive. Quand vous êtes plongé dans l'eau d'une baignoire, et que vous laissez aller vos bras, par exemple, ils viennent comme poussés par en bas presque à la surface du liquide; et si vous cherchez à les sortir tout à fait de l'eau, vous éprouvez une certaine difficulté. Dans le premier moment, leur densité étant à peine supérieure à celle de l'eau, ils semblent flotter; dans le second, en les sortant du liquide, vous sentez tout à coup leur poids en entier.

Quand vous apprendrez la physique, on vous fera une expérience dont je vais vous parler, qui prouve qu'un corps plongé perd de son poids un poids égal à celui de l'eau qu'il déplace (fig. 40).

CC est une balance portée sur un pied qui permet de l'élever ou de la descendre. Sous l'un des plateaux A on croche un cylindre B en cuivre creux, dans lequel il entre exactement un autre cylindre E, de même métal mais plein. L'autre plateau D reçoit des poids de manière à mettre le fléau de la balance de telle sorte, qu'il ne penche ni d'un côté ni de l'autre. Si l'on retire le cylindre plein E du cylindre creux B, et qu'on le croche sous ce dernier, le fléau conserve la même position. Mais si l'on présente au-dessous du cylindre plein E un vase V plein d'eau, dans lequel ce cylindre puisse complétement plonger, comme l'indique la figure 40, le fléau penche aussitôt du côté des poids; le cylindre plongé est donc moins pesant qu'avant son immersion. Si alors on remplit d'eau le cylindre creux B, le fléau revient dans sa première position. Donc le corps avait perdu de son poids exactement celui de l'eau qu'il déplace.

En retirant le cylindre plein de l'eau, le fléau penche du côté du corps, et le fléau ne revient dans sa première position que si l'on vide complétement le liquide contenu dans le cylindre creux B.

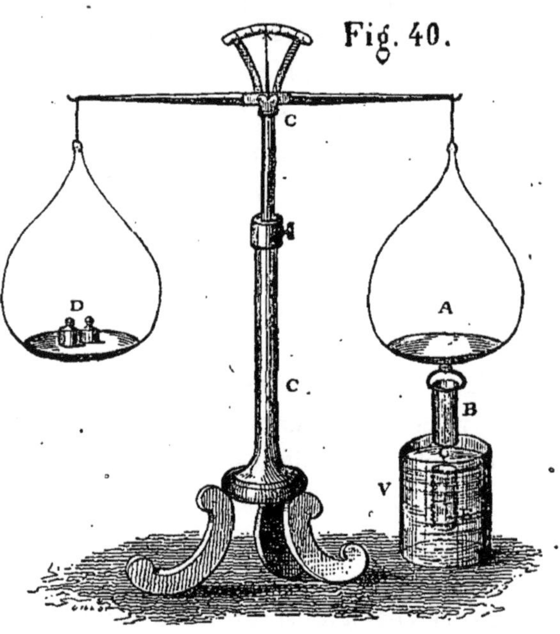

Fig. 40.

La découverte de cette loi, dont je vous montrerai plus tard les nombreuses applications, est due à un savant de l'antiquité nommé Archimède. Ce grand homme, né à Syracuse 287 ans avant la venue de Jésus-Christ, défendit pendant trois ans sa patrie contre les Romains, au moyen de machines excessivement ingénieuses, inventées par lui. Aussi son nom est resté dans la mémoire des hommes, et la loi dont je viens de vous parler est connue sous le nom de Principe d'Archimède.

35. **DIVISIONS DU TEMPS**. — La terre tourne autour du soleil et elle roule sur elle-même pendant tout ce parcours.

On nomme *jour* le temps que notre monde met à tourner sur lui-même, et *année* celui qu'il emploie pour tourner autour du soleil. Or, la terre fait environ 365 tours sur elle-même pendant qu'elle tourne autour du soleil; l'année se compose donc d'environ 365 jours.

Le jour lui-même a été divisé en vingt-quatre parties égales qu'on appelle les *heures*. Ces dernières se composent de soixante *minutes*, et chacune de celles-ci de soixante *secondes*. Ainsi il y a dans 24 heures, ou dans un jour, 1,440 minutes et 86,400 secondes. Il y a donc dans l'année 365 jours, 8,760 heures, 52,560 minutes, et 31,536,000 secondes.

On donne le nom de *siècle* au temps qui embrasse cent années consécutives; nous sommes dans le dix-neuvième siècle : commencé le premier jour de l'année 1800, il ne finira que le dernier jour de l'année 1899.

36. **Pendule.** — Il est un instrument que vous pouvez construire vous-même, et qui vous donnera une idée à peu près exacte de l'unité de mesure du temps, la seconde, que l'on emploie continuellement dans les expériences.

Fig. 41.

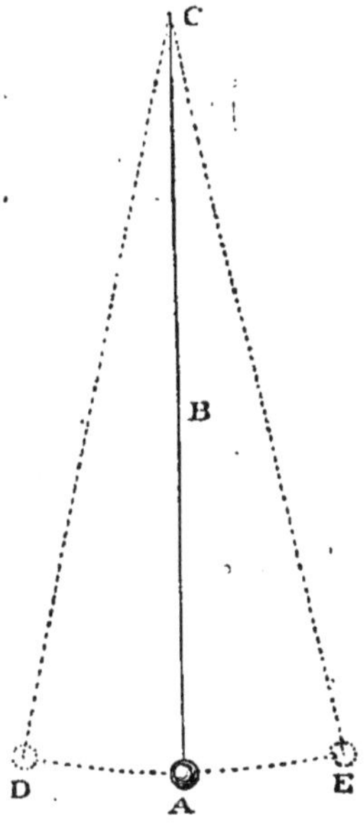

Prenez un fil de soie B (fig. 41), très-fin ; attachez à l'une des extrémités une balle de plomb ou tout autre poids A ; mesurez sur le fil, à partir du milieu de la balle, une longueur de neuf cent quatre-vingt-quatorze millimètres (23), et attachez le fil au point C où se termine la longueur dont je viens de vous parler. La balle étant au point A et ne bougeant pas, portez-la à un point quelconque D pour l'abandonner à elle-même ; elle cherchera à revenir à sa première position, mais pendant bien longtemps elle dépassera ce point à droite et à gauche ou elle *oscillera*. Ces *oscillations* seront de moins en moins grandes, et elle finira par s'arrêter. Or, il y a cela de particulier dans tous les pendules, quelle que soit la longueur du fil B, que les oscillations, quand elles ne sont pas trop grandes, se font exactement dans le même temps, quoique à chaque battement ces oscillations soient plus courtes ; et le pendule ayant un fil de 994 millimètres bat à peu près exactement la seconde.

Le temps de chaque oscillation d'un pendule est d'autant plus grand que le fil de suspension est plus long. Ainsi, un pendule dont le fil est plus long que 994 millimètres, bat des intervalles plus grands que la seconde. Au contraire, celui dont le fil a moins de 994 millimètres, emploie, pour chacune de ses oscillations, moins d'une seconde.

L'invention du pendule est due à *Galilée*, né à Pise le 18 février 1564, et mort à Florence en 1642. C'est ce grand mathématicien qui démontra que la terre tourne autour du soleil et non, comme on le croyait alors, que le soleil tournait autour de la terre avec tous les mondes qui peuplent l'immensité.

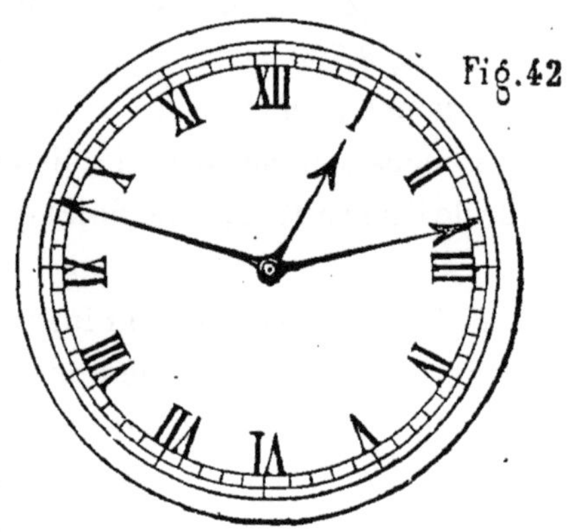

Fig. 42

Comme vous pouvez le voir, *une pendule* et un pendule sont deux machines bien différentes, et il ne faut pas confondre l'une avec l'autre.

La pendule est un assemblage de rouages combinés de telle sorte qu'ils fassent marcher deux, et parfois trois aiguilles, sur un cadran dont le pourtour est partagé en soixante parties égales, servant à indiquer les secondes, les minutes et les heures (fig. 42).

On divise généralement les 24 heures d'un jour en deux parties égales : celles du matin, qui vont de minuit à midi, et celles du soir, qui vont de midi à minuit. Une pendule marque le plus souvent cette division, c'est-à-dire que l'*aiguille des heures*, la plus courte en général, fait deux fois le tour du cadran en 24 heures. Elle passe successivement devant de gros chiffres romains placés de cinq en cinq des soixante divisions du cadran. Une autre aiguille, plus mince et plus longue que celle des heures, appelée *aiguille des minutes*, fait tout le tour du cadran ou passe devant les soixante divisions du cadran, pendant que l'aiguille des heures va d'une heure à une autre, ou franchit cinq divisions du cadran. S'il y a une troisième aiguille, *celle des secondes*, elle parcourt tout le cadran ou un petit cadran particulier, placé dans l'intérieur et au bas du grand, pendant que l'aiguille des minutes passe de l'une à l'autre de ces divisions, et que l'aiguillle des heures ne fait que le douzième d'une division.

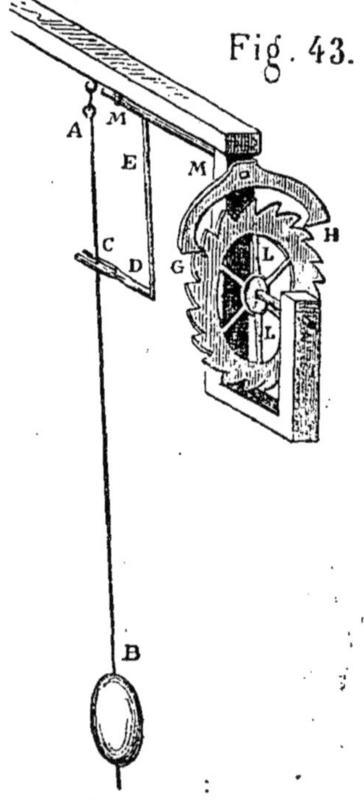

Fig. 43.

Tout ce mécanisme marche au moyen d'un poids ou d'un ressort, et il est réglé par ce qu'on appelle le *balancier*, qui n'est autre chose qu'un pendule.

37. **Manière de régler les horloges.** — C'est à *Huyghens*, savant astronome et mathématicien hollandais, qui vivait au XVIIe siècle, que nous devons l'application du pendule aux horloges.

Le balancier AB (fig. 43) est le plus souvent suspendu par un fil de soie que l'on peut diminuer ou allonger à volonté. La tige du balancier passe dans une espèce de fourchette C qui tient à une tige DE. Cette dernière transmet le mouvement du pendule à un arbre MN terminé par une pièce GH nommée *échappement à ancre*. Le ressort de la pendule ou le poids de l'horloge tend à faire tourner la roue LL, mais chacune de ses dents est arrêtée par l'ancre ; et, puisque les oscillations du balancier se font dans des temps égaux, le passage des dents de la roue LL se fait aussi régulièrement. Si les aiguilles marchent trop vite, c'est-à-dire si la pendule ou l'horloge avance, on allonge un peu le balancier en déroulant le fil qui le tient suspendu ; si au contraire les aiguilles vont trop lentement, ou si la pendule retarde, on diminue la longueur du balancier en le remontant un peu au moyen du fil qui le porte.

La forme des dents de la roue GH et celle des extrémités de l'ancre GH sont telles que chaque dent qui passe pousse un peu l'ancre; ce petit mouvement se communique au balancier qui, de cette manière, fait des oscillations d'une étendue égale pendant tout le temps que la pendule est montée ; sans cette disposition, le balancier s'arrêterait et la pendule avec lui.

PROPRIÉTÉS DES CORPS

38. **MATIÈRE.** — Nous avons vu au n° 26 que l'on donnait le nom de corps à tous les objets de l'univers. Qu'ils tombent ou qu'ils ne tombent pas sous l'un des cinq sens de l'homme (la *vue*, le *toucher*, l'*ouïe*, l'*odorat* et le *goût*), ils constituent, dans leur ensemble, ce qu'on appelle la *matière*. On peut donc dire aussi que les corps sont des parties plus ou moins considérables de la matière.

Alors on les considère comme formés d'une infinité de petites parties, qui échappent à nos sens, et que l'on nomme *molécules*. Ces petits éléments ne sont pas en contact immédiat et comme soudés les uns aux autres ; ils laissent au contraire entre eux des espaces considérables par rapport à leurs dimensions (3).

39. **Impénétrabilité.** — L'impénétrabilité est une propriété par laquelle deux corps ne peuvent, en même temps, occuper la même portion de l'étendue. Ainsi, quand on enfonce un clou dans un morceau de bois, ce dernier ne se laisse pas pénétrer, seulement ses molécules s'écartent là où le clou est enfoncé et elles se rapprochent des voisines. La distance entre les molécules a diminué, mais elles n'ont pas été pénétrées par le clou.

Dans un verre plein jusqu'au bord, vous pouvez verser une certaine quantité d'esprit-de-vin ou *alcool* sans que le liquide déborde ; il n'y a pas là non plus pénétration, les molécules de l'alcool se logent entre celles de l'eau, sans même écarter ces dernières.

40. **Divisibilité.** — La divisibilité est la propriété qu'ont tous les corps de pouvoir être partagés en parties plus ou moins petites. Quelques-uns ont cette propriété à un degré excessif. Ainsi, vous savez combien l'odeur du *camphre* est pénétrante ; or, l'odeur n'est produite que par le contact

de parties excessivement petites de camphre qui viennent impressionner le sens de l'odorat, et cependant un morceau de cette substance peut répandre une odeur très-forte pendant plusieurs années sans diminuer de poids d'une manière appréciable.

Si vous regardez un morceau de fromage, une goutte de vinaigre, etc., avec un *microscope*, instrument qui grossit beaucoup les objets, vous découvririez une multitude de petits animaux aussi parfaitement finis que ceux que vous voyez avec la vue seule. Et il est admissible que, si l'on possédait des instruments plus puissants, le nombre déjà si grand de ces êtres augmenterait, sans que l'on puisse dire jamais que l'on est arrivé à la dernière limite.

41. **Porosité.** — La distance qui sépare les molécules les unes des autres et qui varie pour chaque espèce de corps, est ce qu'on nomme la *porosité*. Ainsi, un corps est plus ou moins poreux suivant que la distance qui sépare ses molécules les unes des autres est plus ou moins considérable. Une éponge est plus poreuse qu'un morceau de fer. L'univers, dans son ensemble, donne une idée grandiose de la porosité des corps. Les planètes, les étoiles, enfin tous les mondes qui peuplent l'immensité sont les molécules, et les distances immenses qui les séparent les uns des autres constituent la porosité de l'univers. On utilise de différentes manières la porosité des corps; pour prendre un exemple que vous avez sous les yeux, je vous parlerai des moyens employés pour purifier ou *filtrer* les liquides, c'est-à-dire séparer ces derniers des corps étrangers qu'ils peuvent contenir. On filtre les liquides en les faisant traverser des corps dont les pores sont assez grands pour laisser passer leurs molécules, mais qui sont trop petits pour livrer passage aux matières étrangères.

Fig. 44.

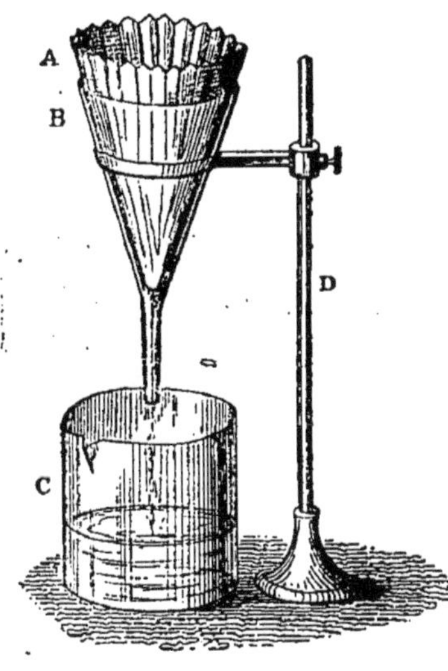

Les appareils qui servent dans ces cas sont appelés des *filtres*. Ils sont faits avec du papier non collé, de la flanelle, du feutre, des pierres tendres, du sable, du charbon, etc.

La figure 44 représente un filtre en papier. La feuille, convenablement pliée et disposée de manière à ne donner aucun passage libre à l'eau, est placée dans un entonnoir. Le liquide à filtrer est versé avec précaution dans le papier, qui le laisse passer. Il ne retient que les matières qui le salissent.

A, le papier coupé en rond, est plié de manière à former une espèce d'entonnoir.

B, l'entonnoir en verre tenu par le support D.

C, vase dans lequel s'écoule le liquide filtré.

Le filtre dont on se sert, dans les ménages, pour filtrer les eaux que l'on doit boire, est le plus souvent composé d'une caisse A (fig. 45) généralement en pierre peu poreuse, au fond de laquelle se trouvent deux robinets B et C. L'un deux B donne l'eau telle qu'elle a été mise. L'autre C débouche dans un compartiment D, formé avec des pierres plates très-poreuses et fournit de l'eau filtrée, puisque l'eau, avant d'arriver dans le compartiment D, doit traverser les pierres poreuses. Souvent la pierre poreuse est remplacée par du charbon pilé, du sable, etc.; on a même des filtres qui consistent simplement en une espèce de bouteille en charbon factice plongée dans le liquide à filtrer.

Fig. 45.

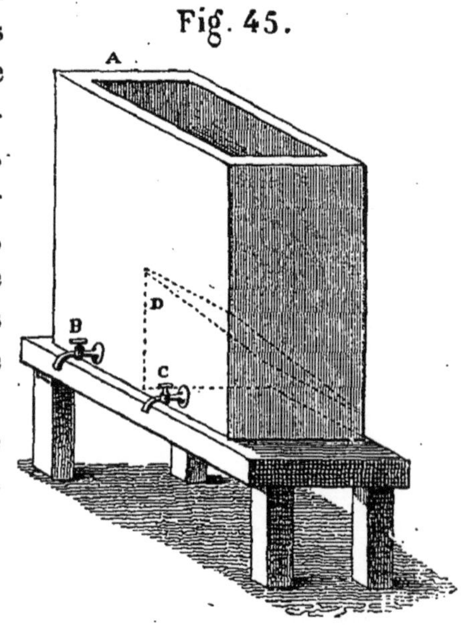

42. **Compressibilité.**— La compressibilité est la propriété qu'ont tous les corps de diminuer de volume par l'effet d'une pression plus ou moins grande, qu'on leur fait supporter. Vous pouvez vous rendre compte de cette propriété en comprimant entre vos doigts une éponge, un morceau de liége, un morceau de caoutchouc, etc.

L'empreinte laissée sur les monnaies, sur les médailles, etc., démontre que les métaux sont compressibles, mais chacun d'eux a une limite qu'il ne faut pas dépasser, ou alors on écrase le corps.

Les liquides sont aussi compressibles, mais si peu, qu'on a pu admettre pendant fort longtemps qu'ils ne l'étaient pas du tout.

Quant aux gaz, ils sont très-compressibles, et l'on peut, en employant des moyens suffisamment puissants, rendre leur volume dix, vingt, trente, soixante, cent, etc., fois plus petit que celui qu'ils occupaient. Mais ces corps, pour la plupart, ont comme les solides un degré de compression qu'il ne faut pas dépasser; au delà de cette limite, ils changent d'état (27) et deviennent liquides ou se *liquéfient*. Ils peuvent même devenir solides ou se *solidifier*.

43. **Elasticité.** — L'élasticité est la propriété que possèdent plus ou moins tous les corps, lorsqu'on les a comprimés, tordus, courbés ou étirés, de reprendre leur première forme dès qu'on cesse d'agir sur eux.

Fig. 46.

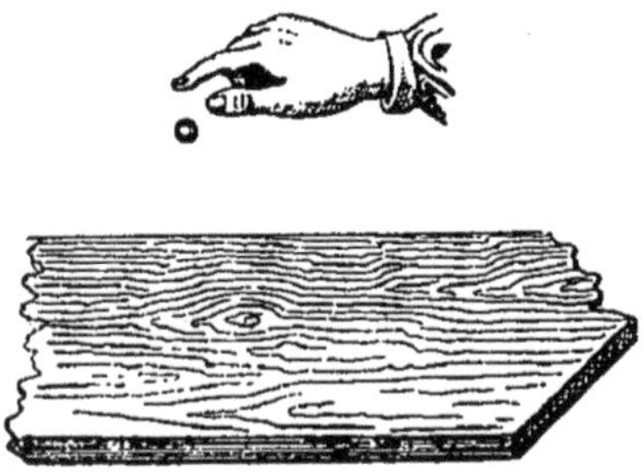

Il y a quatre espèces d'élasticité :

1° L'*élasticité par compression*, comme celle des gaz;

2° L'*élasticité par torsion*, comme celle de cordes tordues;

3° L'*élasticité par courbure ou par flexion*, comme celle des ressorts de voiture, de ceux placés dans les petits fusils des enfants, et que l'on nomme *ressorts à boudin;*

4° Enfin l'*élasticité par tension*, comme celle des cordes d'un arc, d'un violon, d'un piano, etc., etc.

Si vous abandonnez d'une certaine hauteur une bille (fig. 46) de marbre, et que vous la laissiez tomber sur une table de marbre aussi, vous verrez la bille faire des bonds successifs chaque fois qu'elle touchera la table. C'est qu'au contact de la bille et de la table le marbre se déforme, la bille s'aplatit et la table se creuse. Les molécules qui se sont ainsi dérangées tendent à reprendre leur première position, la table renvoie la bille qui elle-même est renvoyée par ses propres molécules. Mais si vous laissiez tomber la bille de trop haut, elle se briserait au lieu de rebondir. Si à la place de la bille de marbre vous prenez une balle de plomb, cette dernière rebondira moins haut que la bille de marbre, parce que le plomb est moins élastique que le marbre. C'est encore en vertu de l'élasticité que les balles de caoutchouc, gonflées d'air, rebondissent quand elles rencontrent un obstacle.

Vous connaissez ces jouets d'enfants faits avec un morceau de sureau dont on a retiré la moelle, ou avec un morceau de bois percé, et ayant la forme d'un canon. On bouche une des extrémités A (fig. 47) avec un tampon de filasse mouillée.

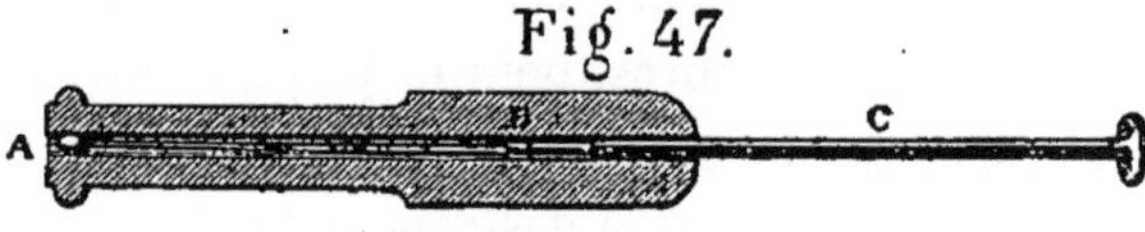

Fig. 47.

Un second tampon B, semblable au premier, est introduit par l'autre extrémité avec une baguette C. Quand la compression de l'air enfermé entre les deux tampons est assez grande pour chasser le premier tampon, ce dernier part en produisant un bruit semblable à celui d'une petit pistolet. Si, au moyen de la baguette, on pousse le dernier tampon introduit au bout du canon, et que l'on fasse pénétrer le bouchon chassé par l'extrémité ouverte, on reproduit le même phénomène et ainsi de suite.

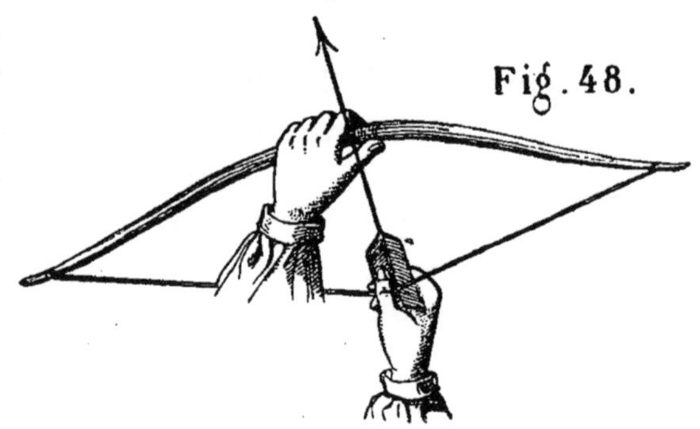
Fig. 48.

C'est là une application de l'élasticité par compression des gaz.

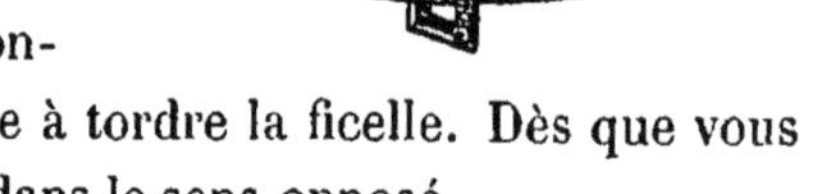
Fig. 49.

Vous aurez une idée de l'élasticité par torsion en prenant un bout de ficelle à laquelle vous attacherez un poids quelconque. Faites tourner ce poids de manière à tordre la ficelle. Dès que vous cesserez d'agir sur le poids, il tournera dans le sens opposé. C'est la ficelle qui veut revenir à sa première position avant la torsion ; elle se détord.

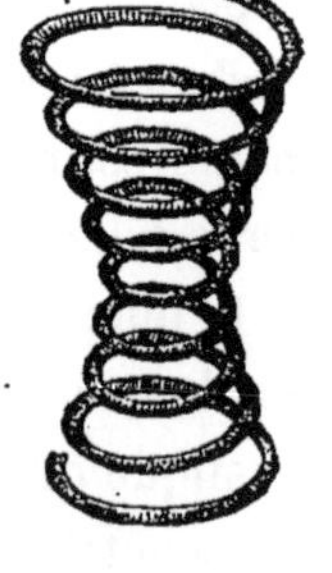
Fig. 50.

L'arc, avec lequel on lance des flèches, est une application de l'élasticité par flexion et de celle par tension (fig. 48). En tirant sur la corde de l'arc, on fait courber l'arc et l'on tend la corde ; quand la main droite abandonne la corde, l'arc veut revenir dans sa première position, il en est de même de la corde. Ces deux effets se réunissent pour chasser la flèche.

Les ressorts sur lesquels sont suspendus les voitures (fig. 49), ceux placés dans les sommiers élastiques et les siéges, ceux des tampons des locomotives et des wagons, ceux des lampes modérateurs et ceux des petits fusils d'enfants (fig. 50) sont tous des applications de l'élasticité par flexion. En pesant sur ces ressorts, on fait rapprocher les uns des autres, soit les lames qui les composent, soit les anneaux des ressorts à boudin (fig. 50), et dès qu'on les abandonne à eux-mêmes, ils tendent à revenir dans la première position qu'ils occupaient.

44. Dynamomètres. Pesons. — Nous pouvons donner ici la description des pesons et des dynamomètres que nous n'avons fait que nommer au nº 30.

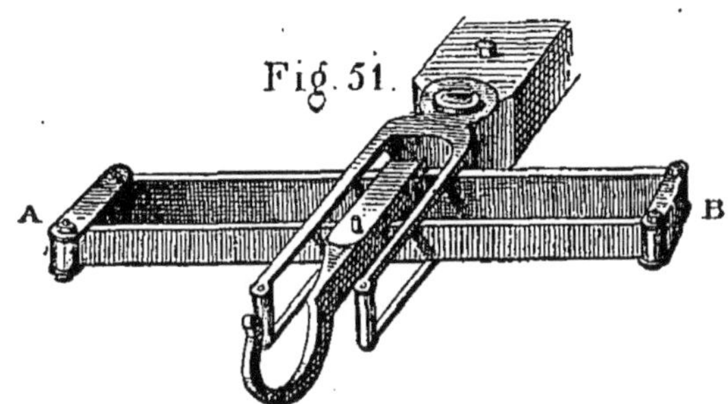

Fig. 51.

La figure 51 représente un dynamomètre dû à M. Poncelet, savant physicien français. Il est composé de deux lames semblables à celles qui forment les ressorts de voitures, réunies à leurs extrémités par des plaques A et B, nommées *chapes*. Le milieu de l'une des lames est fixé à un point solide, et l'effort que l'on veut mesurer ou le corps à peser est croché ou appliqué au milieu de l'autre lame. L'écartement des deux lames donne la mesure de l'effort ou le poids du corps. Dans cet instrument, l'écartement des points milieu des lames croît comme l'effort produit, c'est-à-dire que si un kilogramme est accusé par un écartement d'un millimètre par exemple, dix kilogrammes feront écarter les lames de dix millimètres. Le dynamomètre représenté par la figure 52 est beaucoup plus répandu. AB est une lame d'acier recourbée en son milieu et qui est flexible dans de certaines limites. A la branche A est fixé un arc en fer CD qui passe librement dans une ouverture pratiquée dans la branche B et se termine par un crochet. Un autre arc de cercle EG, semblable au premier, est fixé à la branche B et passe librement dans la branche A. Il est terminé par un anneau qui sert à suspendre l'instrument. Si on croche l'anneau et que l'on mette un poids au crochet de l'arc CD, les deux branches de la

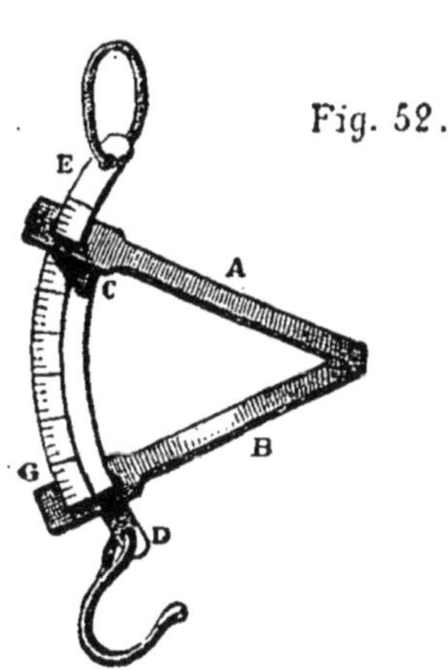

Fig. 52.

lame AB se rapprochent. Au moyen de poids connus, successivement suspendus, on gradue l'instrument, c'est-à-dire que l'on marque sur l'arc EG les poids qui correspondent aux différents rapprochements des deux branches. Si l'on ne dépasse pas la limite de flexion de l'instrument, les branches reprennent exactement leur position primitive dès que le poids qui les rapproche est enlevé. Souvent l'instrument est disposé pour que les flexions de la lame soient transmises à une aiguille qui marque, sur un cadran en cuivre, les poids correspondants aux différentes flexions; cette modification ne change en rien le principe sur lequel est basé le dynamomètre.

Le *peson* (fig. 53) est formé par un ressort à boudin enfermé dans un cylindre (20). Une tige le traverse dans toute sa longueur et se termine, à la partie inférieure, par une rondelle sur laquelle s'appuie une des extrémités du ressort. L'autre bout de cette tige porte un anneau qui sert à suspendre l'instrument. Le cylindre est fermé par le haut pour donner un point d'appui à l'extrémité supérieure du ressort, mais la tige passe librement. La partie inférieure du cylindre porte un crochet qui reçoit les objets à peser.

Fig. 53.

Plus le poids est lourd, plus les différents anneaux du ressort se rapprochent. Au moyen de poids connus, on indique sur la tige les flexions correspondantes à ces poids.

45. Mobilité. — La mobilité est la propriété que possèdent tous les corps de pouvoir occuper différents points de l'espace, de changer de position.

Ainsi, ce livre que vous lisez, vous pouvez l'emporter dans le cabinet de votre père, au lycée ou encore dans votre chambre ; une voiture peut être traînée par un homme ou par un cheval ; un navire peut être poussé par le vent.

Le *mouvement* est la conséquence de la mobilité ; c'est l'état d'un corps pendant le temps qu'il passe d'un endroit à un autre, d'une position à une autre.

46. Inertie. — L'inertie est la propriété qu'ont tous les corps, en général, de ne pouvoir d'eux-mêmes changer l'état dans lequel ils se trouvent, soit qu'ils aient un certain mouvement, soit qu'ils n'en possèdent aucun (il faut, pour le moment, écarter de votre esprit les corps animés qui peuvent vous sembler en dehors de la définition).

La pierre que vous jetez en l'air ne peut, dès qu'elle est en mouvement, s'arrêter d'elle-même; si elle monte de moins en moins vite, c'est qu'elle est tirée, en quelque sorte, en arrière par l'attraction de la terre (29). L'impulsion que vous lui avez donnée est détruite par cette action, sans compter d'autres causes dont je vous parlerai plus tard; et, comme vous n'agissez plus sur la pierre dès qu'elle a quitté votre main, elle retombe.

J'aurais à vous dire bien des choses intéressantes sur l'inertie, mais elles viendront à leur temps; il suffit, pour le moment, que vous soyez bien persuadé de cette vérité, qu'un corps ne peut par lui-même changer ou même modifier en quoi que ce soit l'état dans lequel il se trouve. Remarquez ce qui se passe quand un cheval attelé à une voiture va partir; il commence par faire un grand effort, à donner un coup de collier, comme on dit; c'est qu'il doit vaincre l'inertie de la voiture, qui ne peut d'elle-même se mettre en mouvement. Pour aller plus vite, le cheval doit tirer davantage; pour aller moins vite, il doit retenir. Et si l'on veut arrêter tout à fait, le cheval est obligé de faire un effort considérable pour empêcher la voiture de continuer à avancer; c'est qu'alors, étant en mouvement, elle ne peut s'arrêter d'elle-même.

Lorsque vous courez, si vous vous arrêtez tout à coup ou si vous buttez contre une pierre, vous êtes entraîné en avant malgré vous, et souvent vous tombez; c'est que le mouvement du haut de votre corps continue en vertu de l'inertie.

Lorsque vous avez à franchir un obstacle quelconque, vous prenez votre élan; c'est que l'expérience vous a démontré que vous sautez mieux, et plus loin, si le mouvement dont vous êtes animé vient s'ajouter à l'effort que vous faites pour sauter.

Il vous est souvent arrivé de vous élancer d'une voiture en marche ou de quitter le siége de l'arrière, sur lequel vous étiez monté à l'insu du cocher. Vous avez dû remarquer alors que votre corps, même quand vous aviez quitté la voiture, participait au mouvement de cette dernière. Et vous avez dû plus d'une fois tomber sur le nez, quand vous sautiez la figure tournée en avant; et sur le dos, quand vous quittiez le siége tourné à l'opposé.

Sur un chemin de fer, c'est l'inertie qui rend les accidents si terribles; si la locomotive ou un wagon sort de la voie ou *déraille* et s'arrête, les voitures qui viennent après montent sur l'obstacle ainsi produit, et se brisent les unes sur les autres, en broyant les personnes qui sont dedans.

Enfin les *marteaux*, les *haches*, les *pilons*, etc., sont des applications de l'inertie. Il en est de même de ces grandes roues de fonte, nommées *volants*, qui servent à régulariser le mouvement des machines.

DU MOUVEMENT

DU REPOS, DE LA VITESSE ET DES FORCES

47. **DU MOUVEMENT.** — Comme nous l'avons vu au n° 45, le mouvement est la conséquence de la mobilité.

Ainsi, une voiture traînée par un cheval, une boule qui roule, un bateau qui suit le courant d'une rivière, sont des corps en mouvement.

Mais on ne peut reconnaître le mouvement d'un corps que si on le compare à d'autres objets qui sont ou ne sont pas en mouvement. Par exemple, la voiture dans laquelle vous vous trouvez passe successivement devant des arbres, des maisons, devant d'autres voitures qui vont plus ou moins vite que la vôtre ; par suite, vous pouvez apprécier le mouvement de votre voiture. Le bateau que vous montez passe devant les différents accidents du rivage, devant des rochers où d'autres navires, dans ce cas encore, le mouvement du navire est sensible. Mais supposez que vous n'ayez aucun point de comparaison qui vous démontre qu'un corps est en mouvement, vous pourrez le croire sans mouvement ou *immobile*, alors qu'il est véritablement en mouvement. C'est ainsi que, dans un compartiment de wagon, dans la chambre d'un bateau à vapeur où vous êtes assis, vous semblez immobile, ainsi que tout ce qui vous entoure, tant que vous ne jetez pas les yeux à l'extérieur. Et cet effet est si naturel, que, si vous mettez la tête à la fenêtre du wagon, ou si vous montez sur le pont du navire, les champs qui bordent la route, avec les arbres et les maisons, l'eau de la rivière, du fleuve ou de la mer, les terres que vous côtoyez, semblent défiler devant vous, en suivant une route opposée à celle que vous parcourez. Il n'y a là évidemment qu'une apparence, car c'est bien véritablement le wagon ou le navire qui change de position ; les terres, les arbres, l'eau n'ont donc qu'un *mouvement apparent*.

Il en est de même des astres ; le soleil, la lune, les étoiles se lèvent d'un côté du ciel et se couchent de l'autre; ils semblent tourner autour de la terre, et cependant c'est bien réellement cette dernière qui tourne sur elle-même dans le sens opposé.

Si vous pouviez comparer le mouvement d'un corps à un objet complétement immobile, vous auriez le mouvement réel, véritable, du corps, ce qu'on appelle le *mouvement absolu;* mais il est impossible de trouver un seul point immobile dans la nature, puisque la terre est toujours en mouvement; il est donc impossible d'observer le mouvement absolu.

Mouvement rectiligne. — Le mouvement est dit rectiligne si le corps suit une ligne droite.

Mouvement curviligne. — Il est curviligne si la ligne qu'il parcourt est courbe.

Mouvement circulaire. — Enfin, il est circulaire si le chemin parcouru est la circonférence d'un cercle (15).

Un train, sur un chemin de fer en ligne droite, a un mouvement rectiligne; la pierre que vous lancez, comme le boulet qui sort d'un canon, ont un mouvement curviligne; la roue d'une voiture, celle d'un moulin ont un mouvement circulaire.

Pour se faire une idée nette du mouvement d'un corps, il faut non-seulement connaître la forme de la ligne qu'il suit, mais encore la longueur du chemin qu'il parcourt dans un temps donné. On observe ordinairement le chemin parcouru dans la première seconde, puis celui parcouru dans la deuxième seconde, puis celui parcouru dans la troisième seconde; et ainsi de suite, pendant toute la durée du mouvement.

Mouvement uniforme. — Le mouvement est uniforme si les parties de chemin parcourues, dans des temps égaux, sont égales.

Mouvement varié. — Dans le cas contraire, le mouvement est varié.

Un cheval qui va toujours, soit au pas, soit au trot, soit au galop, a un mouvement uniforme; il a un mouvement varié, s'il va tantôt au pas, tantôt au trot, tantôt au galop, suivant le caprice de celui qui le conduit.

Mouvement continu. — Le mouvement est continu quand le corps s'avance dans la même direction, dans le même sens.

Mouvement alternatif. — Il est alternatif quand il se produit successivement d'avant en arrière et d'arrière en avant.

Mouvement oscillant. — Un mouvement circulaire alternatif, comme celui d'un pendule (36), d'une escarpolette, du fléau d'une balance, etc., est plus particulièrement désigné sous la dénomination de mouvement oscillant.

48. **DE LA VITESSE.** — On appelle souvent un corps en mouvement un *mobile*. Cette expression dit immédiatement à l'esprit l'état dans lequel est le corps dont on s'occupe.

La vitesse d'un mobile est, en général, le chemin (exprimé en mètres et parties de mètres [23]) parcouru par ce mobile dans l'unité de temps, qui est ordinairement la seconde (35). Ainsi, quand on dit que la vitesse d'un train, sur un chemin de fer, est de huit mètres, par exemple, cela signifie que les wagons qui composent ce train s'avancent de huit mètres par seconde. On dit aussi que telle voiture fait, par exemple, quatre lieues à l'heure ; le chemin parcouru n'est plus exprimé en mètres, et l'unité de temps n'est plus la seconde. Mais il est toujours facile de revenir à la vitesse telle que nous l'avons définie. En effet, la lieue est de 4,000 mètres ; les quatre lieues représentent donc 16,000 mètres parcourus en une heure, ou 3,600 secondes (35), ce qui fait 4 mètres 44 centimètres par seconde.

La *vitesse est constante* dans le mouvement uniforme, aussi donne-t-elle immédiatement l'idée du chemin que peut parcourir un mobile dans un temps donné, mais il n'en est pas ainsi dans un mouvement varié ; la vitesse n'étant pas la même d'un moment à l'autre, ne dirait rien à l'esprit. Aussi, pour exprimer la vitesse d'un mouvement varié, emploie-t-on une quantité moyenne qui serait la vitesse d'un autre mobile pouvant parcourir le même chemin dans le même temps, mais avec un mouvement uniforme ; on appelle cette vitesse *vitesse moyenne*.

Pour le mouvement circulaire, celui des roues par exemple, on compte ordinairement le nombre de tours ou de parties de tour qu'elles font en une seconde ; on dit alors que telle roue a une vitesse de tant de tours.

49. **Du repos.** — Le repos est l'état d'un corps qui n'est pas en mouvement ; mais comme la terre est continuellement en mouvement, et que tous les corps qui la composent participent à ce mouvement, il n'y a, par le fait, sur la terre, aucun corps en *repos absolu*. Cela est vrai sous ce point de vue général ; mais vous pourrez dire que vous êtes en repos, même sur un navire qui marche, quand, vous comparant à l'état d'autres personnes qui se promènent, vous restez assis par exemple.

Dans le premier cas, c'est le *repos absolu*, qui n'existe pas dans la nature ; dans le second, c'est le *repos relatif*, qui se rencontre à chaque instant.

50. **DES FORCES.** — De ce qui précède, il résulte que pour vaincre

l'inertie (46) d'un corps, c'est-à-dire pour modifier ou changer l'état dans lequel il se trouve, soit au point de vue du mouvement, soit au point de vue du repos, il faut une ou plusieurs causes que l'on désigne sous le nom de forces.

On partage les forces en deux grandes divisions :

1° Celles qui donnent le mouvement à un corps, ou qui augmentent celui qu'il possède, sont appelées *forces motrices*. L'ensemble de toutes les forces motrices, qui agissent sur un corps, se nomme la *puissance*.

2° Celles dont l'action tend à diminuer ou à détruire le mouvement sont appelées *forces résistantes ;* et leur ensemble prend le nom de *résistance*.

Un cheval attelé à une voiture produit la force motrice ou la puissance ; mais les roues en tournant éprouvent une certaine résistance sur le sol de la route et sur l'essieu : ce sont là les forces résistantes ou la résistance. Remarquez que ces dernières n'existent pas ou ne se manifestent pas quand la voiture ne roule pas ; c'est donc le mouvement qui a engendré ces résistances.

Forces instantanées. — Parmi les forces motrices, celles qui agissent pendant un temps très-court sur un corps et qui l'abandonnent ensuite à lui-même, sont appelées forces instantanées.

Forces accélérées. — Celles, au contraire, qui agissent sur un mobile pendant tout le temps de son mouvement, sont appelées forces accélérées.

Résistances utiles. — Parmi les forces résistantes engendrées par le mouvement, il y en a que l'on utilise, comme par exemple l'arrachement du bois que la scie coupe, l'écrasement des grains par la meule d'un moulin, etc., etc.

Résistances passives. — D'autres, sans aucune utilité, qui s'opposent au mouvement en détruisant une partie de la puissance, se nomment les résistances passives.

Ces dernières sont de plusieurs espèces :

1° *Le frottement ou la résistance au glissement.* — Cette résistance se produit toutes les fois qu'un corps glisse sur un autre. Pour vous rendre compte de l'effet produit, examinez avec un verre grossissant un morceau de fer ou un morceau de marbre poli ; les surfaces, qui semblent à la vue simple parfaitement lisses, sont en réalité couvertes d'aspérités qui pénètrent dans les creux d'autres pièces polies, avec lesquelles on les met en contact. De l'eau ou un corps gras interposé entre les surfaces frottantes, en comblant en quelque sorte les creux ou en augmentant le poli des surfaces en contact, diminue le frottement.

2° *Résistance au roulement.* — C'est la résistance d'un corps rond, un rouleau par exemple, chargé ou non d'un poids, que l'on cherche à faire marcher, au moyen du roulement, sur une surface quelconque. Il y a le plus souvent dans ce cas une certaine déformation qui nuit au mouvement. Le rouleau s'aplatit dans la partie où il porte, et la surface sur laquelle il roule se creuse sous le poids du rouleau. Aussi, plus les parties en contact sont dures, moins il y a de déformation et moins la résistance au roulement est grande.

3° *Raideur des cordes.* — Cette résistance provient du défaut de flexibilité du chanvre, du coton ou de la soie employés généralement pour faire les cordes. Il faut une certaine force pour les enrouler. Par suite, moins la courbure de la corde est prononcée, ou encore plus la corde est flexible, moins la résistance due à la raideur des cordes est grande.

4° *Résistance des milieux.* — Si, prenant un pendule (36), vous le faites osciller dans l'air d'abord, puis dans l'eau par exemple, en lui conservant bien entendu la même longueur, vous remarquerez qu'il oscille plus facilement dans le premier cas que dans le second. Cette différence provient de la densité qui est plus grande pour l'eau que pour l'air (33). L'eau et l'air sont ce qu'on appelle les milieux. Il en serait de même pour un corps que vous chercheriez à faire avancer dans l'air, puis dans l'eau; vous remarqueriez que vous avez plus de force à faire dans le second cas que dans le premier. Aussi la résistance des milieux est d'autant plus grande que le milieu est plus dense.

5° *Les chocs*, en ébranlant des parties qui ne devraient pas participer au mouvement, absorbent aussi une partie de la puissance.

51. Différentes espèces de forces. — On peut réduire à six les causes qui produisent les forces :

1° *La pesanteur ou l'attraction terrestre* (29). — Elle agit sur tous les corps, qu'ils soient en mouvement ou en repos; c'est elle qui détermine le courant des fleuves et des rivières.

Quand on parle de l'attraction que les différents mondes qui peuplent l'immensité exercent les uns sur les autres, on dit la *gravitation.*

Quand il est question de l'attraction du globe terrestre et des corps qui le composent, elle prend le nom de *pesanteur.*

Enfin, s'il s'agit de l'attraction des éléments matériels des corps ou molécules (38), forces qui s'exercent à des distances infiniment petites, on dit l'*attraction moléculaire*. C'est elle qui maintient les molécules des corps les unes en présence des autres, et détermine ce qu'on nomme la *cohésion*.

On nomme *verticale d'un lieu* la direction de la pesanteur, ou la ligne que suit un corps en tombant dans ce lieu.

Le *fil à plomb* (fig. 54), dont les ouvriers maçons se servent plus particulièrement, se compose d'une petite ficelle, que l'on tient par un bout, et d'un petit poids attaché à l'autre extrémité.

Fig. 54.

La terre est à peu près une sphère (22). L'action qu'elle exerce sur tous les corps tend à les attirer vers son centre ; donc la direction du fil à plomb, dans un lieu quelconque, est celle du rayon de la sphère passant par ce lieu.

Par suite, deux fils à plomb, quelque rapprochés qu'ils soient, ne peuvent être exactement parallèles (7). Mais de même que l'on peut considérer une petite portion de la terre comme étant une surface plane, de même l'on peut admettre que les fils à plomb, dans des endroits peu éloignés les uns des autres, sont parallèles entre eux et de plus perpendiculaires à la surface des eaux. Cette surface est dite *horizontale ;* elle est elle-même perpendiculaire à la direction du fil à plomb.

La découverte des lois de la pesanteur, dont vous aurez souvent l'occasion d'apprécier l'importance, est due à *Newton*, l'un des plus grands savants des temps modernes, dont l'Angleterre peut être fière. Il naquit le 25 décembre 1642, et mourut en 1727.

2° La *chaleur*, cause inconnue, qui pénètre tous les corps et qui tend à augmenter l'espace qu'ils occupent, en écartant les unes des autres les molécules (38) qui les composent.

3° L'*élasticité* et la *force expansive*, qui agissent à l'intérieur des corps : la première, pour conserver aux corps leur forme ; la seconde, pour les faire sortir des vases qui les contiennent (27).

4° L'*électricité* et les *forces magnétiques*, qui font que des corps attirent ou repoussent d'autres corps.

5° Le *frottement* (50), qui s'oppose au glissement d'un corps sur un autre.

6° Enfin, les *forces animées*, développées par l'homme ou par les animaux.

52. **Détermination des forces.** — Une force quelconque est déterminée par trois éléments, savoir :

1° Son *point d'application*, point du corps auquel est immédiatement appliquée la force ;

2° Sa *direction*, ligne, toujours droite, suivant laquelle la force tend à entraîner le point du corps sur lequel elle agit ;

3° Son *intensité*, sa *puissance* ou son *énergie*, représentée le plus souvent par un nombre de kilogrammes.

53. **Résultante.** — Quel que soit le nombre des forces qui agissent sur un corps, s'il y a mouvement, le corps ne pourra évidemment se diriger que suivant une seule direction ; par suite, on peut supposer qu'une force unique, agissant dans cette direction, pourrait remplacer toutes les autres. Elle en serait alors ce qu'on appelle la résultante.

54. **Composantes.** — Plusieurs forces, qui agissent sur un corps et qui ne produisent que l'effet de l'une d'elles, sont les composantes de cette dernière, qui est leur résultante.

55. **Travail mécanique.** — Le travail mécanique consiste à déplacer des corps pesants, tels que des pierres, de l'eau, etc., etc. ; à changer les positions respectives des molécules d'un corps, comme quand on forge du fer ; à séparer des parties, comme dans le sciage des bois, le broiement des pierres, la mouture du blé. Dans tous ces cas, comme dans beaucoup d'autres que je pourrais citer, il n'y a travail qu'autant qu'il y a chemin parcouru par la résistance vaincue. Ainsi, un cheval chargé d'un poids quelconque ne travaille que s'il porte ce poids d'un endroit à un autre ; s'il reste en repos, il ne travaille pas. Une locomotive, à laquelle est attaché un convoi, ne produit de travail mécanique que si elle traîne ce convoi.

Plus tard, quand je vous parlerai des machines employées dans l'industrie, je vous dirai comment on peut calculer le travail mécanique fait par chacune d'elles. Je me contenterai de vous dire, pour le moment, que l'on obtient le travail d'une force en multipliant son énergie (52) (représentée en kilogrammes) par le chemin parcouru par son point d'application (suivant sa direction) dans l'unité de temps, et exprimé en mètres.

Le *travail moteur* est le travail mécanique de toutes les forces motrices (50) ;

Le *travail résistant* est celui de toutes les forces résistantes ;

Le *travail inutile* est celui absorbé par les résistances passives ;

Le *travail utile*, *effectif* ou *réel*, est la différence entre le travail moteur et le travail inutile.

56. **ÉQUILIBRE.** — Un corps est en équilibre quand toutes les forces qui agissent sur lui se neutralisent. Une voiture d'enfant tirée par les uns en avant et retenue de l'arrière par les autres, et qui reste sans prendre de mouvement, est en équilibre.

Il ne faut pas confondre l'état d'un corps en équilibre avec celui d'un corps en repos ; car, dans ce dernier cas, le corps n'est soumis à aucune force.

Le sens que l'on donne généralement au mot équilibre n'est pas précisément celui que nous venons de lui attribuer. Ainsi, lorsque vous tenez un bâton debout sur votre doigt, vous dites qu'il est en équilibre. Vous employez la même expression lorsque, montant sur un pieu ou sur une pierre pointue, vous voulez indiquer que vous restez sur un seul pied sans tomber. Mais vous ne vous servez plus du même mot pour désigner l'état d'une chaise qui repose sur ses quatre pieds. Cependant, qu'elle tienne sur votre doigt par un seul pied ou sur le sol, ses quatre pieds touchant la terre, son poids est toujours neutralisé, et elle est véritablement en équilibre.

Seulement, dans le premier cas, *l'équilibre est dit instable*, parce que le moindre dérangement trouble cet équilibre, et le corps ne tend pas de lui-même à reprendre la position qu'il a quittée. Au contraire, la chaise, qui repose sur ses quatre pieds, tend à reprendre sa position d'équilibre quand vous la penchez, dans de certaines limites, d'un côté ou de l'autre. Aussi, l'on dit alors que *l'équilibre est stable*. Si un corps reste en équilibre, quelle que soit la position qu'on lui donne, il est dit en *équilibre indifférent*. Une boule est dans ce cas.

57. **Centre de gravité.** — Vous vous rappelez qu'en vous parlant des molécules (38) et de la pesanteur (29 et 51), je vous ai dit que chacune des

molécules d'un corps était attirée par la terre. C'est l'ensemble de toutes ces petites forces qui constitue le poids des corps. L'action exercée sur chaque molécule a pour direction celle du fil à plomb (51); elle est par suite verticale. Tout corps tomberait donc verticalement s'il était abandonné d'une certaine hauteur. Vous pouvez admettre qu'il serait facile de concevoir le corps sollicité par une seule force, dans la direction unique que suit le corps, et cette force serait la résultante de toutes les autres (53).

Fig. 55.

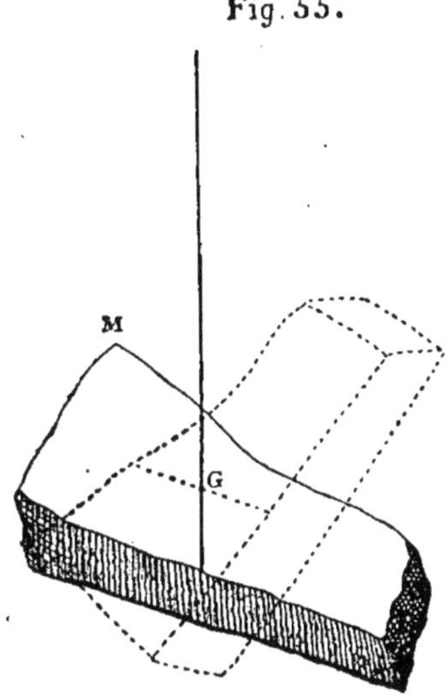

Si vous prenez un corps quelconque M (fig. 55) et que vous le suspendiez par une corde AG, le corps se mettra de lui-même en équilibre et la ligne AG sera verticale; c'est par le fait un fil à plomb (51). Si ensuite vous l'attachez d'une autre manière, comme l'indique la ligne pointillée, par exemple, le corps se mettra encore en équilibre, et si vous pouviez conserver la trace intérieure de la première verticale, vous verriez que la seconde couperait la première en un point G, qui serait toujours le même pour toutes les positions que l'on pourrait donner au corps M. Le prolongement de la corde qui le supporterait passerait toujours par le point G.

C'est ce point que l'on appelle le *centre de gravité* du corps. Comme l'expérience que je viens de vous indiquer serait difficile à exécuter, je vais vous en décrire une autre plus facile, et qui vous démontrera le principe.

Fig. 56.

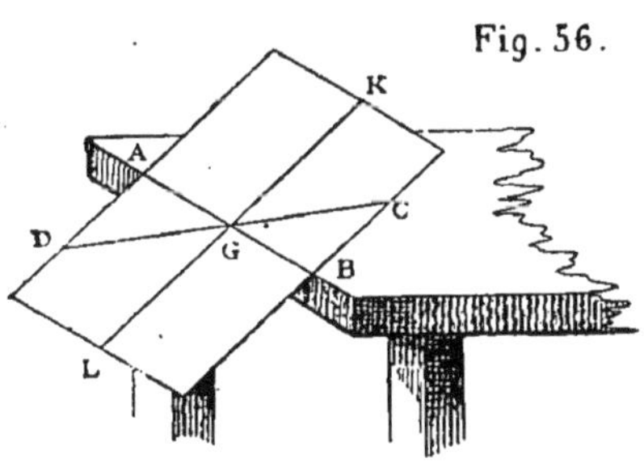

Prenez une feuille de tôle, de carton ou de bois mince, peu importe, placez-la sur le côté d'une table (fig. 56), de manière qu'elle soit en équilibre, suivant la ligne AB, par exemple. Tracez cette ligne AB sur la feuille. Mettez cette dernière dans une autre position, de manière qu'elle soit encore en équilibre sur le bord de la table, et tracez la ligne CD suivant laquelle elle garde son équilibre. Ces deux lignes se couperont au centre de gravité G de la feuille, qui sera le même pour toutes les autres lignes KL, etc., suivant lesquelles la feuille se tiendra en équilibre.

Revenons maintenant à l'équilibre des corps et voyons quel rôle joue le centre de gravité. Ce dernier étant le point où toute l'action de la pesanteur vient se concentrer, si ce point est soutenu, l'action de la pesanteur sera détruite et, par suite, le corps sera en équilibre.

Fig. 57.

Mais le corps peut être appuyé par un ou plusieurs points.

Dans le premier cas, le corps n'étant soutenu que par un seul point, il faut que ce dernier soit le centre de gravité même du corps, ou qu'il soit placé immédiatement au-dessus ou au-dessous de lui ; ce qui revient à dire qu'il doit être sur la même verticale que le centre de gravité.

Le fil à plomb est un exemple de l'équilibre d'un corps ne reposant que par un point, et dont le centre de gravité se trouve au-dessous de ce point. Alors l'équilibre est stable, car le plus petit dérangement ne peut que faire monter le centre de gravité, tout en le faisant sortir de la verticale qui passe par le point de suspension. Dès ce moment la pesanteur n'est plus complétement détruite, et elle tire le corps pour le ramener à sa position d'équilibre, par des oscillations qui deviennent de moins en moins grandes (36).

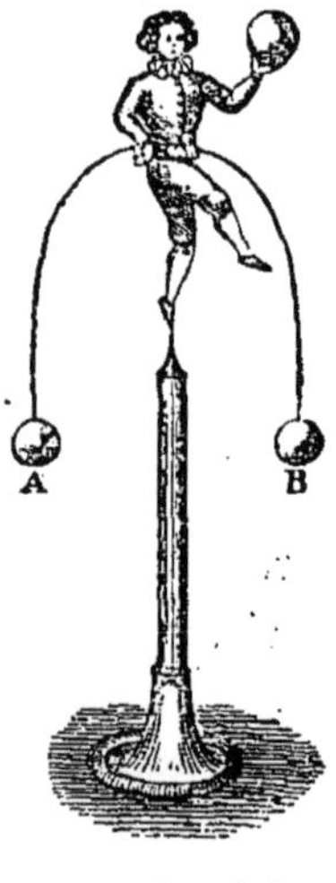

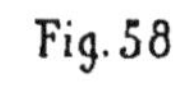

Fig. 58.

Le bâton que l'on tient sur un doigt (fig. 57) est le cas d'un corps en équilibre sur un seul point, et dont le centre de gravité est au-dessus du point de suspension. Vous savez parfaitement qu'alors le plus petit dérangement du bâton tend à le faire tomber. Son équilibre est instable, parce que le moindre mouvement fait sortir le centre de gravité de la verticale passant par le bout du doigt, seule position où la pesanteur soit équilibrée par la résistance du doigt. Par suite, le bâton se renverse si l'équilibriste ne porte vivement le doigt exactement sous le centre de gravité, ou sur la verticale qui passe par ce dernier point.

Vous avez vu parfois, chez les marchands de jouets, de petites poupées en équilibre sur la pointe du pied, à l'extrémité d'une colonne (fig. 58). Si l'on dérange ces poupées, elles semblent danser en pirouettant et se balançant sans que leur pied quitte pour cela la colonne. Tout le secret de la position est dans les deux balles de plomb A et B, qui abaissent le centre de gravité au-dessous du point de contact du pied avec la colonne.

Fig. 59.

Dans le cas où un corps repose sur deux points, il suffit, pour qu'il soit en équilibre, que la verticale qui passe par son centre de gravité tombe à un endroit quelconque sur la ligne qui joint ces deux points. Mais là encore, selon la position de la ligne qui joint les points sur lesquels le corps repose, l'équilibre peut être stable, instable ou indifférent. Ainsi l'escarpolette (fig. 59), dans laquelle le centre de gravité est au-dessous des points autour desquels elle oscille, est en équilibre stable; et c'est précisément cette condition qui produit les oscillations. Lorsqu'on se balance, on écarte le centre de gravité de la verticale. Il en est de même des cloches que l'on met en branle. Les choses ne se passent pas de la même manière pour un homme monté sur des échasses (fig. 60) ; son centre de gravité est au-dessus de la ligne qui joint les deux pieds des échasses : aussi ne peut-il se maintenir qu'en portant le corps en avant ou en arrière, de manière à mettre son centre de gravité sur une verticale coupant toujours la ligne AB.

Fig. 60.

Le fléau d'une balance (30) est encore un exemple de l'équilibre sur deux points ; si le centre de gravité est au-dessus de la ligne de suspension, le moindre effort troublera l'équilibre et le fléau tendra à se renverser de plus en plus, jusqu'à ce que son centre de gravité soit arrivé au-dessous de la ligne de suspension. Un fléau, dans de telles conditions, ne pourrait donc pas servir. Si le centre de gravité est juste sur la ligne de suspension, le fléau sera en équilibre dans toutes les positions que l'on voudra lui donner, c'est le cas d'un *équilibre indifférent;* les meules, les roues d'engrenage, etc., sont toujours en équilibre indifférent. Enfin, si le centre de gravité du fléau est au-dessous de la ligne de suspension, ce qui doit toujours avoir lieu, l'onstrument dérangé de sa position d'équilibre tendra à y revenir de lui-même.

Si un corps repose sur le sol par plus de deux points, non en ligne droite, il suffit, pour qu'il y ait équilibre, que le centre de gravité se trouve au-dessus de l'espace enfermé par les lignes qui joignent les points extérieurs sur lesquels il repose.

Ainsi, pour la table à trois pieds représentée par la figure 61, il suffit

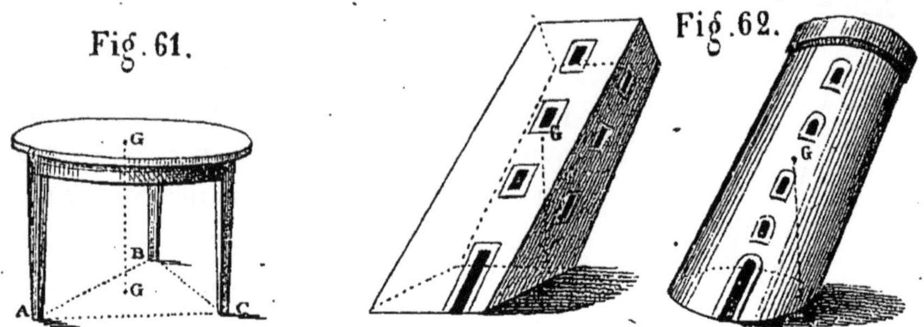

Fig. 61. Fig. 62.

que la verticale, passant par le centre de gravité G, tombe dans l'intérieur du triangle ABC, formé par les lignes menées d'un pied à un autre. Dans les tours penchées de Bologne et de Pise (fig. 62), la verticale passant par le centre de gravité tombe dans l'intérieur de la base des monuments; sans cette condition, les tours ne resteraient pas debout.

Enfin, examinons les passants : l'homme représenté par la figure 63 se tient droit, parce qu'il ne porte aucun fardeau et que la verticale passant par son centre de gravité tombe dans l'espace enfermé par ses pieds. L'homme représenté par la figure 64 a un gros ventre, il faut qu'il contre-balance ce poids placé en avant en portant le haut du corps en arrière; c'est le seul moyen pour lui de pouvoir tenir en équilibre. Dans cette position, seulement, la verticale passant par son centre de gravité tombe entre ses pieds. Enfin, le porteur d'eau de la figure 65, pour pouvoir marcher, doit contre-balancer le poids de son seau en portant le haut du corps à gauche. Du reste, essayez de soulever un poids quelconque, et toujours votre corps se mettra dans une position telle que vous puissiez tenir debout. Si vous penchez le haut du corps en avant (fig. 66, 1), vous levez une jambe et vous

Fig. 63. Fig. 64. Fig. 65.

la portez le plus possible en arrière. Si au contraire vous vous penchez en arrière, vous avancez les bras et les genoux en avant (fig. 66, 2).

Je terminerai ce que j'ai à vous dire sur le centre de gravité en vous expliquant pourquoi les poupées, représentant le plus souvent des magots de la Chine, se relèvent toujours, quoi que l'on fasse pour les renverser. Ces petites figures (fig. 67) sont creuses ou du moins sont faites avec des matières légères; le bas est fortement lesté, de sorte que le centre de gravité soit le plus bas possible. Il en résulte que lorsque l'on fait pencher le magot, le centre de gravité est relevé, et l'action de la pesanteur agit immédiatement pour l'abaisser et, par suite, pour faire redresser la poupée.

Fig. 66.

Fig. 67.

DES MACHINES SIMPLES

58. **MACHINES EN GÉNÉRAL.** — Toutes les machines, si compliquées qu'elles paraissent, ne sont que la réunion ou la combinaison de certaines machines élémentaires, que vous voyez chaque jour et que l'on désigne sous le nom de machines simples.

Avant de vous parler de ces machines, je dois vous énoncer un principe sur lequel j'appelle toute votre attention, et que vous devez toujours avoir présent à l'esprit. C'est que les machines, même celles dont le mécanisme est exécuté avec le plus grand soin, celles enfin qui éprouvent le moins de frottements, font perdre une partie de la force qui leur est appliquée. En d'autres termes, elles ne transmettent jamais la totalité de la force qui leur est communiquée. Il suffit de réfléchir un instant pour être convaincu de cette vérité : en effet, ces machines sont toujours composées de parties qui ne peuvent se mettre en mouvement d'elles-mêmes (46); de plus, elles développent, dans le mouvement, des résistances passives (50) qu'il faut vaincre. Donc une partie de la force, appliquée à une machine quelconque, est dépensée inutilement pour combattre l'inertie des parties de cette machine et les résistances passives. Ainsi, non-seulement la force appliquée à une machine n'est pas augmentée, comme on le croit vulgairement, mais encore elle est diminuée. Alors pourquoi employer les machines? Parce que sans elles, dans beaucoup de cas, la force dont on dispose ne serait d'aucune utilité.

Pour bien vous faire comprendre ce que je viens de vous dire, je reviens au travail mécanique (55), en vous rappelant, ce qu'il ne faut jamais oublier, qu'il est composé de trois éléments : la force appliquée, exprimée en kilogrammes; le chemin parcouru dans la direction de la force, exprimé en mètres; et le temps employé pour le parcours de ce chemin, exprimé en secondes.

59. **Unité du travail mécanique.** — C'est le moment de vous parler de l'*unité du travail mécanique*, que l'on appelle *kilogrammètre*.

Le kilogrammètre est le travail mécanique qu'il faut faire pour élever un kilogramme, à un mètre de hauteur, dans une seconde de temps.

Prenons un exemple : un homme, dans une journée de travail, a pu monter 100 sacs de farine, de 72 kilos chacun, dans un grenier élevé de 5 mètres. Tel est le travail mécanique développé.

La résistance vaincue est........................ 72 kil.
Le chemin parcouru est 5 m. répété 100 fois ou.. 500 m.

Le travail mécanique, fait par l'homme dans la journée, est le produit de ces deux quantités ou 36,000. Pour connaître le travail en kilogrammètres, il suffit de savoir combien la journée contient de secondes et de diviser 36,000 par le nombre de secondes. Or, la journée est en général de 10 heures ; chaque heure contient 3,600 secondes, il y a donc 36,000 secondes dans la journée ; par suite, l'homme développerait un travail de 1 kilogrammètre.

Supposons que ce soit là le travail que peut faire l'homme et que l'on peut exiger.

Que peut-on lui demander, s'il doit porter les sacs à une hauteur double, triple, etc. ?

L'ouvrier devant monter à une hauteur double, mettra le double de temps pour chaque voyage ; ainsi, au lieu de 100 sacs qu'il montait, il ne pourra plus en monter que 50, et alors il aura fait le même travail mécanique. En effet :

La résistance vaincue est........................ 72 kil.
Le chemin parcouru est 10 m. répété 50 fois ou.. 500 m.

dont le produit est encore 36,000 ou 1 kilogrammètre.

Si la hauteur était triple, c'est-à-dire de 15 mètres, il ne pourrait monter que le tiers du nombre de sacs qu'il montait à 5 mètres, car la quantité de travail produit serait encore de 1 kilogrammètre.

Si la hauteur n'était que de 2 m. 50, l'ouvrier pourrait monter le double de sacs ; si ces derniers ne pesaient que 36 kilos, il pourrait en monter un nombre double ; car toujours son travail serait d'un kilogrammètre. Ayez bien toujours ces idées à l'esprit, elles vous faciliteront beaucoup l'intelligence des machines.

Dans les livres de science, on appelle encore le kilogrammètre *unité dynamique*.

Je vous ai dit que le chemin parcouru devait être compté en mètres et suivant la direction de la force ; mais souvent le corps en mouvement suit une autre direction que celle de la force dont on veut connaître le travail. Je ne puis maintenant vous faire comprendre comment on agit dans ce cas ; il vous faudrait des connaissances mathématiques que vous ne posséderez que plus tard.

60. **Équilibre dynamique.** — Les machines ne sont que des intermédiaires entre la force dont on dispose ou la puissance, et la résistance à vaincre. D'un côté il y a le travail utile fait par la puissance, de l'autre le travail de la résistance à vaincre augmenté du travail des résistances passives développées par le mouvement ; s'il y a égalité des deux côtés, il y a ce qu'on nomme équilibre dynamique.

J'aurais bien voulu éviter de vous donner ces aperçus théoriques, mais ils sont indispensables pour l'intelligence de ce que je me propose de vous dire plus tard sur les machines industrielles.

61. **Machines simples.** — Une machine quelconque se compose toujours de points d'appui et de pièces mobiles, dont le but est de communiquer ou de transmettre le mouvement, et elle résulte toujours, quelque compliquée qu'elle soit, comme je vous l'ai dit au n° 58, de la combinaison de certaines machines élémentaires ou simples, qui sont :

1° Le levier ;
2° Le treuil ou cabestan ;
3° La poulie ;
4° Le plan incliné ;
5° Le coin ;
6° La vis ;

qui se réduisent même à deux, car le treuil et la poulie ne sont que des applications du levier ; comme le coin et la vis ne sont que des modifications du plan incliné.

Ainsi donc, il n'y a véritablement que deux machines simples :

Le levier,

Le plan incliné.

62. **Du levier.** — Le levier est la plus simple des machines ; il consiste en une barre de fer, de bois ou de toute autre matière, mobile sur un point fixe.

Point d'appui. Point de puissance. Point de résistance. — On distingue dans le levier trois points particuliers : le point d'appui A (fig. 68), sur

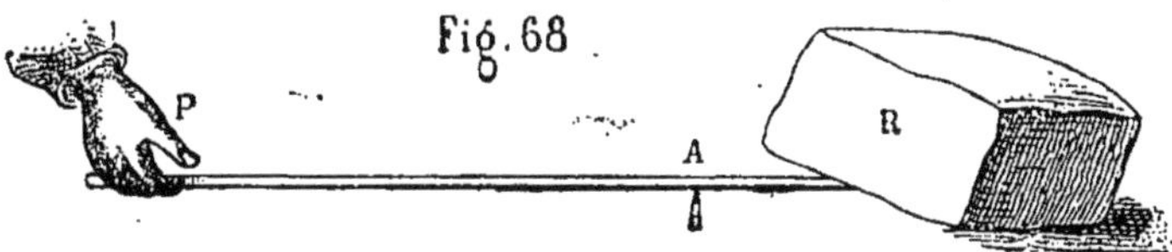

lequel il repose ; le point de puissance P, sur lequel s'applique la force qui doit déplacer l'obstacle ; le point de résistance R, qui est en contact avec l'obstacle. Les bras du levier sont les distances AP, comprises d'un

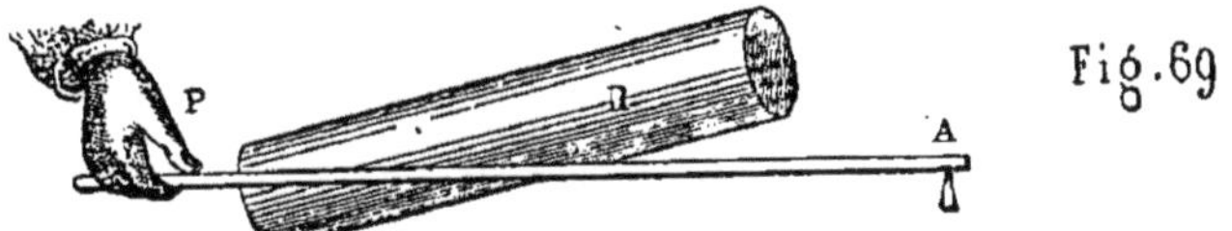

côté entre le point d'appui A et le point de puissance; et de l'autre la distance AR, comprise entre le point d'appui A et le point de résistance R.

Classification des leviers. — Quoique tous les leviers agissent de la même manière, on est convenu de les classer en trois genres. Dans le levier du premier genre (fig. 68), le point d'appui A est entre la puissance P et la résistance R. Dans le levier du second genre (figure 69), le point d'appui A est au delà de la résistance R, qui se trouve ainsi entre la puissance P et le point d'appui. Dans le levier du troisième genre (fig. 70), le point d'appui A est encore au delà de la résistance R et de la puissance P, mais cette dernière est entre le point d'appui et la résistance.

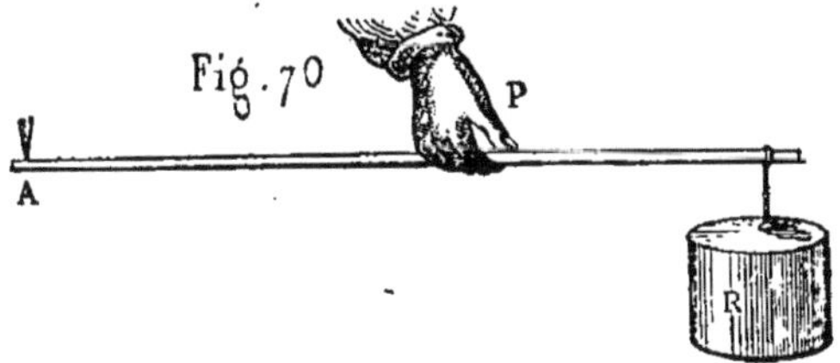

Relation entre la puissance et la résistance dans les leviers. — D'après ce que je vous ai dit de l'équilibre dynamique dans une machine (60), si nous ne tenons pas compte du travail des résistances passives ou du frottement, pour qu'il y ait équilibre dynamique dans un levier, il faudra que le travail de la puissance soit égal au travail de la résistance. Ainsi donc, la puissance, exprimée en kilogrammes, multipliée par le chemin qu'elle parcourt, devra être égale à la résistance exprimée aussi en kilogrammes, multipliée par le chemin qu'elle parcourt dans le même temps.

Par suite, pour faire équilibre à un poids aussi considérable qu'on le voudra, au moyen d'un levier et d'une force donnée, 10, 100 fois plus petite, il suffira que l'extrémité du levier, engagée sous la résistance, parcoure un chemin 10, 100 fois plus petit que celui parcouru, dans le même temps, par l'extrémité du levier qui reçoit l'action de cette puissance. Mais les chemins parcourus par les extrémités du levier sont des arcs de cercle (15) qui ont pour rayons les bras du levier, et l'on vous démontrera en géométrie que les arcs de cercle sont d'autant plus grands que les rayons sont plus longs; par suite, si le bras du levier qui reçoit la puissance est 10, 100 fois plus grand que celui qui agit sur la résistance, dans le même temps, le chemin parcouru par la puissance sera 10, 100 fois plus grand que celui parcouru par la résistance. Il s'ensuit qu'avec un poids de 100 kilog., par exemple, on peut faire équilibre à un poids de 1,000 kilog., en employant un levier partagé en onze parties égales; le petit bras, long de une de ces parties, serait engagé sous la résistance de 1,000 kilog., et le grand bras, long de dix parties, recevrait l'action de 100 kilog.

Fig. 71

Fig. 72

L'équilibre dynamique serait en effet :

100 kilog. multipliés par 10 chemins parcourus, égale 1,000 kilog. multipliés par 1 chemin parcouru.

La puissance pourrait n'être que de 10 kilog. si le levier, divisé en 101 parties égales, avait le grand bras de 100 parties et le petit de une de ces parties.

Comme je vous l'ai dit, les choses se passent de la même manière pour les leviers des deux autres genres. Et en effet, le levier du second genre PA, représenté par la figure 71, agit comme le levier du premier genre PR′, dans lequel AR′ est égal à AR. De même dans le levier du troisième genre RA (fig. 72), l'action est la même que dans le levier du premier genre PR', dans lequel AR' est égal à RA. Mais remarquez que dans ce levier, le bras de la puissance étant toujours plus petit que celui de la résistance, la puissance devra être toujours plus considérable que la résistance à vaincre.

Il est bien entendu que si l'on voulait produire le mouvement, il faudrait une force plus grande que celle qui fait équilibre; et qu'en outre cette force devrait être encore augmentée de tout ce qui serait nécessaire pour vaincre le frottement du levier sur son point d'appui.

Vous avez certainement vu les ouvriers employer le levier, les tailleurs de pierre par exemple. Je vais vous dire comment ils procèdent et comment ils trouvent le rapport qui doit exister entre les deux bras d'un levier, pour produire l'effet voulu. Supposons donc un tailleur de pierre : il a fini de travailler une des faces de la pierre qu'il taille, il faut maintenant la retourner pour qu'elle présente un autre côté et il est seul. La force dont il dispose, ou le poids qu'il peut soulever directement avec ses mains, est de beaucoup inférieur à celui de la pierre à remuer. Il prend un levier, il engage un des bouts sous la pierre, il lève l'autre extrémité du levier pour placer dessous, près de l'obstacle à soulever, une petite pierre devant servir de point d'appui. Il appuie alors sur l'extrémité libre du levier. S'il ne peut pas soulever l'obstacle, c'est que le petit bras du levier est trop grand par rapport à l'autre ; il soulève le levier et il avance, vers la pierre qu'il veut changer de place, le point d'appui. En tâtonnant, il arrive à pouvoir lever un peu la pierre; quand il a produit avec le levier tout l'effet que peut donner cette machine simple, il cale l'obstacle dans la position qu'il lui a donnée, et il recommence à disposer son levier pour agir de nouveau. C'est ainsi qu'un homme seul, avec du temps et des tâtonnements, peut faire ce que plusieurs autres réunis ne pourraient peut-être pas exécuter. Cet exemple vous montre bien l'avantage des machines, pour transmettre des forces que l'on ne pourrait pas utiliser sans elles. Ne pensez pas que le travail mécanique fait par le tailleur de pierre ait été plus considérable avec le levier que s'il avait pu agir directement avec sa force musculaire; il a dû vaincre la résistance du levier sur son point d'appui, et, par suite, une partie de sa force a été employée là sans aucune utilité.

En laissant de côté le frottement du levier sur son point d'appui, le travail mécanique développé à chacune des extrémités du levier est le même. Si la force de l'ouvrier est plus faible que la résistance à vaincre, le chemin parcouru dans le même temps par la première est plus grand que celui parcouru par la seconde. C'est précisément en cela que consiste l'avantage des machines ; elles permettent de faire parcourir à la puissance des chemins plus grands que ceux parcourus par la résistance dans le même temps, de sorte que l'on peut utiliser des forces trop faibles pour agir sans leur intermédiaire.

63. **Applications du levier.** — *Romaine.* — C'est un levier du premier genre PR (fig. 73), dont le point d'appui est en A. A l'extrémité du plus

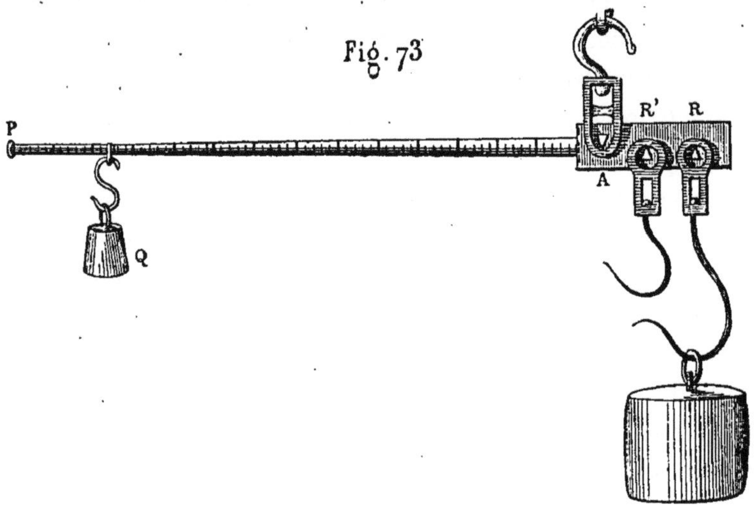

Fig. 73

petit bras AR est un crochet auquel on suspend le corps à peser. Sur le plus grand bras AP est un anneau mobile portant un poids fixe A. On gradue d'avance le grand bras AP, en crochant successivement des poids connus au crochet R, et en portant le poids Q à un endroit convenable pour que le levier soit en équilibre ou horizontal (51). Vous comprenez dès lors que la romaine puisse servir de balance ; elle a même sur cette dernière l'avantage de ne pas exiger des poids marqués, puisque c'est toujours le même qui sert ; mais il faut dire aussi qu'elle est moins exacte que la balance, ou du moins qu'elle est plus susceptible de donner des erreurs. Souvent les romaines portent un autre crochet R', qui sert à peser des poids plus considérables que ceux que l'on peut mettre au crochet R. C'est encore le même poids Q qui sert, mais il y a une graduation particulière pour le levier PR′, dans lequel le petit bras AR′ est beaucoup plus petit que le bras AR du levier PR.

Bascules ou balances de Quintenz. — Les bascules ou mieux les balances de Quintenz, du nom de leur inventeur, se composent d'un plateau BCD (fig. 74) relevé du côté CD ; c'est sur la partie BC de ce plateau que se placent les objets à peser. Ce plateau, auquel la pièce DG tient, repose d'une part en A, sur le levier A′E, et de l'autre en G, à l'extrémité de la tringle KG. Le levier A′E, mobile autour du point A′, est accroché à l'extrémité de la tringle HE. Les deux tringles HE et KG sont suspendues au petit bras d'un levier HP, dont le point d'appui est en A″. Le plateau, suspendu à l'extrémité P du grand bras, est destiné à recevoir des poids

Fig. 74

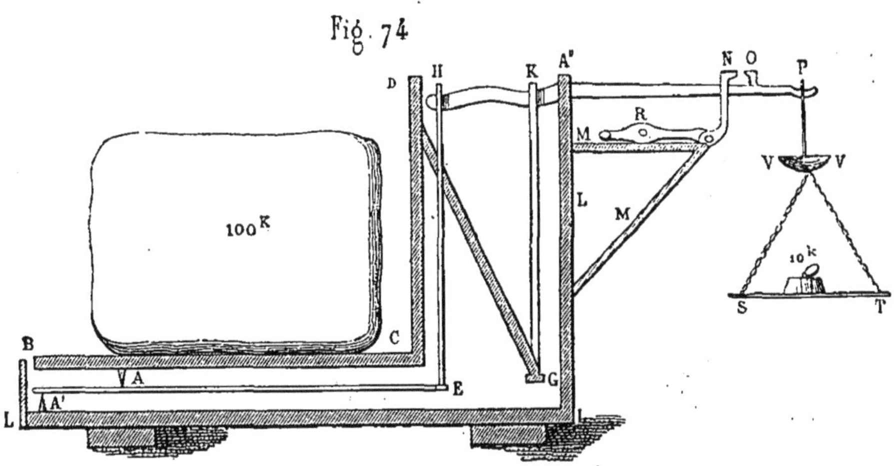

marqués. LLL est en quelque sorte la caisse de l'instrument, c'est elle qui donne le point d'appui du levier HA″P ; elle porte aussi un repère N, tenu par la ferrure MM, qui doit correspondre au repère O placé sur le levier HP, quand les plateaux sont en équilibre. R est une petite roulette qui peut se placer sous le levier HP, quand la bascule ne sert pas ; il empêche les points d'appui de fatiguer. Les choses sont disposées de telle sorte que si A′A est le cinquième de A′E, KA″ est aussi le cinquième de HA″. En outre, KA″ est généralement le dixième de A″P. Il résulte de ces dispositions que tout se passe comme si les corps à peser étaient directement suspendus au point K du levier KP, au lieu d'être placés sur le plateau BC ; et, comme le petit bras KA″ de ce levier est dix fois plus petit que le grand A″P, un poids de 10 kil., par exemple, placé dans le petit plateau ST, fera équilibre à un poids de 100 kil. mis sur le grand plateau BC.

Avant de se servir d'une bascule, il faut toujours la vérifier, c'est-à-dire voir si les deux plateaux se font bien équilibre. Le plus souvent on est obligé de mettre de petits poids dans la cuvette VV placée au-dessus du plateau ST. C'est ce qu'on appelle la *tare* de l'instrument, et elle ne doit pas être comptée dans le poids des corps à peser. Les deux repères, lorsqu'ils se trouvent à la même hauteur, indiquent qu'il y a équilibre ; on cale alors l'instrument en levant le galet R, et l'on met sur le plateau BC les objets à peser ; le chargement fait, on décale le levier et l'on place sur le plateau ST des poids connus, jusqu'à ce que le repère O descende à la hauteur du repère N. On empêche les oscillations en prenant les deux repères entre les doigts. Pour avoir le poids cherché, il suffit de multiplier par 10 celui contenu dans le plateau ST.

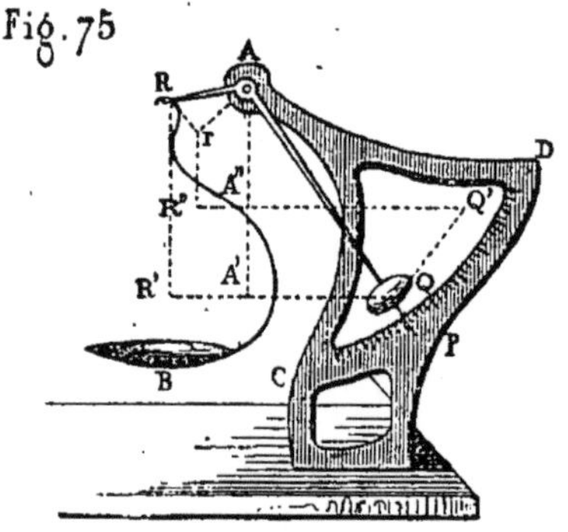

Peson. — Le peson, comme la romaine, donne le poids d'un corps sans l'emploi de poids marqués. Il se compose d'un levier coudé RAP (fig. 75) dont le point d'appui est en A. A l'extrémité du petit bras AR est suspendu un plateau B, dans lequel se mettent les objets à peser; à l'extrémité du grand bras est placé un poids fixe Q. Dans la position d'équilibre que représente la figure, les choses se passent comme si le plateau était suspendu à l'extrémité R′ du levier pointillé R′A′Q, le grand bras du levier étant A′Q. Si l'on met un corps dans le plateau B, ce dernier descendra ; l'extrémité R″ du levier viendra en R, par exemple, et Q montera en Q′. Supposons que l'équilibre existe dans cette position ; par le fait, les bras du levier ont varié ; ce dernier était primitivement R′A′Q, il est maintenant R″A″Q′. Le petit bras, qui était R′A′, n'est plus que R″A″; le grand bras A′Q est devenu A″Q′ et, par suite, a augmenté. Vous comprenez dès lors comment l'équilibre doit s'établir, quand on met des poids dans le plateau. On gradue les pesons en plaçant dans le plateau des poids connus et en indiquant, pour chacun d'eux, l'endroit de l'arc de cercle CD auquel correspond l'extrémité P du grand bras du levier.

Fléau d'une balance. — Le fléau d'une balance (30) n'est, par le fait, qu'un levier du premier genre, dont les deux bras sont exactement de la même longueur.

Les *ciseaux* (fig. 76), dont vous voyez l'emploi chaque jour, sont encore une application du levier du premier genre. Chacune des branches est un levier dont le point d'appui est en O. Plus vous rapprochez l'objet à couper du point d'appui, plus la force que vous faites est capable de vaincre la résistance; car, en agissant ainsi, vous diminuez la longueur du petit bras des leviers, le grand restant toujours le même.

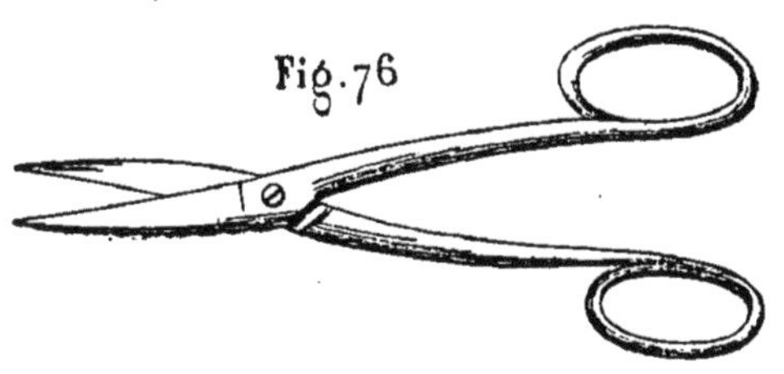

La *brouette* (fig. 77) est une application du levier du second genre, dont le point d'appui est l'essieu de la roue. Plus la charge est rapprochée de l'essieu, moins elle pèse sur les bras de l'ouvrier qui traîne la brouette. Plus elle est éloignée du point d'appui, plus au contraire l'ouvrier fatigue.

Le *treuil* est un cylindre (20) AB (fig. 78) le plus souvent en bois, traversé par un essieu ou *axe* EK en fer, dont les extrémités, appelées *tourillons*, sont reçues dans des trous pratiqués dans deux montants C et D. Sur l'un des bouts K de l'axe est un morceau de fer coudé KLS nommé *manivelle*. Sur le cylindre est fixée et enroulée une corde, dont l'extrémité libre est attachée au poids P à lever. Le treuil est une application du

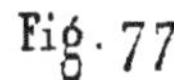
Fig. 77

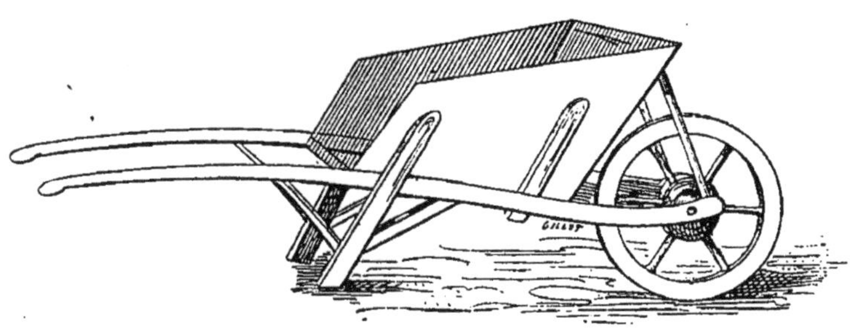

levier, l'un des bras est le rayon RM ou R'K du cylindre, l'autre bras KL est le rayon de la manivelle. Pour lever un poids donné avec cette machine, il faudra faire une force d'autant moins grande sur la manivelle, que le rayon de cette dernière est plus grand, comparé à celui du cylindre.

Vous pouvez vérifier, comme dans les machines dont je vous ai parlé, l'égalité du travail mécanique du côté de la résistance et du côté de la puissance; le poids à soulever peut être d'autant plus grand que le chemin

Fig. 78

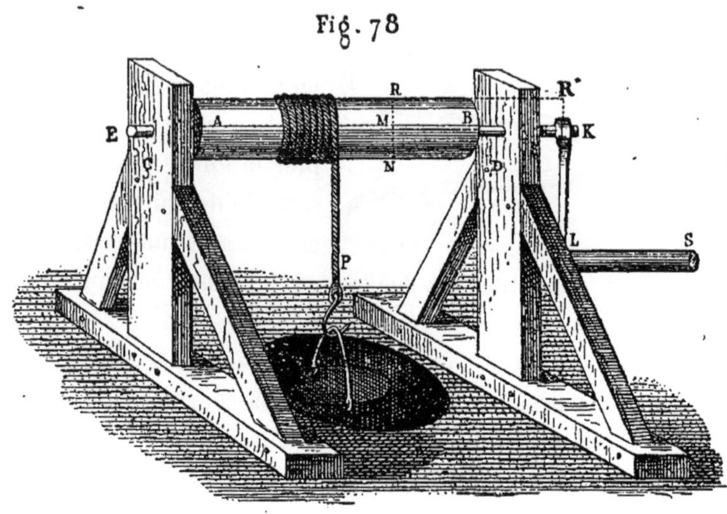

qu'il parcourt est plus petit, ou que le rayon du cylindre est plus petit. La force à dépenser peut être d'autant plus petite que le chemin qu'elle parcourt est plus grand, ou que le bras de la manivelle est plus grand.

Fig. 79

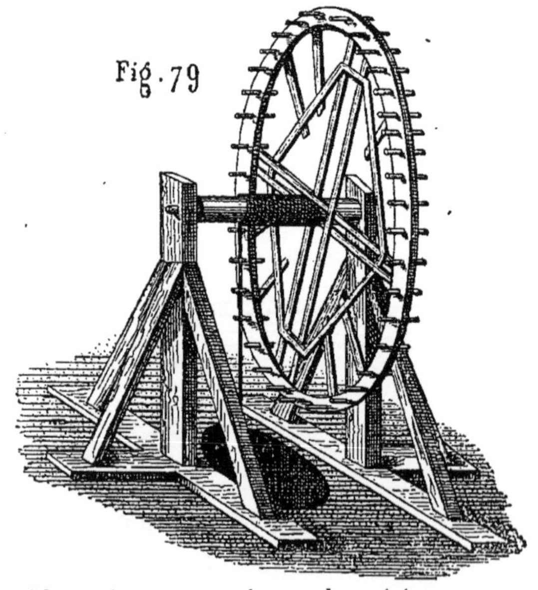

La *roue à chevilles* (figure 79), que vous avez peut-être vue installée au-dessus des carrières profondes, est un véritable treuil dans lequel la manivelle est remplacée par une grande roue, qui porte des chevilles sur tout son contour. Les deux bras du levier sont : le rayon du cylindre autour duquel s'enroule la corde, et le rayon de la roue à chevilles. L'ouvrier peut monter sur les chevilles, et alors tout son poids agit pour vaincre la résistance.

Le *cabestan* (fig. 80) est un treuil vertical; la manivelle est remplacée par des barres ABCD. Les bras du levier sont : le rayon du cylindre et le rayon de la circonférence décrite par l'extrémité des barres. Cette machine est employée quand l'effort à produire est considérable. C'est lui qui sert,

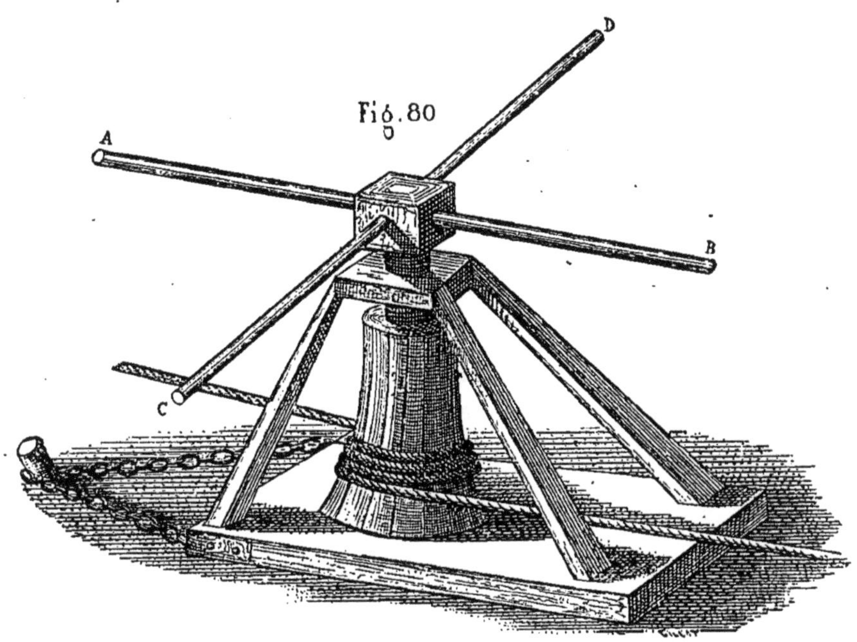

à bord des navires, pour retirer du fond les ancres, qu'on laisse tomber pour fixer le bâtiment à l'endroit où l'on veut le maintenir. Sur un vaisseau de guerre, il y a deux cabestans sur le même axe; chacun d'eux a dix-huit barres; sur chacune d'elles, on peut mettre six hommes. Il y a donc plus de deux cents hommes pour faire agir cette machine. Vous devez comprendre quelle est la résistance qu'elle peut vaincre.

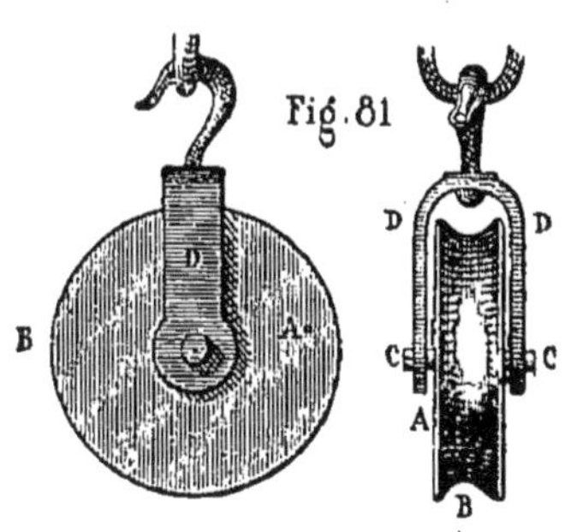

Poulie. — La poulie est composée de trois parties :

1° Un disque rond A (fig. 81) en bois ou en métal, nommé *rouet* ou *réa*, portant sur son contour une rainure B, appelée *gorge;*

2° Un *essieu* ou *axe* CC qui traverse le rouet, et sur lequel il peut tourner;

3° Une pièce DD nommée *chape*, qui sert, soit à suspendre la poulie, soit à attacher le poids à soulever. L'essieu traverse la chape.

Pour la poulie, il faut considérer deux cas : celui où elle est fixe, c'est-à-dire crochée ou attachée, et celui où elle est mobile. Supposons d'abord une poulie fixe, comme l'indique la figure 82. Une corde HH entoure le rouet A; d'un côté est la puissance P, et de l'autre la résistance R. Il suffit d'examiner cette machine pour voir qu'elle agit comme un levier EG, dont le point d'appui serait en C, et dont les deux bras seraient égaux. Il en résulte que, pour obtenir l'équilibre dynamique, la puissance devra être égale à la résistance. Alors les deux bouts de la corde ou des *brins*, comme on dit plus généralement, supporteront le même poids et, par suite, seront également tendus.

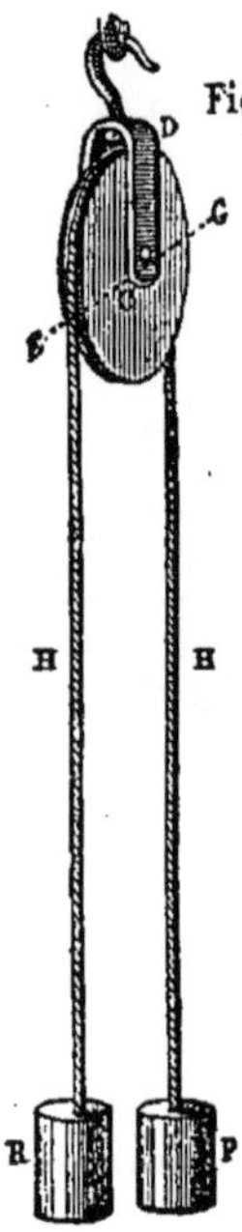

Fig. 82

Mais, comme nous ne tenons pas compte du frottement sur l'axe et de la résistance produite par la raideur de la corde (50), si l'on doit lever le poids R, il faudra nécessairement que la puissance P soit un peu plus grande que la résistance R. Avec cette machine, en se suspendant à l'un des cordons, on peut lever un poids presque égal au sien, et cela sans beaucoup de fatigue. Remarquez que la chape doit supporter le double du poids à lever; il faut donc que sa solidité, et celle du point où elle est fixée, soient calculées en conséquence.

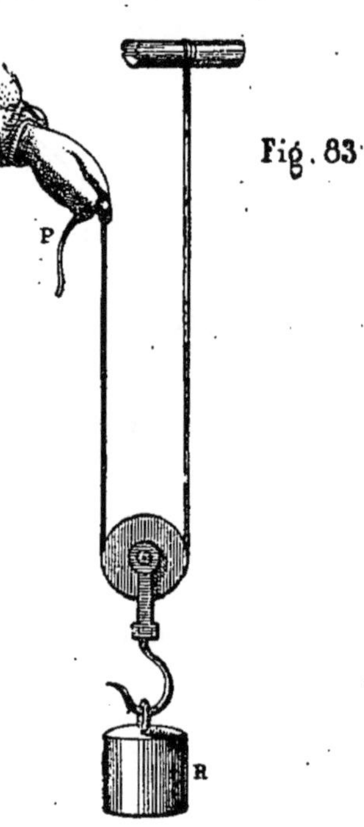

Fig. 83

Si la poulie est mobile, comme dans la figure 83, la résistance sera répartie sur les deux cordons qui, par suite, ne porteront chacun que la moitié du poids. Donc, si l'on attache un des cordons, il suffira, pour faire équilibre à la résistance R, de faire une force P égale seulement à la moitié de cette résistance. Ainsi, avec cette machine, pour lever un poids R, il ne faudra faire qu'un effort un peu supérieur à la moitié de la résistance.

Moufle ou palan. — Souvent on réunit, sur la même chape, plusieurs rouets ou réas ayant un essieu commun. Ainsi, dans la figure 84, il y a deux poulies portant chacune quatre réas. La corde, attachée sur la chape supérieure, passe sous le premier réa de la poulie inférieure, de là sur le premier réa de la poulie supérieure, sur le second réa de la poulie inférieure, sur le second réa de la poulie supérieure, sous le troisième réa de la poulie inférieure, sur le troisième réa de la poulie supérieure, sous le quatrième réa de la poulie inférieure, et sur le quatrième réa de la poulie supérieure. Il y a donc huit cordons parallèles. Si la poulie supérieure est attachée à un point fixe, et qu'un poids soit croché à la poulie inférieure, chacun des huit cordons portera le huitième du poids de la résistance; si donc cette résistance est de 800 kilos, par exemple, 100 kilos sur le bout de la corde non attaché lui feront équilibre. Il est inutile de vous dire que, pour produire le mouvement, il faudrait que la puissance fût de plus de 100 kilos.

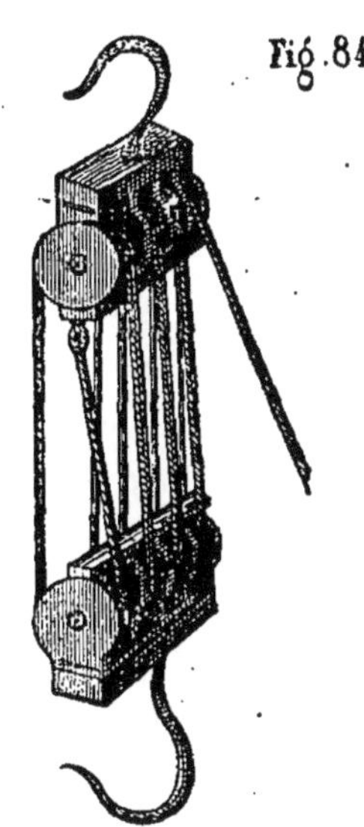
Fig. 84

Vérifions une fois de plus le principe de l'équilibre dynamique. Le travail fait par la puissance doit être égal au travail fait par la résistance. Supposons que les 800 kilos de la résistance soient montés de un mètre; dans le même temps, la puissance 100 kilos sera descendu de huit mètres, puisque chaque cordon donne un mètre. Donc, 800×1 doit être égal à 100×8, ce qui a lieu en effet.

Fig. 85.

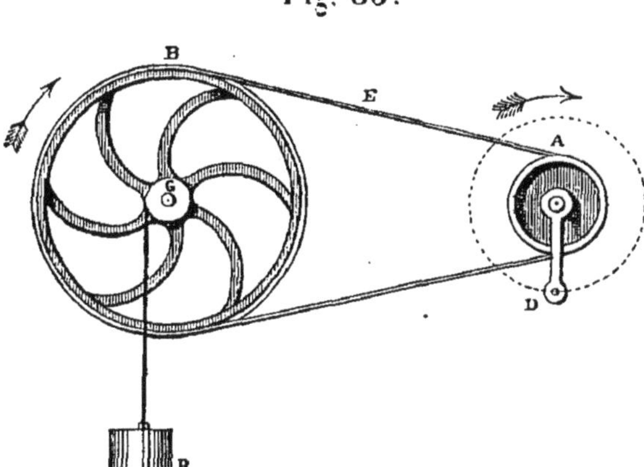

Roues de transmission du mouvement, engrenages. — Toutes ces machines sont des applications du levier. Ainsi, dans celle représentée par la figure 85, la poulie A reçoit son mouvement d'une machine à vapeur ou d'une manivelle CD. Une courroie sans fin E communique le mouvement à la roue B, qui le donne au treuil G sur lequel s'enroule la corde attachée à la résistance R. La poulie A et sa manivelle forment un treuil ou un levier, dans lequel le grand bras est le rayon de la manivelle, et le petit bras le rayon de la poulie A. Il en est de même de la poulie B ; elle peut être considérée comme un levier dont le grand bras est le rayon de la poulie, et le petit celui du cylindre G, sur lequel s'enroule la corde de la résistance. Pour avoir l'équilibre dynamique de cette machine, il faut combiner l'action des deux treuils. Ainsi, en supposant que la longueur de la manivelle soit le double du rayon de la poulie A, et que le rayon de la poulie B soit le triple du rayon du cylindre G, on trouvera que, pour la poulie B, la puissance appliquée sur la roue sera seulement le tiers de la résistance R. Pour la poulie A, la résistance est la force R′ à faire sur la poulie B, pour équilibrer la résistance R, ou le tiers de cette dernière, dans le cas dont nous nous occupons.

Fig. 86.

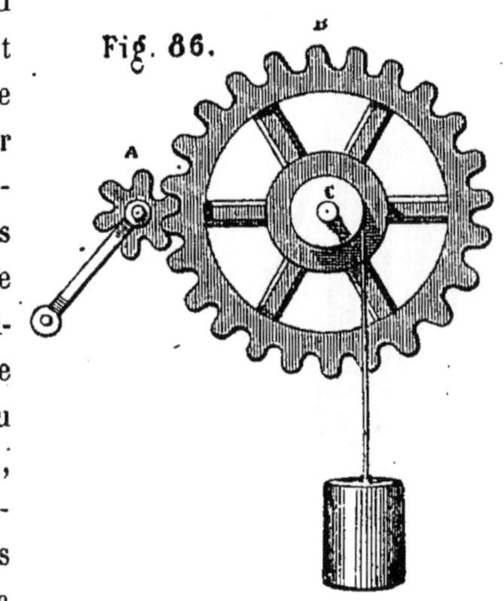

La force à appliquer sur la manivelle ne sera que la moitié de R′. Donc, une force quelconque appliquée sur la manivelle fera équilibre à une résistance six fois plus grande. En d'autres termes, il suffira d'appliquer, à l'extrémité de la manivelle CD, une force six fois plus petite que la résistance à vaincre.

Fig. 87.

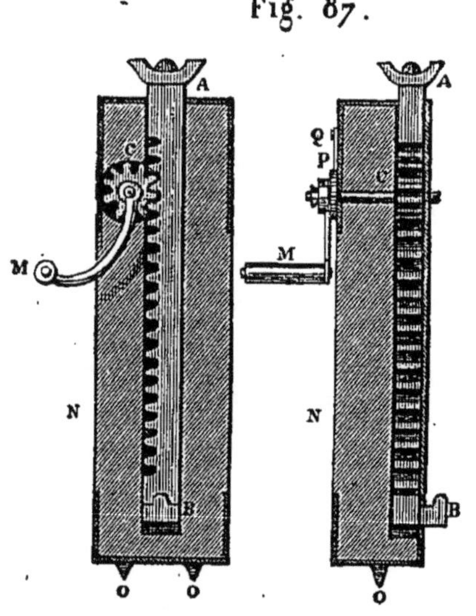

Il en est de même pour les roues d'engrenage. Soit la petite roue ou *pignon* A (fig. 86), engrenée avec la roue à dents B, qui porte un cylindre C, sur lequel est enroulée la corde de la résistance. Il y a encore là deux leviers : le premier, dont le grand bras est le rayon de la manivelle, et le petit bras, le rayon du pignon A ; le second a pour grand bras le rayon de la poulie B, et pour petit, celui du cylindre C.

Crics. — Vous avez certainement vu la machine qu'on nomme un cric et qui est employée si souvent par les ouvriers, pour faire marcher d'une petite distance des poids très-pesants. Elle se compose (fig. 87) d'une tige de fer AB à dents, nommée *crémaillère*, engrenée avec une petite roue dentée ou pignon C, sur l'axe duquel est une manivelle M. Le tout est renfermé dans un bloc de bois N entaillé convenablement pour servir de boîte au mécanisme. Pour que l'instrument ne glisse pas, il y a en dessous deux pointes OO ayant la forme de petites pyramides quadrangulaires (19). Le haut A de la crémaillère se nomme les *cornes*, et le crochet B le *talon*. On peut lever soit par les cornes, soit par le talon. Pour cela, on engage les cornes ou le talon sous l'objet à lever et l'on fait tourner la manivelle dans le sens nécessaire pour faire sortir la crémaillère. Afin d'empêcher cette dernière de descendre, il y a sur l'axe du pignon, entre la manivelle et la boîte, une petite roue à dents P (fig. 89) et un *linguet* Q, nommé aussi *rocher*.

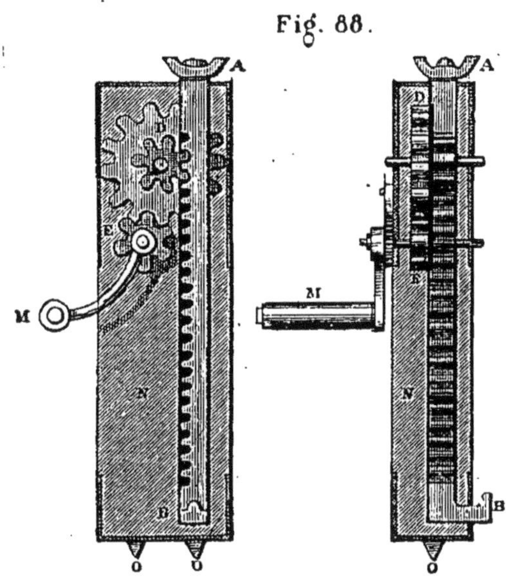

Fig. 88.

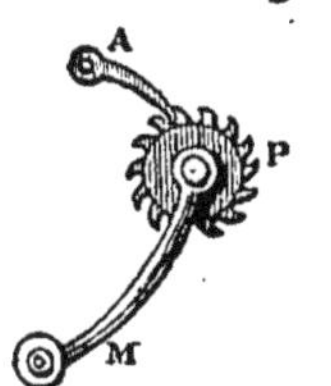

Fig. 89.

Le cric dont je viens de vous parler et représenté par la figure 87 est ce qu'on appelle un cric simple; il y en a de beaucoup plus puissants, nommés crics à double effet; la figure 88 représente un de ces instruments. La crémaillère est toujours engrenée avec un pignon C; mais sur l'axe de ce dernier est fixée ou *clavetée* (*) une roue à

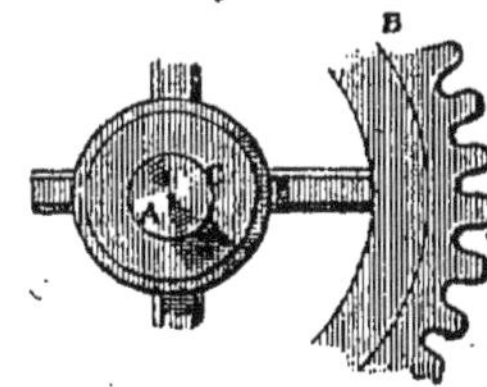

(*) Pour fixer une roue ou une poulie sur un axe ou un arbre, on emploie le plus souvent le moyen suivant. On fait, dans l'arbre A, une entaille; on en burine une autre semblable dans la partie de la roue ou de la poulie qui se trouve en regard et l'on introduit, dans ce trou composé ainsi de deux parties, une pièce de fer nommée *clavette*. Souvent encore l'entaille de l'arbre est remplacée par une partie plate sur laquelle la clavette vient s'appuyer.

dents D; un second pignon E, qui porte la manivelle, engrène avec la roue D.

Dans le cric simple (fig. 87), la manivelle et le pignon agissent sur la crémaillère comme un levier ayant pour grand bras le rayon de la manivelle M, et pour petit bras celui du pignon C. Si nous supposons que la manivelle ait cinq fois le rayon du pignon, ce qui a lieu généralement, une force de 100 kil., appliquée sur la manivelle, fera équilibre à un poids de 500 kil. engagé sous la crémaillère.

Pour le cric à double effet, la roue D a pour rayon trois fois celui du pignon C, et la manivelle a cinq fois le rayon du pignon E. Il en résulte que, pour tenir en équilibre un poids de 1,500 kil., par exemple, il suffit de faire un effort de 500 kil. sur la roue D ; et que, pour tenir cette dernière en équilibre, une force de 100 kil. suffit sur la manivelle. C'est donc pour la puissance un poids 15 fois plus petit que celui de la résistance.

Les *chèvres*, qui servent à monter des fardeaux, les *grues* placées sur les quais des ports et dans les gares des chemins de fer, et bien d'autres machines que vous voyez chaque jour, sont des applications du levier. Ainsi, dans les chèvres, il y a toujours un treuil et une ou plusieurs poulies; il en est de même pour les grues. Vous pouvez, dès maintenant, comprendre ces machines, quelque compliquées qu'elles vous paraissent à première vue, et même calculer la force à faire avec chacune d'elles pour vaincre une résistance donnée.

64. **Du plan incliné.** — Un corps quelconque P, placé sur une table, est toujours soumis à l'action de la pesanteur (51); il ne tombe pas, parce que cette force est équilibrée par la résistance opposée par la table; mais inclinez la table, et bientôt le corps glissera.

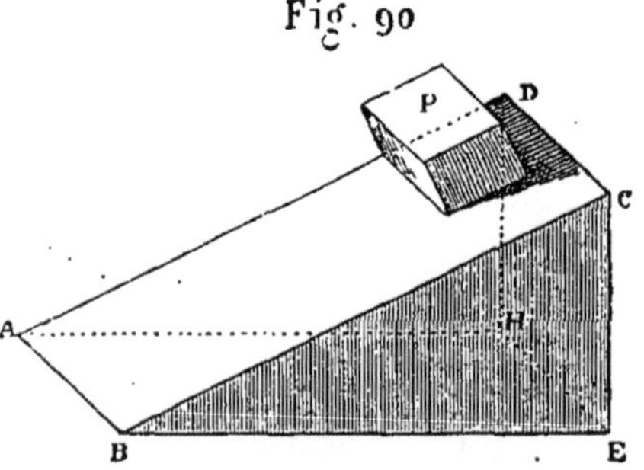

Un plan incliné ABCD (fig. 90) est par le fait une table inclinée. Supposons-le représenté seulement par BC qui donne sa direction et sa longueur. Par le point B menons une horizontale (51), et par le point C, une verticale. Nous formerons ainsi le triangle BCE (10), dans lequel BC représente la longueur du plan incliné, CE sa *hauteur* et BE sa *base*.

En laissant toujours de côté le frottement, voyons quelle serait la force à exercer pour empêcher le corps P (fig. 90) de glisser sur le plan incliné, ayant BC pour longueur et CE pour hauteur.

Pour qu'il y ait équilibre dynamique (60), il faut que le travail représenté par le poids du corps P, multiplié par le chemin vertical qu'il devait parcourir, c'est-à-dire la hauteur CE du plan incliné, soit égal au travail représenté par la force à appliquer au poids P pour l'empêcher de descendre, multipliée par la longueur BC du plan incliné. Il faudrait donc avoir

$$P \times CE = P' \times CB, \text{ d'où } P' = \frac{P \times CE}{CB},$$

P′ étant la force cherchée qui doit empêcher le corps de glisser. Ce qui se traduit de la manière suivante : la force nécessaire pour empêcher un corps de glisser sur un plan incliné est égale au produit du poids de ce corps multiplié par la hauteur du plan incliné et divisé par sa longueur. D'où il résulte que la force à faire sera d'autant plus petite que la longueur du plan incliné sera plus grande ou que sa hauteur sera plus petite. Et en effet, si la hauteur était nulle, c'est-à-dire si le plan était horizontal, la force à faire serait nulle, puisque le corps se tiendrait en équilibre.

Avant d'aller plus loin, remarquez que, pour le plan incliné, les choses se passent encore comme pour les leviers. La force que nous cherchons pour maintenir le poids P en équilibre sur le plan incliné BC, est la même que celle qu'il faudrait appliquer à l'extrémité d'un levier qui aurait pour grand bras la longueur du plan incliné BC, et pour petit la hauteur CF de ce plan incliné.

Pour le plan incliné comme pour toutes les machines, ce que l'on gagne d'un côté on le perd de l'autre ; la force à faire est plus petite que la résistance, mais aussi le chemin que la puissance doit faire est plus long, et il faut plus de temps pour le parcourir.

65. **Application du plan incliné.** — Tous les jours, les marchands de vin font l'application du plan incliné, soit en descendant des barriques dans les caves, soit en les montant sur des voitures pour les transporter.

Pour faire descendre une barrique le long d'un escalier ou d'un plan incliné, on attache une corde, par son milieu, au haut AB du plan incliné (fig. 91) ; puis les bouts passent sous la barrique et reviennent au-dessus. Un homme tient chacun des bouts pour retenir la barrique dans sa descente. Il faut que les cordes soient à égales distances des extrémités de la barrique, et qu'elles soient lâchées de telle sorte que la barrique descende toujours droite. Si la longueur du plan incliné est le double de sa hauteur, et que la barrique pèse 288 kilos, il ne faudra faire qu'un effort de 144 kilos au plus pour la retenir, puisque nous ne tenons pas compte du frottement, qui s'oppose aussi à la descente. En outre, la barrique fait l'effet d'une poulie à deux rouets sur lesquels passe la corde. Il y a quatre cordons également tendus et, par suite, supportant chacun le quart de 144 kilos ou 36 kilos. Mais, comme les points d'attache supportent chacun 36 kilos, les deux hommes qui tiennent les extrémités libres de la corde n'ont plus à faire chacun qu'un effort de 36 kilos pour retenir la barrique, et, par suite, un effort moindre pour la laisser descendre.

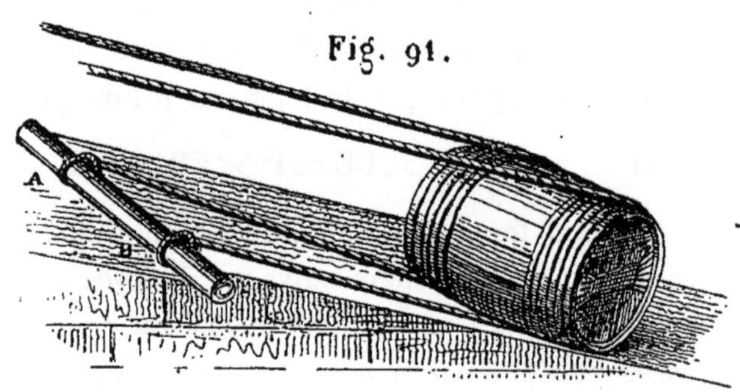

Fig. 91.

S'il fallait remonter la barrique de la cave, il faudrait évidemment que chacun des hommes fît un effort de plus de 36 kilos, parce que l'on aurait le frottement qui s'opposerait au mouvement.

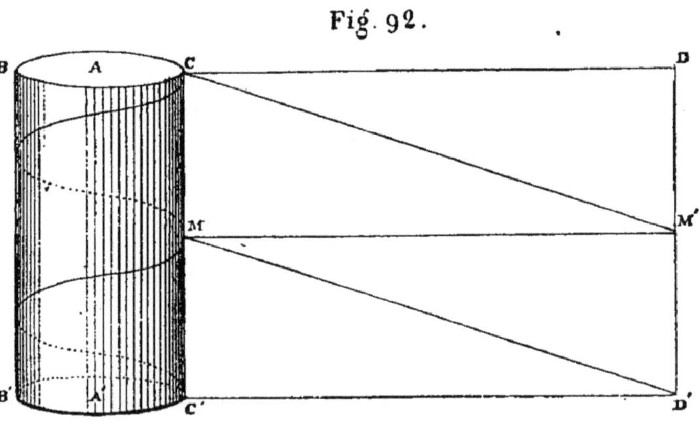

Fig. 92.

Les *coins* dont on se sert pour fendre le bois, les *haches*, les *ciseaux* des charpentiers et beaucoup d'autres instruments de travail, sont des applications du coin et, par suite, du plan incliné.

Vis. — Mais une des applications les plus communes est la vis. Pour vous bien faire comprendre que c'est un plan incliné, il faut que je vous dise comment elle est faite.

Supposons le cylindre BCB'C' (fig. 92). Construisons, sur un morceau de papier, le rectangle CC'D'D, ayant pour hauteur CC', la hauteur du cylindre, et pour base C'D', longueur de la circonférence formant la base du cylindre (ou $\pi \times$ BC, ou 3,14 $\times$ le diamètre du cylindre) (15, 20). Partageons le rectangle CC'D'D en deux parties égales par la ligne MM', et menons les diagonales (11) CM', MD'. Enfin, enroulons le rectangle sur le cylindre, qu'il couvrira entièrement, et dont il est ce qu'on appelle le développement.

Fig. 93.

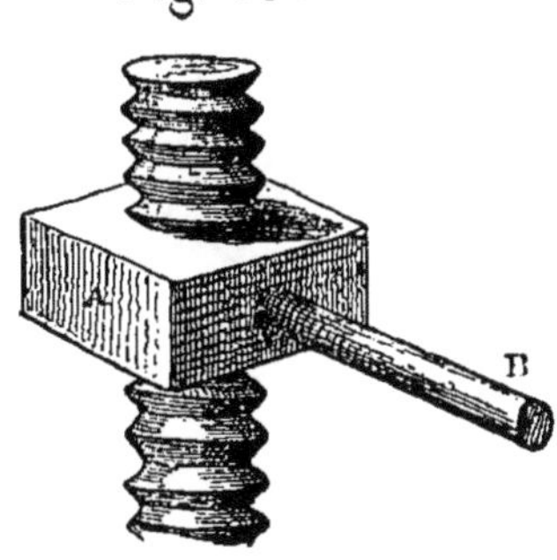

Les diagonales CM' et MD' formeront sur le cylindre une ligne courbe continue EMC', appelée *hélice*, et composée de deux révolutions complètes, qu'on nomme *spires*. Si le rectangle avait été partagé en trois, quatre parties égales, il y aurait eu trois, quatre spires. Les distances égales CM, MC', prises sur une génératrice, et qui séparent une spire d'une autre, sont ce qu'on nomme le pas de l'hélice. Remarquez de suite que CM' et MD' sont de véritables plans inclinés, égaux en longueur et ayant pour hauteur les distances égales CM et MC'; par suite, la spire d'une hélice est un plan incliné, qui a pour hauteur le pas de l'hélice.

C'est suivant une hélice que se taillent les parties saillantes d'une vis, que l'on nomme les *filets* de la vis.

Le filet d'une vis peut être *triangulaire*, comme dans la figure 93, ou *carré*, comme dans la figure 94. En général, toutes les vis ont un écrou A, A, dont l'intérieur est creusé pour recevoir le filet de la vis. Si la vis est fixe, l'écrou est mobile et monte ou descend d'une quantité égale au pas pour chaque révolution complète. Si l'écrou est fixe, la vis est mobile et monte ou descend d'une quantité égale au pas pour chaque révolution complète.

Fig. 94.

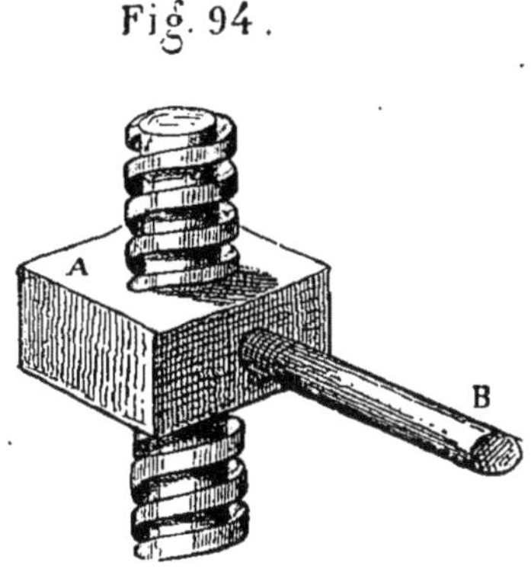

Plus le diamètre de la vis est grand, comparé au pas, plus la différence entre la longueur et la hauteur du plan incliné est considérable ; par suite, plus la puissance a d'avantages. Il faut encore ajouter à l'action de la vis celle du levier B, qui sert à manœuvrer l'écrou. La vis est, par le fait, la réunion d'un plan incliné et d'un treuil; vous devez comprendre quelle résistance considérable on peut vaincre en employant des vis d'un grand diamètre, d'un petit pas, et des leviers très-longs pour tourner soit l'écrou, soit la vis.

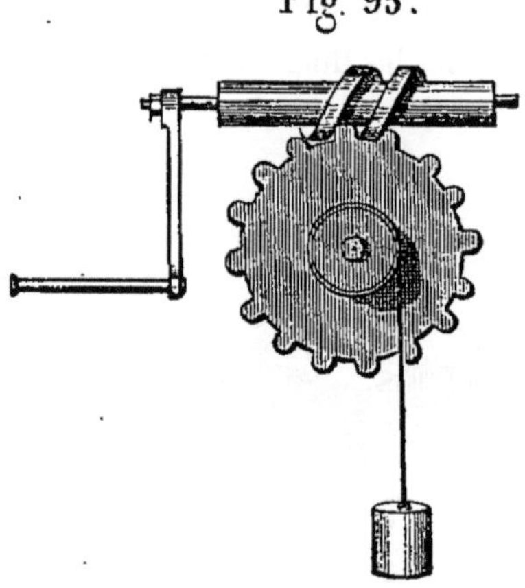
Fig. 95.

La *vis sans fin* (fig. 95), que vous rencontrerez souvent dans les machines, s'engrène sur une roue à dents à laquelle elle donne le mouvement. Un cylindre fait corps avec cette roue et reçoit la corde qui porte la résistance. La vis se manœuvre au moyen d'un levier ou d'une roue. Pour chaque révolution complète de la vis, la roue marche d'une dent. Cette machine est la réunion d'un premier treuil, représenté par le levier et le cylindre de la vis, d'un plan incliné donné par la vis, et d'un second treuil, celui qui porte la résistance à vaincre. En combinant les actions de ces trois machines, vous connaîtrez facilement la force à faire, sur le levier, pour vaincre une résistance donnée.

Au fur et à mesure que je vous parlerai des machines, je vous ferai voir de quelles machines simples elles sont les applications ou les combinaisons.

DE LA CHALEUR

66. **LE CALORIQUE** est la cause inconnue des impressions de chaud et de froid que les corps font éprouver à nos organes, soit au contact, soit à distance.

67. **LA CHALEUR** est l'effet produit par le calorique. Cependant, on confond aujourd'hui la cause avec l'effet, et généralement on n'emploie que le mot chaleur.

L'étude de cette branche de la physique est, dans l'état actuel des choses, la plus importante.

Non-seulement la chaleur exerce une influence bienfaisante sur tout ce qui vit, mais encore ses applications industrielles sont excessivement nombreuses. C'est au moyen de la chaleur que nous préparons la plupart de nos aliments ; pendant l'hiver, elle remplace la chaleur que le soleil n'envoie plus. Elle donne à l'homme les moyens d'extraire les différents métaux dont il a besoin ; elle sert à les façonner, les forger, les fondre. C'est avec elle que l'on prépare la chaux, le plâtre, le verre, les briques, etc. Elle donne à l'homme une puissance formidable en transformant l'eau en vapeur, en embrasant la poudre ; en fondant les neiges des montagnes, elle alimente les sources et les rivières en été.

Dans tous les âges la chaleur, sous le nom de *feu*, a excité l'admiration des hommes ; beaucoup de peuples l'ont divinisée et adorée.

Nos propres impressions nous font connaître qu'il y a dans les corps divers degrés de chaleur ; nous sentons qu'ils sont un peu froids ou un peu chauds, froids ou chauds, très-froids ou très-chauds. Vous reconnaîtrez, de plus, que les causes de ces sensations particulières se distinguent de la matière elle-même, puisque le même corps peut être plus ou moins chauffé. *La chaleur est donc distincte des corps ;* elle peut les pénétrer, s'accumuler entre leurs molécules, alors ils deviennent chauds, très-chauds, brûlants ;

elle peut les abandonner, alors ils deviennent chauds, tièdes, froids, très-froids.

Si vous pesez un corps froid, et que vous le pesiez de nouveau quand il est chaud, c'est-à-dire lorsque l'on a accumulé en lui une grande quantité de chaleur, vous trouverez le même poids ; donc la chaleur ne pèse pas. C'est pour cette raison qu'on la nomme un *fluide impondérable*, c'est-à-dire qui ne peut se peser.

68. **Effets produits sur les corps par l'accroissement ou la diminution de la chaleur.** — Nous avons vu (27) que tous les corps sont divisés en solides, liquides et gaz. Les molécules (38), pour chacun de ce états, sont maintenues à la distance voulue par deux forces : l'attraction moléculaire (54), qui tend sans cesse à les rapprocher l'une de l'autre, et la chaleur, qui tend au contraire à les séparer du plus en plus.

La première de ces forces, l'attraction, semble jusqu'à ce jour être en dehors de l'action de l'homme, mais la chaleur est à sa disposition, et il peut, généralement, augmenter ou diminuer la quantité que contiennent les corps.

Dans un corps solide, l'attraction moléculaire est plus forte que la force répulsive due à la chaleur ; c'est précisément ce qui maintient les molécules en présence l'une de l'autre et conserve au corps la forme qu'il a.

Dans les liquides, les deux forces, celle attractive et celle répulsive, se font en quelque sorte équilibre (56) ; aussi les molécules tournent-elles les unes sur les autres, et le corps ne peut avoir de forme propre ; il prend seulement celle du vase qui le contient.

Enfin, dans les gaz, la force répulsive de la chaleur est plus forte que l'attraction moléculaire ; aussi les molécules tendent à s'écarter de plus en plus les unes des autres, et on ne peut lutter contre cette tendance qu'en mettant le corps dans un vase fermé et assez solide pour résister à l'effort des gaz pour sortir.

69. **Changement d'état des corps par l'effet de la chaleur.** — Ce que nous venons de voir fait comprendre comment, en augmentant suffisamment la chaleur d'un solide, on arrive à le transformer en liquide ; si on continue à le chauffer, il peut passer à l'état gazeux. De même, en retirant une partie de la chaleur que possède un gaz, on peut le faire re-

venir à l'état liquide ; il peut devenir solide si l'on continue à le refroidir.

En hiver, prenez un morceau de glace, c'est un solide ; en le faisant chauffer, il fondra et deviendra liquide ; enfin, faites bouillir cette eau, vous verrez le gaz se former sous l'apparence d'un petit nuage blanc, que l'on nomme *vapeur*, et bientôt toute l'eau du vase aura disparu.

Les *nuages*, qui ne sont que des vapeurs, en traversant les parties froides de l'air, reviennent à l'état liquide et tombent en *pluie*. Si le refroidissement est assez grand, les nuages passent à l'état solide et tombent en *neige*. Si la pluie, en arrivant sur la terre, éprouve un grand refroidissement, elle se solidifie et devient du *verglas* ou de la *glace*.

70. Dilatation. — Contraction ou retrait. — Mais avant de changer d'état, un corps soumis à l'influence de la chaleur commence toujours par augmenter de volume ; ses molécules s'écartent les unes des autres plus ou moins, suivant la quantité de chaleur fournie et la nature du corps que l'on chauffe. Ce phénomène se nomme *dilatation*.

Fig. 96.

La diminution de volume, produite par la diminution de la chaleur dans un corps, se désigne sous le nom de *contraction* ou *retrait*.

L'art du forgeron repose sur la dilatation du fer et des autres métaux qu'il emploie. L'ouvrier chauffe le fer de manière que les molécules soient aussi écartées que possible, sans cependant que le métal passe à l'état liquide ; dans cet état, le marteau peut changer facilement la forme du morceau à forger. S'agit-il de souder un morceau de fer avec un autre, on fait presque fondre les parties qui doivent être réunies, alors en frappant on mélange en quelque sorte les molécules des deux morceaux et la réunion a lieu.

Fig. 97.

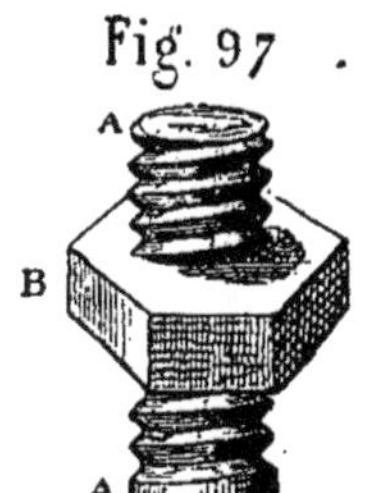

L'art du fondeur est basé sur le changement d'état des métaux : au moyen de la chaleur, on fait passer à l'état liquide de la fonte, du cuivre, du plomb, du zinc, etc., etc. Quand ces métaux sont fondus, on les verse dans des vases nommés *moules*, dont la forme intérieure est celle de l'objet que l'on veut avoir. Le métal fondu remplit complétement le moule, il se refroidit et redevient solide en gardant la forme intérieure du moule. Il suffit alors d'ouvrir ou de briser le moule. Mais en faisant ce dernier, il faut tenir compte du retrait, c'est-à-dire de la diminution de la pièce fondue par le fait de son refroidissement. Le moule doit être plus grand, dans toutes ses parties, que la pièce à fondre ; sans cette précaution, cette dernière pourrait être trop petite.

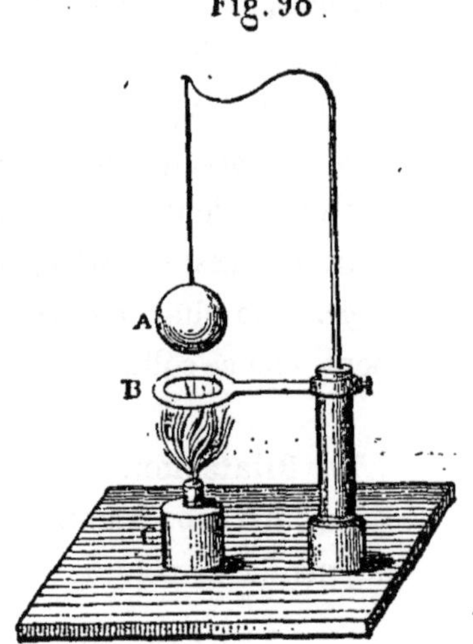

Fig. 98.

Plusieurs expériences démontrent la dilatation des corps, car c'est une propriété générale; mais elle est différente pour chacun d'eux.

De tous les corps, les solides sont ceux qui se dilatent le moins; viennent ensuite les liquides, puis les gaz.

Une barre de fer A (fig. 96) comprise, à l'état ordinaire, entre les deux pièces fixes B et C, ne peut plus tomber entre elles une fois chauffée.

Une vis A (fig. 97), chauffée, ne peut plus être introduite dans son écrou B, si ce dernier n'est chauffé également.

Une boule de cuivre A (fig. 98), quand elle n'est pas chauffée, passe librement dans l'anneau B. Mais si on la chauffe avec une lampe à esprit-de-vin, par exemple, sans chauffer aussi l'anneau B, elle ne peut plus passer. Cet appareil est de l'invention d'un célèbre physicien hollandais, nommé S'Gravesande et porte son nom.

Fig. 99.

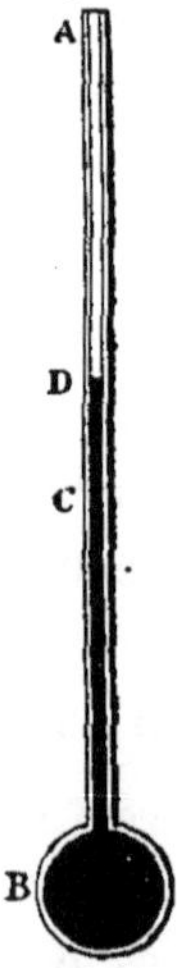

A
D
C
B

Pour démontrer la dilatation des liquides, on prend un petit tube en verre A (fig. 99), terminé par un boulet B ; on emplit la boule et une partie du tube d'un liquide quelconque, de mercure ou d'esprit-de-vin coloré. Si alors on met la boule dans l'eau chaude, on voit immédiatement le liquide monter de C en D, par exemple.

Fig. 100.

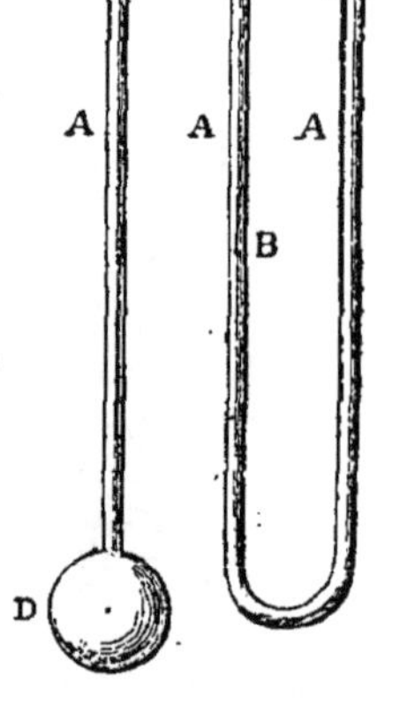

Pour les gaz, on agit de la même manière; mais comme ces corps se dilatent beaucoup plus que les liquides, on donne une grande longueur au tube A, que l'on recourbe plusieurs fois sur lui-même, comme l'indique la figure 100. On introduit dans le tube A une goutte de mercure B qui sert d'*index*. Pour faire pénétrer cette goutte, on commence par chauffer tout le tube A, l'air qu'il contient se dilate; il suffit alors de verser la goutte de mercure dans le petit entonnoir C. L'air en se refroidissant se contracte, par suite il occupe moins de place; la goutte le suit dans sa contraction et arrive dans la position B, par exemple. Si alors on prend la boule D dans la main, la chaleur du corps suffit pour faire dilater d'une manière très-sensible l'air contenu jusqu'à l'index B, et ce dernier marche vers l'entonnoir C.

71. **TEMPÉRATURES.** — On nomme température les divers degrés de chaleur que nos sensations nous font éprouver; la température d'un corps est d'autant plus élevée qu'il est plus chaud, d'autant moins élevée qu'il est moins chaud ou plus froid.

72. **Thermomètre.** — Mais, comme nos sensations ne donneraient souvent que des indications fausses, on constate les températures au moyen d'instruments particuliers appelés thermomètres.

Fig. 101

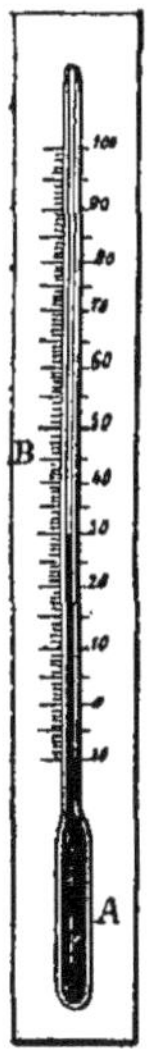

L'invention des thermomètres date de la fin du XVIe siècle, et est attribuée par les uns à Galilée, dont j'ai eu l'occasion de vous parler au sujet des pendules (36), et par les autres à *Drebbel*, médecin hollandais.

Le thermomètre est basé sur la dilatation; par suite, tous les corps se dilatant quand ils s'échauffent, et se contractant quand ils perdent de la chaleur, pourraient servir à construire des thermomètres. Mais les solides se dilatant peu, ne sont employés que pour mesurer de très-grandes variations dans l'intensité de la chaleur. Les gaz, au contraire, se dilatant beaucoup, ne peuvent servir qu'à accuser de très-faibles changements dans la température. Aussi les liquides, dont la dilatation est intermédiaire entre celle des solides et celle des gaz, et dont il est facile d'observer les changements de volume en les mettant dans un tube de verre, sont employés de préférence.

Enfin, parmi les liquides, on prend le mercure ou l'esprit-de-vin coloré en rouge.

Tous les thermomètres (fig. 101) se composent de deux parties : un réservoir en verre A, dans lequel se trouve le liquide employé, et un tube B de même matière dont l'intérieur est excessivement petit et que l'on nomme pour cette raison un tube *capillaire*, c'est-à-dire comme un cheveu. Par cette disposition, de très-faibles variations de volume dans le liquide sont rendues sensibles par une élévation ou une descente très-mesurable dans le tube capillaire.

Le réservoir et une partie du tube sont remplis de mercure ou d'esprit-de-vin, nommé aussi *alcool*. Une échelle, soit gravée sur le tube, soit placée à côté, permet de constater à quelle hauteur se trouve le liquide dans l'instrument.

Le moyen employé pour graduer ces échelles est le même partout; par suite, tous les thermomètres, peu importe la grandeur et la forme, doivent indiquer le même degré de chaleur dans le même temps et le même lieu. Pour tracer les échelles, on prend deux phénomènes que l'on puisse reproduire à volonté et qui exigent toujours, pour s'accomplir, la même quantité de chaleur.

Le premier de ces phénomènes est la glace fondante, parce qu'on a reconnu que la température de la glace qui commence à fondre reste invariable pendant tout le temps qu'elle met à passer de l'état solide à l'état liquide : c'est là un *point fixe de température*. Du reste, ce principe est général, tous les solides conservent la même température, mais différente pour chacun d'eux, pendant tout le temps qu'ils mettent à fondre.

Pour tous les thermomètres plongés dans la glace fondante, le point où le liquide qu'ils contiennent s'arrête est marqué zéro, du moins en France.

Le second point fixe est fourni par l'eau bouillante à l'air libre et au niveau de la surface de la mer. Dans ce cas encore, la température de l'eau reste constante, quelle que soit l'intensité du foyer sur lequel elle bout. Le point où le liquide des thermomètres s'arrête, alors que ces instruments ont la même température que l'eau bouillante, se marque 100° si l'échelle thermométrique est celle *centigrade*, et 80 si la graduation est celle de *Réaumur*, célèbre physicien et naturaliste français, né à La Rochelle en 1683 et mort en 1757.

73. **Graduation centigrade, graduation de Réaumur.** — Dans la graduation centigrade, l'espace compris entre le zéro et 100 est partagé en 100 parties égales. Les divisions sont ensuite prolongées en dessous du zéro et en dessus de 100. Ce sont ces divisions que l'on appelle les degrés

du thermomètre; celles en dessous de zéro sont plus particulièrement appelées degrés de froid.

Dans la graduation de Réaumur, la distance qui sépare le zéro du point marqué 80 se partage en 80 parties égales ou degrés, et les divisions sont ensuite prolongées en dessous de zéro et en dessus de 80.

74. Emploi du thermomètre. — Le thermomètre sert à constater la température des corps; mais on ne peut avoir confiance dans ses indications qu'autant qu'on a soin de le soustraire aux influences étrangères à celles que l'on veut mesurer. Ainsi, par exemple, si vous voulez avoir la température extérieure, il faut suspendre l'instrument en plein air, à l'ombre, sans l'appuyer sur un objet quelconque ou contre un mur, qui peut avoir été échauffé ou refroidi; et encore moins le placer dans un courant d'air. Il en est de même s'il s'agit de la température d'un appartement; le meilleur moyen, dans tous les cas, est de suspendre l'instrument au milieu de la chambre, sans l'appuyer sur quoi que ce soit. En outre, il faut lui donner le temps de se mettre à la même température que le milieu dans lequel on le plonge.

Mais remarquez bien que le thermomètre ne donne pas la quantité de chaleur contenue dans un corps, il indique seulement le rapport entre la chaleur de différents corps. Ainsi, quand on vous dit que de l'eau est à 12 degrés, on veut vous faire comprendre que cette eau, comparée à celle dans laquelle on met de la glace à fondre, contient 12 degrés de chaleur de plus que cette dernière. Mais rien ne dit la quantité de chaleur contenue dans le liquide. De même quand, comparant deux corps, on trouve la température de l'un de 10 degrés et celle de l'autre de 48, par exemple, ce dernier a une température qui surpasse celle du premier de 38 degrés. Mais là encore rien ne dit la quantité de chaleur contenue dans chacun d'eux.

75. MODE DE PROPAGATION DE LA CHALEUR. — La chaleur se transmet, à distance, d'un corps à un autre. Ainsi la chaleur du soleil traverse les espaces et arrive jusqu'à nous. De même, nous éprouvons l'influence d'un foyer devant lequel nous nous plaçons. La chaleur semble se transmettre comme la lumière, sous forme de rayons, et l'on dit le rayonnement de la chaleur ou la chaleur rayonnante.

Le *rayonnement* se produit également dans toutes les directions, autour du corps qui envoie la chaleur; le fait se démontre facilement en plaçant un thermomètre à différents endroits, autour d'un corps chaud, mais à la même distance de lui. Toujours l'instrument marque la même température.

Le rayonnement agit en ligne droite. Pour vous convaincre du fait, placez un thermomètre près d'un foyer; au bout de peu de temps il indiquera une température plus grande que celle de l'appartement. Mettez alors, entre le thermomètre et le foyer; une planche ou une feuille de carton, vous verrez aussitôt le liquide du thermomètre descendre, et bientôt il n'indiquera plus qu'une température très-peu supérieure à celle de l'appartement. Je viens de vous dire d'interposer une planche ou une feuille de carton, car si vous mettiez un morceau de verre ou toute autre matière transparente, la hauteur du thermomètre varierait très-peu, la chaleur traversant ces corps comme le fait la lumière.

Il ne faudrait pas croire que les corps lumineux, comme le soleil, un foyer, une lampe, etc., peuvent seuls envoyer de la chaleur rayonnante; cette propriété est commune à tous les corps, quel que soit le degré de chaleur qu'ils possèdent. Seulement, ceux qui ont beaucoup de chaleur en rayonnent beaucoup; tandis que ceux qui en ont peu en rayonnent peu. La glace même rayonne de la chaleur.

Dans ce que je viens de vous dire est l'explication de certains moyens employés par les jardiniers pour préserver les plantes et les arbres fruitiers des dernières gelées, les plus dangereuses. Ils interposent entre l'objet à préserver et l'air un écran; pour les plantes, c'est de la paille jetée dessus, le plus généralement; pour les arbres en espalier, c'est souvent un morceau de toile tendu et formant toit au-dessus de l'arbre. Le rayonnement est beaucoup diminué; par suite, les plantes, les arbres et les objets qui les entourent conservent une partie de la chaleur qu'ils ont reçue dans le jour et ne sont pas saisis par le froid de la nuit. Pour les terres, les nuages servent d'écran, et les gelées du printemps, si nuisibles pour les récoltes, ne se produisent que quand le ciel est parfaitement clair.

76. **Équilibre mobile de température.** — De ce qui précède il résulte que si plusieurs corps, à différentes températures, sont en présence l'un de l'autre, dans la même chambre par exemple, les plus chauds rayonnent plus de chaleur qu'ils n'en reçoivent; par suite, leur température s'abaisse. Les plus froids, au contraire, reçoivent plus de chaleur qu'ils n'ont de

rayonnement et leur température s'élève. Cet échange continuel fait qu'au bout de peu de temps tous les corps sont à la même température. On dit alors qu'ils sont en équilibre de température. Mais le rayonnement ne s'arrête pas, il continue au contraire, et la température de tous les corps s'abaisse, si la source de chaleur ne vient pas, à chaque moment, remplacer celle qui se perd ; c'est pour cette raison que l'on dit équilibre mobile de température.

77. **Réflexion de la chaleur. — Pouvoir réflecteur. — Pouvoir absorbant.** — Au moyen d'une petite glace ou d'une surface polie, vous avez dû souvent vous amuser à envoyer l'image du soleil sur la figure d'un de vos camarades ; vous avez dû remarquer aussi que cette image était portée sur les objets éloignés par une surface liquide quelconque. Le même phénomène se produit pour la chaleur ; les corps qui réfléchissent la lumière réfléchissent aussi la chaleur. Cette propriété des corps se nomme pouvoir réflecteur ; il est différent pour chacun d'eux. Ceux qui réfléchissent une grande partie de la chaleur qu'ils reçoivent en gardent très-peu, et, par suite, s'échauffent très-peu. Ceux, au contraire, qui ne réfléchissent pas, s'échauffent beaucoup, parce qu'ils gardent une grande quantité de chaleur. Cette qualité de garder la chaleur est appelée pouvoir absorbant.

Des expériences nombreuses ont démontré que le noir de fumée est de tous les corps celui qui a le plus grand pouvoir absorbant ; le laiton poli, au contraire, possède un pouvoir absorbant très-faible.

78. **Pouvoir émissif.** — Revenons à la propriété que possèdent plus ou moins tous les corps de rayonner la chaleur autour d'eux. L'expérience a démontré que le rayonnement, que l'on nomme aussi le *pouvoir émissif* d'un corps, est d'autant plus grand que le pouvoir absorbant est plus grand, et réciproquement.

La nature des surfaces et leur couleur jouent aussi un grand rôle ; ainsi, plus le poli est grand, moins le pouvoir absorbant et le pouvoir émissif sont considérables ; il en est de même pour les couleurs claires : le blanc absorbe et rayonne très-peu.

Par suite, le noir de fumée, s'il absorbe le plus de chaleur, la laisse rayonner avec une très-grande facilité.

79. Conductibilité des différents corps pour la chaleur, ou rayonnement moléculaire. — Je terminerai ce que j'ai à vous dire sur la chaleur en vous parlant de la propriété, plus ou moins grande des corps, pour conduire la chaleur.

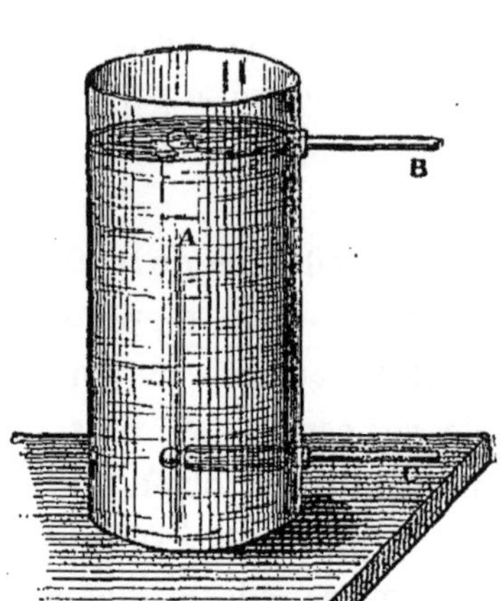

Fig. 102

Prenez une épingle, par exemple, et, la tenant entre vos doigts, faites la chauffer à la flamme d'une bougie; il arrivera bientôt un moment où elle vous brûlera, parce que la chaleur qu'elle reçoit à l'une de ses extrémités se communique rapidement à celle que vous tenez.

Recommencez l'expérience avec un petit morceau de bois, une allumette par exemple; vous pourrez la tenir par une de ses extrémités, tandis que l'autre brûlera, et cela jusqu'au moment presque où toute l'allumette sera consumée. C'est que, dans le bois, la chaleur ne se communique pas aussi rapidement que dans l'épingle; le bois n'est pas bon conducteur du calorique ou de la chaleur.

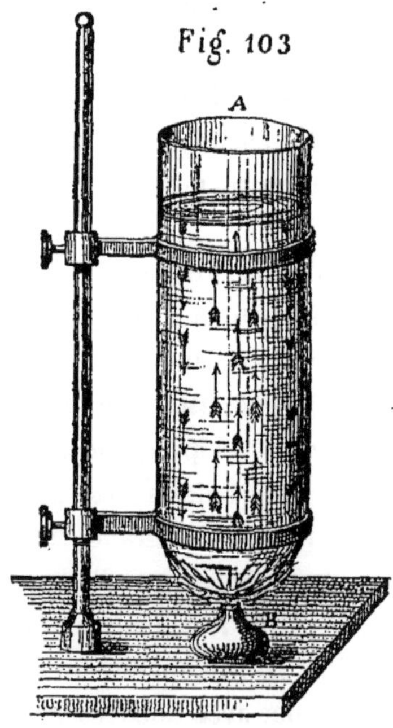

Fig. 103

De tous les corps solides, l'argent, le cuivre et l'or sont de beaucoup les meilleurs conducteurs; viennent ensuite le zinc, l'étain, le fer, le plomb et le platine. Après ces métaux se classent les marbres, la porcelaine, les briques, le bois, le verre et la résine.

Les liquides sont excessivement peu conducteurs et ils ne s'échauffent pas comme les solides. La chaleur ne se propage pas de molécule à molécule, comme dans ces derniers; il faut en quelque sorte échauffer chaque molécule séparément.

Si vous chauffez un liquide par le haut, il n'y aura que la partie supérieure à augmenter de température, ou du moins il faudra très-longtemps pour que l'augmentation de chaleur soit sensible à la partie inférieure du vase, surtout si ce dernier a une certaine profondeur. On constate le fait de la manière suivante : Un vase A (fig. 102), rempli d'eau, est chauffé par le haut. Alors que le thermomètre B, placé à la partie supérieure, indique une température élevée, le thermomètre C, placé à la partie inférieure, n'accuse aucune modification dans la température du liquide qui occupe le fond du vase.

L'expérience suivante montre comment un liquide s'échauffe. Dans un vase en verre M (fig. 103), on met de l'eau à laquelle on mêle de la sciure de bois de gaïac ou de buis, dont la densité (33) est à peu près la même que celle de l'eau. Une lampe à esprit-de-vin est placée dessous. Dès le commencement de l'échauffement du vase, la sciure de bois est mise en mouvement, et l'on voit des courants s'établir, de haut en bas au milieu du liquide, de bas en haut le long des parois. Ce phénomène s'explique de la manière suivante : Les molécules en contact avec le fond du vase s'échauffent directement; par suite, elles se dilatent, elles occupent plus de place et deviennent plus légères que celles qui les entourent. Elles montent alors à la surface, comme le ferait un bouchon. Telle est la cause qui donne naissance aux courants ascendants. En même temps, les molécules de la surface, plus froides et par suite plus lourdes que celles du fond, tombent à la partie intérieure du vase et produisent les courants descendants. La sciure de bois, entraînée par le liquide, rend le phénomène visible. Les molécules qui partent du fond n'arrivent pas à la surface avec toute la chaleur qu'elles ont reçue; dans le trajet de bas en haut du liquide, elles en laissent une partie aux molécules qu'elles touchent en passant. C'est ainsi que l'équilibre tend à s'établir dans toute la masse du liquide. Tant que le vase reste exposé à l'action de la lampe, la partie inférieure du liquide est évidemment celle dont la température est le plus élevée ; mais si la production de chaleur cesse, les molécules les plus chaudes montent à la surface, et la partie supérieure du liquide devient la plus chaude. Par le fait des courants dont je viens de vous donner l'explication, toutes les molécules viennent successivement s'échauffer, et la température générale du liquide augmente rapidement, si le foyer est à la partie inférieure.

Les gaz sont encore plus mauvais conducteurs de la chaleur que les liquides. Mais il est très-difficile de le constater d'une manière satisfaisante, à cause de la mobilité excessive des molécules et des courants qui s'établissent dans tous les sens, aussitôt que l'échauffement de ces molécules commence. Si on empêche le développement de ces courants, si on gêne leur action, une couche très-peu épaisse de gaz peut empêcher ou du moins entraver beaucoup le passage de la chaleur.

80. **APPLICATIONS.** — Ce que nous venons de voir sur la chaleur va nous donner l'explication de bien des phénomènes que vous voyez chaque jour.

Vêtements de l'homme. — *Fourrure des animaux.* — Le corps humain possède une chaleur de 32° environ. En hiver, la température de l'air extérieur est de beaucoup inférieure à celle du corps ; par suite, ce dernier se refroidirait promptement s'il pouvait rayonner sa chaleur. C'est pour empêcher ce refroidissement que l'on se couvre de vêtements de laine bien fermés, qui empêchent la chaleur du corps de passer. Ce n'est pas précisément la laine qui produit cet effet, mais bien l'air qui se trouve logé entre les différents fils de l'étoffe et qui ne peut se mouvoir ; c'est le cas d'un gaz dans lequel les courants ne peuvent s'établir. Les vêtements d'hiver devraient être blancs, parce que cette couleur est celle dont le pouvoir émissif est le plus faible (78), et, par suite, c'est celle qui s'oppose le plus à la déperdition de la chaleur du corps. En été, au contraire, il arrive souvent que la température de l'air extérieur est presque celle du corps ; pour augmenter le rayonnement de ce dernier, on met des vêtements légers et surtout larges. On choisit aussi les couleurs claires et surtout le blanc, parce que le pouvoir absorbant (77) est alors très-faible.

Les animaux qui habitent les régions les plus froides, les ours, les renards, etc., ont un pelage blanc, surtout l'hiver. Dans nos climats tempérés, les animaux ont une fourrure plus épaisse l'hiver que l'été, précisément pour que la chaleur de leur corps se conserve mieux. La neige, qui tombe sur la terre et qui la couvre souvent pendant plusieurs jours, empêche les plantes enfouies de geler. Sa blancheur éblouissante fait qu'elle émet très-peu de chaleur, par suite la terre conserve celle qu'elle possède ; mais aussi cette couleur empêche la neige d'absorber la chaleur extérieure, et le dégel est toujours long ; c'est pour cette raison que l'on voit des tas de neige rester à l'état solide pendant plusieurs jours, alors que la température est plus élevée qu'il n'est nécessaire pour les faire fondre. Vous avez souvent vu les cuisinières nettoyer avec le plus grand soin l'extérieur de leurs casseroles, de manière qu'elles brillent parfaitement ; non-seulement par cette opération on use le métal, mais encore ce poli et ce brillant réfléchissent la chaleur, retardent la cuisson et augmentent la consommation du combustible ; ici la pratique est complétement en désaccord avec la théorie. Les vases qui servent à préparer les aliments sur le feu devraient avoir les surfaces extérieures noires et dépolies ; au contraire, ceux qui doivent conserver la chaleur des objets qu'ils contiennent devraient être blancs. Dans un vase en fonte, dont l'extérieur est rendu rugueux par le fait du noir de fumée qui s'y attache, l'eau bout très-vite, beaucoup plus vite que dans un pot de fer battu étamé en dehors ; mais aussi retirez ces deux vases du foyer et le premier laissera refroidir son contenu beaucoup plus vite que le vase en fer battu. On a donc raison de faire les poêles, qui doivent rayonner leur chaleur, de couleur noire ; on fait donc bien aussi de mettre, dans l'intérieur des cheminées, qui doivent réfléchir le plus possible la chaleur dans les appartements, un dépôt de plâtre et encore mieux des carreaux blancs vernis ou des plaques de marbre blanc. Des espaliers peints en noir, appliqués sur un mur de couleur noire aussi, font mûrir plus vite les fruits que des espaliers peints en gris, appliqués sur des murs de couleur claire. En effet, pendant le jour, les murs noirs absorbent une grande quantité de chaleur sans retirer aux arbres qui sont appliqués dessus la chaleur qu'ils reçoivent directement ; la nuit, ils rendent la chaleur qu'ils ont absorbée, et l'arbre qui se trouve sur le passage du calorique en profite.

Un appartement carrelé est plus froid aux pieds qu'un autre parqueté ; et ce dernier est plus froid qu'un autre couvert d'un tapis. C'est que les carreaux conduisent mieux la chaleur que le bois, et que ce dernier est meilleur conducteur de la chaleur que la laine. Pour la même raison, on met des manches en bois aux cafetières, aux bouilloires, aux outils que l'on fait chauffer ; on place sous les plats chauds des ronds en osier ou en bois ordinaire.

81. **UNITÉ DE MESURE POUR LA CHALEUR.** — On prend, comme unité de mesure pour la chaleur, la quantité nécessaire pour élever de un degré centigrade (73) la température d'un litre ou d'un kilogramme d'eau pure (31) ; on nomme cette quantité une *calorie*. Ainsi, quand vous entendez dire qu'il faut vingt calories, par exemple, pour produire tel effet, tel phénomène, cela signifie que la quantité de chaleur nécessaire est la même que celle qu'il faudrait pour élever de un degré la température de vingt litres d'eau, ou de vingt degrés celle d'un litre d'eau.

82. CHANGEMENT D'ÉTAT DES CORPS PAR L'ACTION DE LA CHALEUR. — Nous avons déjà vu (68) que la chaleur ne faisait pas seulement dilater les corps, mais encore qu'elle déterminait le passage de l'état solide à l'état liquide, et de l'état liquide à l'état gazeux.

Le passage de l'état solide à l'état liquide s'appelle *fusion;* celui de l'état liquide à l'état gazeux se nomme *vaporisation;* le retour de l'état gazeux à l'état liquide est la *liquéfaction;* enfin, le retour de l'état liquide à l'état solide est la *solidification.*

83. **La fusion** ne peut avoir lieu que quand la force attractive (68), qui tend sans cesse à rapprocher les molécules des corps, est équilibrée par la chaleur, qui tend à les séparer. Mais comme la force attractive ou la cohésion (51) varie avec chaque espèce de corps, il en est de même de la quantité de chaleur nécessaire pour leur fusion. Certains corps ne demandent qu'une quantité de chaleur peu considérable ; d'autres, au contraire, en exigent beaucoup. Du reste, la fusion n'est pas une propriété générale des corps ; le bois, la laine, le papier, etc., ne passent pas à l'état liquide, ils se décomposent.

Le phénomène de la fusion est toujours soumis aux deux lois générales suivantes :

1° Chaque corps entre en fusion à une température particulière, toujours la même pour un même corps.

2° Pendant tout le temps de la fusion, un corps reste à la même température.

Ainsi la glace, qui fond à zéro degré, pourrait être exposée à un foyer ardent sans pour celà que la température du corps change avant que toute la glace soit fondue, mais la fusion serait beaucoup activée.

84. **Chaleur latente.** — Si un corps en fusion reste à la même température, que devient donc la chaleur qu'il continue à recevoir ? Elle est tout entière employée à faire passer le corps de l'état solide à l'état liquide.

Pour distinguer cette chaleur, qui ne concourt en rien à l'élévation de température des corps en fusion, que le thermomètre n'accuse pas, de celle que le thermomètre indique, on appelle la première *chaleur latente* et la seconde *chaleur sensible.*

Si en hiver vous prenez un kilogramme de glace pilée et que vous jetiez dessus un kilogramme d'eau à 79°, la glace fondra très-vite et vous trouverez deux litres d'eau à zéro degré. Les 79° de chaleur, qui ne sont plus sensibles, sont évidemment restés dans l'eau à zéro, ils sont à l'état latent. On peut donc conclure de ce phénomène qu'il faut 79 calories de chaleur (81) pour faire passer un kilogramme de glace à l'état liquide : c'est ce qu'on appelle la chaleur de la température de fusion de la glace. Ceci vous explique pourquoi la glace est si longtemps à fondre après les grands froids : c'est qu'il lui faut une grande quantité de chaleur, qu'elle ne trouve ni dans l'air ni dans la terre.

Tous les corps se comportent de la même manière, c'est-à-dire que chacun d'eux absorbe une grande quantité de chaleur pour passer à l'état liquide, mais cette quantité varie pour chaque espèce de corps.

85. **Solidification.** — Les mêmes corps qui se liquéfient sous l'action de la chaleur reviennent à l'état solide par le refroidissement ; ce passage de l'état liquide à l'état solide se nomme solidification. Si ce phénomène a lieu à une température plus basse que zéro, on emploie plus particulièrement le mot de *congélation*. Mais, dans l'un et l'autre cas, le phénomène est soumis aux deux lois suivantes :

1° Chaque corps se solidifie à une température particulière, toujours la même pour un même corps, et égale à celle de fusion.

2° Pendant tout le temps de la solidification, un corps reste à la même température.

Ainsi la cire blanche, qui fond à 65°, commence à se solidifier à 65°, et elle conserve cette température tout le temps que le corps met à changer d'état. Dans le premier cas, toute la chaleur fournie par le foyer est absorbée par la fusion et passe à l'état latent ; dans le second cas, le corps, en revenant de l'état liquide à l'état solide, rend la chaleur qu'il avait gardée ; elle devient sensible et c'est elle qui entretient une température constante pendant la solidification.

86. **Cristallisation.** — Vous entendrez souvent dire d'un corps passé à l'état solide, qu'il est cristallisé. La cristallisation est une particularité de la solidification ; elle n'a lieu que dans le cas où les liquides passent lentement à l'état solide. Dans cette circonstance, les molécules s'arrangent, se groupent dans un certain ordre, toujours le même, et leur ensemble affecte des formes régulières qu'on appelle *cristaux*.

On produit la cristallisation de deux manières : la première, appelée la *voie sèche*, consiste à faire fondre le corps au moyen de la chaleur et à le laisser refroidir lentement ; la seconde, nommée la *voie humide*, s'opère en faisant fondre et mieux *dissoudre* le corps à cristalliser dans un liquide et en laissant ce dernier passer lentement à l'état gazeux. Le sucre candi est un exemple de cette cristallisation.

87. **Mélanges réfrigérants.** — Le froid, produit par l'absorption de la chaleur pendant le passage de l'état solide à l'état liquide, est utilisé de différentes manières dans l'industrie ; ainsi il est employé pour faire les glaces que l'on mange avec tant de plaisir en été ou pendant les soirées de l'hiver. Le mélange qui sert le plus souvent dans cette circonstance est formé de une partie de gros sel gris ordinaire et de deux parties de neige ou de glace pilée. Le sel a une grande tendance à se combiner avec l'eau, ou encore il a une grande *affinité* pour ce corps. Mais pour que la combinaison ait lieu, l'eau doit être à l'état liquide, aussi la présence du sel active considérablement le changement d'état de la neige ou de la glace pilée. Il en résulte une diminution très-grande dans la température, qui tombe à 28 degrés au-dessous de zéro. Le liquide sucré et parfumé qui doit être mangé à l'état de glace est dans un vase fermé A (fig. 104) nommé *sabotière*, qui lui-même est enfoncé dans un seau B en bois rempli de glace pilée et de sel. Pour faire congeler plus vite le liquide contenu dans la sabotière, on tourne cette dernière ; de cette manière, la chaleur est plus vite absorbée.

Fig. 104.

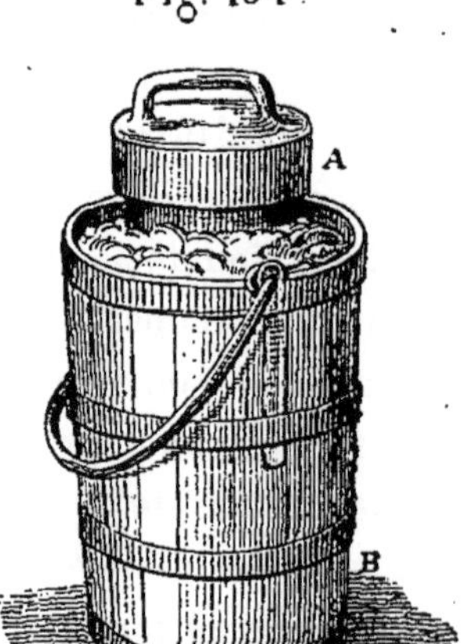

88. **Passage de l'état liquide à l'état gazeux.** — Nous avons vu (69) qu'on appelle vapeur le gaz provenant de la transformation d'un liquide par l'effet de la chaleur. Les vapeurs sont invisibles et incolores comme l'air ; je vous dirai pourquoi celles qui forment les nuages et celle qui sort d'une machine à vapeur ressemblent à une fumée blanche. Ce qui les distingue surtout des gaz proprement dits, c'est qu'au moyen d'une augmentation de chaleur elles peuvent acquérir une force expansive (51) bien supérieure à celle que les gaz, comme l'air par exemple, pourraient obtenir

12

dans les mêmes conditions. La vapeur d'eau contenue en masse immense dans l'air qui entoure la terre est celle qui a reçu le plus d'applications dans l'industrie ; c'est aussi la seule que l'on ait étudiée complétement.

Tous les liquides ne passent pas facilement à l'état de vapeur, il y en a même qu'il a été impossible de vaporiser jusqu'à ce jour. Ceux qui ont une tendance naturelle à se vaporiser, même à la température ordinaire, comme l'eau, l'alcool, l'éther, etc., qui disparaissent au bout de quelque temps quand on les met dans un vase plat et ouvert, sont désignés sous le nom de *liquides volatils*, pour les distinguer de ceux qui ne sont pas doués de la même propriété et qu'on nomme *liquides fixes*.

89. **Vaporisation.** — Les liquides volatils changent d'état ou se vaporisent de deux manières bien différentes, ou *naturellement*, ou *forcément*.

Dans le premier cas, alors que l'on n'augmente en rien leur chaleur, qu'ils sont seulement exposés à l'air, on dit qu'il y a *évaporation ;* dans de telles circonstances, la surface seule, celle qui est exposée à l'air, donne des vapeurs. C'est par le fait de l'évaporation qu'un linge mouillé sèche, que la terre détrempée par les pluies perd son humidité, que le niveau de l'eau contenue dans un bassin baisse continuellement, si de nouveau liquide ne vient pas remplacer celui qui se vaporise. Dans le second cas, on augmente la température du liquide en le chauffant par en bas ; la vapeur se dégage en bulles qui le traversent de bas en haut ; on dit alors qu'il y a *ébullition.*

90. **Lois de l'ébullition.** — L'ébullition des liquides est toujours soumise aux deux lois suivantes :

1° Chaque liquide se vaporise à une température particulière, toujours la même pour un même corps et dans un même lieu.

2° Pendant tout le temps qu'un liquide met à se transformer en vapeur, sa température reste la même, et elle est égale à la température d'ébullition.

Toute la chaleur donnée à un liquide pendant sa transformation en vapeur passe à l'état latent. Ainsi de l'eau, qui entre en ébullition à 100° sur le bord de la mer, donne de la vapeur qui a 100° de chaleur ; et quelle que soit l'intensité du foyer, cette température ne change pas tant que le vase qui contient le liquide reste ouvert, de telle sorte que toute la vapeur formée puisse s'échapper librement. C'est là le point fixe de température dont il a été question au n° 72.

91. **Condensation.** — Le retour d'une vapeur à l'état liquide se nomme condensation ; dans ce phénomène, la vapeur rend la chaleur latente qu'elle a absorbée en passant de l'état liquide à l'état gazeux. Ainsi, un kilogramme d'eau à 100° absorbe 540 calories (81) pour se vaporiser complétement ; comme, au bord de la mer, il faut élever sa température à 100°, il en résulte qu'il contient par le fait 640 calories. Si on mélange un kilog. de vapeur avec 640 kilog. d'eau à zéro degré de température, par exemple, on trouvera 641 kilog. d'eau à 1 degré.

Nous reviendrons longuement sur la vapeur d'eau, quand je vous aurai donné les connaissances nécessaires pour bien comprendre les lois qui les régissent. Ici je vous dirai seulement que l'ébullition et la condensation sont employées pour se procurer l'eau pure dont je vous ai parlé au n° 31. On fait bouillir de l'eau pour la faire passer à l'état de vapeur, qui n'entraîne avec elle aucun des corps étrangers que l'eau peut contenir. En refroidissant cette vapeur ou la condensant, on la ramène à l'état liquide, et l'eau obtenue est complétement pure et se nomme de l'*eau distillée*. Vous comprenez dès lors que l'on peut se procurer de l'eau pure dans tous les lieux de la terre.

DES GAZ

92. **DES GAZ EN GÉNÉRAL.** — Nous avons vu aux numéros 27 et 51 que, dans les gaz, les molécules possèdent une indépendance et une mobilité complètes, et qu'elles tendent toujours à s'écarter de plus en plus les unes des autres. C'est cette propriété que l'on désigne sous les noms d'*expansion*, de *tension* ou de *force élastique*.

En chimie, on compte 34 *gaz différents*, dont quatre seulement sont rangés parmi les *corps simples*, c'est-à-dire ceux qui n'ont pas encore été décomposés en plusieurs autres. Ce sont :

L'oxygène,

L'hydrogène,

L'azote,

Le chlore.

Les gaz sont en général incolores ; les uns répandent une odeur plus ou moins désagréable, tandis que d'autres sont complétement inodores ; les uns sont *délétères*, c'est-à-dire dangereux pour les animaux qui les respirent. Le gaz *oxyde de carbone*, qui se dégage pendant la combustion du charbon, est dans ce cas ; c'est lui qui, dans les cuisines peu aérées, donne les violents maux de tête que les domestiques ressentent si souvent. Si l'appartement dans lequel le charbon brûle est parfaitement clos, il *asphyxie* les personnes qui s'y trouvent et peut causer leur mort. Le gaz *hydrogène sulfuré*, qui se dégage des fosses d'aisances, est aussi délétère. D'autres sont inoffensifs, comme l'azote et l'hydrogène ; mais un animal ne pourrait vivre au milieu d'eux, parce qu'ils n'entretiennent pas la vie.

Un seul gaz, l'oxygène, entretient l'existence ; sans lui, aucun animal ne pourrait vivre, même pendant quelques secondes.

Parmi les gaz, les uns sont dits *permanents*, parce qu'il a été impossible, jusqu'ici, de les faire changer d'état, soit en les soumettant à un froid excessif, soit en les comprimant le plus possible; il y en a cinq dans ce cas :

L'oxygène,
L'hydrogène,
L'azote,
Le bioxyde d'azote,
L'oxyde de carbone.

Tous les autres sont des gaz non permanents, c'est-à-dire que l'on peut faire passer à l'état liquide.

Vous devez comprendre facilement l'action du refroidissement et celle de la compression pour produire la liquéfaction ; il suffit de vous rappeler le rôle de l'attraction moléculaire (51), et comment cette force s'annexe. Les molécules des gaz sont maintenues à une trop grande distance les unes des autres par la chaleur, pour qu'elles puissent s'attirer d'une manière sensible ; si donc on rapproche ces molécules, soit en diminuant le calorique qui les tient éloignées, soit en les comprimant, elles pourront se trouver à une distance convenable pour qu'il y ait égalité entre les forces attractives et les forces répulsives ; dès lors, le corps est dans les conditions qui déterminent l'état liquide.

Pour le moment, nous n'allons étudier que l'air, milieu dans lequel nous vivons.

DE L'AIR

93. **De l'air.** — En montant sur un point élevé, d'où la vue s'étend à une certaine distance, vous voyez les montagnes éloignées comme à travers un voile bleu; le ciel, quand il n'est pas caché par des nuages, vous paraît aussi couleur d'azur. Et ce voile, cette couleur sont d'autant plus foncés que les objets sont plus éloignés.

C'est l'air qui cause ces effets; il entoure complétement la terre et s'étend à une grande hauteur, à cinquante kilomètres environ. Il constitue ce qu'on appelle l'*atmosphère.*

L'air est un mélange de deux gaz, l'oxygène et l'azote. Le premier, comme je vous l'ai dit, est le seul qui entretienne l'existence; mais s'il était seul, il la précipiterait tellement que la vie cesserait bientôt; c'est pourquoi il est mélangé avec l'azote qui, sans être délétère, ne peut entretenir la vie et par suite diminue l'action trop puissante de l'oxygène.

L'homme, les animaux, les plantes de toute sorte respirent l'air: son absence causerait immédiatement la mort de tout ce qui vit sur la terre.

Outre l'oxygène et l'azote, dont on vient de parler, l'air contient souvent d'autres gaz qui sont délétères; mais, en général, ils s'y trouvent en très-petite quantité. Cependant, dans de certaines circonstances ces gaz, peuvent vicier l'air, au point de causer la mort de ceux qui les respirent; ces conditions se présentent surtout pour l'air enfermé depuis longtemps. Il est même des précautions à prendre avant de laisser les hommes pénétrer dans une cave fermée depuis longtemps, dans un puits profond, dans une fosse d'aisances, dans une citerne, etc., etc. On doit faire une expérience bien simple et qui écarte tout accident: il faut introduire préalablement une chandelle ou une bougie allumée. Si la lumière continue à brûler, on peut pénétrer sans danger; dans le cas contraire, il faut laisser l'air extérieur pénétrer, l'y envoyer même par un moyen quelconque, et ne permettre aux hommes de descendre que quand la lumière reste allumée.

L'azote et l'oxygène sont, dans tous les lieux et à toutes les hauteurs de l'atmosphère, à peu près dans les mêmes proportions, c'est-à-dire que, sur 100 litres d'air, il y a environ 80 litres d'azote (79,29) et 20 litres d'oxygène (20,80). Si l'on considère le poids au lieu du volume, sur 100 grammes d'air on trouve 72 grammes d'azote et 28 grammes d'oxygène. Quant aux autres gaz, la quantité contenue varie beaucoup ; à la surface de la terre, dans un lieu découvert et à une température de dix degrés centigrades (73), on trouve ordinairement, sur 1,000 litres d'air, les proportions suivantes :

Azote.	756 litres
Oxygène	233 —
Vapeur d'eau.	10 —
Gaz acide carbonique.	1 —
	1000 litres.

C'est l'air, agité par des causes dont je vous parlerai plus tard, qui produit le *vent*, et c'est ce dernier qui fait tourner les girouettes et les moulins ; c'est encore lui qui chasse les nuages, qui pousse le navire dont les voiles sont déployées, qui couche les blés et qui déracine les arbres.

Je vous montrerai successivement les différentes fonctions que l'air remplit dans l'œuvre de Dieu, le grand architecte de l'univers. En voyant dérouler sous vos yeux éblouis les merveilles splendides de la nature, vous vous sentirez bien petits ; mais à chaque pas que vous ferez en avant, à chaque mot nouveau que vous épellerez dans le grand livre de la nature, votre cœur débordera d'amour et de reconnaissance pour le Créateur, qui a bien voulu permettre que vous compreniez la grandeur de son œuvre.

94. **Poids de l'atmosphère.** — L'air semble bien léger, et cependant il pèse avec une grande énergie sur la terre, et, par suite, sur tous les objets qui sont dessus. Comme les balles de plomb, comme celles de liége (29), il est soumis à l'attraction et par conséquent il possède un certain poids, que l'on peut constater de différentes manières.

Prenez un tube de verre, bouchez l'un des bouts avec le doigt et mettez l'autre dans votre bouche. Aspirez l'air qui se trouve dans le tube ; le bout de votre doigt et la partie de votre langue, qui ferment le tube, seront poussés à l'intérieur. Cet effet est produit par l'air qui pèse sur le doigt et sur la langue plus en dehors du tube qu'au dedans.

Modifions l'expérience : au lieu de fermer une des extrémités du tube avec le doigt, placez cette extrémité dans un vase contenant de l'eau. Aspirez maintenant comme tout à l'heure l'air du tube avec la bouche. Au fur et à mesure que l'air diminuera, l'eau montera dans le tube pour le remplacer, et bientôt le liquide arrivera dans votre bouche. C'est l'air extérieur qui, appuyant sur l'eau du vase, la pousse dans le tube. Pour avoir la preuve que les choses se passent ainsi, tout en laissant le bout du tube dans l'eau du vase, retirez l'autre extrémité de la bouche, et vous verrez immédiatement l'eau du tube descendre à la hauteur de celle du vase. Et il doit en être ainsi, puisqu'alors l'air agit de la même manière en dessus et au-dessous du tube; l'eau que ce dernier contient est dans les mêmes conditions que celle du vase, et, par suite, elle doit se trouver à la même hauteur.

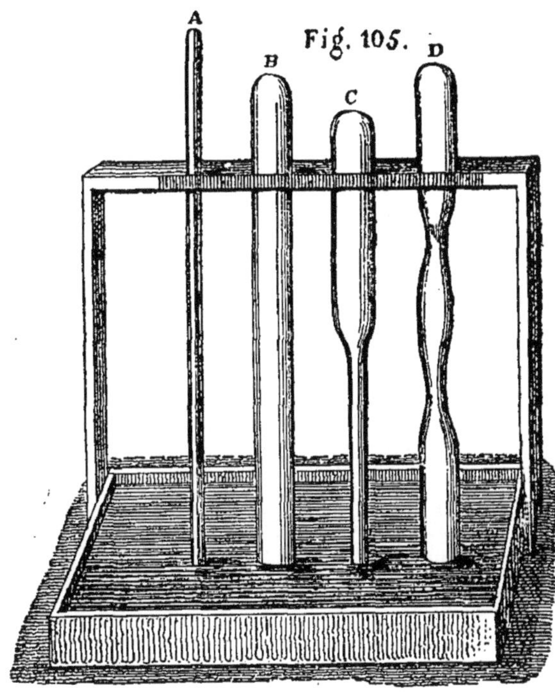

Fig. 105.

Remplacez le tube précédent ouvert aux deux extrémités par plusieurs autres, de différentes grosseurs et de différentes longueurs, fermés à l'une de leurs extrémités (fig. 105, A, B, C, D). Emplissez successivement ces tubes d'eau ; quand l'un d'eux sera plein, bouchez-le bien avec le doigt ou la main, de telle sorte qu'il ne se trouve pas d'air entre le liquide et votre doigt ; renversez le tube et placez la partie ouverte, celle que vous tenez bouchée, dans le liquide d'un vase EE rempli d'eau; seulement alors, débouchez le tube. Agissez de la même manière pour tous les tubes que vous avez à votre disposition. Vous verrez que tous ces tubes, courts ou longs, petits ou gros, resteront pleins d'eau, comme s'ils avaient encore la partie ouverte en haut. C'est encore l'air qui agit par son poids sur le liquide du vase, et qui maintient l'eau dans les tubes.

Mais le poids de l'air a une limite, quelle est-elle? Si, vous trouvant sur le bord de la mer, vous pouviez avoir un tube de plus de dix mètres de longueur, et que vous agissiez comme pour ceux dont nous venons de parler; si donc, après l'avoir rempli, vous le renversiez en mettant sa partie ouverte dans un vase rempli d'eau, le liquide ne remplirait plus tout le tube, il descendrait et ne se maintiendrait qu'à une hauteur de dix mètres environ. Et cette hauteur, dans le même lieu, serait la même pour des tubes de différentes longueurs au-dessus de dix mètres, de différentes formes et de différentes grosseurs; de plus, si les tubes sont inclinés au lieu d'être droits, le liquide se maintient à la même hauteur verticale. Ainsi, dans la figure 106, les tubes A et B sont droits, le tube C est courbé, le tube D est incliné, mais droit, le tube F est non-seulement incliné, mais courbé; cependant l'eau contenue dans chacun d'eux restera à la même hauteur horizontale KL, qui sera d'environ 10 m. sur le bord de la mer.

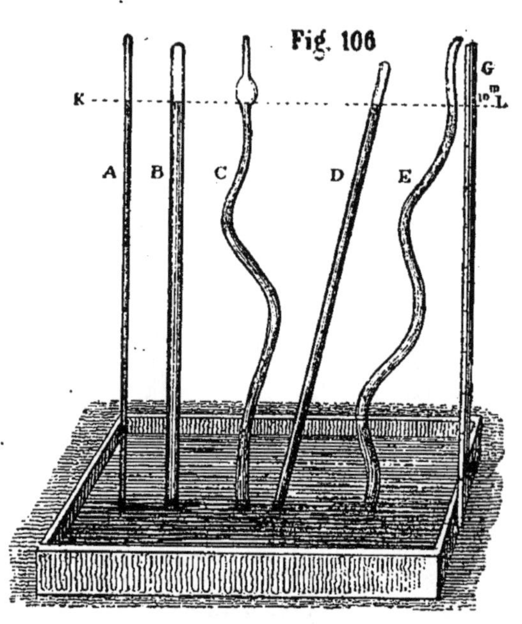

On peut donc conclure qu'au bord de la mer, le poids de l'air ou de l'atmosphère est seulement capable de soutenir une colonne d'eau de 10 m. de hauteur.

Cette expérience avec des tubes de verre de plus de 10 m. serait évidemment, sinon impossible, du moins très-difficile à exécuter; il en est une autre bien plus praticable et qui donne aussi le poids de l'atmosphère ou sa pression.

Au lieu d'employer de l'eau, on prend du mercure, ce liquide blanc qui ressemble à du plomb fondu. Les tubes (fig. 107) n'ont plus qu'un mètre de longueur, on les emplit et on les retourne de manière que leur extrémité ouverte soit dans le mercure, et en prenant les précautions indiquées plus haut. Le mercure descend dans chacun d'eux et s'arrête à une hauteur d'environ 76 centimètres, la même pour tous, si l'on n'a pas laissé d'air entre le doigt et le mercure en retournant les tubes.

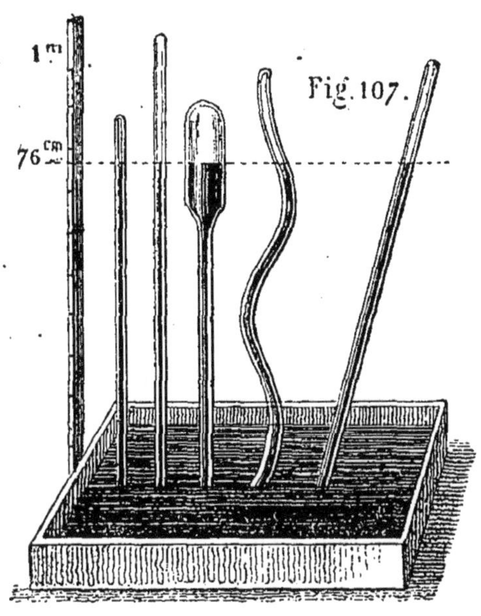

Fig. 107.

Comme c'est encore l'air qui appuie sur le mercure de la cuvette, pour maintenir celui contenu dans les tubes à une hauteur de 76 centimètres au-dessus du niveau de la cuvette, on peut dire que l'atmosphère, au bord de la mer (n'oubliez pas cette condition), est seulement capable de soutenir une colonne de mercure de 76 centimètres de hauteur.

En employant des tubes bien cylindriques, c'est-à-dire ayant dans toute leur longueur le même diamètre intérieur, ou encore bien *calibrés*, et pésant la colonne de mercure qu'ils contiennent au-dessus du niveau de la cuvette, on trouve que l'atmosphère agit sur la surface de la terre comme si chaque centimètre carré était chargé par un poids de 1k,033 ou 1,033 grammes. On trouverait le même résultat en pesant l'eau contenue dans un tube de plus de 10 mètres et bien calibré. Du reste, puisque la densité (33) du mercure est un peu plus de 13 fois celle de l'eau, la colonne de mercure doit être 13 fois moins élevée que celle de l'eau; en effet, 10 mètres ou 1,000 centimètres divisés par 13 donnent pour quotient 76.

J'avais donc raison de vous dire que l'air, tout léger qu'il semble, agit avec une grande énergie sur la surface de la terre, car si 1 centimètre carré supporte 1k,033, 1 mètre carré (24), qui contient 10,000 centimètres carrés, supporte 10,330 k.

Maintenant vous savez pourquoi une bouteille ou une carafe pleine, dont on met le goulot dans le liquide, ne se vide pas.

Vous pouvez même, si le goulot de la bouteille est suffisamment étroit, sortir la bouteille du liquide sans que ce dernier s'écoule; la pression atmosphérique le retiendra. Il en est de même pour un verre (fig. 108) plein d'eau, au-dessus duquel on met une feuille de papier et que l'on retourne sens dessus dessous, comme l'indique la figure 108. Dans ce dernier cas, la pression atmosphérique agit par l'intermédiaire du papier et empêche le liquide de descendre.

Fig. 108

Dans toutes ces expériences, il faut une certaine habileté de mains que la pratique seule donne ; aussi, quand vous ne réussissez pas tout d'abord, ne vous découragez pas. Souvenez-vous que l'on ne fait rien sans travail, sans peine même ; les plus petites choses présentent des difficultés qu'il faut surmonter.

95. **Applications.** *Pipettes.* — C'est sur ce dernier phénomène que sont basées les pipettes (fig. 109), dont se servent les marchands de vin pour retirer une petite quantité de liquide par la bonde d'une barrique. Ces instruments sont généralement en *fer-blanc* (*) et ont la forme représentée par la figure 109.

Dans la plus grande partie de leur longueur, en commençant par le haut, ils sont cylindriques (20), mais à la partie inférieure ils ont le plus souvent la forme conique (21) ou celle d'un petit entonnoir. Pour se servir d'une pipette, on la prend par la poignée et on l'introduit dans la bonde d'une barrique pleine, pour faire pénétrer la partie inférieure dans le liquide. Comme elle est ouverte par les deux extrémités, le liquide pénètre dans son intérieur par l'ouverture inférieure et remplace l'air qui s'échappe par l'ouverture supérieure.

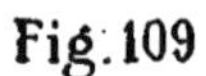

Fig. 109

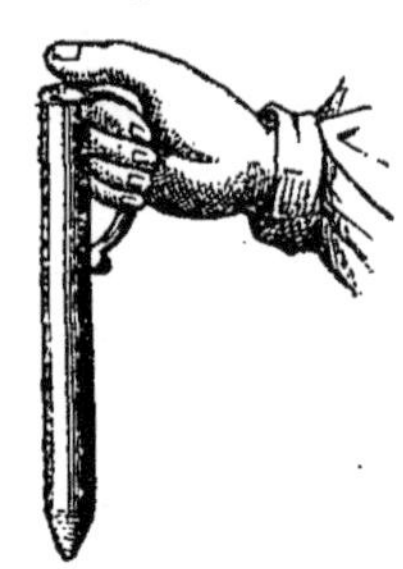

Bientôt le liquide est à la même hauteur dans la pipette et dans la barrique. Si alors, tenant toujours l'instrument par la poignée, on ferme avec le pouce l'ouverture du haut et on retire la pipette de la barrique, elle gardera presque tout le liquide qu'elle contient, la pression atmosphérique bouche en quelque sorte l'ouverture inférieure. En présentant un verre au-dessous de la pipette et retirant le pouce qui ferme l'ouverture supérieure,

(*) **Le fer-blanc** est du fer ordinaire écrasé entre les cylindres d'un instrument nommé *laminoir*. Avant d'être blanc, il est noir comme celui que l'on désigne sous le nom de tôle. Le fer-blanc est fait avec de la tôle très-mince *étamée*, c'est-à-dire recouverte d'une faible couche d'étain, comme les casseroles de cuivre.

le liquide tombera dans le verre en passant par l'ouverture inférieure. On peut arrêter l'écoulement à volonté, en remettant le pouce sur l'ouverture supérieure. Quand on retire le pouce, l'atmosphère pèse sur le liquide, au-dessus comme au-dessous ; le liquide tombe par son propre poids et il y a écoulement ; quand, au contraire, on bouche l'ouverture du haut, la pression atmosphérique n'agit plus que par le bas et empêche l'écoulement.

Fontaine intermittente. — La fontaine intermittente représentée par la figure 110, et qui se trouve dans tous les cabinets de physique, est basée sur le premier phénomène.

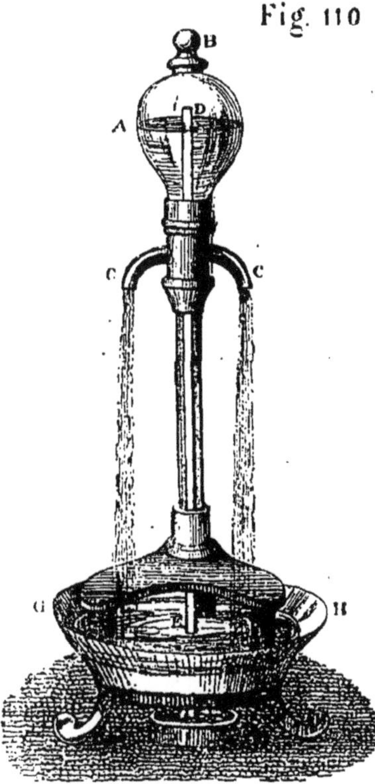

Fig. 110

La carafe A est en partie remplie d'eau qui peut s'écouler par les orifices C, C. Le bouchon B ferme la carafe et empêche l'air d'y pénétrer ; cet air ne peut arriver que par le tube DE, ouvert à ses deux extrémités ; l'intérieur n'est donc en communication avec l'atmosphère que par l'orifice inférieur E du tube DE, élevé à une certaine distance au-dessus du fond de la cuvette GH. Cette cuvette communique elle-même, par un trou percé dans son fond, avec le vase KK.

Voyons maintenant comment l'instrument fonctionne.

Le liquide coule par les orifices C, C, l'air pénètre dans la carafe A par le bas du tube DE ; par suite, la pression de l'atmosphère s'exerce de la même manière en dedans et en dehors, l'eau tombe donc par son propre poids. Mais la cuvette GH laisse écouler l'eau fournie par les orifices C, C moins vite que ces derniers ne la laissent venir ; il en résulte que le bout E du tube DE est, après peu de temps, plongé dans l'eau, et l'air ne peut plus arriver dans la carafe. Dès ce moment, l'écoulement par les orifices C, C se ralentit et bientôt il s'arrête tout à fait. Alors la pression dans la carafe est assez diminuée pour que la pression extérieure, restée la même, empêche le liquide de couler. Mais la cuvette GH continue à se vider dans le vase KK ; comme elle ne reçoit plus de liquide, le niveau de celui qu'elle contient s'abaisse et l'extrémité inférieure du tube DE est remise en communication avec l'atmosphère. L'air pénètre de nouveau dans la carafe, et l'écoulement par les orifices C, C recommence, pour s'arrêter, quand le tube DE sera bouché par le bas.

96. **Pression exercée par l'atmosphère sur le corps humain.** — Tout ce que nous venons de voir montre que la pression atmosphérique s'exerce dans tous les sens, au-dessus, au-dessous et sur les côtés ; par suite, le corps humain doit supporter un poids considérable. En effet, le corps d'un homme ordinaire présente une surface de un mètre carré et demi ou 15000 centimètres carrés. Puisque la pression de l'atmosphère est de un kilogramme environ par centimètre carré de surface, le corps humain porterait continuellement un poids de 15000 kilogrammes.

Vous vous demandez comment nous pouvons résister à un poids aussi considérable, c'est que nous ne le portons réellement pas. La pression s'exerçant de la même manière dans tous les sens, en dehors du corps comme à l'intérieur, même au milieu de la chair qui forme nos membres, elle n'agit que pour presser les différentes parties du corps, sans peser plus particulièrement sur aucune d'elles. Je vous montrerai un peu plus loin les applications de ce phénomène.

97. **PRINCIPE DES VASES COMMUNICANTS.** — Mettez deux vases quelconques, A et B (fig. 111), en communication par le bas au moyen d'un tuyau C et versez de l'eau dans l'un d'eux ; cette eau passera dans l'autre vase, et au bout de peu de temps la hauteur du liquide sera la même dans les deux et restera dans cette situation. Il doit en être ainsi, puisque l'atmosphère pesant de la même manière sur le liquide des deux vases, il n'y a aucune raison pour que l'eau reste à une hauteur plus grande dans l'un que dans l'autre.

Fig. 111

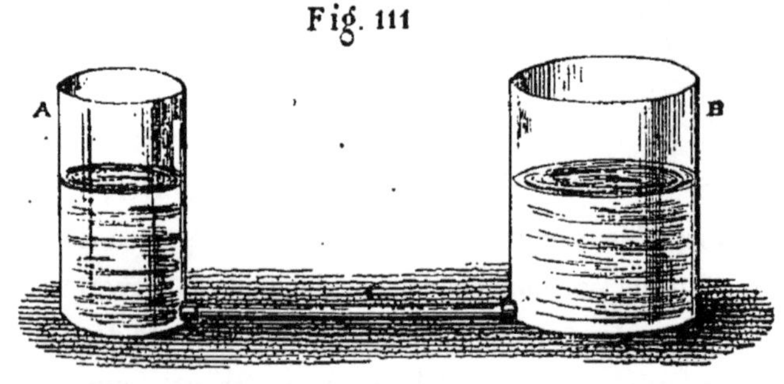

Ce phénomène, que l'on désigne sous le nom de principe des vases communicants, est indépendant de la forme des vases, et il se vérifie en employant des récipients semblables à ceux représentés par la figure 112.

Supposons les vases A, B, C, D, E, G, H, K en communication par le bas ; on verse de l'eau dans le vase A, elle se répand dans les autres vases, et au bout d'un moment le niveau est le même dans tous.

Nous avons vu au nº 51 que la surface des eaux tranquilles était, dans

Fig. 112

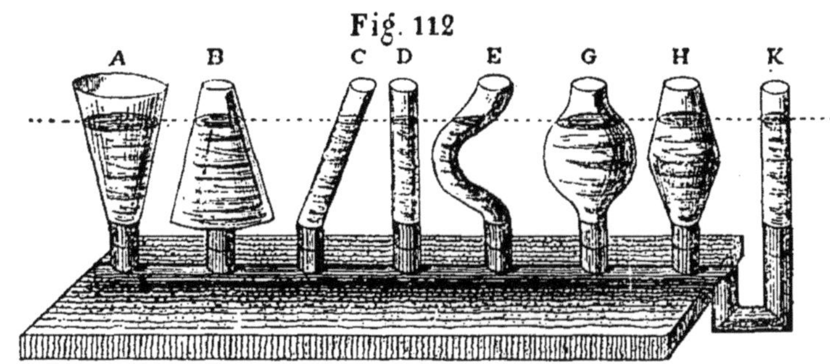

un lieu quelconque, le plan horizontal de ce lieu ; donc le plan qui passerait par le niveau de deux vases communicants serait parallèle à ce plan.

98. **Application.** *Niveau d'eau.* — C'est bien sur cette observation que l'on a construit l'instrument nommé niveau d'eau, et que vous avez vu employer, soit à la campagne, soit sur les routes auxquelles on travaille.

Ce sont deux petites bouteilles sans fond A et B (fig. 113), mises en com-

Fig. 113

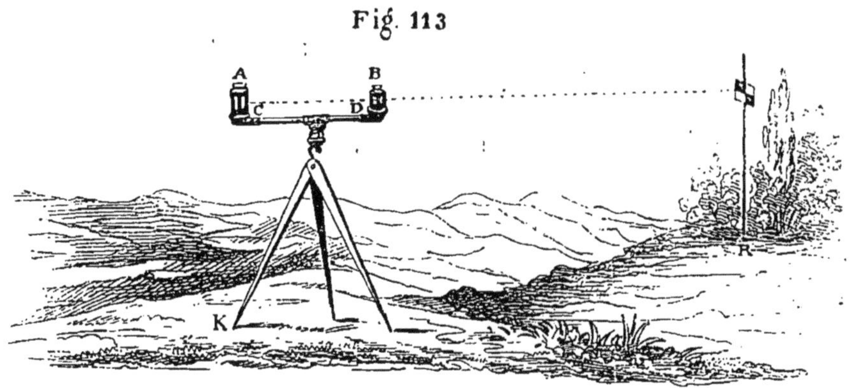

munication par le bas au moyen d'un tube CD en fer-blanc ou en cuivre. Le tout est porté par un support à trois pieds.

Pour se servir de l'instrument, on le place sur son pied et on le met à peu près horizontalement, on verse dans l'une des fioles de l'eau rougie, qui gagne l'autre fiole. Quand le niveau du liquide est à une certaine hauteur dans les deux fioles, l'instrument est monté. Supposons que l'on veuille savoir si le point R est plus élevé que le point K, et de quelle quantité il est plus élevé : on envoie un homme au point R; il place, à cet endroit et dans une position verticale, une longue règle métrée, nommée mire, sur laquelle peut glisser une plaque appelée *voyant*, peinte avec des couleurs tranchantes. L'observateur, placé au point K, met son œil dans la direction du niveau de l'eau dans les deux fioles, et il dirige l'instrument sur la mire, en le faisant tourner d'une manière convenable. Il indique ensuite à l'homme placé au point R s'il faut monter ou descendre le voyant, de manière que le milieu de ce dernier soit bien dans la direction du niveau de liquide dans les deux fioles. On connaît ainsi à quelle hauteur se trouve la ligne de niveau au-dessus des points K et R; la différence entre ces deux quantités, dans le cas présenté par la figure 113, donne la hauteur du point R au-dessus du point K.

Cette opération est ce qu'on appelle faire un *nivellement.*

Le niveau d'eau à bouteilles, dont je viens de vous parler, est souvent remplacé par le *niveau d'eau à bulle d'air* (fig. 114). Il ne faut pas confondre les deux instruments.

Fig. 114

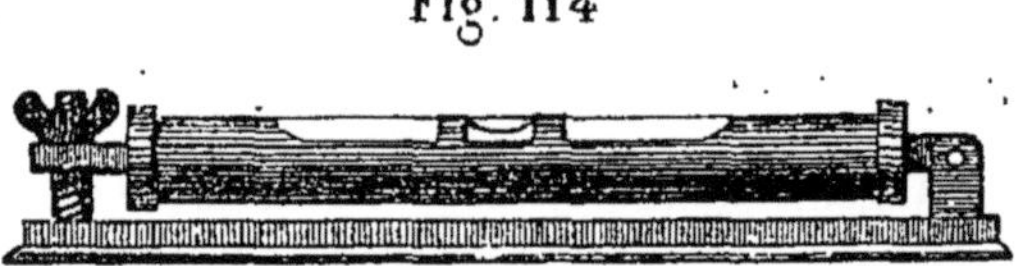

Le niveau à bulle d'air est composé d'un petit tube en verre fermé par les deux bouts, et à peu près rempli d'alcool, de telle sorte qu'il ne reste qu'un petit espace sans liquide. En couchant le tube horizontalement, le vide laissé forme une bulle qui se promène le long du tube avec une grande mobilité. Le niveau à bulle d'air est fixé sur une règle en métal; on le place sur une table parfaitement horizontale et l'on marque sur le tube les deux extrémités de la bulle d'air dans cette position. Cet instrument est plus juste et surtout beaucoup moins embarrassant que le niveau à bouteilles.

99. *Jets d'eau.* — Les jets d'eau, qui font toujours de si jolis effets, sont produits par cette tendance que possèdent tous les liquides pour remonter à leur niveau ; c'est une des conséquences du principe des vases communicants, et, par suite, de la pression atmosphérique, dont il faut toujours tenir compte. Soit un réservoir d'eau M (fig. 115) et un tuyau CD amenant le liquide à l'ajustage E. Si on ouvre le robinet de cet ajustage, le liquide s'élèvera en formant ce qu'on appelle un jet d'eau; et il atteindrait

le niveau AB du réservoir qui l'alimente, si l'air ne s'opposait pas à son ascension. Ainsi donc, quand vous verrez un jet d'eau dans un jardin, vous pourrez toujours dire que le réservoir qui l'alimente a un niveau d'eau

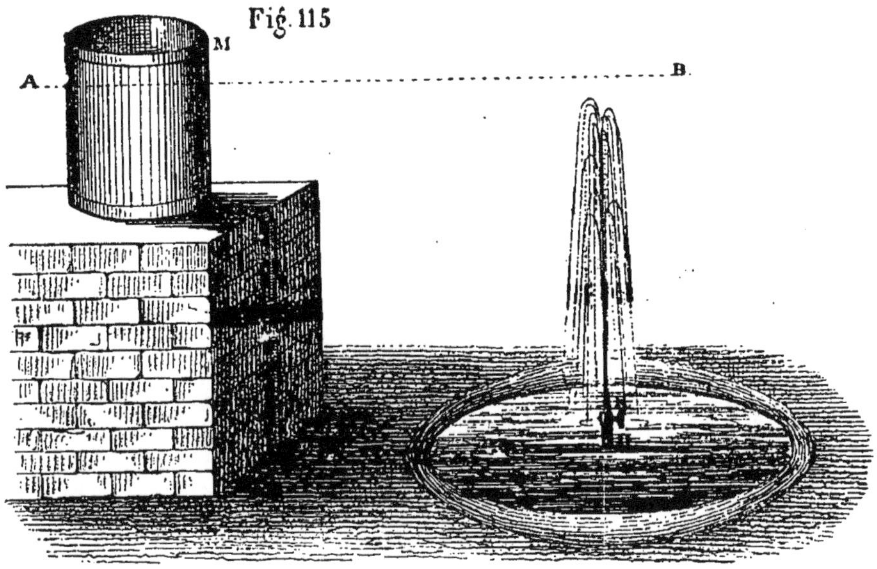

Fig. 115

dont la hauteur est supérieure au point le plus élevé où monte l'extrémité du jet d'eau.

100. *Fontaines jaillissantes naturelles.* — Vous pouvez dès lors comprendre la cause des fontaines jaillissantes naturelles (fig. 116). Une cavité

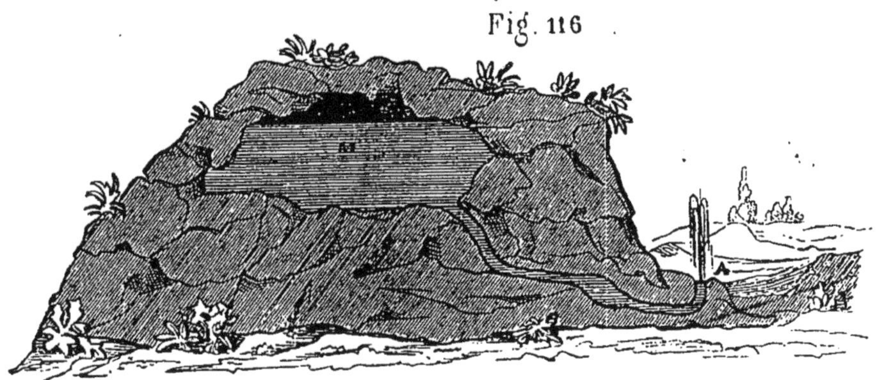

Fig. 116

M plus élevée que le point A dont elles jaillissent contient l'eau qui les alimente.

101. *Puits artésiens.* — Les puits artésiens, ainsi nommés parce que c'est dans l'ancienne province de l'Artois qu'ils furent d'abord pratiqués,

ne sont que des fontaines jaillissantes naturelles. *L'écorce de la terre* est composée de couches superposées (fig. 117) ; les unes, comme le sable, le gravier et les pierres, se laissent facilement traverser par les eaux et sont dites *perméables ;* les autres, comme la *terre glaise* ou *argile*, qui ne laissent pas passer l'eau, sont dites *imperméables*. Supposons deux couches EF et IK imperméables comprenant une couche GH perméable. Si les eaux pénètrent entre les deux couches imperméables, elles pourront s'accumuler dans la couche perméable. En perçant un trou traversant les couches AB, ED et EF, on pourra avoir de l'eau jaillissante, si les eaux de la couche GH viennent d'un point plus élevé que l'ouverture du puits. Les eaux qui alimentent les puits artésiens peuvent, du reste, venir d'une très-grande distance.

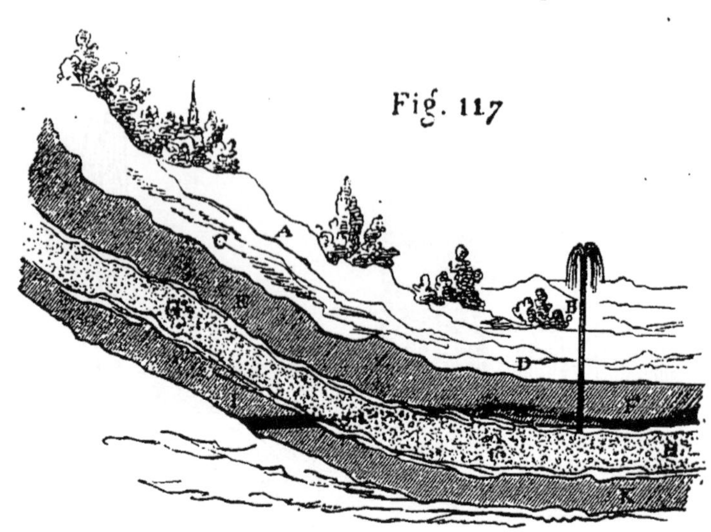

Fig. 117

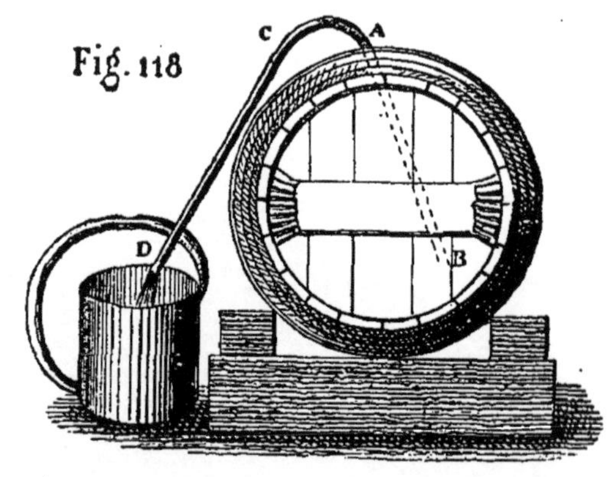

Fig. 118

Quant à la profondeur à laquelle il faut atteindre pour avoir l'eau jaillissante, elle varie suivant les lieux ; le puits de Grenelle a 548 mètres de profondeur, celui de Passy a 587 mètres.

102. *Siphon.* — Vous avez souvent vu les marchands de vin vider les tonneaux par la bonde, c'est-à-dire la partie la plus élevée de la barrique, au moyen d'un tube en fer-blanc ou en cuivre recourbé, dont une des branches est plus longue que l'autre. On appelle cet instrument un siphon.

Pour s'en servir, on introduit dans la barrique (fig. 118) la plus courte des branches AB, on met la bouche à l'autre extrémité D, on aspire l'air contenu dans le siphon, le liquide de la barrique coule bientôt, et l'écoulement ne cesse que dans certaines circonstances indiquées plus bas.

Ce qui précède vous donne l'explication de ce phénomène. La pression de l'air dans l'intérieur de la barrique restant la même, alors que l'aspiration faite dans le siphon diminue celle de l'air de ce côté, le vin monte à la suite de l'air retiré. Bientôt le vin dépasse le point le plus élevé de l'instrument, descend dans la longue branche CD et arrive à la partie inférieure de celle-ci. Ce n'est qu'à ce moment que l'on retire la bouche, et le siphon est *allumé*. Il fonctionne jusqu'à ce que l'air pénètre par l'extrémité ouverte de la petite branche, ou encore quand le liquide est à la même hauteur dans les deux branches du siphon.

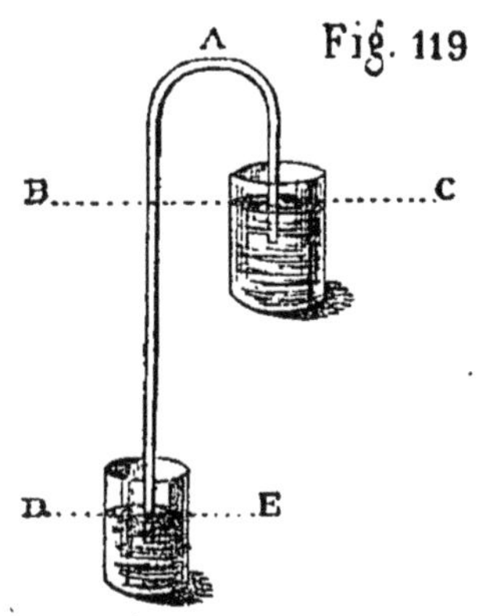

Fig. 119

Vous voyez bien pourquoi le liquide monte dans la petite branche et descend dans la grande; par suite, vous comprenez qu'un siphon qui aurait plus de 10 mètres de hauteur ne pourrait pas être amorcé, car la pression atmosphérique serait impuissante, même au bord de la mer, pour faire monter le liquide au sommet des deux branches. Mais pourquoi le liquide coule-t-il? A l'extrémité des deux branches la pression de l'atmosphère agit de la même manière, car on ne peut tenir compte de la petite différence de hauteur des colonnes d'air au-dessus des extrémités du siphon. Mais il n'en est pas de même de la différence des deux colonnes liquides, celle de la petite branche et celle de la grande; celle qui descend de la barrique est sensiblement plus lourde que celle qui monte, il en résulte que la plus lourde tend à descendre et par suite à vider le siphon que la pression atmosphérique remplit continuellement.

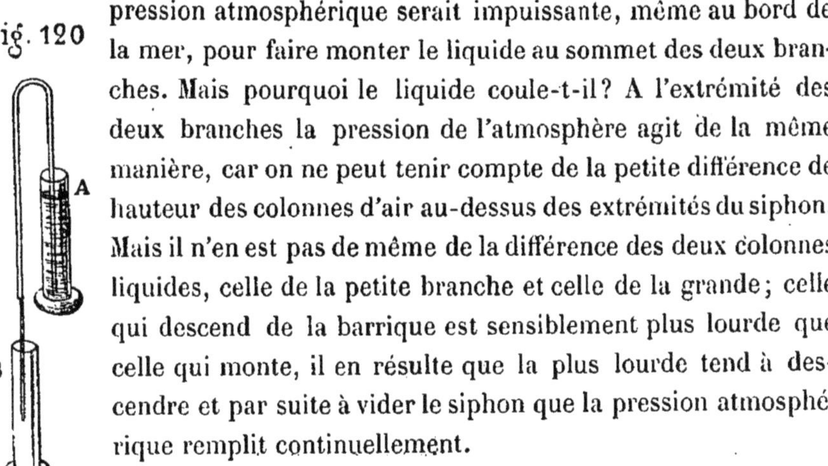

Fig. 120

Evidemment la hauteur des colonnes d'eau (fig. 119) n'est pas toujours la longueur des tubes qui donnent passage au liquide, mais bien la hauteur du coude A au-dessus du niveau BC dans le vase d'où le liquide s'écoule, et celle de ce même coude A au-dessus du niveau DE dans le vase où le liquide se déverse, en supposant que l'extrémité de la grande branche se trouve plongée dans ce vase. Ainsi, dans le cas de la figure 119, la différence de la hauteur des branches serait BD.

Le siphon peut servir à prouver le principe des vases communicants. Prenez deux vases A et B (fig. 120), dont l'un A plein d'eau est placé plus haut que le second B; faites les communiquer par un siphon amorcé. L'eau passera du vase A dans le vase B. Quand le premier sera à peu près vide, les deux branches du siphon plongées dans le liquide, abaissez le vase A au-dessous du vase B, et vous verrez le liquide revenir sur le chemin qu'il a parcouru pour emplir de nouveau le vase A. Enfin, si vous remontez ce dernier, le liquide changera encore de direction pour revenir dans le vase B. Si vous maintenez les deux vases A et B à la même hauteur, le courant dans le siphon cessera dès que le liquide sera à la même hauteur dans les deux vases, sans que l'instrument soit désamorcé.

103. *Fontaines intermittentes naturelles.* — Il existe des fontaines qui

Fig. 121

donnent de l'eau pendant un certain temps, puis qui cessent d'en fournir pour couler plus tard. Le siphon peut expliquer ce phénomène.

Supposez une cavité M (fig. 121) formée dans la terre. Pendant la saison des pluies, elle se remplit d'eau. Elle communique par un conduit CDE, véritable siphon, avec la fontaine E. Dès que le niveau de l'eau a atteint la hauteur AB, c'est-à-dire celle du coude D du siphon, ce dernier est amorcé et l'eau s'écoule par l'orifice E; elle ne s'arrête que quand le niveau de l'eau, dans la cavité M, est arrivé à découvrir l'orifice C du siphon. Il faudra que le niveau remonte à la hauteur AB pour qu'elle donne de nouveau de l'eau.

C'est encore au moyen du siphon que l'on fait, dans les petits théâtres, le tour suivant : On place sur une table un verre à pied, qui semble n'avoir rien de particulier; le maître de la baraque l'emplit de vin et se retourne vers le public pour dire quelques mots. Quand il revient près du verre, il le trouve vide et accuse son compère qui se défend de son mieux. Si vous pouviez visiter le verre (fig. 122), vous trouveriez dans l'intérieur un siphon en verre aussi, traversant le pied et communiquant avec un trou de la table. Ce trou donne dans un réservoir placé au-dessous. Quand on remplit le verre en noyant complétement le siphon, ce dernier s'amorce et le liquide s'écoule. Si on ne recouvre pas le siphon, on peut prendre le verre et boire le liquide qu'il contient sans qu'il en passe la moindre quantité par le siphon.

Fig. 122

Ce verre est appelé *vase de Tantale*, du nom de ce personnage mythologique que Jupiter condamna à une faim et une soif perpétuelles. Plongé dans un fleuve, sous un arbre chargé de fruits, les eaux fuyaient quand il en approchait les lèvres, et les branches de l'arbre s'élevaient quand il tendait les mains pour prendre des fruits.

104. Baromètres. — Revenons maintenant au tube fermé par une de ses extrémités rempli de mercure et retourné dans une cuvette pleine du même liquide (94). L'instrument que l'on nomme baromètre est disposé de la même manière; cette belle invention, dont je vais vous parler longuement, est due à *Torricelli*, célèbre physicien italien, né en 1608 et mort en 1647.

Quand je vous ai dit que le mercure se maintenait à une hauteur de 76 centimètres environ, j'ai toujours supposé que l'expérience se faisait au bord de la mer : car cette hauteur serait moindre si l'on se trouvait sur une montagne élevée, et plus grande si l'on agissait au fond d'une mine profonde. Et il doit en être ainsi, puisque dans le premier cas l'épaisseur de l'atmosphère au-dessus de la montagne serait moins grande et, par suite, moins lourde qu'au bord de la mer; dans le second cas, au contraire, l'épaisseur de l'atmosphère étant plus grande, le poids sur le mercure de la cuvette serait plus considérable, et par suite la colonne de mercure soutenue serait plus élevée.

De là l'application du baromètre à la mesure de la hauteur des contrées et des montagnes au-dessus du niveau de la mer. Mais il est une autre application plus commune et que vous connaissez certainement. Vous avez entendu dire souvent : Le baromètre est haut, nous aurons beau temps, ou le beau temps continuera.... Le baromètre baisse, le temps va changer, le mauvais temps va venir, la pluie va tomber, etc., etc. C'est que la hauteur de la colonne de mercure, ou, comme on dit généralement, la hauteur du baromètre, dans le même lieu, n'est pas toujours la même ; l'air est plus ou moins pesant et, par suite, il soutient une colonne de mercure plus ou moins élevée. Ces varations sont, il est vrai, peu considérables ; cependant elles sont suffisantes pour indiquer l'état de l'atmosphère. L'expérience a démontré que, généralement en France, lorsque le baromètre descend, c'est une preuve que l'atmosphère est humide, et l'on en conclut qu'il pourrait y avoir bientôt de la pluie. Au contraire, quand le baromètre monte, l'air devient plus sec, moins humide, et il y a des probabilités pour du beau temps.

Fig. 123

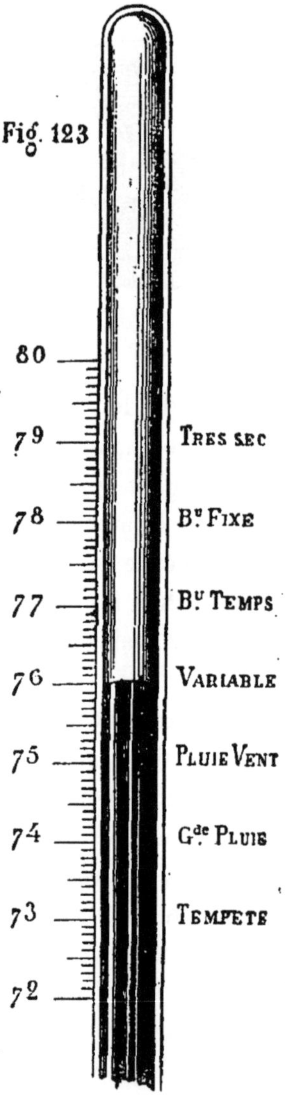

C'est précisément pour avoir ces indications que l'on met, le long du tube d'un baromètre, à la partie supérieure de la colonne, une échelle semblable à celle représentée par la figure 123. Les centimètres, de 72 à 80, sont marqués à gauche du tube, et vis-à-vis de chacune de ces graduations est l'indication du temps probable ; ainsi, sur la figure 123, 76 centimètres correspondent à variable. C'est la hauteur moyenne du mercure ; par suite, le baromètre dont il est question est gradué pour les lieux situés sur le bord de la mer et pour ceux dont la hauteur au-dessus du niveau de la mer est peu considérable. En général, les baromètres se présentent sous la forme indiquée par la figure 124. Le tube, rempli de mercure et plongé dans une cuvette contenant du mercure, est fixé sur une planche qui porte la graduation indiquée figure 123. Remarquez bien que la hauteur de la colonne barométrique est la distance qui sépare la partie supérieure de la colonne du niveau dans la cuvette. Il ne faut donc pas que ce niveau puisse varier quand le mercure monte ou descend dans le tube. On atteint ce résultat de trois manières différentes :

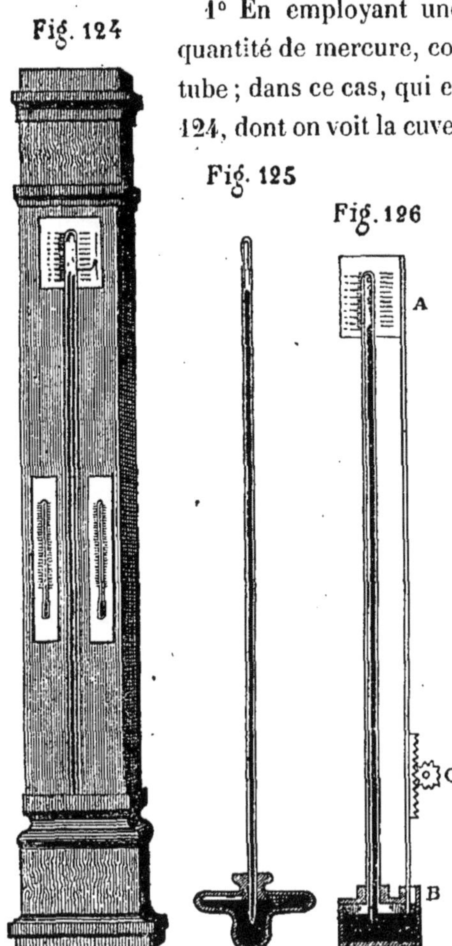

Fig. 124 Fig. 125 Fig. 126

1° En employant une cuvette contenant une grande quantité de mercure, comparée à celle renfermée dans le tube ; dans ce cas, qui est celui du baromètre de la figure 124, dont on voit la cuvette figure 125, la petite quantité de mercure qui entre ou qui sort du tube, par suite des variations de la hauteur de la colonne, ne produit que des variations insensibles pour le niveau du mercure dans la cuvette.

2° En faisant l'échelle de graduation (fig. 126) mobile et terminée à la partie inférieure par une pointe d'ivoire. Dans ce cas, avant de lire la hauteur de la colonne barométrique, on descend ou l'on monte l'échelle de manière que l'image de la pointe d'ivoire, dans le mercure de la cuvette, semble toucher cette pointe. La figure 126 montre la disposition de l'instrument ; l'échelle de graduation AB peut glisser dans des rainures, le bouton C permet de faire tourner une petite roue à dents qui engrène avec une crémaillère tenant à l'échelle.

3° En faisant monter ou descendre le fond de la cuvette, de manière que l'image d'une pointe d'ivoire, fixée à cette cuvette, semble toucher cette pointe. La figure 127 montre cette disposition. A est le tube barométrique, BB la cuvette complétement ouverte par le bas ; le fond est remplacé par un morceau de cuir EE, qui est assez peu tendu pour pouvoir entrer dans l'intérieur de la cuvette quand on agit sur la vis G qui fait monter le tampon placé sous le fond en cuir.

Les graduations sont comptées depuis l'extrémité de la pointe C. Avant de lire les indications du baromètre, on monte ou l'on baisse le tampon G pour amener le niveau du mercure en contact avec la pointe C. Sur l'échelle des graduations, on place le plus souvent une petite pièce mobile, appelée *index*, qui sert à indiquer à quelle hauteur se trouve le mercure au moment de l'observation. Elle permet aussi de se rendre compte des variations survenues dans la hauteur barométrique depuis la dernière observation.

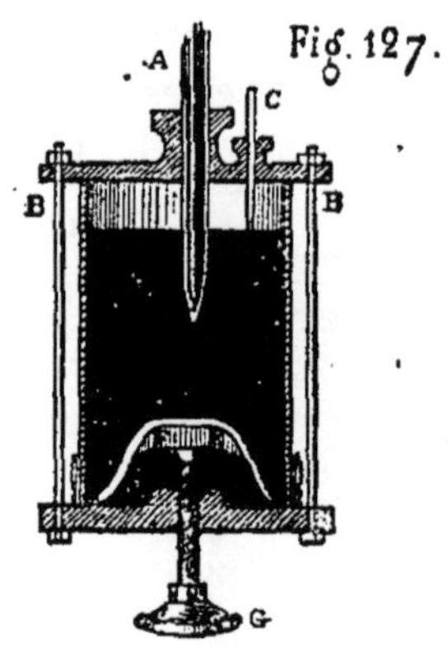

Fig. 127.

105. **Baromètre à cadran ou à siphon.** — Il y a des baromètres qui ont la forme représentée par le côté gauche de la figure 128. On ne voit à l'extérieur qu'un cadran sur lequel une aiguille se promène, donnant les indications correspondantes aux hauteurs de la colonne barométrique.

Derrière le cadran est un tube ABC recourbé par le bas, la grande branche AB est fermée par le haut comme le tube d'un baromètre ordinaire; quant à la petite BC, elle est ouverte et remplace la cuvette des baromètres ordinaires. Si le mercure monte dans la grande branche, il descend dans la petite; si le mercure descend dans la grande branche, il monte dans la petite. C'est ce mouvement du mercure dans la petite branche qui fait marcher l'aiguille du cadran. A cet effet, un petit morceau de fer D (dont la densité est moins grande que celle du mercure) flotte au-dessus du mercure contenu dans la petite branche; à ce petit flotteur est attaché un fil passant sur une petite poulie fixée au point de rotation F de l'aiguille HE. G est un contre-poids destiné à maintenir le fil tendu. Ce système, comme vous le voyez, est très-simple, et toutes les variations des baromètres sont accusées par l'aiguille. Les indications du cadran sont placées de manière à correspondre aux différentes hauteurs du mercure dans la grande branche.

Il existe sur le cadran du baromètre une seconde aiguille, elle remplace l'index des baromètres ordinaires. On peut la faire tourner à la main et la mettre au-dessus de l'autre; il est donc facile d'apprécier la variation survenue, sans noter l'observation précédente.

106. **DU VIDE.** — Lorsqu'au n° 94 je vous ai parlé des tubes de verre d'un mètre environ de longueur, qu'on remplissait de mercure pour les renverser dans une cuvette contenant du mercure, je vous ai dit que ce dernier descendait et restait à une hauteur moyenne de 76 centimètres. Si le renversement du tube est fait avec soin, c'est-à-dire de manière que l'air ne puisse pénétrer, l'espace abandonné par le mercure, au haut du tube barométrique, ne contient pas d'air. On dit alors qu'il y a le vide dans cette partie.

Fig. 128

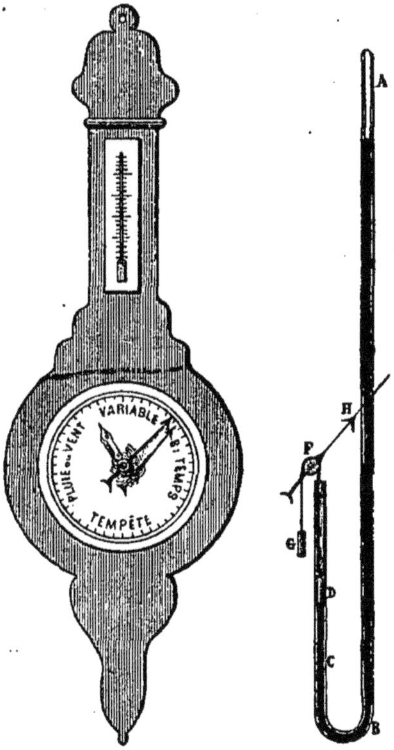

Lorsque, par aspiration, vous faites monter l'eau dans votre bouche au moyen d'un tube, vous faites le vide dans le tube, et l'eau, poussée par la pression atmosphérique, vient prendre la place de l'air retiré. Souvenez-vous bien de ce phénomène, qui vous donnera l'explication de ce qui se passe dans les *pompes*, machines employées pour faire monter l'eau d'un puits, d'une citerne ou d'une rivière.

107. **Baromètres métalliques.** — Il existe encore de petits baromètres, dont le cadran ressemble beaucoup à celui d'une pendule ordinaire, sauf les indications qui sont différentes. Ce sont les baromètres métalliques.

Les uns, inventés par M. Vidi, et appelés *baromètres anéroïdes*, se composent d'une petite boîte en cuivre très-mince, dans laquelle on fait le vide. L'atmosphère, qui pèse sur tous les corps, tend nécessairement à écraser cette boîte ; et plus le poids de l'air est considérable, plus l'écrasement est prononcé. Quand, au contraire, l'atmosphère devient moins lourde, la boîte tend à reprendre sa forme primitive. On utilise les variations dans l'épaisseur de la boîte pour faire marcher une aiguille sur un cadran, dont les indications correspondent à celles d'un baromètre ordinaire à mercure.

Les autres, inventés par M. *Bourdon* (fig. 129), sont composés d'un tube en cuivre AB, aplati et recourbé sur lui-même, dans lequel on fait le vide.

Quand la pression atmosphérique augmente, ce tube, qui n'est fixé que par le point milieu de sa longueur, tend à se courber davantage sur lui-même. Quand, au contraire, l'atmosphère est moins pesante, il tend à se redresser. Ces différences dans la forme du tube sont utilisées pour donner le mouvement à une aiguille, qui parcourt un cadran en tout semblable à celui des baromètres anéroïdes de Vidi. Pour le mouvement de l'aiguille, un double levier réunit les deux extrémités du tube et, par l'intermédiaire d'un engrenage, fait marcher l'aiguille.

Fig. 129

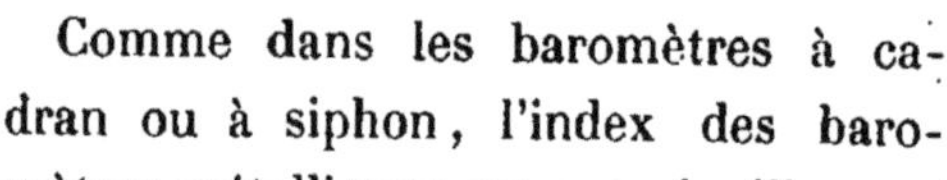

Comme dans les baromètres à cadran ou à siphon, l'index des baromètres métalliques est une aiguille que l'on peut faire marcher à la main.

108. **Moyen de faire le vide.** — Ce que nous venons de dire au sujet des baromètres à mercure donne un moyen très-simple de faire le vide dans un vase quelconque. Supposons qu'il s'agisse de la bouteille A (fig. 130). Vous pensez peut-être que l'on pourrait retirer l'air contenu en l'aspirant avec la bouche ? Essayez, et bientôt votre langue sera collée avec une telle force sur le goulot, que vous renoncerez à pousser plus loin l'expérience. Certainement, en agissant ainsi, vous retireriez une partie de l'air contenu dans la bouteille A, mais il en resterait toujours une grande quantité. Le moyen que je vais vous indiquer est plus sûr et à peine plus compliqué.

Ajoutez au goulot de la bouteille A, soit en le vissant si la chose est possible, soit en le passant tout simplement dans un bouchon, un tube BC, ayant environ 80 centimètres de longueur ; emplissez tube et bouteille de mercure, et retournez l'appareil pour mettre l'extrémité ouverte du tube dans le mercure d'une cuvette disposée à cet effet ; enfin, agissez pour le tube et la bouteille comme vous le feriez pour un tube destiné à faire un baromètre. Le mercure descendra au-dessous du robinet, et si alors vous fermez la bouteille A, il n'y aura plus d'air dans son intérieur.

Au lieu de mercure on pourrait employer de l'eau, mais alors le tube BC devrait avoir au moins 10 mètres de longueur, et vous comprenez combien il serait difficile de le retourner.

109. Précautions à prendre quand on emploie du mercure.—Avant d'aller plus loin, je dois vous prévenir que si vous manipulez du mercure, il faut avoir le plus grand soin de ne pas en mettre dans la bouche, car c'est un poison violent; en outre, son contact avec l'or, l'argent, le cuivre et plusieurs autres corps détériore ces métaux, qui disparaissent complétement si on les laisse séjourner pendant quelque temps dans le mercure. Ce liquide passe facilement à l'état gazeux, et les vapeurs qu'il dégage, même à la température ordinaire, attaquent les métaux dont je viens de vous parler. Ainsi, une bague en or que l'on porte au doigt, si on ne la retire pas, alors même qu'elle n'aura pas touché le mercure, deviendra toute blanche. On remédie à cet inconvénient, on rend à l'or son éclat en mettant la bague sur des charbons ardents; la chaleur est suffisante pour faire passer à l'état de gaz tout le mercure déposé sur la bague, mais pas assez grande pour faire fondre l'or.

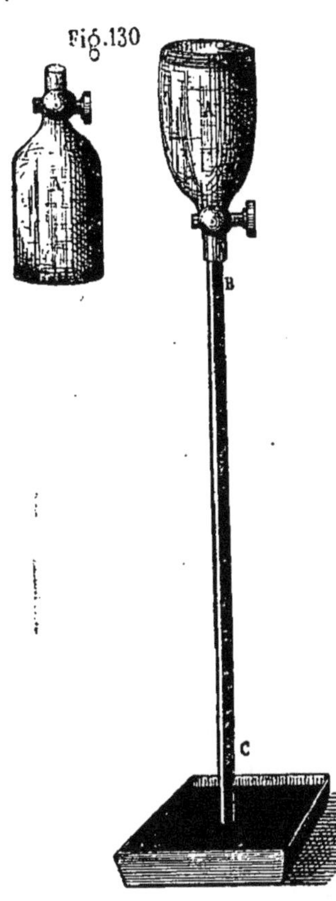

S'il est des corps attaqués par le mercure, il en est d'autres qui n'ont rien à craindre de son contact; tels sont, par exemple, le verre, la porcelaine, le fer et la fonte. Si donc vous voulez mettre du mercure dans un vase, que ce vase ne soit jamais fait avec les matières qui peuvent être attaquées par lui.

110. POMPES. — Certes vous connaissez ces petites *seringues* (fig. 131) en verre avec lesquelles les enfants font de si vilaines malices; voyons comment elles sont construites et comment elles fonctionnent.

C'est ordinairement un tube ABC ouvert par un bout et rétréci à l'autre, de manière à laisser seulement une petite ouverture. Dans l'intérieur de ce tube est une *tige* T, terminée par un morceau de liége entouré de chanvre. Cette partie se nomme le *piston*. Enfin, un autre morceau de liége, à l'entrée du tube, donne passage à la tige T et sert à guider cette dernière, de telle sorte que le piston P soit toujours dans une position convenable. Maintenant servons-nous de l'instrument.

Tenant le tube de la main gauche et la tige de la main droite, poussons le piston P le plus près possible du bout C; plaçons l'extrémité C dans l'eau et tirons lentement la tige, pour faire remonter le piston P au haut du tube ABC. Que se passe-t-il alors? Le piston P, laissant derrière lui un espace vide, l'air veut y pénétrer; mais il trouve sur son passage l'eau dans laquelle le bout C est plongé, et pousse cette eau dans la seringue. En résumé, le piston fait dans la seringue ce que votre bouche ferait dans un tube de verre, si vous vouliez aspirer de l'eau par ce moyen.

Fig. 131

J'ai tiré lentement la tige T, parce qu'en agissant autrement l'eau aurait pu ne pas arriver assez vite par le petit trou C, pour remplir l'espace laissé vide derrière le piston, et l'air aurait passé entre le piston et les parois de la seringue pour venir combler ce vide.

Si maintenant, retirant le bout C de l'eau et dirigeant ce bout vers un but peu éloigné, je pousse la tige de manière à faire enfoncer le piston dans le tube, l'eau jaillira avec force par le bout C et ira plus ou moins près du but visé. Ici encore il ne faut pas agir trop précipitamment, car le liquide n'ayant pas le temps de sortir par l'orifice C, pourrait passer entre ce tube et le piston.

Dans ce que je viens de vous dire au sujet de la seringue est toute l'explication des pompes, dont nous allons nous occuper.

ABCD (fig. 132) est un cylindre (20) en fonte de fer ou de cuivre, nommé *corps de pompe*. A la partie supérieure de ce corps de pompe est un réservoir KK nommé *cuvette*, qui porte un *déversoir* L, par lequel l'eau montée s'écoule.

La partie intérieure du corps de pompe est réunie à un tuyau EG, appelé *tuyau d'aspiration*, qui va plonger, par son autre extrémité, dans le réservoir qui doit fournir l'eau à la pompe. La naissance de ce tuyau est fermée par une espèce de petite porte S s'ouvrant de bas en haut et nommée *clapet* ou *soupape d'aspiration*. L'autre extrémité du tuyau d'aspiration est terminée par une espèce de pomme d'arrosoir H, nommée *crepine*, qui a pour but d'empêcher les saletés de pénétrer dans le corps de pompe.

Dans l'intérieur du corps de pompe est un piston P percé d'un trou que le clapet ou la soupape S', s'ouvrant de bas en haut, peut fermer. Le piston est conduit par une tige qui tient à un levier MM en fer recourbé, et pouvant tourner autour du point O. Cette partie de la pompe, qui sert à faire monter et descendre le piston, se nomme la *bringueballe.*

Levons la bringueballe pour faire descendre le piston le plus bas possible; l'air qui se trouve entre le piston et la soupape S est pressé comme tout à l'heure dans la seringue; la soupape S, plus chargée par en dessus que par en dessous, se ferme et empêche l'air de passer par le tuyau d'aspiration; la soupape S', au contraire, plus pressée par en dessous que par en dessus, se lève pour donner passage à cet air. Si maintenant nous abaissons la bringueballe pour lever le piston, l'espace qui est au-dessous augmente de volume, et par suite il y a commencement de vide ; l'air intérieur veut y pénétrer, soit par-dessus le piston, soit par-dessous. Par en dessus, le clapet S étant plus chargé en dessus qu'en dessous, se ferme et s'oppose à son passage ; par en dessous, au contraire, le clapet S est moins pressé en dessus qu'en dessous, et il s'ouvre sous l'effort de l'air contenu dans le tuyau d'aspiration ; cet air vient combler le vide laissé derrière le piston. En même temps l'atmosphère pèse sur l'eau du réservoir et la fait monter dans le tuyau d'aspiration.

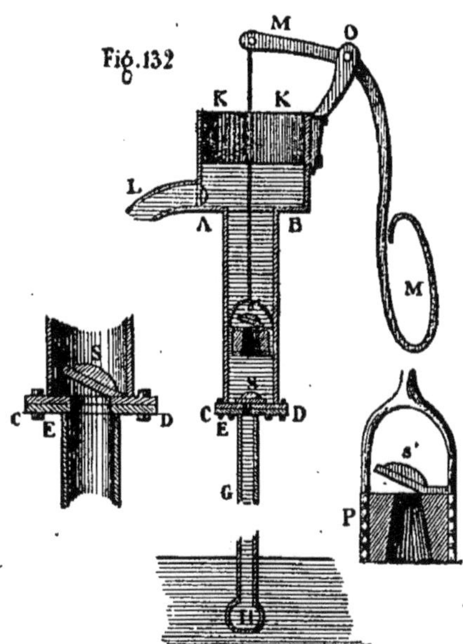

Si l'on fait de nouveau descendre le piston, la soupape S se ferme, l'eau montée dans le tuyau d'aspiration y reste, comme cela arrive dans la pipette (95), dont on ferme la partie supérieure avec le pouce; le clapet S' s'ouvre pour donner passage à l'air retiré du tuyau d'aspiration. En remontant le piston, le clapet S' se ferme, la soupape S s'ouvre, et une nouvelle quantité d'eau arrive dans le tuyau d'aspiration.

L'eau finit ainsi par monter dans le corps de pompe; dès lors, on dit la pompe *allumée.* Le piston descendant, la soupape S se ferme sous le poids de l'eau arrivée dans le corps de pompe ; la soupape S' se lève et le piston pénètre dans le liquide. En montant de nouveau, le piston aspire derrière lui l'eau du réservoir ; et comme le clapet S' se ferme, l'eau passée au-dessus de lui arrive dans la cuvette KK et coule naturellement par le déversoir L.

111. Pompe aspirante à simple effet. — La pompe dont nous venons de parler est appelée pompe aspirante à simple effet : aspirante, parce que le piston ne fait qu'aspirer l'eau ; à simple effet, parce que le piston n'aspire que quand il monte. La pression atmosphérique étant la force qui pousse l'eau dans le tuyau d'aspiration, vous voyez immédiatement que, du dessous du piston arrivé au haut de sa course, au niveau de l'eau à élever, il ne pourrait pas exister une distance verticale plus grande que 10 mètres (94). Cette distance, du reste, dépendra de la hauteur la plus faible du baromètre, dans le lieu où l'on se trouve, et encore, il faudra tenir compte des imperfections de la machine ; ainsi, sur le bord de la mer, on ne peut mettre entre le dessous du piston au haut de sa course et le niveau de l'eau à élever, qu'une distance verticale de 8 mètres environ.

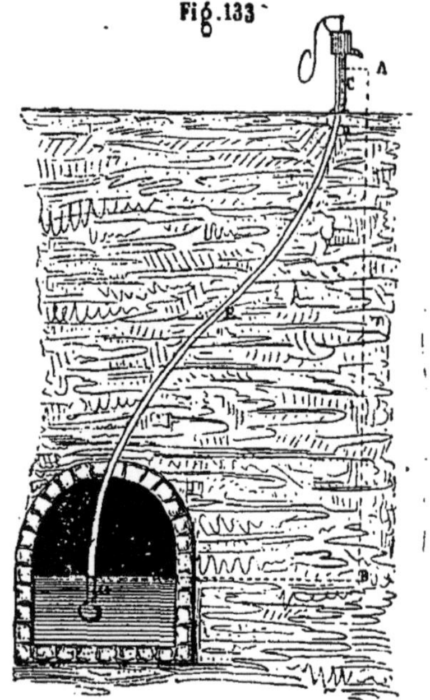

Je vous dis hauteur verticale du dessous du piston au niveau de l'eau à élever, parce que la longueur du tuyau d'aspiration peut être beaucoup plus grande que cette hauteur. Ainsi, dans la figure 133, la hauteur verticale AB est beaucoup plus petite que la longueur du tuyau d'aspiration DEG. Cependant ne croyez pas que cette longueur n'ait aucune influence ; le frottement de l'eau dans le tuyau (50) est d'autant plus grand que la longueur du tuyau dans lequel elle passe est plus long, et que les coudes de ce dernier sont plus nombreux.

112. Produit d'une pompe. — Au n° 20 vous avez vu comment on calcule le volume d'un cylindre, cette donnée vous suffit pour connaître le produit d'une pompe ou la quantité d'eau qu'elle doit fournir dans un temps donné. En effet, puisque le piston en montant entraîne l'eau derrière lui et que cette eau, une fois montée, ne peut plus descendre, chaque coup de piston doit donner une quantité d'eau représentée par le volume d'un cylindre ayant pour base la surface du piston et pour hauteur la distance qu'il parcourt pour aller du bas au haut du corps de pompe. Ce volume, multiplié par le nombre de coups de piston donné dans le temps considéré, sera la quantité d'eau montée par la pompe, ou son produit. Ce résultat est ce que l'on nomme le *produit* ou l'effet *théorique*, mais l'effet *pratique*, ou le volume d'eau produit réellement, est toujours plus petit que l'effet théorique. La différence provient du passage du liquide entre le piston et le corps de pompe et de celui de ce même liquide par les soupapes, qui ne tombent pas sur leur siège exactement au moment où elles devraient se fermer. Ces pertes, plus ou moins grandes, suivant que la pompe a été plus ou moins bien exécutée et qu'elle est plus ou moins bien entretenue, s'estiment, en général, au cinquième du produit théorique calculé.

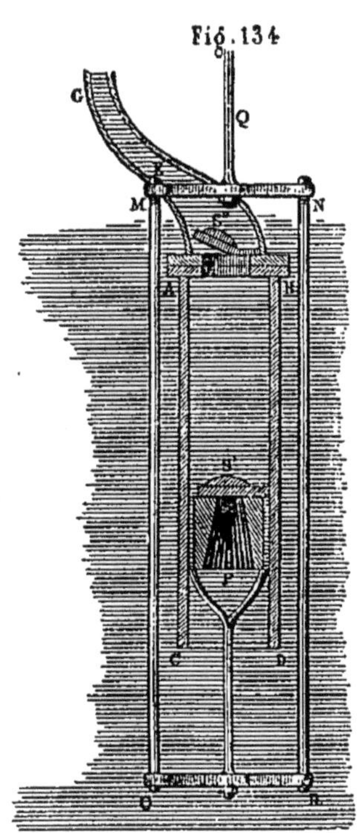

113. Allumer une pompe. — Le piston d'une pompe est le plus souvent garni d'un cuir, ou de tresses en chanvre destinées à empêcher l'air de passer entre le piston et le corps de pompe. Si la pompe reste quelque temps sans fonctionner, ce cuir ou ces tresses sèchent et ne frottent plus assez contre les parois du corps de pompe ; par suite, l'aspiration du liquide ne peut avoir lieu. C'est pour remédier à cet inconvénient que l'on met souvent, avant d'employer une pompe, de l'eau au-dessus du piston ; ce moyen suffit généralement pour allumer la pompe.

114. Pompe foulante à simple effet. — Parfois le corps de pompe ABCD (fig. 134) est complétement au-dessous du niveau de l'eau du réservoir ; alors il n'y a pas de tuyau d'aspiration et la cuvette est remplacée par un tuyau EG appelé *tuyau de refoulement*, dont la naissance est fermée par un clapet S'', s'ouvrant de bas en haut et appelé *clapet de refoulement*. Le piston P est fait comme dans la pompe aspirante à simple effet, seulement il entre de bas en haut dans le corps de pompe, mais son clapet S' s'ouvre toujours de bas en haut. La tige de ce piston tient à un cadre en fer MNOR; c'est la tige Q de ce cadre qui reçoit le mouvement de la bringueballe.

Le piston P, en descendant, pénètre plus profondément dans le liquide qui remplit toujours le corps de pompe, car la soupape S' s'ouvre d'elle-même ; quant au clapet S'', il se trouve entre deux eaux, puisque le niveau de l'eau est plus élevé que lui, et il se ferme par son propre poids. En remontant le piston, le clapet S' se ferme et l'eau contenue dans le corps de pompe, enlevée par le piston, ouvre la soupape de refoulement S'' et pénètre dans le tuyau de refoulement. Si le piston descend, la soupape S'' se ferme sous le poids de l'eau contenue dans le tuyau de refoulement, la soupape S' s'ouvre et le piston descend dans le liquide qui passe au-dessus de lui. Comme vous le voyez, le piston de cette pompe ne produit aucune aspiration, le corps de pompe se remplit de lui-même ; il n'y a véritablement que refoulement, comme dans la seringue (110) quand on pousse le piston. Aussi cette pompe est appelée pompe foulante à simple effet.

Fig. 135

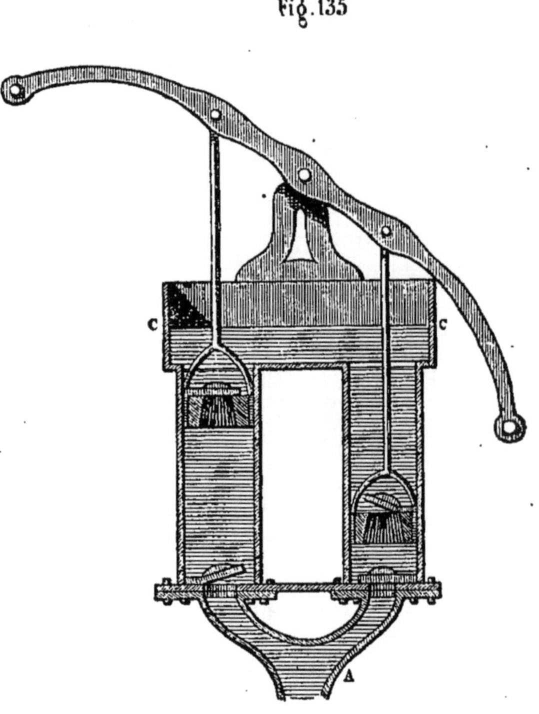

115. **Pompe aspirante à double effet.** — Ordinairement cette pompe se compose de deux corps de pompe n'ayant qu'une seule cuvette CC (fig. 135), qu'un déversoir et qu'un tuyau d'aspiration A. Une bringueballe double, comme celle des pompes à incendie, que vous avez souvent vu fonctionner, donne alternativement le mouvement aux deux pistons, c'est-à-dire que quand l'un monte, l'autre descend. C'est cette pompe que

l'on emploie généralement pour épuiser l'eau qui arrive dans les trous creusés pour bâtir les fondations d'une maison ou de tout autre établissement.

116. **Pompe foulante à double effet.** — La pompe foulante à double effet est, le plus souvent, composée de deux corps de pompe refoulant l'eau dans un même tuyau de refoulement.

117. **Pompe aspirante et foulante.** — D'après ce que nous avons vu (110) pour la pompe aspirante, on ne peut avec elle monter de l'eau à plus de huit mètres de hauteur. Si donc il s'agit d'une hauteur plus considérable, il faudra échelonner plusieurs pompes aspirantes l'une au-dessus de l'autre. La première enverra l'eau dans un réservoir élevé de huit mètres au-dessus du niveau de l'eau à pomper ; une seconde pompe prendra l'eau dans ce premier réservoir intermédiaire pour la porter dans un autre qui pourra être à huit mètres au-dessus du premier, et ainsi de suite.

On pourrait, il est vrai, employer une pompe foulante (114) dont le tuyau de refoulement aurait toute la longueur désirée ; mais, en agissant ainsi, on n'utiliserait pas la pression atmosphérique, qui est capable de porter l'eau à huit mètres de hauteur, et cela sans aucune dépense. Cette considération a conduit à la pompe aspirante et foulante.

Le haut du corps de pompe ABCD (fig. 136) est fermé ; de cette partie s'élève le tuyau de refoulement EG, fermé par un clapet S″ comme dans la pompe foulante. Le reste est semblable à ce que nous avons vu pour la pompe aspirante, c'est-à-dire que le piston porte une soupape S′ et que le haut du tuyau d'aspiration est fermé par une soupape d'aspiration S. Le piston, en montant, non-seulement aspire l'eau du réservoir, comme le fait celui d'une pompe simplement aspirante, mais encore il refoule, dans le tuyau de refoulement, l'eau passée au-dessus de lui, comme cela arrive dans la pompe seulement refoulante.

La pompe aspirante et foulante à simple effet, que représente la figure 136, peut refouler l'eau à une hauteur aussi grande qu'on le désire, mais elle ne peut, pas plus que la pompe simplement aspirante, aspirer l'eau à plus de huit mètres de hauteur au bord de la mer.

La forme des pompes aspirantes et foulantes varie beaucoup; les modifications que l'on fait, les améliorations que l'on apporte dans la disposition des pistons et des clapets, ont toutes pour but d'arriver, avec la même force, à monter une plus grande quantité d'eau, ou à porter la même quantité d'eau à une plus grande hauteur. Mais, dans toutes ces pompes, qui semblent au premier abord si différentes par la forme et les dispositions intérieures, il y a toujours les quatre organes suivants, que l'on peut reconnaître en observant un peu :

1° Le corps de pompe;

2° Le piston ou tout autre organe le remplaçant et produisant le même effet que lui;

3° Le tuyau d'aspiration;

4° Le tuyau de refoulement.

118. **Pompe aspirante et foulante à piston plein.** — Certaines dispositions se rencontrant souvent, je vais vous en dire quelques mots :

Fig. 137

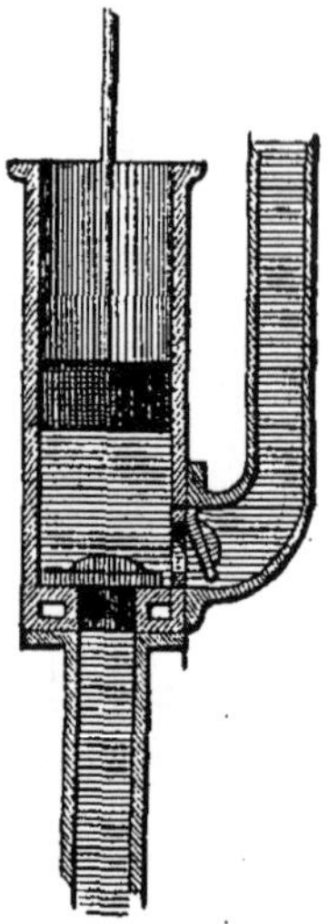

Ainsi, la figure 137 représente ce qu'on appelle une pompe aspirante et foulante à piston plein. Le corps de pompe peut être ouvert par le haut, le piston n'a pas de clapet et l'eau ne doit pas monter au-dessus de lui; l'eau qu'il aspire en montant est refoulée, quand il descend dans le tuyau de refoulement, situé à la partie inférieure du corps de pompe.

119. **Pompe aspirante et foulante à piston plongeur.** — La pompe à piston plongeur (fig. 138) fonctionne exactement comme la pompe à piston plein, seulement le piston est remplacé par un cylindre plus petit que le corps de pompe et dans lequel il entre et sort alternativement, sans cependant se dégager du couvercle du corps de pompe dont la disposition est particulière. Ce couvercle se compose de deux parties, une inférieure CD, qui est boulonnée avec le corps de pompe, et une autre AB qui entoure le piston et qui pénètre dans la première.

Entre les deux se logent des tresses E, E de chanvre trempées dans du suif ou de l'huile. On peut, en serrant la partie AB sur celle CD, presser le chanvre autour du piston et empêcher l'air de passer entre lui et le couvercle, sans cependant nuire à son mouvement. Cette disposition, que vous avez peut-être déjà remarquée sur la figure 136, est ce que l'on nomme un *presse étoupe* ou encore une *boîte* à étoupe.

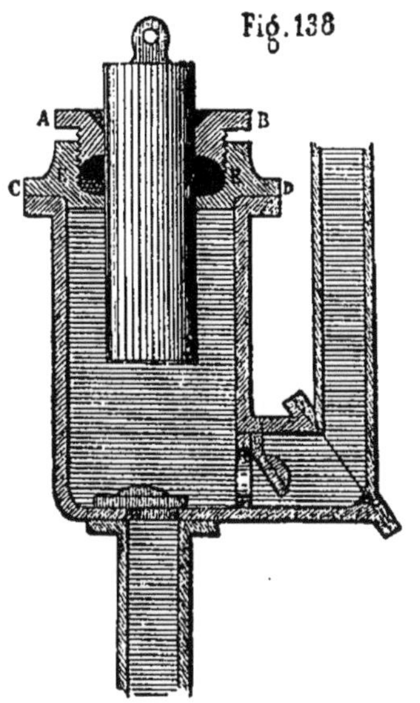

Les avantages des pompes à piston plongeur sont les suivants :

1° Pas de garniture autour du piston;

2° L'intérieur du corps de pompe n'a pas besoin d'être tourné, par suite économie dans la main-d'œuvre ;

3° Grande facilité, au moyen de presse-étoupe, pour empêcher l'air de passer entre le piston et le cylindre.

120. **Pompe aspirante et foulante à double effet.** — Une pompe aspirante et foulante peut devenir à double effet, soit en mettant deux corps de pompe ayant les tuyaux d'aspiration et de refoulement communs, soit par une disposition analogue à celle représentée par la figure 139. Quand le piston descend, il refoule le liquide arrivé au-dessous de lui, par la soupape de refoulement S″ placée au bas du corps de pompe. En même temps, il aspire l'eau par la soupape d'aspiration S, placée au haut du corps de pompe. Quand il remonte, le contraire a lieu, l'eau aspirée au-dessus du piston est refoulée dans le tuyau de refoulement par la soupape S″ placée au haut du corps de pompe, tandis qu'il y a aspiration au bas du corps de pompe par la soupape S.

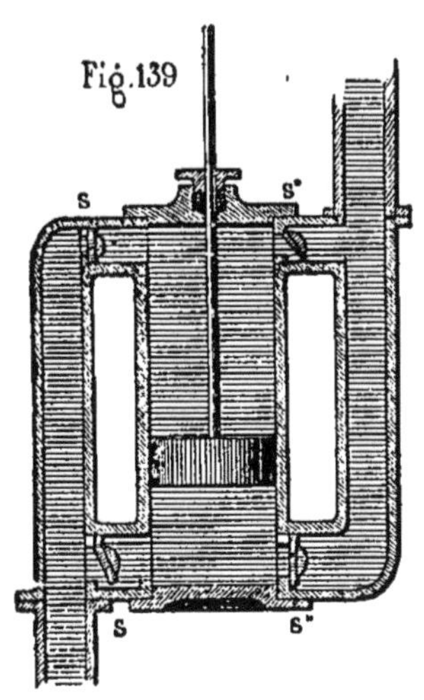

121. **Pompes circulaires.** — Vous rencontrerez encore des pompes dont le corps et le piston ne sont pas disposés comme ceux des pompes

dont nous avons parlé jusqu'ici. Le corps de pompe a, le plus souvent, la forme d'un tambour, et le piston est remplacé par des ailes pouvant tourner avec rapidité. On nomme ces pompes des pompes circulaires ou encore des *pompes à force centrifuge* quand cette force, dont je vais vous parler, est utilisée.

122. **Force centrifuge.** — Vous connaissez la *fronde;* c'est une corde ou une lanière pliée en deux. On met une pierre à l'endroit où elle est pliée et, tenant les deux bouts à la main, on fait tourner avec rapidité la pierre. Les deux brins se tendent d'autant plus que la vitesse est plus grande, et si alors on lâche un des bouts de la corde, la pierre est lancée à une grande distance. La fronde était autrefois une arme de guerre, les peuples de la Palestine semblent être les premiers qui s'en servirent dans les combats. Toutes les nations, et surtout les Romains, ont eu des frondeurs dans leurs armées.

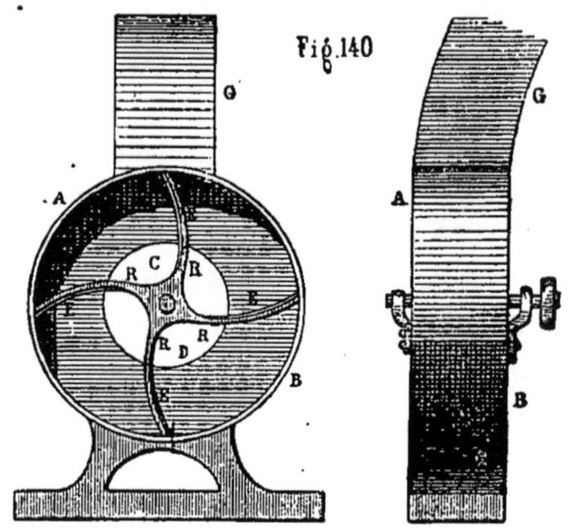

La force qui lance la pierre dans la fronde est ce qu'on appelle la force centrifuge, elle est développée par le mouvement circulaire. Elle tend à séparer les parties d'un corps qui tourne, et elle agit avec d'autant plus d'énergie que le mouvement est plus rapide.

C'est pour lutter contre cette force que l'on évite les courbes dans la construction des chemins de fer, et quand on ne peut les éviter, elles sont toujours à grand rayon et le rail en fer extérieur est plus élevé que celui intérieur.

Vous avez vu souvent dans un manége des écuyers galoper debout sur des chevaux ; vous avez certainement remarqué que l'homme et le cheval sont penchés vers le centre du cirque, et leur inclinaison est d'autant plus prononcée que la vitesse du cheval est plus grande. C'est pour lutter contre la force centrifuge, qui tend à les jeter hors du cirque, qu'ils se penchent ainsi naturellement. La ménagère utilise la force centrifuge pour sécher la salade qu'elle vient de laver, elle donne un mouvement circulaire au panier qui la contient, les feuilles sont arrêtées par les mailles du panier, mais l'eau qui les recouvre passe à travers. Les instruments qui servent à sécher en quelques instants des étoffes, et que l'on nomme des *essoreuses*, sont basés sur le même principe. Ce sont des cylindres animés d'une grande vitesse, dans lesquels les étoffes sont retenues, mais d'où le liquide qui les imprègne peut facilement sortir.

Plus tard, en vous parlant de la terre et de sa forme, qui est un peu aplatie aux deux extrémités du diamètre autour duquel elle opère sa rotation diurne, je vous ferai comprendre comment cet aplatissement a dû se produire sous l'action de la force centrifuge développée par le mouvement de rotation de la terre.

Vous avez peut-être vu, si vous êtes entré dans un atelier de forge un peu considérable, l'instrument que représente la figure 140, sous deux faces. C'est un tambour en tôle, fermé des deux côtés ; mais les fonds de cette caisse ont une porte CD ouverte au centre. Une portion de la surface cylindrique du tambour donne dans un tuyau G.

Dans l'intérieur de la boîte en tôle AB sont placées des ailes E, E, E, E, fixées sur les rayons R d'une espèce de roue pouvant tourner avec une grande rapidité. Si l'on donne le mouvement à cette machine, les ailes entraînent avec elles l'air contenu dans le tambour, la force centrifuge se développe et les molécules d'air tendent à sortir de l'enveloppe en tôle; dans cette condition, elles trouvent le conduit G qui leur donne passage. En même temps, l'aspiration de l'air extérieur se fait par le milieu des couvercles. Cette machine, très-répandue, et que vous avez bien certainement entendue ronfler, est ce qu'on nomme un *ventilateur;* il remplace avec avantage les anciens soufflets de forge.

La *pompe centrifuge* est construite sur le même principe ; le milieu des bases est ouvert comme dans le ventilateur ; mais au lieu de communiquer avec l'air extérieur, ces ouvertures donnent dans un tuyau d'aspiration ; le tuyau G devient alors le tuyau de refoulement, dans lequel l'eau aspirée par les ailes est repoussée.

123. **Travail mécanique à développer pour faire marcher une pompe.** — Ce qui a été dit au n° 50 sur le travail mécanique et au n° 59 sur l'unité dynamique ou le kilogrammètre, vous suffit pour comprendre comment on peut calculer le travail mécanique à développer pour faire marcher une pompe.

Supposons une de ces machines destinée à monter 1800 litres à l'heure, dans un réservoir situé à 15 mètres au-dessus du niveau de l'eau. 1800 litres à l'heure, c'est 30 litres par minute. Si donc chaque coup de piston donne trois litres, il faudra 10 coups de piston par minute. 30 litres par minute, c'est un demi-litre par seconde ou un demi-kilogramme à élever à 15 m. en une seconde, ou 7,5 kilogrammètres. Ainsi donc, le travail mécanique à développer dans la pompe prise pour exemple serait de 7,5 kilogrammètres, sans compter, bien entendu, les différents frottements.

124. **MACHINE PNEUMATIQUE.** — La machine pneumatique sert à faire le vide (106) dans un vase quelconque, ou du moins à retirer une grande partie de l'air contenu, car elle ne peut produire le vide absolu. *Otto de Guerick*, bourgmestre de Magdebourg, inventa cette machine en 1650. Depuis elle a subi plusieurs modifications ; aujourd'hui elle se compose, en général, de deux corps de pompe, qui aspirent alternativement l'air du vase dans lequel on veut faire le vide.

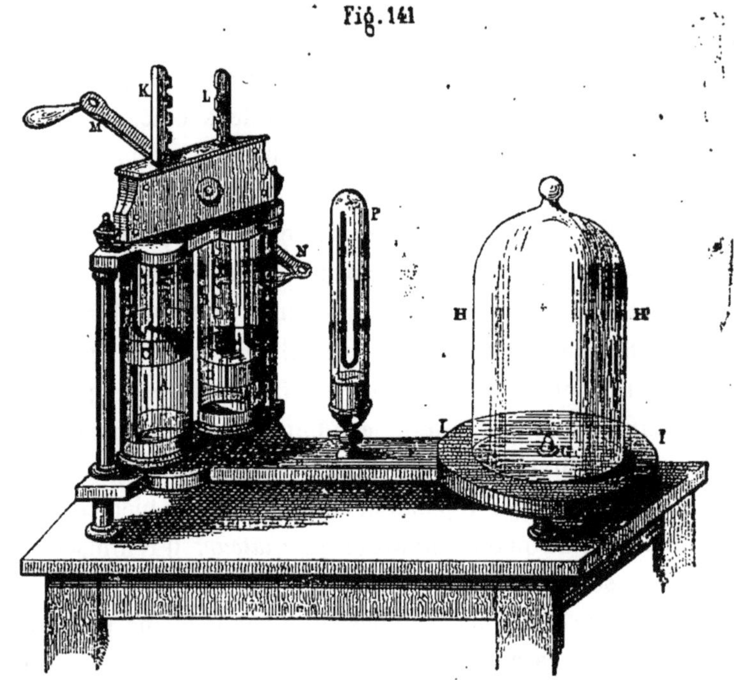

Les deux corps de pompe A et B (fig. 141) sont en cristal ; ils communiquent avec le tuyau d'aspiration qui passe dans la pièce EE, et dont l'ouverture aboutit en G. Les deux pistons C et D portent des soupapes, et les tiges K et L sont conduites par la bringueballe MN.

HH est ce qu'on appelle le *récipient ;* c'est une espèce de cloche dont la partie ouverte porte exactement sur le marbre ou la glace II, nommée *platine.* P est un baromètre à siphon (105) enfermé complétement dans une petite cloche de verre en communication avec le tube d'aspiration des pompes, et dans laquelle le vide se fait comme dans le récipient HH.

Ce qui a été dit aux numéros 110 et 111 vous permet de comprendre le jeu de la machine pneumatique, qui n'est, par le fait, que la réunion de deux pompes aspirantes.

Cette machine est beaucoup employée dans les cabinets de physique; elle donne la possibilité de reproduire plusieurs phénomènes dont je vous ai parlé déjà, mais que je vais vous rappeler.

125. *Expérience prouvant la porosité des corps.* — Nous avons vu au nº 41 ce que l'on entend par la porosité des corps; l'expérience suivante montre que cette propriété existe réellement.

Fig. 142

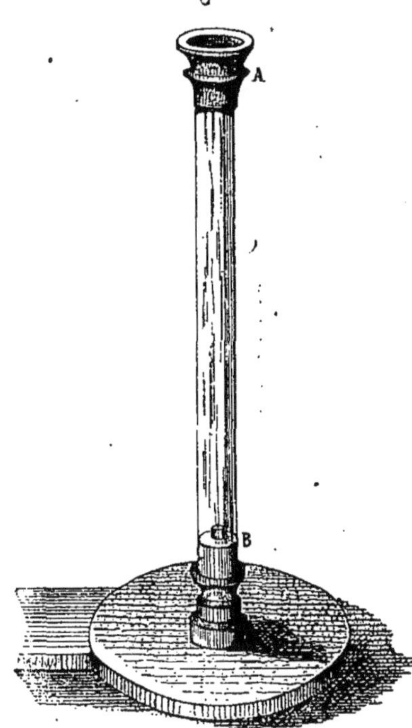

AB (fig. 142) est un long tube en verre terminé, à la partie supérieure, par une espèce de godet, et, à la partie inférieure, par une pièce de cuivre qui permet de le visser sur l'extrémité du tuyau d'aspiration de la machine pneumatique. Le fond du godet A est fait avec un morceau de peau de daim ou une rondelle de bois tendre.

On visse le tube AB sur la machine pneumatique, et l'on met du mercure dans le godet A. Dès que l'on fait le vide dans le tube AB, le mercure traverse la peau de daim ou la rondelle de bois du godet, et tombe en pluie à la partie inférieure du tube AB.

Cette expérience prouve non-seulement que les molécules des corps sont écartées les unes des autres, mais encore elle montre l'effet de la pression atmosphérique. Avant le mouvement des pistons de la machine, la pression atmosphérique agit de la même manière en dessus et en dessous du fond du godet; mais quand on retire l'air contenu dans le tube, la pression sous le fond diminue, tandis que celle en dessus reste la même; aussi le mercure est poussé avec une assez grande énergie pour traverser la peau ou le bois.

126. *Expériences prouvant la pression de l'atmosphère.* — D'autres expériences démontrent l'action de la pression atmosphérique :

1° Quand on place le récipient HH (fig. 141) sur la platine de la machine, on peut le retirer sans difficulté avant d'avoir commencé à faire le vide; mais dès que les pompes retirent l'air contenu dans le récipient, le poids qui pèse sur ce dernier devient assez considérable pour qu'il soit impossible de le soulever.

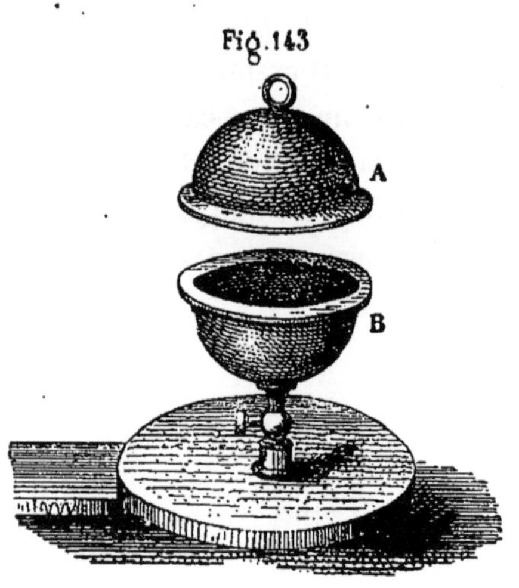

Fig. 143

2° La boule creuse AB (fig. 143) est composée de deux parties qui se placent l'une sur l'autre; la partie inférieure B se visse sur la machine pneumatique. Avant d'avoir manœuvré les pistons, on peut, à volonté, enlever la partie A et la remettre sur la partie B; mais dès qu'on a fait le vide dans l'intérieur, il est très-difficile de séparer ces parties, la pression atmosphérique pesant de tout son poids à l'extérieur. Le robinet de la partie B permet de fermer toute communication avec l'intérieur de la boule et de la séparer de la machine pneumatique.

Cette boule est connue sous le nom de *hémisphère* ou *demi-hémisphère de Magdebourg;* elle est de l'invention de Otto de Guerick.

3° L'expérience suivante (fig. 144) montre l'effet de la pression atmosphérique sur le corps humain. Une cloche A, ouverte en haut et en bas, est mise sur la platine de la machine pneumatique; on couvre l'ouverture supérieure avec la paume de la main. Dès que l'on fait marcher la machine, non-seulement la pression atmosphérique pèse sur la main pour la faire entrer dans la cloche, mais encore l'air contenu dans l'intérieur de la main n'étant plus comprimé par la pression atmosphérique extérieure, tend à occuper plus de place et gonfle la peau en dessous de la main, dans la partie qui couvre la cloche.

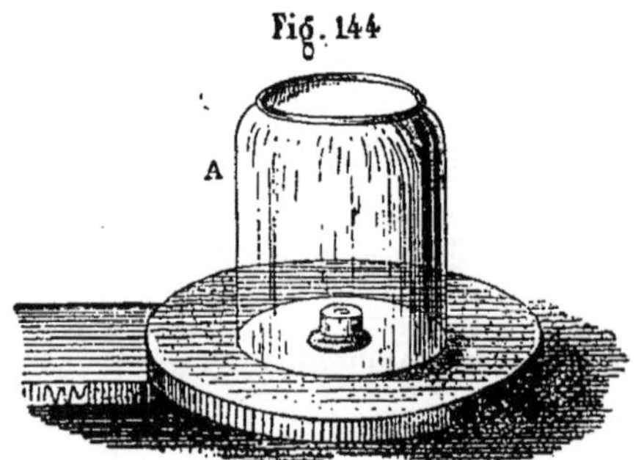

Fig. 144

D'après ce que nous venons de voir, il semblerait qu'en appuyant parfaitement la main sur un objet quelconque, on devrait ressentir l'effet de la pression atmosphérique. Il en serait certainement ainsi, si l'on chassait tout l'air contenu entre l'objet et la main, ce qui est très-difficile. Mais prenez deux morceaux de verre à vitre, par exemple après les avoir essuyés avec un linge gras, faites-les glisser l'un sur l'autre de manière à chasser l'air contenu entre les deux surfaces, et essayez ensuite de les séparer sans les faire glisser. Vous les casserez avant de les désunir; c'est qu'alors les deux surfaces sont serrées l'une sur l'autre par la pression atmosphérique. C'est pour cette raison que l'on a soin d'interposer des brins de paille ou d'autres objets entre les vitres ou les glaces mises l'une sur l'autre dans une caisse d'emballage. Sans cette précaution, on en casserait beaucoup en voulant les séparer l'une de l'autre.

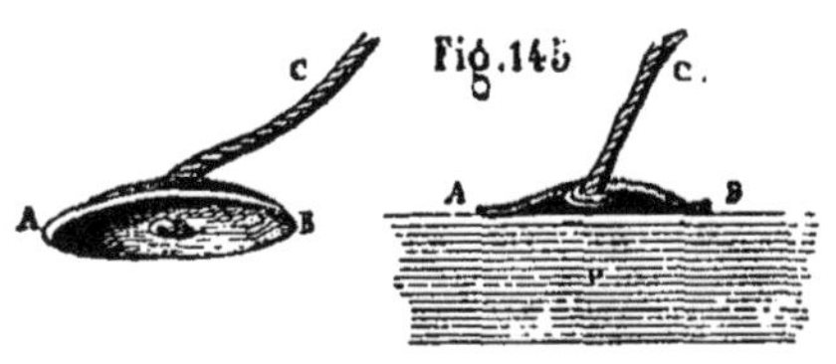

Fig. 145

Vous avez peut-être vu les enfants soulever des pierres en appliquant dessus un morceau de cuir, du centre duquel part un bout de ficelle. C'est encore une application de la pression atmosphérique. AB (fig. 145) est une rondelle en cuir mouillé, au centre est un trou dans lequel passe la corde C, terminée par un nœud qui l'empêche de sortir. Si l'on applique cette rondelle AB sur une pierre P, et que l'on tire sur la ficelle, le milieu de la rondelle est soulevé. Le peu d'air qui y restait occupe relativement un grand espace, et par suite il fait de moins en moins équilibre à la pression extérieure qui ne change pas. Aussi cette dernière appuie avec force sur la rondelle et la tient collée sur la pierre. Il en est de même du moyen employé pour fixer, sur les devantures des magasins ou sur les glaces des appartements, différents objets, entre autres des supports pour les lumières. La base de ces supports AB (fig. 146) est une rondelle en *caoutchouc* ou en *gutta-percha* (*).

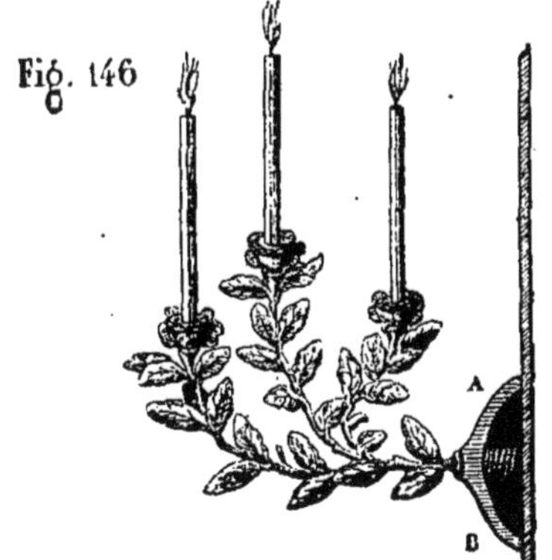

Fig. 146

(*) Le *caoutchouc*, nommé aussi *gomme élastique*, est le suc laiteux de plusieurs arbres qui croissent dans l'Amérique du Sud et dans l'île de Java. Le *gutta-percha* est aussi le suc laiteux d'un arbre qui se rencontre en grand nombre dans les forêts des îles de la Malésie; elle ressemble beaucoup au caoutchouc, mais elle est plus dure à froid, plus molle à chaud et surtout moins élastique que lui.

qui s'appuie contre la glace. Une vis, placée au milieu, permet de faire bomber davantage la rondelle, par suite d'augmenter la capacité laissée sous elle. L'air contenu dans cet espace devient de moins en moins capable de résister à la pression atmosphérique extérieure, qui a conservé toute son énergie.

Dans les cabinets de physique, l'on fait aussi l'expérience suivante, pour démontrer l'action de la pression atmosphérique :

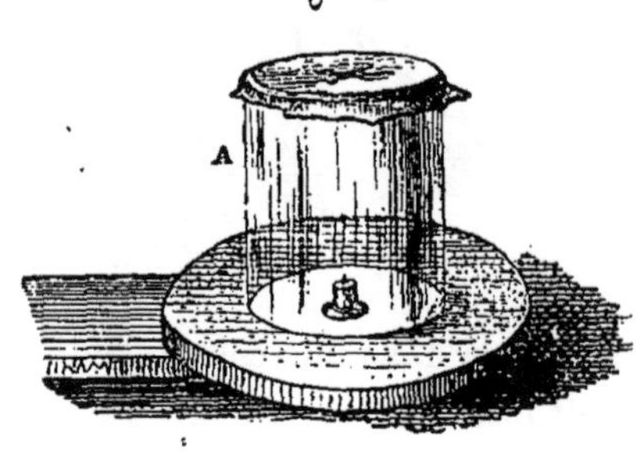

Fig. 147

A (fig. 147) est un vase ouvert par les deux extrémités ; celle supérieure, qui est la plus étroite, est fermée par un morceau de vessie bien tendue et collée ou attachée sur le bord. Le vase ainsi préparé est placé sur la platine de la machine pneumatique. Dès que l'on fait le vide sous ce vase, appelé *crève-vessie*, l'on voit le dessus s'enfoncer, et bientôt il se brise en produisant le bruit d'un coup de pistolet.

Je vous citerai une dernière expérience démontrant que l'air a un certain poids facile à constater.

A (fig. 148) est un ballon en verre, pouvant contenir 3 à 4 litres. Son ouverture est fermée par une pièce en cuivre portant un robinet B et une douille à vis C, qui permet de fixer le ballon à l'extrémité du tuyau d'aspiration de la machine pneumatique. On pèse d'abord le ballon plein d'air, puis, après y avoir fait le vide, on le pèse de nouveau. La différence entre les deux poids, ainsi obtenus, est évidemment le poids de l'air renfermé dans le ballon. On est arrivé ainsi à trouver qu'un mètre cube d'air, au bord de la mer, pèse 1 kil. 293 ; ce qui donne, pour le poids du litre d'air, un gramme et trois dixièmes de gramme.

Fig. 148
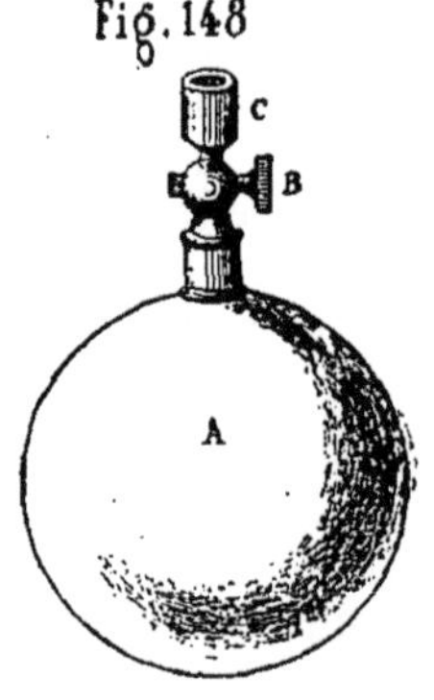

127. *Expériences prouvant la force élastique ou expansive de l'air.* — B (fig. 149) est une vessie humide, terminée par un robinet. Ce dernier ouvert, on fait sortir presque tout l'air contenu dans la vessie, on ferme alors le robinet et l'on met la vessie sous le récipient A d'une machine pneumatique.

Dans ce moment, l'air contenu dans la vessie fait encore équilibre à la pression atmosphérique extérieure; mais aussitôt que l'on commence à faire le vide, les conditions changent. La pression dans le vase A diminuant, alors qu'elle reste la même dans la vessie, l'air contenu dans cette dernière veut occuper plus de place et la vessie se gonfle comme si l'on soufflait dedans. Si on laisse pénétrer l'air dans le récipient A, la vessie se dégonfle et reprend son premier volume, quand la pression atmosphérique s'exerce dans le vase A

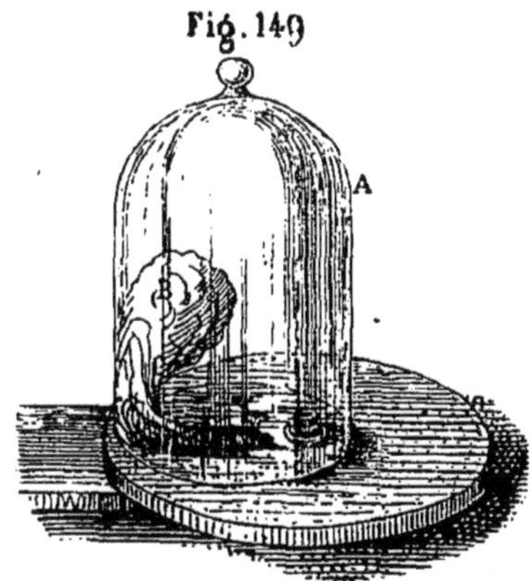

Fig. 149

B (fig. 150) est une carafe en partie remplie d'eau, et dont le bouchon est traversé par un petit tube plongeant dans le liquide. Si l'on met cette carafe sous le récipient A d'une machine pneumatique et que l'on fasse le vide sous ce dernier, l'air contenu dans la carafe veut occuper plus de place, il pousse l'eau dans le tube et la fait jaillir en forme de jet d'eau. C'est pour cette raison que cette expérience se désigne sous le nom de *jet d'eau dans le vide*. Si l'on cesse de pomper l'air du récipient, le jet diminue, et il s'arrête dès que l'air contenu dans la carafe est arrivé à la même force expansive que celui contenu dans le récipient. Si l'on met ce dernier en communication complète avec l'air extérieur, comme ce dernier est à une pression plus grande que celui contenu dans la carafe, il refoule l'eau dans le tube et pénètre dans la carafe.

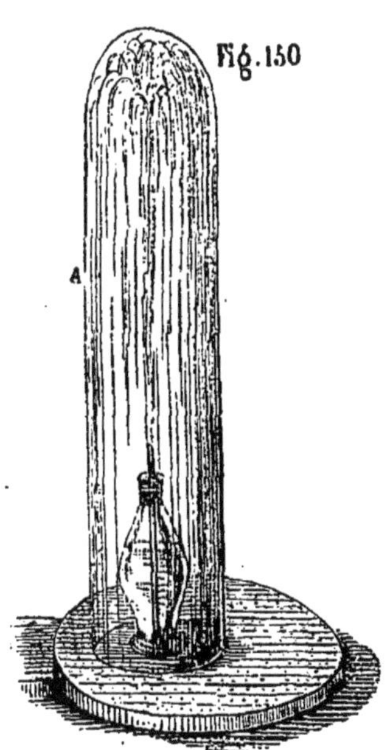

Fig. 150

128. *Expérience démontrant que l'air est indispensable pour l'existence des animaux.* — Si vous placez un oiseau, ou tout autre animal, sous le récipient d'une machine pneumatique, et que vous fassiez le vide, vous verrez l'animal se coucher, respirer avec peine et cesser d'exister. Si, alors qu'il n'est encore que haletant, vous laissez l'air extérieur rentrer dans le récipient, l'animal

respirera avec plus de facilité et se relèvera. Dans le premier moment, l'air lui manquait, et il allait mourir; dans le second, l'air lui est rendu, et il revient à la vie.

Plus tard, je vous parlerai longuement de la vie de tous les êtres de la création, je vous montrerai alors pourquoi l'air est nécessaire à l'existence, comment il est employé par les animaux et par les plantes.

129. **COMPRESSION DE L'AIR.** — Pour la vessie et le jet d'eau dans le vide, dont il a été question au n° 127, vous avez compris que la vessie se gonflait et que l'eau jaillissait, par le fait de la différence de pression de l'air dans la vessie ou dans la carafe et celle de l'air resté dans le récipient. Mais si, au lieu de diminuer la pression du récipient, on augmentait celle de l'air contenu dans la vessie et la carafe, les mêmes phénomènes se produiraient, la vessie se gonflerait et l'eau jaillirait.

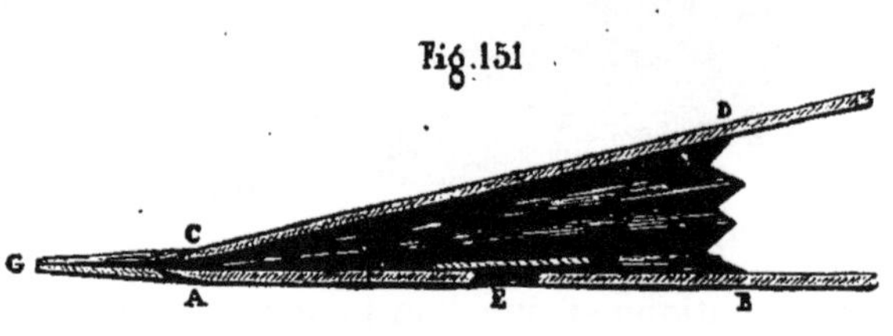

Fig. 151

Ainsi, en soufflant de l'air dans une vessie, vous la faites gonfler, et, si vous aviez assez de force, vous pourriez la faire éclater; pour la carafe, si vous comprimiez de l'air dedans, l'eau jaillirait par le tube plongeur.

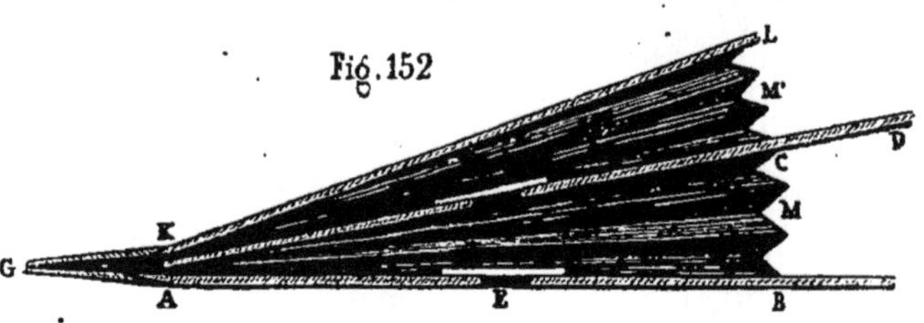

Fig. 152

La machine la plus simple et en même temps la plus commune, qui utilise la compression de l'air, est le *soufflet* (fig. 151).

Vous savez qu'il se compose ordinairement de deux plateaux de bois AB et CD réunis par un cuir assez peu tendu pour permettre aux plateaux de s'écarter ou de se rapprocher l'un de l'autre.

En les écartant, on augmente la capacité intérieure du soufflet, l'air extérieur soulève la soupape d'aspiration E et remplit tout l'intérieur. Si l'on rapproche les deux plateaux, la soupape E se ferme et l'air comprimé ne peut plus s'échapper que par le tuyau G, et, en appuyant fortement sur les deux manches du soufflet, on rend le jet de l'air aussi violent qu'on le désire. Les soufflets disposés comme celui représenté par la figure 151 sont dits à simple vent, parce que le jet de l'air n'est pas continu; il y en a d'autres (fig. 152) qui ont un troisième plateau KL au-dessus de celui CD : une soupape H s'ouvrant du bas en haut fait communiquer les deux compartiments M et M'. Si l'on écarte les plateaux AB et CD l'un de l'autre, l'air ne pénètre que dans le compartiment M; mais si l'on rapproche ces plateaux, non-seulement l'air passe par le tuyau ou la *tuyère* G, mais encore il pénètre dans le compartiment M' et le remplit. Si alors on écarte les plateaux AB et CD, l'air comprimé dans M' s'écoule par la tuyère et rend ainsi le jet de l'air continu. Ordinairement, le plateau KL est chargé d'un poids.

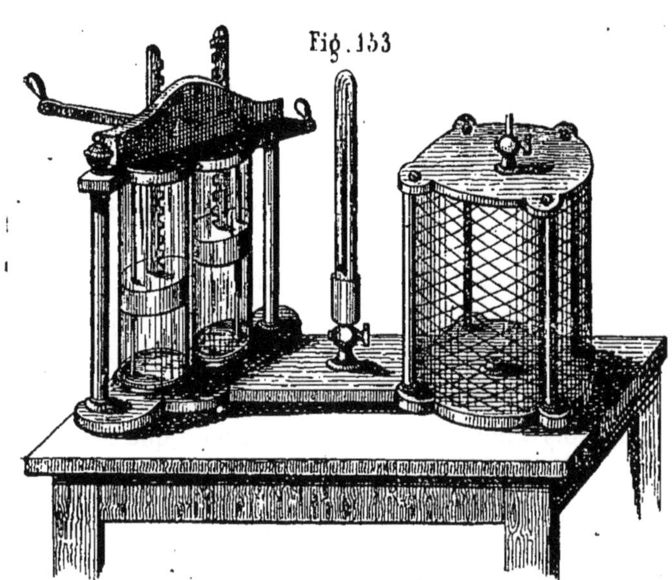
Fig. 153

La figure 153 représente une des *machines à compression* dont on se sert dans les cabinets de physique. Elle se compose, comme la machine pneumatique, avec laquelle elle a beaucoup de rapports, de deux corps de pompe et d'un récipient. Mais les deux pompes sont foulantes et le récipient est fortement fixé à la platine. Il est en outre entouré d'un réseau de fils de cuivre destiné à préserver les expérimentateurs dans le cas de la rupture du récipient.

130. **MANOMÈTRES.** — Mais si l'on comprime l'air, il faut savoir jusqu'où va cette compression, et si les vases qui le contiennent peuvent résister à l'effort qu'il exerce sur les parois pour rompre l'enveloppe. Enfin, il faut un moyen de mesurer la pression de l'air comprimé, comme

on mesure celle de l'atmosphère. Les instruments employés dans ce cas sont les manomètres

Un long baromètre pourrait servir (104). Ainsi, supposez un tube de verre de plusieurs mètres de longueur, fermé par une de ses extrémités, rempli de mercure et retourné dans une cuve de mercure comme un baromètre ordinaire. Le mercure descendra à une hauteur en rapport avec la pression atmosphérique, et il restera un grand espace vide au-dessus de lui. Si la cuvette de ce nouvel instrument est disposée de telle sorte qu'elle puisse être mise en communication avec le récipient d'une machine à compression, et que l'on comprime l'air, le mercure de cette cuvette sera poussé dans le tube de verre et montera au-dessus de la hauteur qu'il occupait.

Ainsi donc, en vous supposant au bord de la mer, si le mercure monte à une hauteur de 1 m. 52 ($0,76 \times 2 = 1$ m. 52) ou 152 centimètres, on pourra en conclure que la pression de l'air dans la cuvette est de 2 atmosphères. Si la hauteur de la colonne est de 228 centimètres ($76 \times 3 = 228$), la pression sera de trois atmosphères. Mais remarquez que dans le premier cas il n'y a qu'une atmosphère en sus de la pression atmosphérique et, dans le second, deux. Je vous fais observer ce fait, parce qu'il y a deux manières d'indiquer la pression, soit que l'on compte la pression atmosphérique, soit qu'on la néglige.

Quand on fait entrer en ligne de compte la pression atmosphérique, on dit la *pression absolue;* quand on la laisse de côté, c'est la *pression effective.*

Le manomètre, disposé comme nous venons de le voir, marquerait donc la pression absolue de l'air.

131. **Indicateurs du vide.** — A propos de la machine pneumatique (124), je vous ai dit qu'un baromètre à siphon indiquait à quelle pression l'air contenu encore dans le récipient était descendu. C'est ici le lieu de vous parler plus particulièrement de cette partie de l'instrument, qui est un indicateur du vide, ou encore un manomètre mesurant les pressions au-dessous de la pression atmosphérique.

Le baromètre à siphon de la machine pneumatique est contenu dans une petite cloche longue A (fig. 154), en communication avec le récipient; par suite, la branche ouverte est soumise à la pression de l'air contenu dans ce dernier. Ainsi donc, moins la pression de l'air est considérable et plus le mercure s'élève dans la branche ouverte, plus il s'abaisse dans la branche fermée. Si le niveau du mercure dans les deux branches arrivait à la même hauteur, on aurait un vide parfait; mais il n'en est jamais ainsi; il y a toujours une différence de quelques millimètres qui mesurent la pression que le peu d'air resté dans le récipient conserve. Les deux branches, comme on le voit dans la figure 154, sont de la même longueur, et celle fermée est toujours moins longue que celle d'un baromètre ordinaire, aussi le mercure la remplit complétement. C'est pour cette raison que l'on désigne souvent cet indicateur par le nom de *baromètre tronqué.*

Fig. 154.

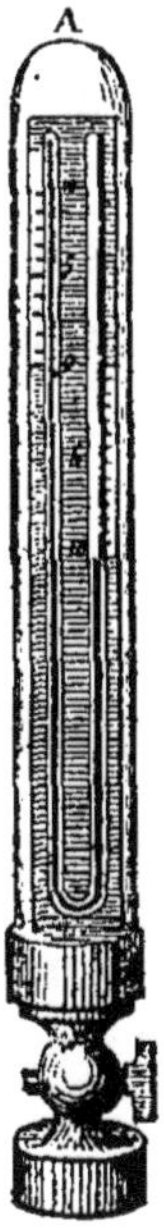

Fig. 155.

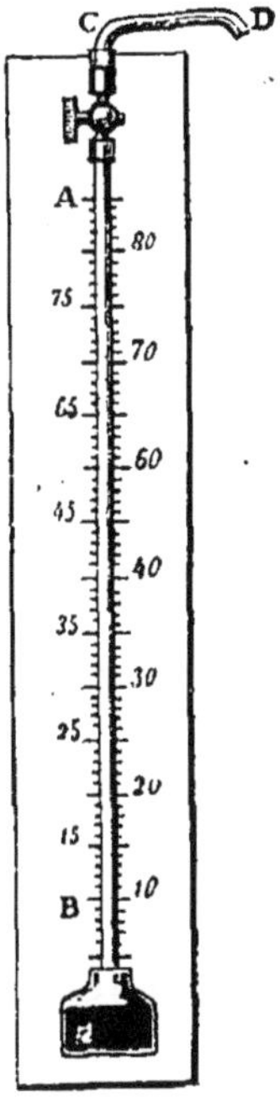

Remarquez que, dans l'indicateur du vide dont nous venons de parler, la pression restée dans le récipient est donnée par la différence de hauteur des deux colonnes de mercure.

Cette observation est indispensable pour bien comprendre les indications d'un autre indicateur du vide, qui n'est par le fait qu'un véritable baromètre, dont le haut du tube est en communication avec le lieu dont on veut connaître la pression, et dont la cuvette reste soumise à la pression atmosphérique. Soit AB (fig. 155) le baromètre en question, le haut du tube peut communiquer, au moyen du petit tuyau CD, avec le récipient de la machine pneumatique. Avant le fonctionnement de la machine, la pression étant la même sur le mercure du tube et sur celui de la cuvette, le niveau est à la même hauteur des deux côtés. Mais si on retire l'air du récipient, si on *raréfie* cet air, comme on dit généralement, la pression diminue dans le tube et le mercure monte, poussé par la pression atmosphérique, qui agit sur le mercure de la cuvette. Si la hauteur dans le tube, au-dessus du niveau dans la cuvette, atteignait la hauteur d'un baromètre ordinaire au moment de l'observation, on aurait un vide parfait, ce que l'imperfection de la machine ne permet pas d'obtenir. On arrivera donc à une hauteur un peu inférieure à celle du baromètre dans le lieu où l'on se trouve, et la différence entre les deux colonnes indiquera la pression de l'air resté dans le récipient. Ainsi, ce nouvel indicateur ne donne pas, comme le premier dont nous avons parlé, directement la pression dans le récipient, il faut faire une comparaison avec un baromètre ordinaire. On évite cette comparaison par la convention suivante, généralement adoptée pour les machines industrielles : Quand on parle du vide, on l'indique par la hauteur du mercure dans l'indicateur. Ainsi, 66 centimètres de vide veulent dire que le mercure est monté dans le tube de l'indicateur à une hauteur de 66 centimètres, mais la pression du gaz dont on parle n'est que de 10 centimètres de mercure environ.

Indicateurs du vide métalliques. — De même que l'on a fait des baromètres métalliques (107), de même on a construit des indicateurs de ce système. Ceux de M. Bourdon sont semblables à ses baromètres (fig. 129), avec cette différence cependant, que l'aiguille marche dans le sens opposé.

A la pression atmosphérique, l'aiguille est à zéro ; quand cette pression diminue, l'aiguille marche et donne les mêmes indications que l'indicateur à mercure dont il vient d'être question.

Le tube creux qui constitue le baromètre Bourdon est, dans son indicateur, en communication avec le vase dont on veut connaître la pression. Plus le vide est grand, plus le tube se courbe sous l'action de la pression atmosphérique, qui agit toujours à l'extérieur. Pour graduer l'instrument, on le compare à un bon indicateur à mercure.

132. **Manomètres à air libre.** — Revenons maintenant aux manomètres proprement dits, destinés à mesurer les pressions supérieures à celle de l'atmosphère.

Ainsi donc, un baromètre ayant un très-long tube pourrait servir à indiquer les pressions de l'air comprimé, ou de tout autre gaz ; mais ce serait un instrument incommode et très-difficile à confectionner, surtout s'il s'agissait de mesurer des pressions un peu fortes : ainsi, pour indiquer une pression de cinq fois celle de l'atmosphère, le tube devrait avoir au moins 3 m. 80 de longueur.

Mais supposons que ce tube, au lieu d'être fermé par le haut, soit ouvert, et voyons ce qui va se passer. Tout d'abord le mercure dans le tube se trouve au même niveau que celui de la cuvette. Dès que l'air sera comprimé et que par suite sa pression sera supérieure à celle de l'atmosphère, le mercure de la cuvette sera poussé dans le tube et montera. Quand il aura atteint 76 centimètres de hauteur, l'air qui agit sur le mercure de la cuvette aura évidemment pour force expansive une pression absolue de deux atmosphères, ou une pression effective d'une atmosphère; une hauteur de 1 m. 52 accuserait une pression effective de deux atmosphères, et ainsi de suite.

On donne aux manomètres à air libre une des deux dispositions indiquées par la figure 156. A gauche est ce que l'on nomme le *manomètre à air libre à une seule branche*, dont nous venons de parler; à droite est le *manomètre à air libre à deux branches*. Comme on le voit, la cuvette du premier est remplacée dans le second par une partie du tube recourbé à cet effet. Au repos, alors que la pression est la même dans les deux branches, le niveau du mercure est à la même hauteur, en AB par exemple. Mais dès que la pression augmente du côté de la branche cuvette, le mercure descend de ce côté et monte de la même quantité dans la branche ouverte. La différence entre la hauteur du mercure dans les deux branches, ou le double de la quantité dont l'une d'elles a varié, mesure la pression effective du gaz en communication avec la branche cuvette.

Fig. 156

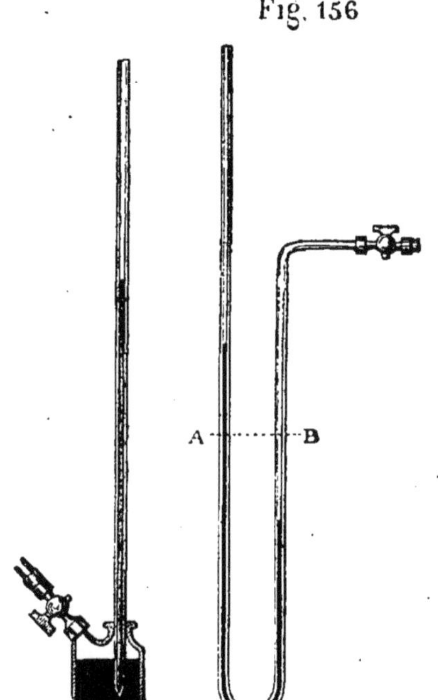

Comme ce manomètre est ordinairement fait avec un tube de fer, au travers duquel on ne peut pas suivre les variations du mercure, on met dans la branche ouverte une baguette en bois ou en fer, qui flotte sur le mercure, et dont l'extrémité, toujours en dehors du tube, monte ou descend le long d'une échelle graduée. Les divisions sont des demi-centimètres, que l'on compte comme des centimètres, puisque la hauteur réelle de la colonne de mercure est le double de la quantité dont le mercure monte dans la branche ouverte.

Quoique cette disposition du manomètre à air libre réduise sa hauteur primitive, c'est encore un instrument incommode et presque impossible pour les hautes pressions.

133. **Manomètres à air comprimé.** — C'est ainsi qu'on a été conduit au manomètre représenté par la figure 157. C'est un tube de verre fermé par une de ses extrémités, comme celui d'un baromètre ordinaire, et plongé, par sa partie ouverte, sans y introduire préalablement de mercure, dans une cuvette du manomètre à air libre à une seule branche. Au repos, le mercure est à la même hauteur dans le tube et dans la cuvette; mais dès qu'une pression plus forte que celle de l'atmosphère s'exerce dans la cuvette, le mercure monte dans le tube en comprimant l'air au-dessus de lui. C'est pour cette particularité que l'instrument est appelé manomètre à air comprimé.

Fig. 157.

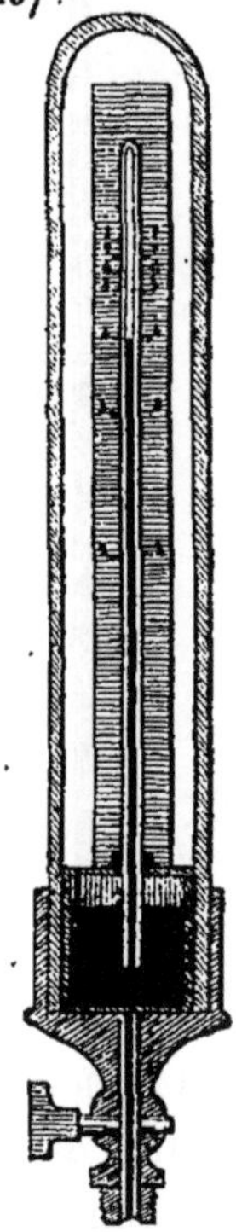

Si l'on compare les indications de ce nouveau manomètre avec celles correspondantes d'un manomètre à air libre, on pourra constater que, pour deux atmosphères absolues, le volume d'air contenu dans le tube diminue de moitié; pour trois atmosphères, il est réduit au tiers de ce qu'il était au commencement; pour quatre atmosphères, il n'est plus que le quart, et ainsi de suite.

134. **LOI DE MARIOTTE.** — Cette loi, découverte par l'abbé Mariotte, l'un des physiciens français les plus remarquables du XVIIe siècle, porte son nom et s'exprime ainsi :

Le volume de l'air ou de tout autre gaz est en raison inverse de la pression qu'il supporte, la température restant constante.

Ainsi, supposons un volume d'air qui occupe, sous la pression atmosphérique, un décimètre cube (28); si la pression double, le volume ne sera que d'un demi-décimètre cube ; si la pression est de trois atmosphères, le volume de l'air ne sera plus que le tiers d'un décimètre cube, et ainsi de suite Puisque les volumes occupés diminuent sous l'influence de la pression, la densité de l'air augmente. Les densités d'un gaz sont proportionnelles aux pressions qu'il supporte, la température restant la même.

135. Manomètres métalliques. — Aujourd'hui les manomètres métalliques ont remplacé presque partout les manomètres à air libre et à air comprimé, du moins dans l'industrie. Quoique moins exacts que ces derniers, ils ont l'immense avantage d'occuper peu de place et de pouvoir facilement se loger.

Les manomètres de M. Bourdon sont les plus répandus; ils ont absolument les mêmes dispositions que ses baromètres (107). Seulement le tube n'est pas tenu par son milieu, il est fixé par une de ses extrémités, et c'est cette extrémité qui communique avec le vase contenant le gaz dont on veut connaître la pression.

Fig. 158.

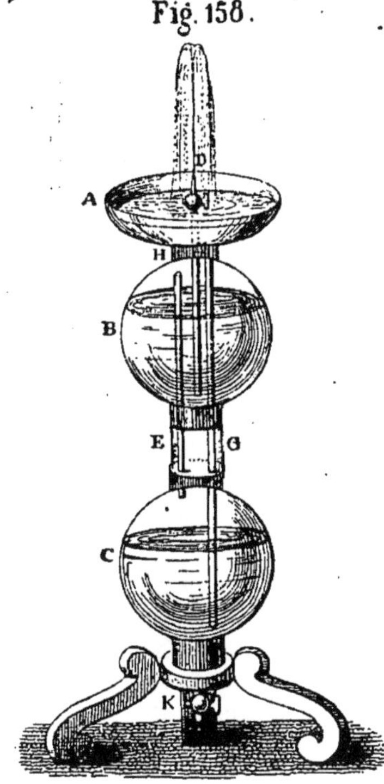

Pour les graduer, on compare leurs indications avec celles d'un bon manomètre à air libre.

Sous l'action de la pression, le tube tend à se redresser de plus en plus, et il fait marcher l'aiguille sur un cadran qui donne, soit des atmosphères pour les grandes pressions, soit des centimètres de mercure pour les pressions moyennes.

136. APPLICATIONS DE L'AIR COMPRIMÉ. — Fontaine de Heron. — Cet instrument porte le nom de son inventeur Heron, savant mécanicien qui vivait à Alexandrie environ 120 ans avant Jésus-Christ. Il se compose essentiellement d'une cuvette A (fig. 158) et de deux réservoirs fermés B et C, placés l'un au-dessus de l'autre.

La cuvette A est en communication avec le réservoir supérieur B au moyen d'un petit trou H que l'on peut fermer avec un bouchon. Il sert à mettre de l'eau dans le réservoir B. La cuvette est aussi en communication avec le réservoir inférieur C, au moyen d'un tuyau G, qui va du fond de la cuvette au fond du réservoir C; ce tuyau permet à l'eau de la cuvette de descendre dans le réservoir inférieur. Le réservoir supérieur B est en communication avec l'atmosphère au moyen d'un tuyau D qui traverse le milieu de la cuvette pour descendre au fond du réservoir B. A sa partie supérieure, le tuyau D porte un petit robinet et un ajustage de jet d'eau. Les deux réservoirs B et C sont en communication au moyen d'un tuyau E qui part du haut du récipient inférieur pour arriver au haut du récipient B. Enfin, le récipient C porte à la partie inférieure un robinet K qui permet de vider l'eau qu'il contient.

Voyons maintenant comment les choses se passent. Bouchons l'extrémité supérieure du tube G, débouchons la communication H de la cuvette et du réservoir B, et remplissons ce dernier d'eau. Fermons alors le tuyau H, remplissons la cuvette et ouvrons le tuyau G.

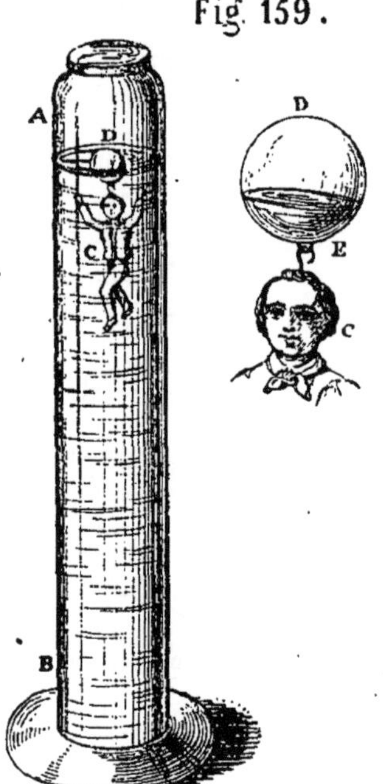

Fig. 159.

L'eau de la cuvette descend dans le réservoir inférieur C, chasse l'air qui s'y trouve dans le réservoir B, par le tuyau F. Cet air pèse sur l'eau contenue dans le réservoir B, et, si on ouvre le robinet du tuyau D, il y a un petit jet d'eau produit. Le mouvement du liquide continue jusqu'à ce que le réservoir B soit complétement vide ou le réservoir C complétement plein. Pour faire marcher de nouveau la fontaine, il faut vider le réservoir C, remplir le réservoir B, puis la cuvette A.

S'il n'y avait pas la résistance de l'air et le frottement de l'eau dans le tuyau D, le liquide s'élèverait, au-dessus du niveau dans la cuvette, à une hauteur égale à la différence du niveau dans les deux réservoirs.

137. *Ludion.* — Cet instrument, dont se servent souvent les bateleurs qui disent la bonne aventure, est basé sur le principe d'Archimède (34) et sur les lois de la compression de l'air. Il se compose d'un long vase en verre AB (fig. 159) en partie rempli d'eau et fermé par le haut au moyen d'un morceau de caoutchouc. Dans le liquide est une petite poupée C en porcelaine, soutenue à la surface par une boule creuse en verre D, qui contient une quantité d'eau suffisante pour que la poupée n'ait besoin que d'un très-petit excès de poids pour plonger tout à fait. La boule D est percée, à sa partie inférieure, d'un petit trou E, par lequel l'eau peut en-

trer ou sortir, selon que l'air contenu dans la boule est plus ou moins comprimé.

Si on pèse sur la membrane en caoutchouc de manière à diminuer l'espace occupé par l'air dans le vase AB, on comprime ce gaz ; cette compression se transmet à l'air contenu dans la boule par le liquide dont une petite partie pénètre ; le poids de la boule est ainsi augmenté et la poupée descend au fond du vase. Si l'on cesse d'appuyer sur le caoutchouc, l'air du vase reprend son premier volume ; il en est de même de celui de la boule, et l'eau qui était entrée sort ; le poids de la poupée ne suffit plus pour la maintenir au fond du vase et elle monte à la surface.

Vous comprenez dès lors que le bateleur peut faire monter ou descendre à volonté la figure en porcelaine, qui semble ainsi répondre aux questions qu'on lui adresse. Parfois c'est le dessous du vase qui peut monter ou descendre ; de cette manière, on agit avec le pied par l'intermédiaire d'un levier nommé *pédale*, et de cette manière le diseur de bonne aventure ne semble avoir aucune communication directe avec le ludion.

Il est inutile de vous dire que ces charlatans abusent de la bonne foi des ignorants. Ils ne peuvent prédire l'avenir, ils le savent parfaitement bien, mais ils connaissent la curiosité des hommes, leurs superstitions, leur amour du merveilleux, et ils mettent ces défauts à contribution.

Puisque j'ai prononcé le mot avenir, je vais vous dire pourquoi on ne peut le connaître, ou du moins je vais vous faire un raisonnement qui vous montrera que cette connaissance serait une calamité terrible pour l'homme. Si l'on connaissait le moment précis auquel doit venir la mort, la vie se rait impossible ! Quel que fût l'éloignement de cette heure suprême, la pensée s'y fixerait sans cesse ; tout dans l'existence serait dominé par cette idée terrible. La vie se passerait à compter, avec une terreur croissante, les secondes qui rapprochent de la dernière heure. Dieu nous a donné la vie pour en faire un usage utile, avec l'espérance de profiter du bien que nous pouvons faire ; s'il nous permettait de connaître l'avenir, la vie ne serait plus possible, donc cette connaissance doit nous être à jamais refusée. Des pressentiments, des prédictions, des jongleries peuvent parfois annoncer d'avance des événements qui arrivent en effet ; mais il n'y a là qu'un hasard plus ou moins heureux. Du reste, on cite souvent des faits isolés et peu prouvés, parce qu'ils flattent en nous l'amour du merveilleux dont je vous ai déjà parlé ; et l'on passe sous silence les innombrables fois où la crédulité a été trompée. En est-il de même pour le passé et le présent? Peut-on penser raisonnablement que certains êtres puissent connaître les choses passées, voir les événements présents? La connaissance du passé ne pourrait en rien troubler l'ordre établi par le Créateur, elle ne servirait qu'à guider l'homme d'une manière plus sûre dans la vie. Ce qu'un livre d'histoire peut faire, en nous rappelant des faits passés depuis longtemps, en nous décrivant des époques antérieures, en nous peignant des lieux qui ont depuis bien des siècles changé d'aspect, pourquoi l'esprit humain, dans certaines conditions, ne pourrait-il pas le faire? Je ne dis pas que la chose soit, je dis seulement que la raison ne s'oppose pas à ce qu'elle puisse être. Pour le présent, il en est de même, le télégraphe électrique nous donne le moyen de connaître, presque à l'instant précis où ils se passent, les événements qui ont lieu à tous les points du globe; les lunettes nous font voir à des distances immenses ce qui se passe loin de nous; les tuyaux acoustiques nous permettent de causer avec des personnes dont nous sommes séparés. Pourquoi l'homme, la machine la plus parfaite qui existe, qui est en même temps esprit et matière, qui réunit en lui la volonté qui commande et les moyens pour l'exécuter, ne verrait-il pas, n'entendrait-il pas ce qui se passe loin de lui? Je vous le répète, je ne dis pas que la chose soit, je veux seulement vous faire comprendre que l'on pourrait arriver à connaître le passé et le présent, sans que l'on puisse espérer connaître l'avenir.

138. *Vessie natatoire des poissons.* — Ce que je viens de vous dire du ludion me conduit tout naturellement à vous parler d'un organe que possèdent presque tous les poissons : c'est une vessie pleine d'air, appelée vessie natatoire; elle leur donne la possibilité de monter ou de descendre dans le liquide. A cet effet, ils augmentent ou diminuent à volonté la quantité d'air qu'elle peut contenir; par suite, le volume est augmenté ou diminué. Dans le premier cas, le poisson occupe plus de place sans que son poids change, la quantité d'eau déplacée par lui est plus grande, le poids de cette eau l'emporte sur le sien et il monte à la surface. Si au contraire la quantité d'air contenu dans la vessie est moins grande, le volume du poisson est plus petit, son poids devient supérieur à celui de l'eau qu'il déplace et il descend au fond de l'eau.

139. *Natation.* — Puisque nous en sommes à la vessie natatoire des poissons, parlons un peu de la natation. Vous avez souvent entendu dire

que tous les animaux savaient se tenir sur l'eau, tandis que l'homme devait apprendre à nager. Beaucoup croient que c'est la crainte seule qui empêche l'homme de flotter comme les autres animaux. Voici la vérité sur cette question : Le corps humain déplace un volume d'eau dont le poids est en général plus considérable que le sien; par suite, il flotte naturellement dans l'eau douce, et à plus forte raison dans l'eau de mer, qui est plus dense. Aussi vous avez pu voir souvent des nageurs rester très-longtemps couchés sur le dos sans faire de mouvement. Mais la forme du corps humain est telle que, couché sur le ventre, on éprouve de la difficulté à pouvoir tenir la tête hors de l'eau pour respirer facilement. Chez l'homme, la tête a un grand poids, comparé à celui des membres inférieurs; aussi tend-elle à plonger, c'est pourquoi on doit apprendre à vaincre cette difficulté; ensuite il faut savoir faire les mouvements les moins fatigants pour avancer le plus possible; c'est en cela que consiste l'art de la natation.

Fig. 160

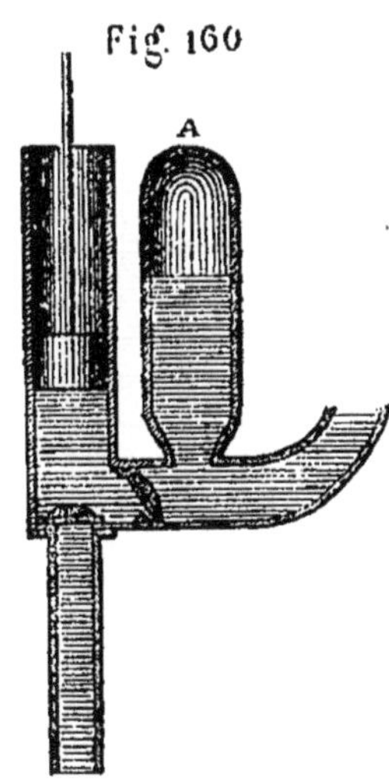

Pour tous les animaux à quatre pieds, que l'on désigne pour cette raison par le nom de quadrupèdes, ils déplacent comme l'homme un poids d'eau plus considérable que le leur, et la tête pèse moins que la partie arrière du corps, aussi peuvent-ils se maintenir au-dessus de l'eau sans effort; quant à nager, ils le font plus ou moins bien, selon qu'ils vont plus ou moins souvent à l'eau.

140. *Réservoirs d'air des pompes.* — Si vous considérez comment l'écoulement de l'eau se produit dans une pompe aspirante et foulante à simple effet (117), vous remarquerez que, pendant la moitié de chaque coup de piston, soit à la montée, soit à la descente, le refoulement ne continue pas, et que, par suite, l'eau cesse de couler. Ainsi le liquide s'arrête, et il faut de nouveau vaincre son inertie (46) pour le remettre en mouvement. On évite cette perte considérable de force, en ajoutant au tuyau de refoulement un réservoir d'air A (fig. 160).

Le piston, en refoulant le liquide, fait aussi entrer ce dernier dans la cloche A, et comprime l'air qu'il contient. Quand le piston remonte pour aspirer l'eau, l'air comprimé dans le réservoir tend à reprendre le volume qu'il avait avant l'action du piston, et pousse le liquide dans le tuyau de refoulement, non pas avec toute la force dont le piston est capable, mais assez pour conserver du mouvement à l'eau.

Même pour les pompes à double effet, il y a avantage à avoir un réservoir d'air ; aussi en met-on à presque toutes les pompes.

141. DIFFÉRENTS MOYENS EMPLOYÉS POUR TRAVAILLER SOUS L'EAU. — Les moyens employés jusqu'ici sont tous basés sur la compression de l'air. Ils consistent à mettre l'homme qui descend sous l'eau dans des conditions telles, qu'il puisse respirer et par suite vivre. Or, la pression de l'air qu'on doit lui envoyer dépend de la profondeur à laquelle il est parvenu. S'il descend à 10 mètres sous l'eau, il a au-dessus de sa tête une colonne représentant une pression atmosphérique, plus celle au-dessus du liquide. Pour qu'il y ait équilibre entre la pression qu'il supporte extérieurement et celle intérieure, il faudra lui envoyer de l'air à une pression de deux atmosphères au moins ; à 20 mètres de profondeur, l'air devra avoir trois atmosphères, et ainsi de suite.

Fig. 161.

Cloches à plonger. — Les premiers travaux sérieux sous l'eau ont été faits avec la cloche à plongeur. Vous pouvez vous rendre compte de son effet en enfonçant dans l'eau un verre, la partie ouverte par en bas. Vous verrez que l'air qu'il contient empêche l'eau de pénétrer dedans. Mais au fur et à mesure que vous le ferez descendre plus bas, vous pourrez constater que le niveau de l'eau monte de plus en plus. C'est l'air qui se comprime sous la charge de l'eau ; les choses se passent exactement comme dans le manomètre à air comprimé (133). Donc, si l'on voulait que le niveau de l'eau fût toujours à la partie la plus basse du vase, il suffirait d'introduire de l'air à une pression en rapport avec la hauteur de la colonne d'eau au-dessus de cette partie. Ainsi, pour une profondeur de 10 mètres, l'air refoulé devrait avoir une pression de deux atmosphères, pour 20 mètres trois atmosphères, et ainsi de suite.

Dans ce que je viens de vous dire est toute l'explication de la cloche à plongeur (fig. 161). Représentez-vous une espèce de cloche AB, en fonte de fer, et assez pesante pour s'enfoncer par son propre poids, même quand elle est pleine d'air. Les hommes qui doivent aller travailler au fond de l'eau pénètrent sous la cloche avant sa descente dans le liquide.

Au moyen d'une pompe, on refoule de l'air dans la cloche, pour que les hommes qui y sont puissent vivre ; il faut à chacun d'eux quatre à cinq mètres cubes par heure, on calcule en conséquence le produit des pompes. Les ouvriers peuvent à volonté laisser sortir l'air vicié. Le robinet D, placé dans ce but, est à la partie supérieure de l'appareil. C est le tuyau qui amène l'air. EE sont les cordes ou les chaînes servant à monter ou à descendre la cloche ; une corde G donne le moyen aux ouvriers de l'intérieur de communiquer avec ceux du dehors, et réciproquement ; des signaux convenus d'avance permettent de faire une certaine quantité de demandes et de réponses. Des verres très-résistants laissent voir autour de la cloche et donnent assez de lumière pour l'exécution de certains travaux ; du reste, on peut avoir une lampe ; seulement, il faut alors fournir une plus grande quantité d'air.

Caisses à air comprimé employées pour les fondations sous l'eau. — Les caisses à air comprimé dont on s'est servi pour fonder les piles du pont de Kehl, sur le Rhin, et en dernier lieu pour exécuter le bâtardeau du bassin du port militaire de Brest, ne sont que des cloches à plongeur de grandes dimensions. Pour vous donner de suite une idée de ces travaux gigantesques, voici quelques dimensions du caisson de Brest. Il couvrait un espace de 230 mètres carrés ; quarante ouvriers travaillaient nuit et jour dedans, en se relayant de quatre heures en quatre heures. Le poids du caisson, de son matériel et de la maçonnerie, était de 3,000,000 de kilogrammes ; une puissante machine à vapeur refoulait l'air à l'intérieur.

Cette immense caisse était composée de deux parties : une intérieure, ouverte par le bas, dans laquelle les ouvriers travaillaient, et une supérieure, fermée, ne communiquant que par des portes avec la partie intérieure et avec l'extérieur. Le compartiment d'en haut contenait plusieurs chambres, formant de véritables écluses qui donnaient la possibilité de descendre ou de remonter. C'est par là aussi que passaient tous les matériaux retirés de l'eau et ceux nécessaires pour la construction du bâtardeau.

Pour pénétrer dans la partie inférieure, on ouvrait une des écluses à l'extérieur et l'on descendait dedans. Alors, on fermait l'ouverture par laquelle on était arrivé, et on laissait venir l'air comprimé de la partie inférieure ; quand la pression était la même des deux côtés, on ouvrait la communication avec la partie inférieure et l'on descendait. Pour remonter, l'opération était la même : on pénétrait dans une écluse, on fermait la communication avec le bas, on laissait échapper l'air, et quand la pression était la même que celle de l'atmosphère, on ouvrait la communication avec le dehors et l'on sortait.

Fig. 162

On ne descend pas cette masse immense comme une cloche à plongeur ; en général, elle doit pénétrer à une grande profondeur dans le sol au-dessous du liquide ; on creuse dans son intérieur le trou qu'elle doit occuper, et elle descend par son propre poids. Malgré les difficultés de cette entreprise, elle s'exécute avec une précision admirable.

Scaphandres. — Pour les travaux ordinaires, on emploie beaucoup le scaphandre. C'est un vêtement imperméable AA (fig. 162), qui reçoit l'air extérieur au moyen d'une pompe placée à la surface du liquide. L'homme peut vivre dans ce vêtement aussi facilement que dans une cloche à plongeur, et il est beaucoup plus libre de ses mouvements. Le vêtement proprement dit A est en toile caoutchoutée ; il est à pied, mais les manches sont ouvertes pour laisser passer les mains. Pour que l'eau ne pénètre pas par les manches, on met au-dessus du vêtement des bracelets en caoutchouc. La partie supérieure du vêtement est en cuir ; elle s'unit à une pèlerine en cuivre B, sur laquelle on visse un casque C en cuivre aussi. Ce casque porte plusieurs ouvertures fermées par des glaces, qui permettent au plongeur de voir à l'extérieur. Le tuyau D, en caoutchouc, fait communiquer la pompe à air avec le casque, et sert de conduit à l'air. Une soupape.

s'ouvrant de dedans en dehors, et placée derrière le casque, laisse échapper l'air dans le liquide qui entoure le scaphandre ; cet air ne fait que passer dans le vêtement, et il y arrive en quantité bien supérieure à celle nécessaire. Une autre petite soupape E est à la disposition du plongeur, qui peut l'ouvrir ou la fermer suivant qu'il a trop d'air ou pas assez. Le scaphandrier est attaché au milieu du corps par une corde tenue constamment à la surface de l'eau par un autre ouvrier. Cette corde donne la possibilité au scaphandrier de faire connaître ses besoins, et, en cas d'accident, elle permet de le sortir de l'eau. Pour que le plongeur puisse descendre avec le scaphandre, qui déplace un grand volume d'eau, il porte des souliers dont les semelles sont en plomb, et, en outre, des poids G, en plomb aussi, sont suspendus au casque et pendent, l'un sur la poitrine, l'autre sur le dos de l'homme.

L'appareil dont nous venons de parler est celui de M. Cabirol.

Appareil plongeur de M. Rouquayrol. — Dans l'appareil Cabirol, le vêtement est de toute nécessité, car c'est lui qui, par le fait, constitue la cloche à plongeur. Avec le système Rouquayrol, le plongeur peut descendre sans vêtement, si la température de l'eau le permet, et par suite il est plus libre de ses mouvements.

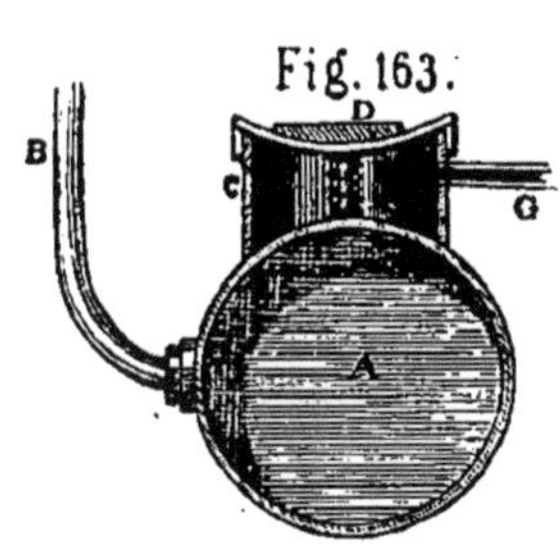

Que le plongeur soit ou non recouvert d'un vêtement imperméable, comme celui du scaphandre Cabirol, l'air n'arrive pas dans cette partie de l'appareil, mais bien dans un petit réservoir que le plongeur porte sur le dos, et dont il tire l'air qui lui est nécessaire. Ce réservoir, la partie principale de l'appareil Rouquayrol, est composé de deux compartiments (fig. 163) ; celui inférieur A est en communication avec la pompe à air par le tuyau B ; celui supérieur C est fermé à la partie d'en dessus par une membrane en caoutchouc D, sur laquelle la pression extérieure agit. La communication entre les deux compartiments a lieu par une petite soupape E, qui ne s'ouvre que quand le fond en caoutchouc D du réservoir supérieur s'abaisse. C'est dans la partie supérieure de la caisse que vient aboutir le tuyau G, par lequel le plongeur aspire l'air et le renvoie. Quand il aspire, la pression diminue dans le compartiment supérieur C, la membrane D s'abaisse et ouvre la soupape E ; dès lors, une nouvelle quantité d'air passe du compartiment inférieur A dans le compartiment supérieur, pour remplacer l'air aspiré. Quand, au contraire, l'homme renvoie l'air qu'il a respiré, la pression dans le compartiment supérieur augmente et devient plus grande que celle de l'eau extérieure; à ce moment, une petite soupape s'ouvre dans le liquide et laisse passer l'air vicié par la respiration.

Dans le système Cabirol, le plongeur respire dans le casque du vêtement; dans l'appareil Rouquayrol, le tuyau qui vient du compartiment supérieur arrive à la bouche du plongeur, et doit y rester constamment; il faut aussi que le plongeur ait le nez fermé.

Appareil respiratoire de M. Galibert. — Les appareils dont je viens de vous parler permettent, non-seulement de descendre sous l'eau et d'y séjourner plusieurs heures, mais encore ils donnent la possibilité de pénétrer dans des endroits remplis de gaz délétères ou d'air à une haute température, et de sauver les malheureux qui s'y trouvent en danger.

Dans cette circonstance particulière, le système de M. Galibert, employé souvent par les pompiers, est plus simple, plus vite à la disposition des hommes et surtout plus transportable. Il consiste en deux petits tuyaux de caoutchouc cordés ensemble, dont l'une des extrémités est dans la bouche de l'homme qui va dans l'endroit dangereux, et dont l'autre reste en dehors plongée dans l'air vital. Un de ces tuyaux donne passage à l'air bon à respirer, l'autre à l'air qui a été respiré. En fermant l'un ou l'autre de ces tubes avec le bout de la langue, l'homme peut à volonté recevoir de l'air frais, ou renvoyer celui qui lui a servi. Le bout du tuyau qui donne l'air vital peut aboutir dans un sac en caoutchouc gonflé d'air; l'homme le porte sur le dos, et peut ainsi avoir avec lui sa provision d'air pour plusieurs minutes.

Appareil respiratoire de M. Charpy. — Cet appareil tient beaucoup de celui de M. Galibert et un peu des scaphandres.

Il se compose, en principe, d'une machine soufflante, pompe ou soufflet, qui refoule l'air dans un tuyau en caoutchouc communiquant avec la bouche du plongeur. Tout l'appareil respiratoire réside dans le couvre-bouche représenté par la figure 164 et qui a beaucoup de rapport avec celui de l'appareil Rouquayrol. A et B sont deux plaques en caoutchouc traversées par les deux tuyaux, en caoutchouc aussi, C et D. La plaque A s'introduit dans la bouche entre les lèvres et les dents; la plaque B s'applique sur les lèvres, en dehors; le cordon E maintient l'appareil à son poste. Sur l'extrémité du tuyau C, en dehors de la bouche, on introduit le tuyau en fer blanc F, qui porte deux branches. Sur le bout G se fixe le tuyau qui amène l'air; sur le bout K est une soupape H en caoutchouc, destinée à laisser sortir l'air envoyé en excès au plongeur. La soupape D donne passage à l'air respiré. Pour aspirer de l'air frais, l'homme retire le bout de la langue de l'extrémité du tuyau C; pour renvoyer cet air, il le bouche de nouveau avec la langue, et la soupape D s'ouvre. Comme dans le scaphandre Rouquayrol, le plongeur peut mettre un vêtement imperméable.

Fig. 164.

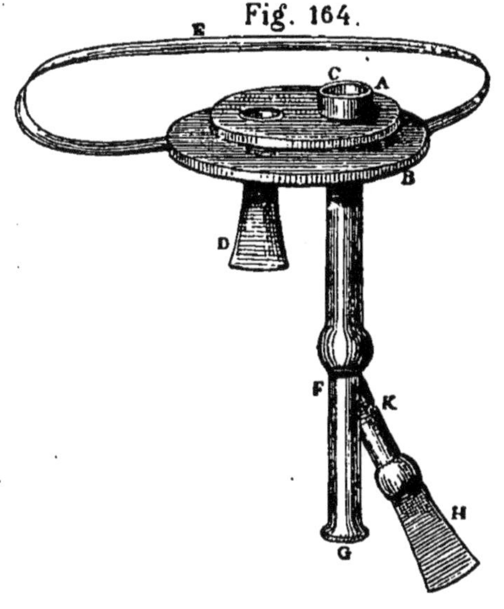

Si l'on pénètre dans les flammes, il faut évidemment que les vêtements soient toujours mouillés, et le tuyau qui amène l'air doit être aussi à l'abri du feu et même de la chaleur.

Lampes pour éclairer sous l'eau. — De même que l'on peut faire vivre un homme pendant plusieurs heures sous l'eau, de même on peut entretenir la flamme d'une lampe. Il suffit pour cela de la renfermer dans un globe de verre, hermétiquement fermé, dans lequel on envoie continuellement de l'air.

Observation. — Si je suis entré dans beaucoup de détails sur les appareils qui précèdent, c'est que les derniers, à la portée de toutes les bourses, devraient se trouver partout. Ils permettraient, dans une foule de circonstances, de sauver des malheureux exposés à être asphyxiés, soit dans un puits, soit dans une cuve, ou même tombés dans l'eau.

142. ACTION DE LA CHALEUR SUR LES GAZ ET PARTICULIÈREMENT SUR L'AIR. — Au n° 70, je vous ai dit que les gaz étaient, de tous les corps, ceux qui se dilatent le plus sous l'influence de la chaleur.

Non-seulement la dilatation des gaz, comparée à celle des autres corps, est considérable, mais encore elle présente une si grande régularité, que l'on a admis pendant longtemps que tous les gaz se dilataient de la même quantité de leur volume pour la même élévation de température. Quoique l'on ait reconnu depuis que chaque gaz avait son coefficient particulier de dilatation, les différences entre ces coefficients sont si peu sensibles, que nous n'en tiendrons aucun compte, et que nous admettrons que tous les gaz se dilatent, pour un degré d'augmentation dans leur température, des 367 millièmes de leur volume. C'est-à-dire que 100,000 litres d'un gaz quelconque, d'air par exemple, en s'échauffant d'un degré, occuperaient 100,367 litres.

143. Propagation de la chaleur dans les gaz. — Au tuyau d'un poêle allumé fixez un petit fil de fer recourbé sur lui-même ayant une branche parallèle au tuyau, mettez sur la pointe du fil de fer un morceau de papier coupé en spirale, vous verrez immédiatement cette petite machine tourner sur elle-même. Quelle est donc la cause qui produit ce mouvement ? C'est le courant d'air qui se produit au-dessus du poêle le long du tuyau. Les molécules en contact avec les parties chaudes s'échauffent, se dilatent et deviennent plus légères que celles qui les entourent ; elles montent donc, comme le ferait un bouchon plongé dans l'eau. Dans leur mouvement ascensionnel, elles rencontrent les surfaces inclinées de la spirale et font tourner cette dernière. Ainsi, dans une masse gazeuse considérable, comme l'air qui nous entoure, une partie, échauffée au contact de la terre, doit déterminer une espèce de colonne d'air qui se déverse sur les couches supérieures plus froides; en même temps, pour remplacer les molécules chaudes qui s'élèvent, d'autres molécules plus froides doivent venir combler le vide laissé en bas par les premières.

Il faut aussi remarquer que les molécules chaudes, en montant, rencontrent sur leur passage d'autres molécules moins chaudes, auxquelles elles communiquent au contact une partie de leur chaleur. Par suite, si l'on pouvait empêcher ou du moins gêner beaucoup le mouvement des molécules, celles échauffées resteraient en contact avec les parties échauffantes, et communiqueraient peu de leur chaleur au reste des gaz. Cette propriété des gaz, et par suite de l'air, de ne laisser passer la chaleur que très-difficilement, est appliquée à beaucoup de nos besoins. Ainsi, les *doubles fenêtres*, qui conservent entre elles une couche d'air dont le mouvement est très-gêné, sont un très-bon moyen d'éviter que la chaleur développée dans un appartement se disperse à l'extérieur.

Dans les *vêtements de laine*, les brins de la matière, quoi que l'on fasse, ne donnent jamais un tissu aussi serré que le chanvre, le lin et le coton, et des molécules d'air restent engagées entre ces brins et empêchent la déperdition de la chaleur du corps en hiver.

La propriété de la laine d'empêcher le passage de la chaleur est si grande, que l'on peut conserver, même en été et pendant un temps assez long, de la glace enveloppée dans un étoffe de laine un peu épaisse. Le *duvet* avec lequel on fait les *édredons*, la ouate que les femmes emploient pour doubler leurs vêtements d'hiver, ne conservent la chaleur du corps que parce que l'air, qui se loge entre les filaments, ne peut entrer en mouvement.

144. **Applications**. *Tirage des cheminées.*—Voyons ce qui se passe dans une cheminée, à la base de laquelle on fait du feu. Soit la cheminée représentée par la figure 165. Le feu échauffe naturellement les molécules de l'air qui l'entourent; ces molécules, devenues plus légères, tendent à s'élever, et, comme elles trouvent le conduit BB de la cheminée, elles montent dedans. Ce courant en détermine d'autres dans l'appartement. Ainsi, les molécules les plus froides de cet endroit viennent remplacer celles montées dans la cheminée, pour s'échauffer à leur tour et suivre les premières. L'air extérieur vient lui-même remplacer celui sorti par la cheminée, en passant par les fentes des portes et des fenêtres. Ce n'est qu'à cette condition que le feu continue à brûler; le courant qui vient de l'appartement agit sur le feu comme le ferait un soufflet (129). Le courant produit dans les cheminées, que l'on désigne plus généralement sous le nom de *tirage*, entraîne au dehors la fumée et les gaz produits par la combustion. D'après ce que je viens de vous dire, vous comprenez parfaitement que si l'air ne pouvait pénétrer dans un appartement, il serait impossible d'entretenir le feu allumé dans la cheminée et d'éviter la fumée. Les molécules d'air échauffées monteraient toujours dans la cheminée, mais elles ne pourraient être remplacées que par d'autres descendant par la cheminée, dans laquelle

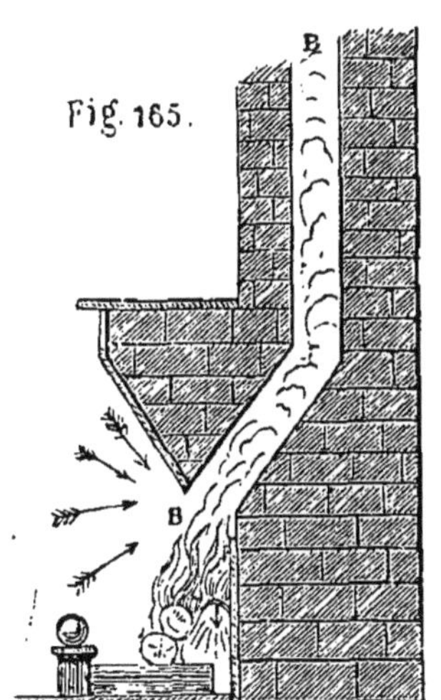

Fig. 165.

il y aurait des courants de bas en haut et d'autres de haut en bas. Ces derniers, en gênant les premiers, nuiraient au tirage et rabattraient la fumée dans l'appartement. Vous comprenez dès lors la cause du sifflement que l'on entend autour de soi dans une chambre où l'on a allumé un grand feu; c'est le courant d'air, qui se produit du dehors de l'appartement au dedans de la cheminée, qui glace le bas des jambes et le dos, alors que l'on se grille par devant.

Les cheminées, comme elles sont faites en général, sont un bien mauvais moyen d'échauffer un appartement; le feu qu'on allume dedans rayonne, il est vrai, une certaine quantité de chaleur à l'intérieur, mais l'appel de l'air extérieur cause un refroidissement qui peut annuler l'échauffement produit. Il est un moyen d'éviter cet inconvénient: c'est de prendre directement à l'extérieur l'air nécessaire pour l'entretien du feu. A cet effet, on ménage des conduits qui vont de l'extérieur à la base de la cheminée et qu'on appelle des *ventouses*. Ce sont ces petits trous ronds et grillés que vous pouvez voir à l'extérieur de beaucoup de maisons, à peu près à la hauteur du plancher des étages.

145. *Dégagement de l'air vicié d'un appartement.* — Dans un salon où beaucoup de personnes sont réunies, où un grand nombre de bougies sont allumées, non-seulement l'air est vicié par celui qui a été respiré et par la diminution d'oxygène employé pour la combustion des lumières, mais encore il s'échauffe assez pour gêner la respiration. Il est nécessaire alors de le renouveler; c'est pour atteindre ce but que l'on met au-dessus des fenêtres ordinaires une partie pouvant s'ouvrir et nommée *vasistas*. En ouvrant ces vasistas et les portes du salon, il s'établit un courant d'air qui appelle du dehors l'air frais, en remplacement de l'air vicié qui tend à s'élever et à s'écouler en dehors, en vertu de sa différence de densité.

Vous pouvez facilement observer ces courants de la manière suivante: Ouvrez la porte qui fait communiquer une chambre dans laquelle l'air a été échauffé, avec une autre dans laquelle les conditions de l'air contenu n'ont pas été modifiées. Si vous placez une bougie allumée à la partie supérieure de la porte, la flamme se couchera et ira de la chambre échauffée à celle plus froide; c'est là le courant déterminé par l'air échauffé qui s'écoule au dehors. Si vous descendez ensuite la lumière à la partie inférieure de la porte, la flamme se couchera dans le sens opposé et indiquera un courant qui va de la chambre froide à la chambre chaude ; c'est l'air froid qui arrive pour remplacer l'air chaud sorti.

Cette nécessité de renouveler l'air est surtout impérieuse dans les théâtres et les hôpitaux. L'air échauffé dans les premiers monte à la partie supérieure de l'édifice et rendrait impossible le séjour aux places élevées, s'il n'avait pas la possibilité de s'écouler au dehors. Il est remplacé par de l'air frais arrivant du dehors par les portes et surtout par la scène, quand le rideau est levé. C'est à ces causes qu'il faut attribuer la chaleur excessive que l'on éprouve aux places élevées et le froid assez sensible ressenti par les personnes placées près des portes.

Dans les hôpitaux, l'air est vicié par les émanations délétères des personnes malades et des médicaments employés ; il faut donc le renouveler de manière qu'il n'en résulte aucun inconvénient pour les malades. On y parvient en déterminant des courants, au moyen du tirage artificiel produit dans des *cheminées dites d'appel.*

146. *Bouches de chaleur des poêles et des calorifères.* — C'est encore en vertu du même principe que l'air échauffé dans la double enveloppe d'un poêle ou dans les différents conduits d'un calorifère, s'élève et va sortir par les ouvertures, nommées *bouches de chaleur.*

147. Mouvements de l'atmosphère causés par la chaleur. — Les dilatations et les contractions de l'air jouent un immense rôle dans l'atmosphère ; on constate là, comme dans tous les autres détails de la nature, la sagesse sublime du Grand Ordonnateur de toutes choses.

Lorsque la terre est fortement échauffée par les rayons du soleil, les couches d'air en contact avec elle tendent à se mettre en équilibre de température (76), et il serait souvent impossible de vivre dans une atmosphère aussi suffocante. Mais les couches inférieures de l'air se dilatent, deviennent plus légères que celles placées au-dessus ; elles montent donc et sont remplacées par des couches plus froides, qui s'échauffent et montent à leur tour. C'est ainsi que l'excessive chaleur, qui tend à s'établir à la surface de la terre, est tempérée et ne dépasse pas les limites qui peuvent être supportées par les animaux et les plantes.

Vents. — Enfin, ce sont encore les dilatations et les contractions de l'air, produites dans des espaces considérables, qui déterminent la plus grande partie des vents, depuis la brise la plus légère jusqu'aux ouragans les plus violents. Non-seulement ces perturbations dans l'atmosphère, que nous respirons, mélangent les différentes couches, égalisent en quelque sorte la chaleur, mais encore elles entraînent l'air vicié des vallées profondes, celui des villes populeuses, et remplacent ainsi les gaz délétères, qui causent la plupart des maladies, par de l'air pur. C'est encore les vents qui ont pour mission de transporter les nuages sur les différents lieux du globe et d'arroser ces parties; sans eux, bien des pays seraient condamnés à une stérilité complète. Ces nuages, poussés dans tous les lieux du globe, loin des mers, au-dessus desquelles ils se sont formés, tombent en pluie qui pénètre dans la terre et donne naissance aux sources, aux rivières, aux fleuves. C'est par cet admirable phénomène que les eaux des mers passent continuellement dans l'atmosphère et dans la terre, qui la rend aux grands réservoirs.

Il est toujours utile de connaître la température moyenne du lieu dans lequel on se trouve; pour cela, il faut d'abord savoir comment obtenir la température moyenne d'un jour. L'observation a montré que, sous notre climat, la plus petite hauteur du thermomètre, exposé à l'air libre, en dehors de toute influence qui puisse altérer ses indications, a lieu environ une demi-heure avant le lever du soleil. La plus grande hauteur se fait remarquer vers deux heures de l'après-midi. Ce minimum et ce maximum de la température du jour se présentent un peu plus tôt en été, un peu plus tard en hiver. En consultant le thermomètre à six heures du matin, à deux heures de l'après-midi et à dix heures du soir, en ajoutant les trois quantités obtenues et divisant les sommes par trois, on a la *température moyenne du jour* d'une manière suffisamment exacte.

La *température moyenne du mois* s'obtient en faisant la somme des températures moyennes des jours du mois et en divisant la somme par le nombre de jours de ce mois. Pour la *température moyenne de l'année*, il suffit de faire la somme des températures moyennes de chacun des mois et de la diviser par 12. Enfin, la *température moyenne d'un lieu* ne peut être obtenue exactement que si l'on peut la déduire d'observations faites pendant un grand nombre d'années.

Dans nos régions tempérées, la température la plus basse ou la plus faible, ou encore le minimum de température, a lieu ordinairement vers le 15 janvier, et la température la plus chaude, ou le maximum de température, à la fin de juillet; les jours dont la température correspond à peu près à la température moyenne du lieu sont le 24 avril et le 21 octobre.

Vous avez dû remarquer que l'intérieur d'une cave un peu profonde n'avait pas la même température que les lieux placés à la surface du sol. En hiver, une cave paraît sensiblement plus chaude ; en été, elle est sensiblement plus froide. Ces variations dans la température de la cave ne sont qu'apparentes, car elle reste à peu près la même toute l'année, et elle se rapproche beaucoup de la température moyenne du lieu. Un thermomètre, placé depuis plus d'un siècle dans les caves de l'Observatoire de Paris, marque rigoureusement la température moyenne de l'année dans ce lieu. Cette observation d'une température à peu près constante peut se constater aussi dans les eaux d'une source et dans les profondeurs d'une grotte naturelle. Mais on observe aussi que, dans le même lieu, si l'on descend à des profondeurs de plus en plus grandes, la température augmentera aussi. Dans les mines et dans les puits artésiens, le thermomètre accuse un degré d'augmentation dans la température, pour un accroissement de 20 à 30 mètres dans la profondeur. La couche à traverser, pour une augmentation d'un degré dans la température, peut varier d'un lieu à un autre, mais elle reste la même dans un même lieu, et la marche du phénomène reste la même. En adoptant le chiffre de 30 mètres, on trouve qu'à une profondeur de 2,700 à 3,000 mètres, il doit exister une température de 100 degrés, c'est-à-dire celle de l'eau bouillante. A ce compte, il y aurait au centre de la terre une température telle, que tous les corps connus seraient ou à l'état liquide ou à l'état gazeux.

Des vents. — Au nº 145, je vous ai parlé des deux courants qui se formaient en ouvrant la porte établissant la communication entre une chambre chaude et une autre moins chaude. Cette expérience vous montre la cause principale des vents. Sur la terre que nous habitons, les régions ont des températures différentes ; les colonnes d'air, par cette cause ou par d'autres, peuvent donc aussi se trouver à des températures différentes. La colonne la plus chaude se dilate dans le sens de sa hauteur ; elle dépasse en quelque sorte les couches d'air qui l'entourent et se déverse sur elles. Il doit nécessairement en résulter un courant supérieur ou un vent allant des régions les plus chaudes vers les régions les plus froides. Par contre, un courant opposé doit exister à la surface de la terre, allant des régions les plus froides vers les régions les plus chaudes.

Vents réguliers, brise de mer, brise de terre, vents alizés, moussons, vents irréguliers. Vitesse du vent. — Si deux lieux voisins, à la surface de la terre, sont soumis à des influences calorifiques à peu près régulières, le vent doit y apparaître à des heures en quelque sorte déterminées et dans une direction constante. On a alors un vent régulier.

Les *brises d'été*, connues sous les noms de *brise de mer* et de *brise de terre*, qui soufflent généralement sur les côtes, sont dans ce cas. La brise de mer commence en général vers neuf heures du matin; ce n'est d'abord qu'un souffle, qu'un zéphir; mais elle augmente peu à peu et acquiert sa plus grande force vers trois heures de l'après-midi; elle décroît alors peu à peu, pour mourir au coucher du soleil. Quelque temps après, la brise de terre commence et souffle, comme la brise de mer, dans une direction à peu près perpendiculaire à la côte, mais en sens inverse, c'est-à-dire qu'elle va de la terre vers la mer. Elle possède sa plus grande force au lever du soleil et meurt à son tour vers huit heures.

Pendant le jour, la terre ferme s'échauffe sous l'action des rayons du soleil beaucoup plus que l'eau de la mer; l'air placé au-dessus de la terre s'échauffe donc plus que celui reposant sur la mer; le premier s'élève, tandis que l'autre glisse à la surface pour venir prendre sa place; de là un vent qui vient de la mer vers la terre. Pendant la nuit, la terre se refroidit plus vite que l'eau de la mer; l'air au-dessus de cette dernière est donc à une température supérieure à l'air qui repose sur la terre; le premier s'élève, le second arrive en rasant le sol pour prendre sa place; de là le vent qui vient de terre et qui va vers la mer.

Dans les parties de la terre plus particulièrement exposées à l'action du soleil, la température est plus grande que partout ailleurs; aussi les couches d'air qui sont en contact avec ces lieux ont toujours une température plus élevée que celles qui couvrent les autres parties de la terre; il doit donc exister un courant supérieur allant des régions chaudes vers les régions froides, et un courant inférieur allant des régions les plus froides vers les régions les plus chaudes de la terre. Telle est la cause des vents réguliers nommés *vents alizés*, qui soufflent toute l'année avec une intensité plus ou moins grande.

D'autres circonstances, dont je vous parlerai peut-être plus tard, mais qui dépendent toujours de la même cause, produisent dans les mers de l'Inde des vents qui soufflent pendant six mois d'un certain point de l'horizon et pendant les six autres mois d'un autre point. On désigne ces vents sous le nom de *moussons*.

Les *vents irréguliers,* tout en étant produits par des phénomènes du même ordre que ceux dont il vient d'être question, ne peuvent être prévus dans l'état actuel de nos connaissances; l'observation seulement a pu faire constater quel était le vent soufflant le plus généralement dans chaque localité.

Quelle que soit l'origine du vent, sa vitesse est comprise entre certaines limites; et, suivant la vitesse qu'il peut acquérir, il se désigne par des noms différents.

Fig. 166.

Avec une vitesse de 1 à 5 mètres par seconde, le courant d'air prend le nom de *brise*, et l'on dit qu'elle est *légère*, *faible*, *fraîche*. Quand le courant d'air acquiert des vitesses comprises entre 5 et 10 mètres par seconde, ce sont des vents, *légers*, *frais* ou *forts*. Entre 15 et 20 mètres de vitesse, ce sont des *tempêtes;* le courant d'air alors est assez violent pour déraciner les arbres. Enfin, entre 20 mètres et 50, qui est la plus grande vitesse reconnue, ce sont des *ouragans*, toujours terribles par les désastres qu'ils causent.

Les anciens, qui avaient imaginé une divinité pour accomplir chacun des phénomènes qui frappaient leurs yeux, croyaient que les vents étaient renfermés dans les grottes des îles voisines de la Sicile, la plus grande île de la Méditerranée. *Eole*, *fils de Jupiter*, était chargé de contenir toute cette population turbulente et indisciplinée. Les plus légers, les *Zéphirs*, pouvaient folâtrer en toute liberté, tandis que les autres vents étaient tenus à la chaîne.

Quand ils brisaient leurs entraves, ou quand Eole les lâchait, ils causaient toujours quelques ravages.

Pour reconnaître la direction du vent, pour se rendre compte du chemin que l'on suit sur mer ou dans des lieux inconnus, on est convenu de distinguer plusieurs points de l'horizon et de leur donner des noms différents.

Il y a quatre points principaux dont tous les autres tirent leur nom. Ils sont placés aux extrémités de deux lignes perpendiculaires entre elles. Ce sont le nord ou le septentrion, le sud ou le midi à l'opposé, l'ouest ou le couchant à gauche, et l'est ou le levant à droite. Quatre autres points, placés entre les points cardinaux, prennent les noms suivants : nord-est, entre le nord et l'est ; sud-est, entre le sud et l'est ; sud-ouest, entre le sud et l'ouest ; et nord-ouest, entre le nord et l'ouest.

Il y avait ainsi huit points, on en a fait huit autres placés entre les huit premiers : le nord-nord-est, entre le nord et le nord-est ; l'est-nord-est, entre l'est et le nord-est ; l'est-sud-est, entre l'est et sud-est ; le sud-sud-est, entre le sud et le sud-est ; le sud-sud-ouest, entre le sud et le sud-ouest ; l'ouest-sud-ouest, entre l'ouest et le sud-ouest ; l'ouest-nord ouest, entre l'ouest et le nord-ouest ; et le nord-nord-ouest, entre le nord et le nord-ouest. Pour la navigation, on compte seize autres divisions placées entre celles dont je viens de vous parler ; on les nomme ainsi : nord-quart-nord-est, entre le nord et le nord-nord-est ; nord-est-quart-nord, entre le nord-est et le nord-nord-est ; nord-est-quart-est, entre le nord-est et l'est-nord-est ; est-quart-nord-est, entre l'est et l'est-nord-est ; et ainsi de suite, en faisant entrer dans le nom ceux des points entre lesquels se trouve cette nouvelle division. On va même jusqu'à indiquer des points intermédiaires entre les trente-deux quarts déjà nommés ; on les désigne ainsi : nord-demi-est, nord-nord-est-demi-nord ; nord-nord-est-demi-est ; nord-est-quart-nord-demi-nord ; et ainsi de suite.

Ainsi donc, la circonférence de l'horizon, qui contient 360 degrés (15), se trouve divisée en trente-deux parties égales de 11 degrés environ chacune ; et, si l'on suppose la division de soixante-quatre parties, ces dernières seront de 5 degrés environ. Les divisions de 11 degrés se nomment plus particulièrement des *rhumbs*, ou des *quarts ;* celles de cinq sont des demi-rhumbs ou des demi-quarts.

Vous avez tous vu ce qu'on nomme une boussole, plus tard je vous raconterai comment elle fut découverte, et à quels usages on l'emploie. Pour aujourd'hui, je me contenterai de vous dire qu'elle se compose essentiellement d'une aiguille aimantée, suspendue par son milieu, et cela de manière qu'elle se maintienne horizontale. Cette aiguille se dirige du côté du nord du monde; en faisant subir quelques corrections aux indications qu'elle donne, on peut toujours connaître, dans un lieu quelconque, la position exacte du nord, c'est-à-dire l'un des points autour desquels la terre exécute son mouvement diurne. Le nord connu, se déduit facilement la position exacte des autres points de l'horizon. La représentation des différentes divisions de l'horizon en rhumbs ou quarts, comme l'indique la figure 166, se nomme une rose des vents, parce qu'elle sert le plus souvent à connaître la direction d'où vient le vent.

Si vous supposez une de ces roses fixée au fond d'une boîte, et sur un pivot placé au centre une aiguille aimantée, vous aurez une boussole. Ce qui vient d'être dit vous montre qu'avec son secours on peut se diriger et s'*orienter*, c'est-à-dire savoir dans quelle position on se trouve par rapport à un point donné et connu. L'observation du ciel, quand on manque de boussole, peut aussi guider. Ainsi, dans le jour, le lever du soleil donne l'est; la nuit, la partie éclairée de la lueur indique l'ouest ou le couchant.

148. CORPS BAIGNÉS DANS UN GAZ. Principe d'Archimède (34). — Le principe d'Archimède s'applique non-seulement aux corps qui sont plongés dans un liquide, mais encore à ceux qui sont baignés dans un gaz. Ainsi, tout corps plongé dans l'air perd de son poids le poids de l'air qu'il déplace, ou encore est poussé de bas en haut par une force égale au poids du volume d'air qu'il déplace.

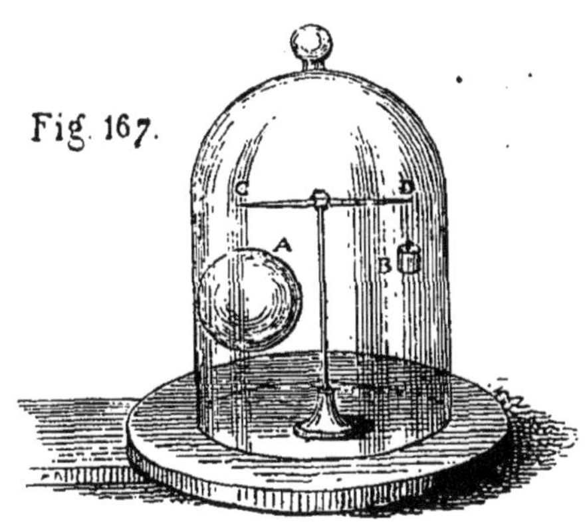

Fig. 167.

Dans les cabinets de physique, on rend sensible l'influence de la pression exercée par l'air sur un corps, en répétant l'expérience faite par Otto de Guerick (124). CD, figure 167, est un petit fléau de balance, aux extrémités duquel deux sphères en cuivre sont suspendues; l'une A, d'un grand diamètre, est creuse; l'autre B est massive et d'un petit diamètre comparé à celui de l'autre. Leur poids est tel que dans l'air les deux sphères se font équilibre; en changeant le point de suspension du fléau, on peut toujours placer tout le systèmo en équilibre. Si l'on met cet appareil, nommé *baroscope*, sous le récipient d'une machine pneumatique, et que l'on fasse le vide, on verra immédiatement le fléau CD s'incliner sous le poids du gros ballon A. Donc ce dernier pèse plus que le petit; mais comme ces deux sphères se faisaient équilibre dans l'air, il faut admettre que celle qui déplace un plus grand volume d'air perd plus de son poids que l'autre; ou encore que celle qui occupe plus d'espace éprouve dans l'air une poussée de bas en haut plus grande que celle qui agit sur l'autre.

Si donc un corps baigné dans l'air reste en contact avec la terre, c'est qu'il a une densité plus grande que celle de l'air ; s'il flotte, son poids est égal à celui de l'air qu'il déplace; s'il monte dans l'atmosphère, son poids est plus léger que celui de l'air qu'il déplace, ou il a une densité plus faible que celle de l'air.

Nous voici tout naturellement conduits aux ballons, qui ne sont qu'une application du principe d'Archimède.

Fig. 168.

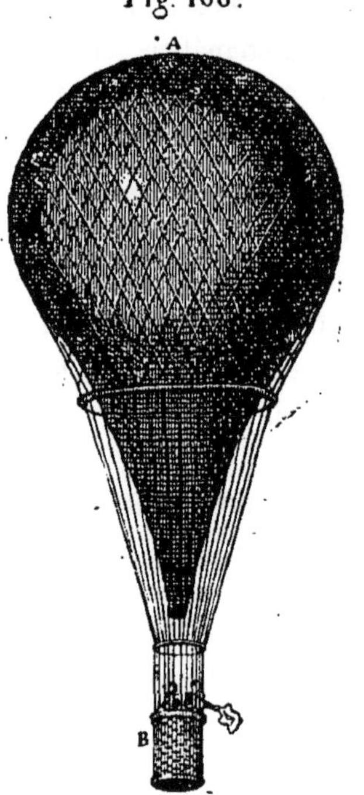

149. **Ballons ou aérostats.** — Les ballons sont ordinairement en taffetas enduit d'un vernis qui rend l'étoffe imperméable; on leur donne le plus souvent la forme d'une poire (fig 168) dont la queue serait en bas. A est le ballon, B la nacelle dans laquelle se tiennent l'aéronaute et les autres personnes. Cette dernière partie de l'appareil est suspendue au ballon par les différentes cordes composant un filet à larges mailles qui recouvre le ballon.

Aujourd'hui, tous les ballons sont remplis de gaz hydrogène, celui qui sert à éclairer les villes et qui est beaucoup plus léger que l'air; ils s'élèvent dans l'atmosphère jusqu'à ce que la différence entre le poids du gaz contenu et celui de l'air déplacé soit égale au poids du ballon lui-même, augmenté de celui des personnes et des objets qu'il porte. Naturellement la densité de l'air est de moins en moins grande au fur et à mesure que l'on monte dans l'atmosphère, puisque les couches successives sont de moins en moins pressées par celles qui sont au-dessus ; il en résulte nécessairement une plus grande expansion de l'air et par suite une densité plus faible.

L'invention des ballons est due aux deux frères *Étienne* et *Joseph Mongolfier*, fabricants de papier à Annonay. Le 5 juin 1783, en présence des états généraux, ils enlevèrent un ballon de toile doublée de papier, ayant 36 mètres de circonférence et pesant 250 kilog. (fig. 169). Il était rempli d'air échauffé de la manière suivante : la partie inférieure du ballon était ouverte, on fit brûler en dessous de la paille humide, du papier et de la laine ; sous l'action de l'air ainsi dilaté, qui montait et remplissait le ballon, ce dernier se gonfla, et bientôt le poids de l'air déplacé fut plus grand que celui de la machine et de l'air dilaté contenu. Alors la *mongolfière*, car le ballon rempli d'air chaud porte le nom de ses inventeurs, s'éleva à la grande stupéfaction de la plupart des curieux, et monta à plus de 2,000 mètres se perdre dans les nuages. Mais l'air, n'étant plus échauffé, perdit la chaleur reçue, se contracta, et le ballon se dégonfla ; dès que le poids de l'air déplacé ne fut plus qu'égal à celui de tout l'appareil, la mongolfière cessa de monter ; le volume déplacé diminuant toujours, le ballon retomba sur la terre.

Fig. 169.

Des ascensions célèbres eurent lieu au moyen de la mongolfière ; on trouva des hommes assez intrépides pour monter dans les airs avec ces machines si dangereuses. Alors la nacelle était une espèce de corbeille circulaire dans laquelle les hommes se plaçaient ; au centre de la nacelle était une grille sur laquelle on brûlait continuellement de la paille pour conserver une température suffisante à l'air contenu dans le ballon. Pour monter, on devait échauffer de plus en plus cet air ; pour descendre, il suffisait de lui laisser perdre sa chaleur.

Les *bulles de savon*, que les enfants abandonnent dans l'air, sont de véritables petites mongolfières ; la pellicule qui se forme à l'extrémité du tuyau dans lequel ils soufflent, se gonfle sous l'action de l'air envoyé. Mais cet air, sortant de l'intérieur du corps, a une température plus élevée que celle de l'air extérieur ; il en résulte qu'il est plus léger que ce dernier, et, comme l'enveloppe a un poids insignifiant, les bulles de savon s'élèvent, mais bientôt l'air intérieur se refroidit, l'air extérieur écrase la bulle qui devient une goutte d'eau et tombe.

Aérostats. — La mongolfière présentait de grands dangers, aussi ne put-elle servir à explorer les parties élevées de l'atmosphère. *Charles*, physicien célèbre, eut l'idée d'employer le gaz hydrogène pour remplir le ballon. Ce gaz, découvert depuis 1766 et que le célèbre chimiste anglais *Henry Cavendish* avait trouvé quinze fois moins pesant que l'air, faisait disparaître le danger du feu auquel était sans cesse exposée la mongolfière. Charles fit lui-même l'essai de son système ; le ballon qu'il construisit déplaçait 500 mètres cubes ; il s'éleva avec lui de la cour des Tuileries, au bruit du canon et aux acclamations d'une multitude immense. L'expérience réussit au delà de tous les désirs, et depuis ce jour le gaz hydrogène est employé exclusivement pour gonfler les ballons.

Fig. 170.

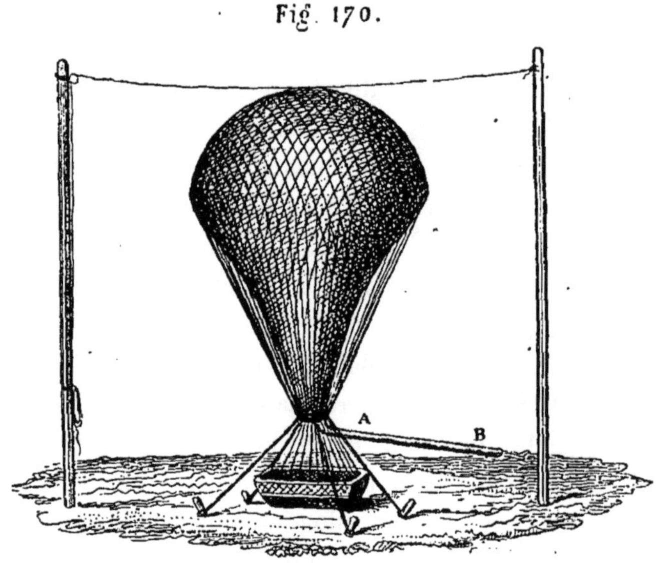

Cette opération s'exécute de la manière suivante : On suspend le ballon comme l'indique la figure 170, et l'on fait arriver à sa partie inférieure un conduit AB, qui amène le gaz de l'usine. Pour l'empêcher de s'élever avant le moment voulu, on l'attache au sol, ou on le fait tenir par des hommes. Dès que le ballon est suffisamment gonflé, on détache le conduit du gaz et on attache au filet la nacelle. On ne gonfle pas un ballon complétement au départ, ou du moins on ne ferme pas l'ouverture inférieure du ballon, car la pression atmosphérique diminuant à mesure qu'il s'élève, le gaz intérieur occuperait plus de place, comme l'air contenu dans la vessie placée sous la cloche de la machine pneumatique (127) (fig. 149), et pourrait déchirer l'enveloppe.

Au-dessus du ballon est une soupape, que l'aéronaute manœuvre de la nacelle. En l'ouvrant, il peut laisser échapper du gaz et par suite descendre.

Pour pouvoir remonter, dans le cas où la descente présenterait des dangers, l'aréonaute emporte au départ de petits sacs remplis de sable : c'est ce qu'on appelle le *lest*. En vidant ce sable, il diminue le poids du ballon et remonte ; pour redescendre, il suffit de lâcher une nouvelle quantité de gaz. Mais vous comprenez qu'il n'est plus possible de remonter quand tous les poids contenus dans la nacelle ont été jetés. Comme les navires, les ballons ont des *ancres*, espèces de crochets en fer qui servent à les retenir au sol, quand les aréonautes veulent prendre terre.

Fig. 171.

Il arrive parfois que l'on n'a pas à sa portée une usine à gaz; dans ce cas, on produit du gaz hydrogène de la manière suivante:

La figure 171 donne une idée des dispositions prises alors. A est un grand baquet rempli d'eau dans lequel plonge une barrique B, ouverte à la partie inférieure. Cette barrique communique avec le ballon par le tuyau E. Autour sont des barriques C, fermées aux deux extrémités, dans lesquelles on met des copeaux de fer, de l'eau et de l'*acide sulfurique;* chacune de ces barriques communique avec le dessous de la barrique B par un tuyau recourbé D.

Je vous parlerai plus tard de la *chimie*, c'est-à-dire de la branche des sciences qui étudie les corps au point de vue des changements produits par les combinaisons des corps entre eux. Pour le moment, je vous dirai seulement que l'acide sulfurique est composé de *soufre*, ce corps jaune que l'on met au bout des allumettes, et d'hydrogène. En présence des copeaux de fer, le soufre s'unit au fer; l'hydrogène se dégage, passe par les tubes D dans le baril B et de là dans le ballon.

Avec l'appareil suivant, vous pourriez fabriquer facilement du gaz hydrogène et remplir de petits *ballons en caoutchouc ou en baudruche,* comme ceux faits pour les enfants (la *baudruche* est une étoffe très-légère, faite avec des pellicules de boyaux de bœuf ou de mouton). A et B (fig. 172) sont deux bouteilles ordinaires ; dans la première, l'on met des copeaux de fer (on en trouve chez tous les tourneurs en métaux), de l'eau et de l'acide sulfurique. On a disposé d'avance les bouchons des deux bouteilles; celui de la bouteille A est traversé par un petit tuyau D recourbé, qui ne descend pas au-dessous du bouchon. Le bouchon de la bouteille B est traversé d'abord par le tuyau D, qui dépasse assez par dessous pour atteindre à peu près le fond de la bouteille B, et par le tuyau E, qui dépasse seulement le bouchon par-dessus et sur lequel on attache le ballon à gonfler. La bouteille B est à peu près remplie d'eau. Les bouchons en place, l'hydrogène commence à se dégager par l'extrémité supérieure du tuyau E, après avoir traversé le liquide de la bouteille B. Si donc l'on attache, à l'extrémité du tuyau E, un petit ballon, il se gonflera, et il suffira de le nouer au-dessus du tube E pour le retirer plein de gaz hydrogène.

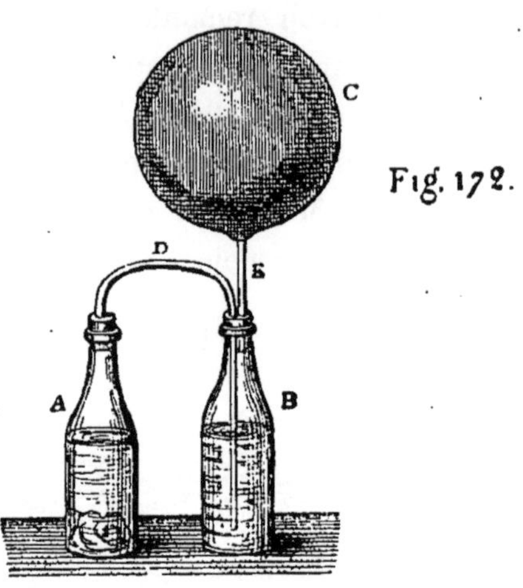

Fig. 172.

150. **Explosion du gaz.** — Si vous construisez l'appareil de la figure 172, je vous recommande bien de ne pas chercher à allumer le gaz qui sortira par le tuyau E, car l'hydrogène mélangé avec l'air devient détonnant ; vous pourriez faire sauter en éclats les bouteilles et vous blesser. Vous avez souvent entendu dire qu'une explosion de gaz avait eu lieu dans tel ou tel endroit, qu'une personne était entrée dans une chambre, dans un magasin, où il s'était produit une fuite de gaz, et qu'une forte détonation avait eu lieu en brisant tout, en blessant les personnes présentes et en mettant le feu. Ces accidents sont causés par le fait dont je viens de vous parler : le gaz se mêle à l'air de l'appartement, devient détonnant et fait explosion si, par un moyen ou par un autre, il est en communication avec une lumière. On évite

ces accidents en ouvrant les fenêtres des chambres dans lesquelles on sent l'odeur du gaz, avant d'y pénétrer avec une lumière. C'est le même gaz détonnant, nommé plus particulièrement *grisou*, qui produit dans les mines de *charbon de terre* ou *houille* ces désastres épouvantables qui viennent trop souvent attrister l'humanité.

151. **Direction des ballons.** — Bien des tentatives ont été faites pour diriger les ballons, aucune jusqu'à ce jour n'a complétement réussi, toutes ont présenté des inconvénients dans la pratique. Mais c'est une question si grandiose par les résultats auxquels elle conduira, que bien des esprits sérieux s'en occupent, et l'on peut penser que chaque pas fait en avant nous rapproche de la solution du problème.

Pendant longtemps les barques ne furent dirigées qu'avec des perches s'appuyant sur le fond, puis vinrent les rames, qui permirent d'aller là où l'on ne pouvait toucher le fond ; l'usage des voiles remplaçant les rames ne fut trouvé que bien longtemps après, et les propulseurs, qui peuvent remplacer les rames et les voiles, ne datent que de nos jours. Il y a plusieurs milliers d'années que l'on travaille la locomotion sur les eaux, et il n'y a pas un siècle que les Mongolfier inventèrent le ballon.

152. **Parachute.** — Le parachute est un appareil qui permet à l'aéronaute d'abandonner son ballon dans les airs et de descendre sur la terre, avec assez peu de vitesse pour ne pas se blesser. C'est un grand parapluie en toile, dont les baleines sont remplacées par des cordes qui passent par-dessus la toile et supportent à leur bout inférieur une petite nacelle. Ordinairement le parachute, replié, est placé comme l'indique la figure 173, entre le ballon et la nacelle ; il suffit de couper la corde qui l'unit au ballon pour le séparer de ce dernier.

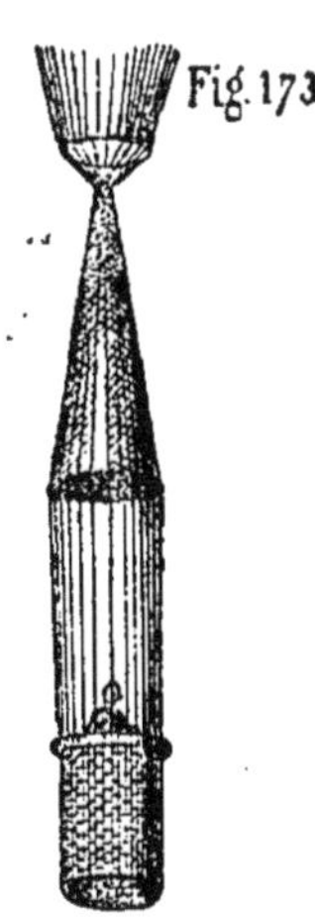
Fig. 173

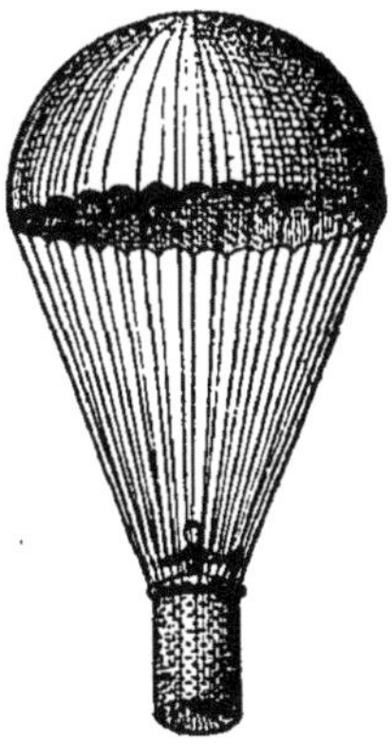

Fig. 174.

D'abord la descente se fait avec une rapidité excessive, mais bientôt la résistance opposée par l'air fait ouvrir le parachute (fig. 174), et la vitesse diminue au point de ne présenter aucun danger. Au milieu supérieur du parachute est un trou, qui permet à l'air de s'échapper : c'est le moyen employé pour empêcher les oscillations qui, avant cette disposition, étaient assez violentes pour compromettre la vie de l'aéronaute.

J. Garnerin, né en 1770, mort en 1820, inventa le parachute pendant sa captivité à Bade ; à son retour en France, il fit plusieurs descentes très-hardies. D'autres prétendent, au contraire, que cette invention est due à *Nicolas Blanchard*, célèbre aéronaute, né en 1753 et mort en 1809 ; ce fut lui qui traversa le premier la Manche en ballon.

DES VAPEURS

153. DES VAPEURS EN GÉNÉRAL.—Je vous ai déjà dit, aux nos 88 et suivants, à propos d'un corps qui passe de l'état liquide à l'état gazeux, quelques mots sur les vapeurs, l'évaporation, l'ébullition et la condensation. Nous allons revenir sur ces différents sujets et les étudier d'une manière plus complète.

Tous les liquides, excepté cependant ceux qui se décomposent facilement sous l'action de la chaleur, passent à l'état de vapeur quand leur température est suffisamment élevée. Les uns se vaporisent à la température ordinaire, les autres demandent à être chauffés plus ou moins, selon qu'ils sont plus ou moins volatils. Plusieurs corps solides, comme le *musc*, le *camphre*, etc., ont cette dernière propriété poussée à un tel point, qu'ils donnent des vapeurs sans passer par l'état liquide.

Vous connaissez l'odeur forte que répand le musc, matière que l'on trouve sous le ventre d'un petit animal qui ressemble beaucoup à un chevreuil. Une très-petite quantité laissée dans une chambre suffit pour rendre cette dernière inhabitable. Sur les boulevards de Paris ou dans une rue quelconque, les personnes qui se parfument avec cette odeur se sentent à des distances considérables, et laissent longtemps après qu'elles ont disparu une trace de leur passage. Le camphre, sorte de gomme que l'on retire d'une espèce de laurier nommé camphrier, est dans le même cas, sans cependant être aussi désagréable que le premier. Les molécules qui se détachent de ces corps viennent affecter notre odorat et nous révéler ainsi leur présence. Pour vous donner une idée du peu de ténuité de ces vapeurs, de la distance immense qui doit séparer leurs molécules les unes des autres, ou encore de la petitesse extraordinaire de ces molécules, il suffira de vous dire qu'un morceau de camphre, par exemple, peut rester plusieurs années à l'air libre, dégageant continuellement des vapeurs, sans que l'on puisse constater une diminution appréciable dans son poids.

Les odeurs que les femmes aiment tant, qui les environnent comme d'une atmosphère particulière, sont en général des liquides très-volatils; elles en mettent quelques gouttes sur leur mouchoir, sur leurs effets d'habillement, et cela suffit pour qu'elles soient en quelque sorte noyées dans un nuage de vapeurs odorantes.

Comme vous le savez déjà, un liquide passe à l'état de vapeur de deux manières, soit que le changement d'état se produise naturellement à l'air libre et à la température ordinaire par évaporisation, soit qu'il demande à être chauffé. Dans ce dernier cas, on dit, pour désigner plus particulièrement le phénomène de la formation rapide des vapeurs, qu'il y a vaporisation. Ce dernier mot, cependant, dont l'ébullition n'est qu'un cas particulier, devrait être employé pour désigner le passage d'un liquide à l'état de vapeur, sans tenir compte des circonstances particulières du phénomène.

Les vapeurs, et surtout celles de l'eau, jouent un grand rôle dans la nature; à chaque pas que nous ferons dans l'étude de la nature, nous pourrons constater leur action, leur influence. Vous avez souvent remarqué dans les soirées d'hiver les pétillements du bois qui brûle dans le foyer; parfois les détonations sont assez grandes pour vous effrayer; des flammèches, des charbons ardents sont lancés au dehors de la cheminée et peuvent mettre le feu au tapis ou au plancher de l'appartement. Ces effets sont produits le plus souvent par l'humidité du bois. L'eau contenue entre les fibres s'échauffe, passe à l'état de vapeur. Le bois ne se prête pas à la sortie, au dégagement de cette vapeur; sa tension augmente sans cesse avec la chaleur qu'elle continue à recevoir, et quand sa force, pour briser l'enveloppe qui la retient, est plus grande que la résistance du bois, ce dernier éclate et ses parties sont lancées plus ou moins loin. Arrêtez-vous un instant devant le marchand de marrons du coin et voyez comment il traite les marrons qu'il va faire cuire. Il les coupe tous avant de les mettre dans la poêle; demandez-lui pourquoi. Il vous répondra que, sans cette précaution, les marrons éclateraient, qu'ils se briseraient et que les morceaux, lancés au dehors, pourraient le blesser. Si les marrons n'étaient pas fendus, la vapeur qui se forme dans l'intérieur de l'enveloppe, ne trouvant pas d'issue, briserait cette enveloppe. Il en est de même pour les pommes que l'on fait cuire, on a soin de les piquer avec une épingle pour permettre aux vapeurs qui se forment pendant la cuison de se dégager.

Le bois qui pétille, un marron qui éclate, une pomme dont l'enveloppe se déchire, sont des accidents insignifiants, mais il est des malheurs toujours graves et souvent terribles qui ont les mêmes causes. Vous avez parfois entendu dire que la chaudière de tel navire à vapeur, de telle usine, avait sauté. On racontait alors les dégâts produits, on disait combien de personnes avaient péri. Comme le marron non fendu, l'enveloppe en fer de la chaudière a été brisée par la force expansive de la vapeur qu'elle renfermait. On a dû parler devant vous des tremblements de terre, qui ont en un instant bouleversé des contrées entières, englouti des villages, des villes, des pays même, fait disparaître des milliers d'êtres humains. Ces calamités épouvantables, contre lesquelles l'homme ne peut rien, qui échappent à sa prévoyance, qu'il ne peut conjurer, sont encore causées par la vapeur. L'eau contenue dans les cavités de la terre passe à l'état de vapeur sous l'action de la chaleur intérieure du globe; cette vapeur s'accumule dans les parties creuses qui remplissent les fonctions d'une immense chaudière. La terre résiste pendant quelque temps, mais il arrive un moment où, la force d'expansion de la vapeur enfermée croissant toujours, l'enveloppe terrestre cède, des mouvements brusques se produisent, renversant les demeures de l'homme; des crevasses profondes s'ouvrent pour les engloutir, tout est bouleversé, détruit, et tout cela arrive généralement en moins de temps que je n'en mets à vous le dire; en quelques secondes souvent la ruine et la mort ont remplacé l'abondance et la vie.

Pour éviter les explosions, ou du moins pour écarter la cause principale qui les produit, on place sur les chaudières des soupapes dites de sûreté (160), qui doivent se lever et donner passage à la vapeur avant qu'elle ait atteint une pression assez forte pour compromettre l'enveloppe. La terre, elle aussi a ses soupapes de sûreté, qui diminuent beaucoup le nombre des tremblements de terre : ce sont les *volcans*. Ils donnent passage aux gaz, aux vapeurs et aux autres matières qui veulent sortir de l'intérieur de la terre.

Peut-être un jour, pour se mettre à l'abri des malheurs causés par les commotions souterraines, l'homme percera-t-il des volcans! Ce travail n'est pas plus difficile que beaucoup de ceux qu'il entreprend aujourd'hui.

154. **ÉVAPORATION.** — Comme nous l'avons déjà vu, l'évaporation est la formation lente des vapeurs qui se produisent à la surface libre d'un liquide abandonné à lui-même. Quelques liquides donnent des vapeurs à toutes les températures; l'eau est dans ce cas, et l'on a constaté que la glace même en fournissait. La pression atmosphérique doit évidemment jouer un grand rôle dans la formation des vapeurs, il est donc naturel d'étudier d'abord comment elles se forment en dehors de cette influence.

155. **Formation des vapeurs dans le vide.** — Le vide le plus parfait que l'on connaisse est celui qui se produit au-dessus de la colonne de mercure d'un baromètre (104). En introduisant un liquide quelconque au haut d'un tube barométrique, on pourrait donc étudier les lois de l'évaporation dans le vide. C'est ce que l'on fait en effet, et je vais vous dire comment on agit.

Prenons quatre tubes de verre, comme ceux qui servent à faire des baromètres (fig. 175), emplissons-les de mercure et retournons-les dans la cuvette MM, en prenant les précautions indiquées au n° 104. La hauteur de la colonne de mercure sera la même dans les quatre tubes A, B, C, D, si l'opération a été bien faite. Cette hauteur, prise sur la règle graduée E, mesurera la pression atmosphérique au moment de l'expérience.

Laissons pour le moment le tube A; sous le tube B introduisons le bout recourbé d'une petite seringue contenant de l'eau; en poussant un peu le piston de cette seringue, on fera sortir une petite quantité d'eau qui, étant plus légère, ou ayant une densité moins grande que celle du mercure, montera au haut de la colonne. Immédiatement le mercure descendra d'une certaine quantité, mais sa hauteur restera la même, quoique vous introduisiez une nouvelle quantité d'eau. Par le même moyen, faisons pénétrer dans le tube C une petite quantité d'alcool, et dans le tube D une petite quantité d'éther. Comme pour le tube B, la dépression du mercure se produira immédiatement, mais la hauteur du mercure sera plus petite dans le tube C que dans le tube B, et il en sera de même du tube D par rapport au tube C. En outre, ces hauteurs resteront les mêmes, malgré l'introduction d'une nouvelle quantité d'alcool dans le tube C et d'une nouvelle quantité d'éther dans le tube B.

On peut donc en déduire la loi suivante :

Un liquide se vaporise instantanément dans le vide et fournit, dans un temps très-court, toute la vapeur qu'il peut donner, dans les circonstances de l'expérience.

Si, toujours avec la seringue, on fait pénétrer de l'air dans le tube A, la colonne de mercure descendra au fur et à mesure d'une introduction nouvelle d'air ; et, si l'on continue, il arrivera un moment où le mercure sera à la même hauteur dans le tube et dans la cuvette. Évidemment alors la pression de l'air dans le tube sera la même que celle en dehors ou égale à la pression atmosphérique.

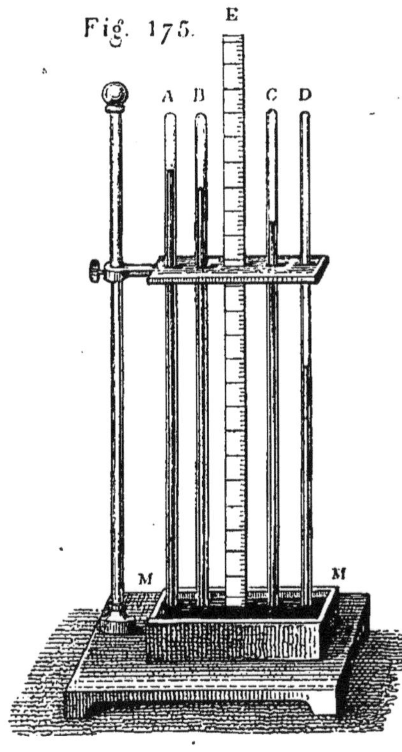

Fig. 175.

Cette seconde expérience démontre que les vapeurs, dans les conditions où nous nous sommes placés, c'est-à-dire en contact avec le liquide qui les a formés et qu'on appelle *liquide générateur*, ne se comportent pas comme l'air.

La pression exercée par les vapeurs d'eau, d'alcool et d'éther est donnée par la différence de la hauteur du mercure dans les tubes B, C et D, comparée à celle d'un baromètre ordinaire.

Prenons maintenant un tube de baromètre ayant une grande longueur, deux mètres par exemple, et, après l'avoir rempli de mercure, retournons-le dans une cuvette profonde AB (fig 176). Faisons pénétrer une petite quantité d'eau au-dessus du mercure dans l'espace vide M. Supposons que le niveau du mercure correspond au point N de l'échelle DE. On peut monter ou descendre le tube dans la cuvette, tant qu'il reste un peu d'eau au-dessus du mercure, sans que la hauteur de ce dernier change. Quand on monte le tube, l'espace vide M augmente, et l'on voit la couche d'eau diminuer ; une certaine quantité passe donc à l'état de vapeur pour remplir l'espace M. Quand, au contraire, on enfonce le tube, la couche d'eau augmente; une partie de la vapeur contenue dans l'espace M revient donc à l'état liquide; mais, dans tous les cas, la hauteur du mercure au-dessus de la cuvette ne changeant pas, la vapeur contenue dans l'espace M conserve la même pression. Ainsi, quelle que soit la capacité laissée au-dessus du mercure, elle contient toujours toute la vapeur qu'elle peut admettre; elle est alors *saturée*.

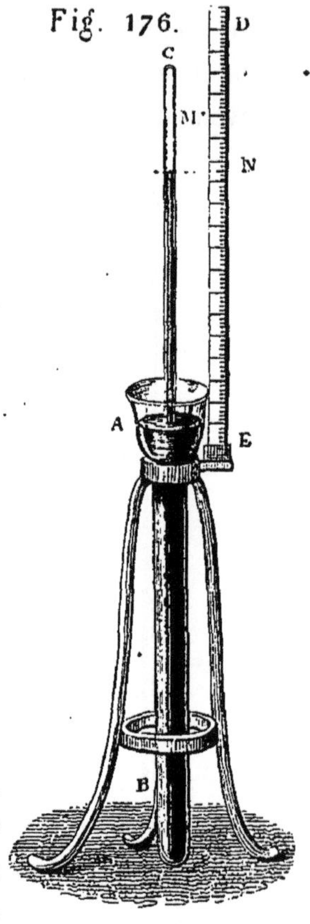

Fig. 176.

Des observations précédentes nous pouvons déduire la loi suivante :

Dans le vide, la vapeur qui se trouve en contact avec son liquide générateur acquiert immédiatement une pression maxima, qu'elle ne peut dépasser dans aucun cas, tant que la température reste la même.

Si, d'une manière ou d'une autre, on élève la température autour du tube C, une nouvelle quantité d'eau se vaporisera et le mercure s'abaissera; mais alors on pourra monter ou descendre le tube sans que la hauteur de la colonne de mercure change, tant que la température restera la même. Si l'on arrive à développer une température de 100°, le mercure sera à la même hauteur en dedans du tube et en dehors. Si au lieu d'eau on a introduit de l'éther, le mercure sera au même niveau dans le tube et dans la cuvette, quand la température sera de 35°,5. A ce moment, évidemment, la vapeur de l'eau et celle de l'éther auront une pression égale à celle de l'atmosphère.

Reprenons l'appareil représenté par la figure 175, soumettons à des températures égales le tube A, dans lequel on a introduit de l'air, et le tube B, dans lequel on a fait pénétrer de l'éther; nous verrons le mercure descendre dans les deux tubes, au fur et à mesure que la température augmentera, mais la dépression sera bien plus grande dans le tube B que dans le tube A. Si ces deux tubes peuvent être plongés dans des cuvettes profondes comme celle de la figure 176, la hauteur du mercure dans le tube

B restera la même, que l'on augmente ou que l'on diminue l'espace occupé par la vapeur, mais en laissant toujours un peu de liquide au-dessus du mercure. Au contraire, la colonne du tube A s'abaissera quand on enfoncera le tube, et s'élèvera quand on le montera; et l'on pourra constater que l'air contenu dans le tube est soumis à la loi de Mariotte (134).

Ainsi donc, *la force expansive d'une vapeur saturée croît rapidement à mesure que la températures s'élève, et elle n'est pas soumise à la loi de Mariotte.*

Mais si la vapeur n'est pas saturée, si elle n'est pas en contact avec son liquide générateur, les phénomènes changent de nature. Ainsi, n'introduisons qu'une très-petite quantité d'eau dans le tube C, figure 176, et montons ce tube de telle sorte que toute l'eau passe à l'état de vapeur. Si on lève encore le tube, le niveau du mercure montera, indiquant ainsi que la force expansive de la vapeur diminue, à mesure que l'espace qu'elle occupe devient plus grand ou que sa densité diminue. Si on baisse le tube, le mercure descend jusqu'au moment où l'espace vide au-dessus du mercure est saturé. A ce moment, la hauteur du mercure reste la même; si l'on continue à baisser le tube, une partie de la vapeur revient à l'état liquide. Les observations que l'on peut faire sur les vapeurs dessaturées montrent qu'elles sont, comme l'air, soumises à la loi de Mariotte.

156. **La quantité de vapeur nécessaire pour saturer un espace est la même, que cet espace soit vide ou qu'il contienne de l'air ou un gaz quelconque.** — Le fait se démontre de la manière suivante: On met, dans une bouteille remplie d'air sec, une petite quantité d'eau et l'on ferme le vase hermétiquement. Immédiatement l'évaporation de l'eau commence, et elle continue jusqu'à ce que la tension de la vapeur formée soit égale à celle qui veut encore se former. A ce moment, l'intérieur de la bouteille est saturé, et l'on peut mesurer de combien le niveau de l'eau a baissé. On recommence l'expérience en faisant le vide dans la bouteille; dans ce cas, la quantité d'eau passée à l'état de vapeur, pour saturer l'intérieur de la bouteille, se trouve exactement la même que dans le premier cas. Seulement, dans le vide, la vapeur s'est produite instantanément, tandis que dans la première partie de l'expérience l'évaporation ne s'est faite que lentement. Dans les deux cas, la température est restée la même.

On doit cette découverte à Gay-Lussac, un de nos plus grands chimistes. Ainsi la pression d'un gaz sur un liquide retarde le passage à l'état de vapeur de ce dernier; mais quand l'espace rempli de gaz est saturé de vapeur, la pression de cette dernière et la quantité nécessaire pour saturer l'espace sont les mêmes que si le vase était vide.

157. **Causes qui favorisent l'évaporation à l'air libre.** — Prenons un liquide à une température inférieure à celle du point où il entre en ébullition; soit par exemple de l'eau à 40°. Ses vapeurs ont une pression inférieure à celle de l'atmosphère, elles ne peuvent donc se dégager que lentement de la surface libre du liquide et se loger entre les molécules de l'air environnant. Et l'évaporation ne cesse que quand l'air placé au-dessus du liquide est saturé de vapeurs. Si le liquide est renfermé dans une bouteille, la saturation de l'espace laissé libre a lieu promptement, et la production de vapeur s'arrête; si, au contraire, l'espace dans lequel la vapeur peut se répandre est illimité, ou que le gaz se renouvelle sans cesse à la surface du liquide, la formation des vapeurs ne cesse que quand tout le liquide a disparu. Tel est le phénomène de l'évaporation, et il est facile de découvrir les causes qui peuvent faire varier la rapidité avec laquelle elle se produit.

Prenons un liquide exposé à l'air libre, de l'eau, par exemple; il est évident que l'évaporation sera d'autant plus rapide que la température de cette eau sera plus élevée comparée à celle de l'air, que la pression atmosphérique sera moins grande, que l'air environnant sera moins chargé de vapeurs et qu'il sera plus agité, que la surface du liquide qui s'évapore sera plus considérable. Dans les *marais salants*, on cherche à réunir toutes les conditions d'une évaporation active. Ainsi, l'eau de mer qui doit déposer le sel est amenée dans des bassins d'une grande étendue, mais très-peu profonds. Non-seulement les rayons du soleil peuvent facilement chauffer le liquide et élever sa température, mais encore la surface libre, par laquelle se fait l'évaporation, est considérable. Enfin, on place généralement les marais salants dans des endroits découverts, de manière que la brise, quelque légère qu'elle soit, s'y fasse sentir et puisse enlever les couches d'air saturées de vapeur, et les renouveler continuellement.

Les blanchisseuses savent très-bien que le linge qu'elles mettent à l'ombre, mais dans un courant d'air, sèche bien plus vite que s'il était en plein soleil dans un lieu abrité. Dans le premier cas, les vapeurs formées sont enlevées continuellement et l'air ne peut être saturé ; dans le second, le liquide, quoique à une température plus élevée, se trouve entouré d'une couche d'air saturé qui ne permet plus aux vapeurs de se former.

L'été, après une pluie d'orage, le sol ne sèche promptement que si le vent emporte les vapeurs qui se forment au-dessus de la terre. Si l'atmosphère est calme, l'humidité persiste malgré la chaleur.

Pour faire dessécher différentes matières, on les met dans une espèce de chambre chauffée, nommée étuve ; là, elles s'échauffent, l'évaporation du liquide qu'elles contiennent se produit; mais si les vapeurs formées ne peuvent librement s'échapper, si enfin un certain courant d'air n'existe pas, l'air renfermé dans l'étuve se sature, et le dessèchement s'arrête complétement.

158. **D'où vient la chaleur nécessaire pour l'évaporation d'un liliquide exposé à l'air libre.** — Je vous ai dit, au n° 91, que, pour passer à l'état de vapeur, un kilogramme d'eau absorbait 640 calories; cette quantité de chaleur est absolument nécessaire. Si donc un kilogramme d'eau s'évapore, il faut compter que 640 calories sont passées de l'état sensible à l'état latent.

Évidemment cette chaleur, qui n'est pas produite artificiellement dans l'évaporation, ne peut être fournie que par les corps environnants, et il doit en résulter un refroidissement plus ou moins sensible. Ce phénomène est utilisé de différentes manières.

On arrose les rues, les cours, l'intérieur des maisons, en été, pour rafraîchir l'air. L'eau jetée se transforme en vapeur et absorbe ainsi une partie de la chaleur du sol. En sortant du bain, on éprouve toujours une sensation de froid plus ou moins intense; ce refroidissement est produit par l'absorption d'une partie de la chaleur du corps, nécessaire pour le passage à l'état de vapeur du liquide qui mouille encore le corps. Quand on a mal à la tête, on met parfois sur la partie douloureuse un linge mouillé, appelé *compresse;* l'eau contenue dans cette compresse, en s'évaporant, prend la chaleur du linge et une partie de celle de la tête, ce qui diminue souvent la douleur. Pour rendre le refroidissement plus sensible, on remplace l'eau par un liquide plus volatil, l'alcool ou l'éther par exemple.

Dans les colonies, et en général dans tous les pays dont la température est élevée, on utilise beaucoup le phénomène de l'évaporation pour refroidir ou rafraîchir l'eau destinée à être bue. Pour cela, on la met dans des espèces de carafes en terre, assez poreuses pour laisser suinter une partie de l'eau qu'elles contiennent. L'évaporation continue de cette eau enlève une partie de la chaleur du vase et de l'eau qui le remplit. Le refroidissement est d'autant plus grand, que les *guargoulettes*, nom que l'on donne à ces sortes de carafes, sont placées dans un courant d'air. On peut remplacer les vases poreux par un linge mouillé entourant une carafe ordinaire en verre, mais alors il faut maintenir l'humidité du linge et placer le tout dans un courant d'air.

Quand on facilite l'évaporation d'un liquide très-volatil, le refroidissement peut être assez rapide et assez énergique pour faire congeler l'eau. Ainsi, plaçons sous le récipient d'une machine pneumatique une soucoupe contenant de la ouate imbibée d'éther, posons sur la ouate un verre de montre contenant une petite quantité d'eau, et faisons marcher la machine. Les vapeurs fournies par l'éther seront ainsi enlevées par les pompes, au fur et à mesure de leur production; en outre, la pression sera considérablement diminuée, et, par suite, l'évaporation se trouvera dans les meilleures conditions pour se produire avec rapidité. Dans de semblables circonstances, le refroidissement de toutes les parties entourant l'éther est tel, que l'eau contenue dans le verre de montre se congèle très-promptement.

Le linge qui sèche avec rapidité est toujours très-frais, non pas parce que le courant d'air dans lequel il se trouvait l'a refroidi, mais bien parce qu'il a fourni une partie de la chaleur nécessaire à la transformation en vapeur de l'eau qu'il contenait. Quand la soupe que vous mangez est trop chaude, vous soufflez dessus; pourquoi? Pour entraîner, par le courant d'air artificiel, les vapeurs formées. Il se produit immédiatement de nouvelles vapeurs, qui prennent une partie de la chaleur de la soupe, et c'est ainsi que cette dernière se refroidit. Lorsque l'on a, par trop de précipitation, mis dans la bouche un aliment trop chaud, instinctivement on chasse au dehors de la bouche la vapeur qui s'y trouve et qui saturait en quelque sorte l'intérieur. Dès lors de nouvelles vapeurs peuvent se dégager de l'aliment trop chaud; la chaleur, pour former cette vapeur, est prise et dans l'aliment lui-même et dans les parties de la bouche en contact avec lui; il en résulte nécessairement un refroidissement très-agréable pour celui qui se brûle.

159. **ÉBULLITION.** — Nous venons de suivre les phénomènes qui se produisent quand un liquide passe à l'état de vapeur par évaporation; nous allons voir ceux qui se présentent quand le changement d'état est forcé, ou quand il y a ébullition.

Prenons un vase M en verre, disposé comme l'indique la figure 177; mettons dedans de l'eau mélangée avec de la sciure de bois de buis ou de gaïac, dont la densité est à peu près la même que celle de l'eau, et allumons la lampe à esprit-de-vin N. La partie de l'enveloppe de verre directement frappée par la flamme s'échauffe et transmet la chaleur qu'elle reçoit aux molécules d'eau qui la recouvrent. Ces molécules s'échauffent, s'élèvent, et sont remplacées par d'autres plus froides. La sciure de bois rend les courants visibles, on en voit qui partent du fond et qui s'élèvent, ce sont les molécules chaudes; d'autres viennent du haut et descendent le long des parois, ce sont les molécules froides qui arrivent pour remplacer celles échauffées. Il se forme bientôt, à la surface du liquide, une espèce de petit nuage blanc : c'est l'évaporation. Elle est rendue plus active par l'élévation de température du liquide, et devient visible. Paraissent ensuite de petites bulles, qui s'échappent de l'intérieur du liquide, et qui viennent s'évanouir à la surface; c'est l'air contenu entre les molécules de l'eau, qui s'échauffe et qui sort du liquide. Enfin apparaissent, sur le fond du vase, de nouvelles bulles qui s'élèvent dans le liquide et qui semblent fondre avant d'arriver à la surface; cependant elles montent de plus en plus haut et finissent par atteindre cette surface.

Fig. 177.

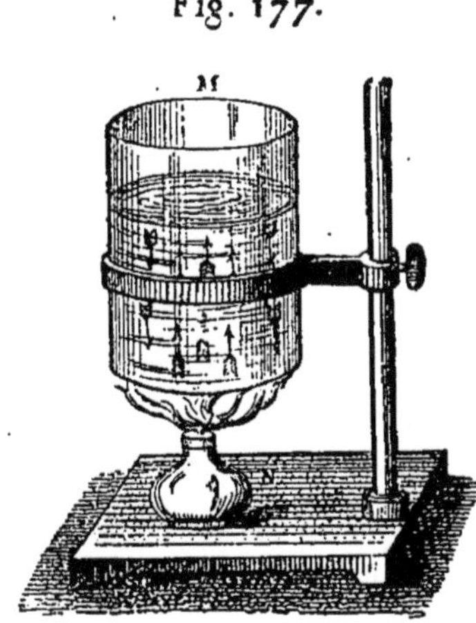

A ce moment seulement la pression acquise par la vapeur est assez grande pour vaincre la pression atmosphérique et la production tumultueuse de vapeur où l'ébullition commence. Dès lors la température de l'eau contenue dans le vase M ne change plus (90), toute la chaleur fournie par la lampe passe à l'état latent, et s'en va avec la vapeur formée.

Ainsi, les cuisinières ont tort quand elles font un grand feu sous un vase dont le contenu bout, elles consomment inutilement du bois pour produire de la vapeur, et les aliments qu'elles veulent préparer n'en cuisent pas plus vite. Quand un pot-au-feu, par exemple, a commencé à donner les premiers bouillons, il faut modérer le feu de manière à maintenir la température d'ébullition en produisant le moins de vapeur possible; car cette vapeur est de l'eau qui sort du vase et qu'il faut bientôt remplacer par de l'eau froide, alors on refroidit tout l'intérieur du pot et il faut activer de nouveau le feu pour produire l'ébullition, qui a cessé.

Si l'ébullition de l'eau continue dans le vase M (fig. 177), on verra le niveau du liquide baisser successivement, et il finira par disparaître complétement, mais la sciure de bois s'y retrouvera en totalité, aucune de ses parties n'aura disparu ; et il en serait de même pour tout corps étranger au liquide. La vapeur n'entraîne donc pas avec elle les corps étrangers au liquide que l'on vaporise. C'est en vertu de ce principe que les aliments réchauffés, et dans lesquels on n'ajoute pas une certaine quantité d'eau, sont toujours plus salés qu'après la cuisson. Ils ont perdu une partie de leur eau par la vaporisation et le sel est resté. Si dans certains cas le dégagement de vapeur est un inconvénient, dans d'autres il est très-utile. Ainsi, pour épaissir ou mieux *concentrer* un sirop quelconque, il suffit de le faire bouillir ; la vapeur qui se forme diminue la quantité d'eau contenue, et l'on arrive facilement au degré de concentration que l'on désire. C'est ainsi que l'on traite le jus de la canne à sucre et celui de la betterave pour concentrer ce qu'on nomme le *sirop de sucre*.

Faisons bouillir de l'eau distillée et notons le degré de chaleur au moment de l'ébullition. Supposons que ce soit 100°. Mettons maintenant du sel ordinaire à dissoudre dans l'eau et recommençons à faire bouillir ; nous pourrons constater alors que le liquide demande plus de chaleur que dans le premier cas. Et, si nous faisons dissoudre tout le sel que l'eau peut contenir, ou si nous saturons l'eau, l'ébullition ne se produira plus que quand le thermomètre marquera 108°,5. Ainsi donc s'explique pourquoi l'eau de mer, qui contient environ trois pour cent de sel, demande plus de 100° de chaleur pour entrer en ébullition.

On utilise de différentes manières les remarques que nous venons de faire : on retire les sels que contient l'eau de mer, en faisant bouillir cette dernière jusqu'à ce que toute l'eau soit passée à l'état de vapeur; on agit de la même manière pour des eaux qui sont en quelque sorte saturées de sel, par leur passage au milieu des dépôts considérables de sel qui se trouvent dans l'intérieur de la terre. Ce moyen de se procurer le sel, si nécessaire à l'alimentation de l'homme, est surtout employé dans le nord de l'Europe, où la température ne permet pas d'établir des marais salants. Dans les longues navigations sur mer, on peut, au milieu de l'Océan, manquer d'eau pour boire; les provisions que l'on fait au départ ne sont pas toujours suffisantes. Autrefois cette calamité venait souvent augmenter les dangers déjà si nombreux auxquels les marins sont exposés. Aujourd'hui il n'en est plus ainsi, on fait bouillir l'eau de mer, la vapeur qu'elle fournit passe dans un récipient, où elle perd une partie de sa chaleur et revient à l'état liquide. L'eau qui résulte de cette opération est douce et peut être bue, après toutefois qu'elle a été exposée à l'air pendant quelque temps, ou agitée de manière à prendre entre ses molécules la quantité d'air contenue dans l'eau de source ou de rivière.

Les appareils qui servent à faire de l'eau douce sont appelés *distillateurs;* la partie dans laquelle la vapeur formée se condense est le *condensateur* ou le *réfrigérant.* A bord des navires à voiles, qui n'ont pas de machine à vapeur, il faut avoir un distillateur; mais sur les navires à vapeur, une des chaudières du navire le remplace, et la vapeur qu'elle fournit passe dans le réfrigérant.

Si vous faites bouillir plusieurs liquides différents, vous remarquerez que chacun d'eux demande une température particulière pour entrer en ébullition. Ainsi, parmi les matières que vous connaissez certainement de nom :

L'éther entre en ébullition à........	37°,8
L'alcool, à........................	78°,4
L'essence de térébenthine, à.........	157°,0
L'huile de lin, à....................	316°,0
Le mercure, à......................	360°,0

Circonstances qui peuvent activer ou diminuer la vaporisation. — Nous avons déjà vu qu'une dissolution de sel retardait le point d'ébullition; par suite, il faut donner au liquide, pour que ses vapeurs atteignent la pression atmosphérique, une quantité de chaleur plus grande que celle qui serait nécessaire si l'eau était pure. Puisque les vapeurs d'un liquide doivent avoir une pression égale à celle de l'atmosphère pour qu'il y ait ébullition, moins la pression atmosphérique sera considérable, moins il faudra donner de chaleur à l'eau, par exemple, pour l'amener à la température d'ébullition. On peut démontrer le fait par une expérience excessivement facile à faire et due à *Franklin*, savant anglais né à Boston en 1706 et mort en 1790.

On prend un ballon de verre A (fig. 178) dans lequel on met une certaine quantité d'eau; on place le vase sur le feu pour faire bouillir le liquide; dès que la vapeur formée a pu chasser l'air contenu dans le ballon, on bouche ce dernier et on le retourne pour le mettre dans la position représentée par la figure 178. Le liquide continue à bouillir tant que la pression de la vapeur au-dessus de lui est inférieure à celle qui se dégage encore. Mais dès que cette vapeur accumulée a une pression plus forte, l'ébullition s'arrête. Prenez alors une éponge imbibée d'eau froide, pressez-la au-dessus du ballon, de telle sorte que l'eau qu'elle contient coule tout autour; vous verrez l'ébullition recommencer presque immédiatement. C'est qu'en jetant de l'eau froide sur le ballon vous avez condensé la vapeur qui agissait sur la surface du liquide pour empêcher l'ébullition, cette pression n'existant plus, la vapeur se forme de nouveau et continue jusqu'à ce que la vapeur accumulée ait une pression suffisante pour arrêter l'ébullition. Vous pouvez recommencer l'expérience presque autant de fois que vous le voudrez. On obtient les mêmes résultats en mettant de l'eau seulement tiède sous le récipient d'une machine pneumatique; tant que la pression atmosphérique agit sur le liquide, il ne peut y avoir ébullition; mais dès qu'en pompant l'air du récipient on diminue cette pression, on voit d'abord l'air s'échapper de l'eau et bientôt l'ébullition commencer. Ainsi donc, sur une montagne, l'eau, pour entrer en ébullition, demande moins de chaleur que dans les plaines.

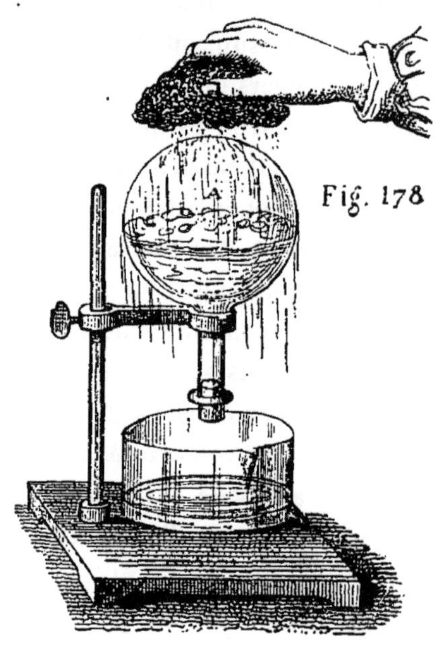

Fig. 178

La profondenr du vase, ou la hauteur du liquide dans le vase où se fait l'ébullition, agit aussi sur cette dernière. Il est évident que si les molécules de vapeur formées au fond ont, non-seulement à soulever l'atmosphère, mais encore l'eau qui est au-dessus d'elles, il faut que la vapeur ait une pression plus considérable que si l'atmosphère seule était à vaincre; donc la température du liquide doit être plus grande que 100°.

Les parois du vase qui contient le liquide exercent aussi une influence marquée. Dans un vase en verre, on constate que la température du liquide est d'environ 101°, alors qu'elle ne devrait être que de 100°. Cette augmentation de température tient à l'adhérence du liquide contre les parois; non-seulement la vapeur formée doit vaincre la pression atmosphérique, mais encore cette adhérence. Cet inconvénient disparaît immédiatement si l'on met au fond du vase quelques petits morceaux d'un métal, au moins de la poussière métallique, comme de la limaille de fer ou de cuivre; dès lors, la température du liquide retombe à son point d'ébullition ordinaire.

Une remarque très-intéressante à faire, c'est que la température de la vapeur qui se dégage à l'air libre et à la surface de la mer n'a jamais que 100°, quelle que soit la température de l'eau qui la fournit. Seulement, pour constater le fait, il faut avoir soin que le thermomètre, que l'on place au milieu de la vapeur, soit en dehors de toute influence étrangère.

160. **PRODUCTION DE LA VAPEUR EN VASE CLOS.** — Jusqu'à ce moment, nous n'avons considéré que les vapeurs produites à l'air libre et, par suite, dont la pression est seulement égale à celle de l'atmosphère; nous allons maintenant étudier celles formées dans un espace fermé.

Dans un vase disposé convenablement, c'est-à-dire très-résistant et ayant une petite ouverture facile à boucher, mettons de l'eau et produisons l'ébullition du liquide; quand l'air contenu dans le vase est chassé par la vapeur, bouchons le vase de manière que la vapeur ne puisse plus sortir. Un thermomètre peut indiquer la température de l'eau; un manomètre enregistre la pression de la vapeur. Tout d'abord le bouillonnement que l'on entendait cesse; il n'y a donc plus cette production de vapeur tumultueuse; c'est que la pression de la vapeur qui pèse sur le liquide augmente sans cesse, comme on peut le voir en consultant le manomètre. Aussi, le liquide, dont la température augmente continuellement, comme l'indique le thermomètre, doit fournir de la vapeur ayant une pression de plus en plus forte. De cette pression toujours croissante sur la surface du liquide, de l'absorption continuelle de chaleur par le liquide générateur, il résulte que l'ébullition ne peut se produire comme dans un vase ouvert ; l'évaporation a toujours lieu, mais elle est considérablement gênée. Ouvrons le vase ; la vapeur s'échappe avec force, et la pression au-dessus du liquide n'est plus que fort peu supérieure à celle de l'atmosphère ; le liquide reste, au contraire, à une température supérieure à celle de l'eau bouillante à l'air libre ; toute la différence de chaleur est immédiatement employée à la formation de la vapeur qui sort du liquide, en produisant une ébullition tellement active que l'eau sort avec la vapeur et produit ce qu'on appelle des *projections*. Mais l'eau arrive bientôt à n'avoir plus que la température d'ébullition à l'air libre.

Comme il y avait un grand intérêt à connaître tout ce qui pouvait regarder la vapeur d'eau, dont l'emploi est aujourd'hui si répandu dans l'industrie, les savants, les chercheurs se sont mis à l'œuvre, et, chacun apportant le contingent de ses travaux, il a été possible d'établir les relations qui existent entre la température, la tension, la densité et le volume de la vapeur d'eau. Le tableau suivant donne quelques-uns des résultats obtenus :

TEMPÉRATURE en degrés centigrades.	TENSION en cent. de mercure.	TENSION en atmosphères.	TENSION en kilogrammes.	DENSITÉ celle de l'eau à 0° étant 1.	VOLUME celui de l'eau qui l'a fourni étant 1 litre.
100,00	76	1	1,032	0,000590	1696
121,55	152	2	2,065	0,001116	896
135,00	228	3	3,098	0,001615	619
144,95	304	4	4,130	0,002101	476
153,30	380	5	5,163	0,002574	389
160,00	456	6	6,195	0,003046	328
166,42	532	7	7,228	0,003494	286
172,13	608	8	8,260	0,003941	254
177,40	684	9	9,293	0,004381	228
182,00	760	10	10,325	0,004817	208
200,48	1140	15	15,488	0,006944	144
214,70	1520	20	20,651	0,008986	111
226,30	1900	25	25,813	0,010968	91
236,20	2280	30	30,976	0,012903	78
244,85	2660	35	36,139	0,014663	68
252,55	3040	40	41,301	0,016644	60
259,52	3420	45	46,464	0,018497	54
265,89	3800	50	51,629	0,020306	49

A l'inspection de ce tableau, vous pouvez remarquer que la pression de la vapeur croît beaucoup plus rapidement que la température. C'est ce qui fait en grande partie le danger lorsque l'on emploie des pressions élevées, comme celle de 10 atmosphères et au-dessus. Une faible augmentation dans la témpérature du liquide générateur peut produire une augmentation considérable dans la force expansive de la vapeur.

De ce qui précède nous pouvons conclure que l'ébullition ne peut se produire dans un vase fermé, mais que si l'on soustrait tout à coup un liquide, dont la température est de plus de 100°, à l'influence de la pression qui empêche son ébullition, il se produit immédiatement des projections d'eau. Cette dernière remarque est surtout importante au point de vue des machines, car souvent les projections déterminent la rupture des chaudières.

Fig. 179.

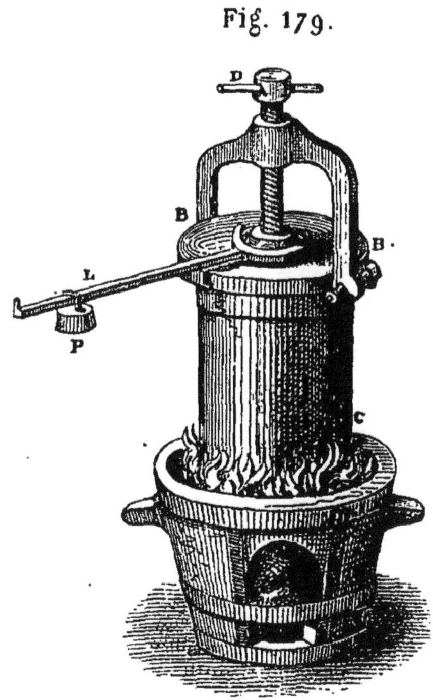

C'est à Denis Papin, célèbre physicien et mécanicien français, né à Blois vers 1647, que l'on doit les premières recherches sur les relations qui existent entre la température et la pression des vapeurs. Il cherchait à cuire économiquement des matières animales; son appareil, fort simple du reste, se composait de deux cylindres entrant l'un dans l'autre; le plus petit contenait les matières à cuire, le plus grand renfermait une certaine quantité d'eau et était fermé par un couvercle solidement assujetti. L'appareil, appelé *digesteur*, était placé sur un feu ardent et formait ainsi un bain-marie à haute température. La difficulté de voir comment marchait la cuisson, qui devait être d'autant plus rapide que la température de la vapeur était plus grande, conduisit naturellement Papin à chercher les moyens de mesurer la pression et la température de la vapeur formée, dont il redoutait les effets. Pour atteindre ce but, il plaça sur le couvercle de son digesteur une petite soupape s'ouvrant de dedans en dehors et maintenue par un levier, à l'extrémité L (fig. 179) duquel il suspendit un poids P. En 1682, il faisait imprimer les lignes suivantes : « Lorsque la soupape laisse échapper quelque chose, j'en conclus que la pression dans le bain-marie est environ huit fois plus forte que la pression de l'air, puisqu'elle peut soutenir non-seulement le poids qui résiste à six pressions, mais aussi la verge (bras de levier) que j'ai éprouvée, qui résiste à deux ; et ainsi, en augmentant ou diminuant le poids ou le changeant de place, je connais toujours à peu près combien la pression est forte dans la machine. »

C'est ainsi que fut inventée la *soupape de sûreté*, dont je vous ai déjà parlé au n° 153.

Dans tous les cabinets de physique, on possède un instrument qui n'est que le digesteur de Papin modifié et qui se nomme *marmite de Papin*. Il est représenté par la figure 179. C'est un cylindre de bronze C à parois épaisses, que l'on peut fermer hermétiquement au moyen du couvercle B maintenu contre l'ouverture par une forte vis en fer D. Une soupape de sûreté est disposée au-dessus du couvercle, et l'on peut, en avançant ou en reculant le poids P sur le levier L, augmenter ou diminuer la force qui ferme la soupape et permettre ainsi à la vapeur contenue dans l'appareil d'acquérir la pression la plus grande que puisse supporter l'appareil. L'eau, introduite à l'avance, peut être facilement portée à une haute température en plaçant la marmite sur un fourneau ordinaire. Si alors on lève le poids P, la soupape s'ouvre et laisse passer la vapeur contenue, qui s'échappe avec violence en formant une colonne de vapeur qui monte à plusieurs mètres de hauteur.

DES VAPEURS ET DES LIQUIDES

161. PRINCIPE DE PASCAL. — Blaise Pascal, né en 1623 et mort en 1662, compte parmi les grands écrivains et les célèbres mathématiciens dont la France peut s'enorgueillir à bon droit. C'est à lui que l'on doit la connaissance des lois de l'équilibre des liquides et des gaz sous l'action de la pesanteur.

Supposons un vase M (fig. 180) ayant plusieurs ouvertures A, B, C, D, E, G cylindriques de différents diamètres, et pouvant se fermer exactement par des pistons à frottement doux. Admettons que les ouvertures A, C et E soient d'un diamètre égal ; que B et D aient un diamètre double de celui des premières, et que G soit trois fois plus grande. Si l'on remplit le vase d'un liquide quelconque, d'eau par exemple, et que l'on mette 1 kilogramme sur le piston A, il faudra en mettre un également sur les pistons C et E, deux sur le piston B et trois sur le piston G. Ainsi, les pressions supportées par un des points du liquide se transmettent dans toutes ses parties ; elles sont perpendiculaires aux parois du vase ; et, en laissant de côté le poids du liquide, la pression est la même sur l'élément de surface, quelle que soit la partie de la paroi que l'on considère. Il ne faut faire qu'un effort de 1 kilogramme pour maintenir les pistons C et E, parce que leur surface est la même que celle du piston A sur lequel s'exerce la force. Il faut exercer une résistance de 2 kilogrammes sur le piston B pour l'empêcher de sortir, parce que sa surface est double de celle du piston A ; enfin, on doit faire un effort de 3 kilogrammes sur le piston G, parce que ce dernier a une surface trois fois plus grande que celle du piston A.

Fig. 180.

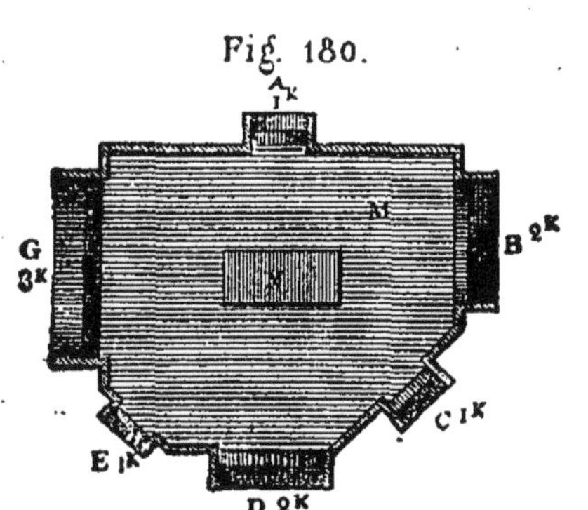

Si, au lieu d'un liquide, on enferme dans le vase un gaz quelconque, les choses se passeront de la même manière, avec cette différence cependant que les pistons, dès la fermeture du vase, sont poussés du dedans au dehors, suivant l'énergie de la force expansive du gaz en expérience.

En résumé, chaque unité de surface intérieure du vase éprouve une pression égale, et cette force est toujours dirigée perpendiculairement ou normalement à la direction de la surface.

Si l'on suppose un corps N au milieu du liquide ou du gaz, les faces de ce corps éprouveront encore des pressions proportionnelles à leur étendue, et les choses se passeront pour elles comme pour les parois du vase.

Dans ce que je viens de vous dire, j'ai laissé de côté le poids du liquide et du gaz, dont il faut évidemment tenir compte. Ainsi, dans le premier cas, le piston D serait soumis non-seulement à une force de 2 kilogrammes, mais encore à un poids égal à celui d'un cylindre d'eau qui aurait pour base le piston D et pour hauteur celle du vase. Le piston E serait poussé au dehors par une force de 1 kilogramme, augmentée du poids d'un cylindre d'eau ayant pour base le piston E et pour hauteur la distance verticale du centre de gravité (57) de ce piston à la partie supérieure du liquide.

Fig. 181

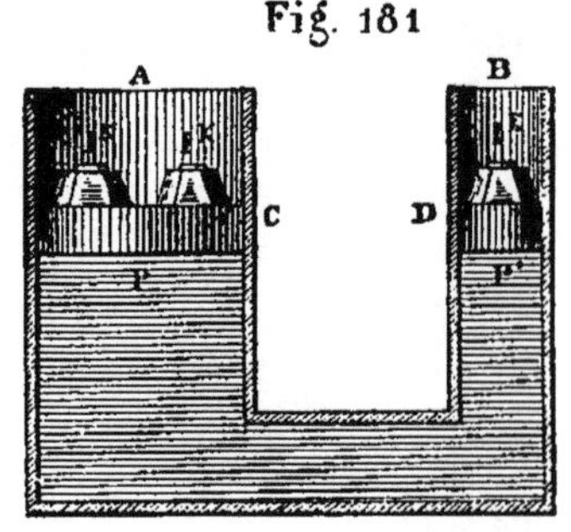

Ainsi la vapeur, qui tend à sortir de l'intérieur du vase dans lequel elle a été produite, exerce sa force expansive sur toutes les parties intérieures, et si l'on rapporte cette pression à l'unité de surface, le centimètre, elle est exprimée par le même nombre de kilogrammes, quelle que soit la partie considérée. En laissant de côté le poids de la vapeur, qui est toujours très-faible, et ne considérant que celui du liquide, les parties du vase occupées par ce dernier auront, en outre, à supporter une force intérieure dépendante du poids de l'eau qui les surmonte.

Telle est la loi découverte par Pascal et qui porte le nom de principe de Pascal. Elle s'énonce ainsi :

Les liquides et les gaz transmettent également dans tous les sens la pression qu'ils supportent ou la force expansive dont ils sont doués.

On peut vérifier le principe de Pascal de la manière suivante : Soient les deux vases cylindriques A et B (fig. 181), ayant des diamètres différents (celui de A double de celui de B par exemple), et en communication par le bas. Mettons de l'eau qui arrive à un niveau quelconque C, D. Dans ce moment où le liquide est en équilibre, introduisons dans les deux cylindres des pistons P et P' à frottement doux, dont les poids soient tels que le niveau du liquide ne change pas. Si l'on place un poids de 1 kilogramme, par exemple, sur le piston P', il faudra en mettre deux sur le piston P, dont la surface est double de celle du premier. L'équilibre des deux pistons, avant de les charger de poids, peut être obtenu facilement par tâtonnement ; il est inutile de conserver le même niveau du liquide dans les deux branches, peu importe ; il y a équilibre dès que les pistons restent immobiles.

Fig. 182.

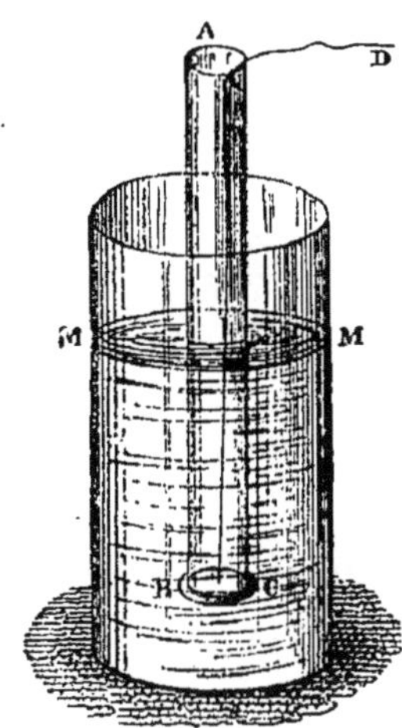

Poussée verticale. — Soit un tube A en verre d'un certain diamètre (fig. 182), ouvert par les deux bouts ; soit, d'un autre côté, le vase MM contenant de l'eau. Fermons la partie inférieure du tube A par une rondelle en verre ou en cuivre, maintenue dans sa position au moyen du fil D passant dans l'intérieur du tube. Enfonçons alors le tube par la partie fermée dans l'eau du vase MM ; nous éprouverons une certaine résistance et il sera inutile de maintenir la rondelle BC ; la force que fait le liquide pour pénétrer par la partie inférieure dans le tube, et que l'on nomme la *poussée verticale*, appuie d'autant plus la rondelle BC contre l'ouverture du tube, que l'on a enfoncé davantage ce dernier. Si maintenant on verse de l'eau dans le tube A, la rondelle se détachera et tombera au fond du vase MM, dès que le niveau de l'eau dans le tube A sera à peu près à la hauteur du liquide dans le vase MM.

Fig. 183.

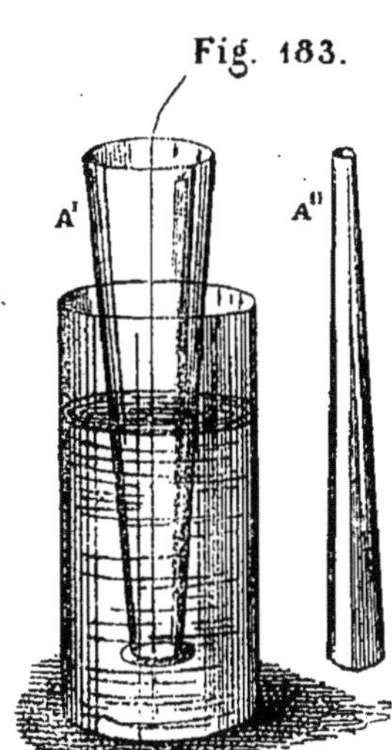

Ainsi donc, la rondelle était soumise à un effort vertical de bas en haut égal au poids d'une colonne d'eau ayant pour diamètre l'intérieur de l'ouverture du tube par en bas, et pour hauteur la hauteur de ce tube.

Changeons la forme du tube A (fig. 183); prenons-le d'abord évasé par le haut, contenant, pour une même hauteur, une plus grande quantité d'eau et, par suite, un poids plus considérable que le premier tube cylindrique de la figure 182. Recommençons l'expérience et nous constaterons que, soit avec le tube A′, soit avec le tube A″, la rondelle qui ferme la partie inférieure ne se détachera que quand le liquide sera à la hauteur du niveau extérieur. Donc, quelle que soit la forme du vase, pourvu que le fond ait la même surface, le fond supporte toujours la même pression pour une même hauteur verticale de liquide.

Fig. 184

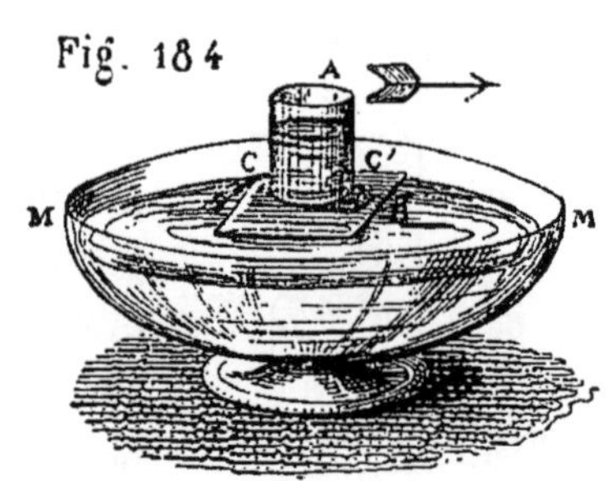

Poussée latérale. — Prenez un vase quelconque MM (fig. 184) contenant de l'eau. Placez sur le liquide un morceau de liége B assez volumineux pour supporter un verre ordinaire à boire plein d'eau. Vers le fond de ce verre, percez un petit trou C que vous boucherez avec un bouchon. Mettez de l'eau dans le verre et placez-le sur le liége. Il restera immobile, les actions que le liquide exerce sur les parois du verre se contre-balancent; si elles tendent sur une partie à pousser d'un côté, une force précisément égale est exercée sur la partie directement opposée, de sorte qu'il ne peut y avoir mouvement. Mais débouchez le trou C; l'eau qui agit de l'intérieur sur ce point ne peut plus contre-balancer l'effort fait en C′, et le vase A est poussé du côté opposé à l'orifice ouvert.

Fig. 185.

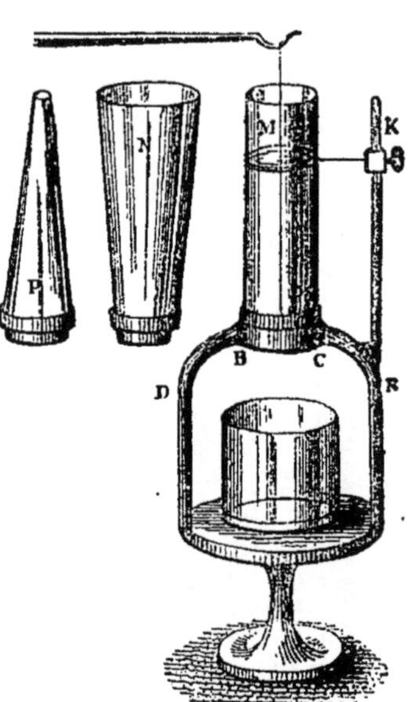

Paradoxe hydrostatique de Pascal. — La pression d'un liquide sur le fond horizontal du vase qui le contient est indépendante de la forme du vase; dans tous les cas, elle est égale au poids d'une colonne de ce liquide ayant pour base le fond et pour hauteur la hauteur verticale du liquide au-dessus de lui.

Au moyen de l'appareil représenté par la figure 185, on démontre expérimentalement ce principe.

A est le fléau d'une balance à l'extrémité duquel est suspendu le fond mobile BC du vase cylindrique M, vissé sur l'anneau métallique DE. On met dans le plateau de la balance un poids capable d'appliquer avec une certaine force le fond BC. On verse ensuite dans le vase M de l'eau jusqu'à ce que son poids entraîne le fond BC, et on note avec le curseur K la hauteur que l'on a dû donner au liquide. Si alors on remplace le vase M par l'un ou l'autre des vases N et P dont les formes sont bien différentes, il faudra toujours mettre la même hauteur de liquide pour faire détacher le fond du vase. Ce qui démontre que, quelle que soit la forme du vase, le fond qui est le même pour tous supporte le même poids.

162. **Calcul de la pression exercée sur une surface donnée.** — D'après ce que nous venons de voir, la pression exercée sur une surface donnée, par un liquide ou par un gaz, sera égale à la pression par unité de surface exprimée en kilogrammes, multipliée par la surface que l'on considère, exprimée en centimètres carrés. Ainsi, s'agit-il du fond d'un vase rempli d'eau ayant une surface de 250 centimètres carrés, et dans lequel la hauteur verticale de l'eau est de 30 centimètres, il faudra multiplier 250 par 30, ce qui donnera 7500 centimètres cubes ou 7 décimètres cubes et un demi-décimètre cube; en supposant que le liquide soit de l'eau dont la densité est 1, la pression sur le fond sera de 7 kil. 500. S'il s'agissait de tout autre liquide, il suffirait de multiplier 7,500 par la densité du liquide considéré (33).

S'agit-il de la pression exercée par un gaz sur une surface donnée, de la vapeur sur le piston d'une machine à vapeur, par exemple? Prenons un piston ayant un rayon (15) de 12 centimètres et de la vapeur ayant une pression effective de 5 atmosphères, représentées par 280 centimètres de mercure ou par un poids de 5 kil. 163 par centimètre carré (160). Comme je viens de vous le dire, il faut multiplier la surface du piston exprimée en centimètres carrés, par la pression sur l'unité de surface exprimée en kilogrammes.

La surface d'un cercle ayant 12 centimètres de rayon est égale à (15) 3,14 multiplié par le rayon 0,12 élevé au carré :

$$3{,}14 \times 144 = 452{,}38 \text{ cent. car.}$$
$$452{,}38 \times 5 \text{ kil. } 163 = 2335 \text{ kil. } 64$$

Ainsi donc, la pression exercée sur le piston donné serait de 2335 k. 64.

Pour généraliser la question, appelons S la surface donnée, et p la pression exercée sur l'unité de surface. S multiplié par p ou Sp donnera la pression sur la surface. Si p représente la pression en centimètres de mercure, comme 76 centimètres font équilibre à la pression atmosphérique ou à 1 kil. .0330, $\frac{1,0330}{76}$ donnera la pression de 1 centimètre de mercure sur 1 centimètre carré de surface, et $\frac{1,0330}{76} \times p$ sera la pression exercée par la force que l'on considère sur chaque centimètre carré de surface.

Appelons P la pression exercée sur la surface,

$$P = S \times \left(\frac{1,0330}{76} \times p\right)$$

sera la formule qui donnera la pression sur une surface quelconque S avec une pression p.

163. PRESSE HYDRAULIQUE. — La presse hydraulique, avec laquelle on peut faire des efforts presque illimités, est basée sur le principe de Pascal (161). A (fig. 186) est une pompe aspirante et foulante à piston plongeur (119) d'un petit diamètre ; cette pompe, mise en mouvement par la brinqueballe B, prend l'eau dans un réservoir C et l'envoie, par le tuyau de refoulement D, dans le corps de pompe E. Le piston plongeur G est d'un grand diamètre comparé à celui de la pompe A, et, en se soulevant, il peut comprimer fortement les corps placés entre la partie supérieure du piston G de la presse et le plancher fixe K. Sur le tuyau de refoulement D se trouvent :

1° Une soupape de refoulement A qui s'oppose au retour de l'eau dans la pompe A ;

2° Une soupape de sûreté B, chargée de telle sorte qu'elle se lève quand la pression dépasse une limite fixée d'avance et en rapport avec la solidité de l'appareil ;

3° Une espèce de robinet à vis C qui permet à l'eau contenue dans le corps de pompe E de sortir pour laisser descendre le piston G.

Pour fixer les idées, admettons que les bras du levier de la bringueballe B soient dans le rapport de 1 à 10, et que le piston de la pompe A ait une section cent fois plus petite que celle de la presse G. L'effort quelconque fait à l'extrémité du grand bras du levier sera multiplié par 10 et celui transmis par la pompe multiplié par 100. Un effort de 10 kilogrammes, par exemple, sera donc transformé en un autre mille fois plus grand ou de 10000 kilogrammes. Quant au travail mécanique (55), il est le même des deux côtés; pour la bringueballe, le chemin parcouru par la force appliquée est dix fois plus grand que celui fait par l'effort transmis: d'un autre côté,

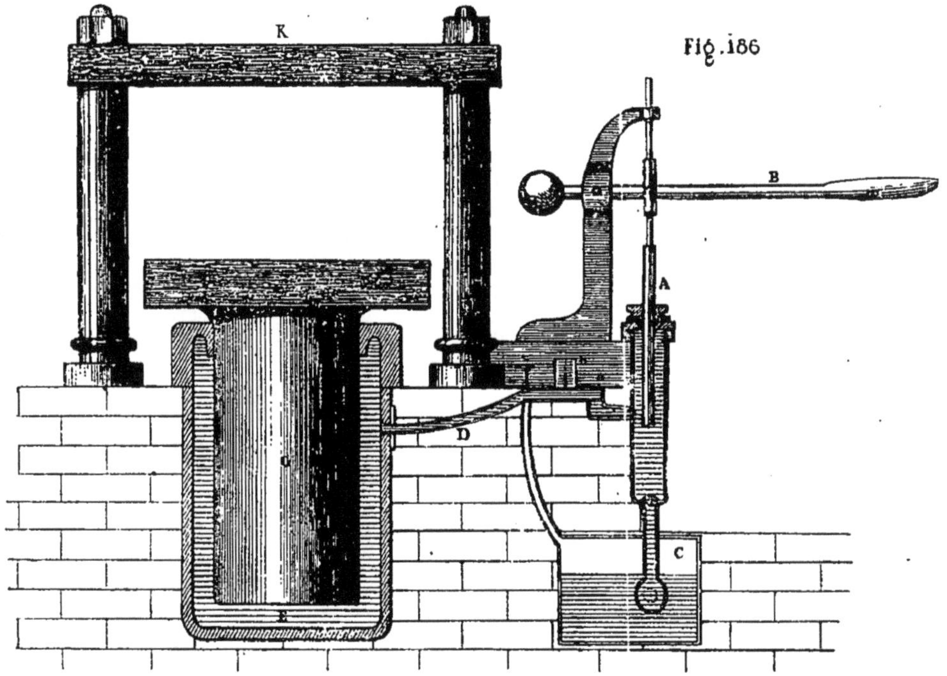

le chemin parcouru par le petit piston A' est cent fois plus grand que celui parcouru par le piston G. Nous ne comptons pas ici la perte de travail occasionnée par les résistances passives.

J'avais donc raison de vous dire que la presse hydraulique pouvait produire des efforts aussi considérables qu'on peut le désirer, puisqu'il suffit de disposer l'appareil de telle sorte qu'il y ait une différence convenable entre les sections des deux pistons A et G. Ordinairement, pour les presses puissantes, il y a trois pompes foulantes : une d'un grand diamètre, pour remplir seulement le cylindre de la presse; une plus petite, pour commencer à faire agir la presse, et enfin une plus petite encore, pour produire tout l'effort dont la presse est capable.

Les *chaînes des ancres* des navires, dont vous avez peut-être remarqué la grosseur si vous êtes allé dans un port de mer, doivent présenter toutes les garanties de solidité en rapport avec leur grosseur, puisque sur elles repose souvent toute la sécurité des navires qu'elles retiennent attachés à l'ancre qui mord au fond. Aussi, avant de les mettre sur un navire, elles sont éprouvées au moyen d'une presse hydraulique qui sert à les tendre. Les canons peuvent avoir des défauts intérieurs, comme des vides, des cavités qui diminuent toujours la résistance du métal. On peut, au moyen d'une presse hydraulique puissante, produire une pression intérieure bien supérieure à celle occasionnée par l'embrasement de la poudre. Alors, le liquide introduit dans l'intérieur du canon traverse le métal, quelle que soit son épaisseur ; il devient humide au dehors et semble suer. S'il n'y a aucun défaut intérieur, tout se borne à ce suintement général, plus ou moins visible suivant l'épaisseur du métal ; si, au contraire, des cavités se sont formées lors du coulage de la pièce, on voit le liquide apparaître au dehors, et parfois même une espèce de jet d'eau révèle les défauts cachés.

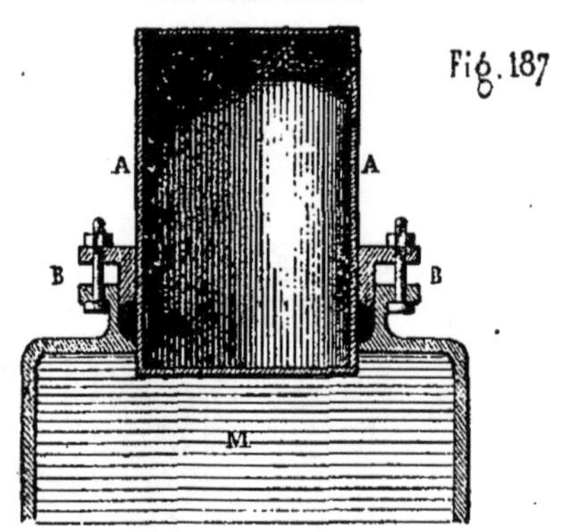

Aujourd'hui, on recouvre l'extérieur des navires de guerre avec des plaques de fer forgé qui atteignent des épaisseurs comprises entre vingt et trente centimètres ; c'est ce qu'on nomme le blindage. Quelle que soit l'attention des ouvriers, la perfection des moyens employés, souvent ces plaques n'ont pas exactement les formes qu'elles devraient avoir pour s'appliquer sur la partie du navire qu'elles doivent recouvrir. Il faut les retoucher après les avoir essayées, les courber, les redresser ; pour cette opération, on se sert d'une presse hydraulique puissante, qui fait fléchir ces masses de fer avec autant de facilité que vous pourriez tordre entre vos doigts une feuille de tôle ou de fer-blanc.

Dans les ports anglais, on emploie beaucoup la presse hydraulique pour faire marcher les grues qui servent à charger ou à décharger les navires.

Toute la manœuvre de ces machines, qui peuvent parfois lever des poids considérables, consiste à tourner deux robinets ; l'un permet à l'eau de s'introduire dans le cylindre de la presse pour produire l'effet voulu ; l'autre laisse couler l'eau introduite et ramène la presse à son point de départ. Le liquide nécessaire pour l'alimentation de plusieurs grues hydrauliques vient souvent d'un réservoir commun, placé à une hauteur convenable pour produire l'effort que l'on veut obtenir ; d'autres fois, la pression est produite par des pompes qui refoulent l'eau dans un réservoir où la pression est constante et aussi grande qu'on peut le désirer. Les réservoirs sont parfois disposés comme l'indique la figure 187. M est l'intérieur du réservoir ; A est un cylindre qui peut monter ou descendre dans le presse-étoupe BB. Le poids du cylindre A est en rapport avec la pression constante que l'on désire avoir dans le réservoir ; sa capacité est aussi calculée de manière qu'il puisse remplacer l'eau dépensée et exercer toujours son action sur le liquide. C'est pour ces raisons qu'on appelle cet appareil un *compensateur hydraulique.*

164. **CAPILLARITÉ.** — Quand je vous ai indiqué (nos 38 et suivants) les propriétés des corps, je ne vous ai parlé que de celles qui étaient immédiatement nécessaires pour l'intelligence de ce que j'avais à vous dire, me réservant de compléter ce que j'avais à vous enseigner à ce sujet. Pour que vous puissiez comprendre les phénomènes suivants, je dois revenir sur mes pas.

Vous savez que les corps se partagent en trois grandes divisions : les solides, les liquides et les gaz. Dans les premiers, les molécules restent en présence l'une de l'autre ; dans les seconds, elles roulent les unes autour des autres ; enfin, dans les troisièmes, les molécules se repoussent et tendent à s'écarter les unes des autres de plus en plus. Quelles sont les causes qui produisent ces différents états ?

Pour les expliquer, on fait, comme je vous l'ai déjà dit, une supposition, une *hypothèse.* On admet que les molécules, parties constitutives des corps, sont continuellement soumises à l'action de deux forces opposées : l'une, l'attraction moléculaire, qui tend à les rapprocher, et l'autre, la chaleur ou le calorique, qui agit pour les écarter les unes des autres. Les molécules sont donc maintenues à la distance propre à chaque corps par ces deux forces. Dans les solides, l'attraction moléculaire l'emporte sur le calorique, et ces corps conservent la forme qu'on leur donne. Dans les liquides, les deux forces se font équilibre et les molécules sont en quelque sorte indépendantes les unes des autres ; ces corps ne peuvent donc avoir que la forme du vase qui les contient. Enfin, dans les gaz, la force répulsive du calorique est plus forte que l'attraction moléculaire, et les molécules tendent toujours à s'écarter les unes des autres.

D'après cette hypothèse, le passage d'un état à un autre est facile à expliquer. En chauffant un corps solide, on donne une énergie plus grande à la force répulsive du calorique ; au moment où cette force arrive à contre-balancer l'attraction moléculaire, qui reste la même, le solide passe à l'état liquide; si on continue à chauffer, la force répulsive devient plus énergique que la force attractive, et le liquide passe à l'état gazeux. On cesse de chauffer : une partie de la chaleur accumulée par une cause ou une autre disparaît; la force répulsive diminue; celle attractive restant toujours la même, le gaz revient à l'état liquide, et le liquide se solidifie.

Mais l'attraction moléculaire ne s'exerce qu'à des distances excessivement petites et inappréciables pour nos sens, aidés même par les instruments découverts jusqu'à ce jour. C'est elle qui s'oppose à la désunion d'un corps, à la séparation de ses molécules, et qu'on nomme la cohésion. Elle est plus ou moins grande dans les corps solides, très-faible dans les liquides et nulle dans les gaz.

C'est encore l'attraction moléculaire qui permet de réduire un corps en feuilles plus ou moins minces, soit sous le marteau, soit entre les cylindres d'un laminoir, propriété nommée *malléabilité*. Elle donne aussi, particulièrement aux fils métalliques, la *ténacité*, ou la propriété de pouvoir supporter sans se rompre une tension plus ou moins grande.

L'attraction moléculaire ne s'exerce pas seulement entre les molécules d'un même corps ; elle agit encore entre deux corps différents, mais alors on l'appelle *adhérence*. C'est ainsi que le doigt, trempé dans l'eau et retiré, entraîne une partie du liquide; la gouttelette qui se forme est due à la cohésion; sa suspension au doigt est causée par l'adhérence. Deux lames de verre, posées l'une sur l'autre, adhèrent quelquefois assez fortement pour qu'il soit impossible de les séparer en agissant perpendiculairement à leurs surfaces. On les casse plutôt que de les désunir; alors, l'adhérence est plus forte que la cohésion. Il est à remarquer aussi que l'adhérence ou l'*adhésion* est d'autant plus grande que les parties en contact sont plus unies, plus nettes et réunies depuis un temps plus long.

Mettez de l'eau dans un verre à boire (fig. 188, n° 1) et examinez la surface du liquide ; elle semble bien plane au milieu, mais elle se relève le long des parois du verre et forme à cet endroit une surface concave. Si, au lieu d'eau, vous mettez du mercure (fig. 188, n° 2), ce liquide forme, au contraire, un anneau convexe autour du vase. La différence entre les deux phénomènes vient de ce que l'eau mouille le verre et que le mercure ne le mouille pas.

Phénomènes capillaires. — Maintenant, je vais pouvoir vous expliquer les phénomènes capillaires, qui jouent un si grand rôle dans la nature, et dont nous avons fait tant d'applications utiles.

Si l'on met dans un vase contenant de l'eau (fig. 188, n° 3) deux lames de verre, le liquide s'élèvera au-dessus de son niveau le long de ces lames ;

Fig. 188

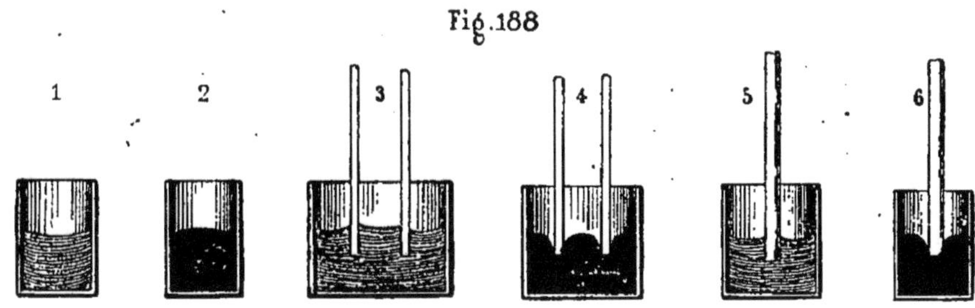

et, si l'on rapproche les deux lames d'une manière convenable, la lame d'eau soulevée entre elles deux se maintiendra à une hauteur appréciable au-dessus du niveau dans le vase. Si, au lieu d'eau, on met du mercure (fig. 188, n° 4), il se produira une dépression sensible du liquide entre les deux lames. Enfin, les mêmes phénomènes se reproduisent si, au lieu de lames, on plonge dans l'eau et dans le mercure (fig. 188, n°s 5 et 6) des tubes de verre ouverts par les deux extrémités ; et plus le diamètre de ces tubes sera petit, plus l'eau montera et plus le mercure descendra dans l'intérieur.

La loi la plus importante concernant les phénomènes de la capillarité a été découverte par Surin et s'énonce ainsi : *Différents tubes capillaires étant plongés dans un liquide qui en mouille les parois, le liquide monte dans leur intérieur; et la hauteur à laquelle il parvient est d'autant plus grande que le diamètre du tube est plus petit.* La hauteur du liquide soulevé est indépendante de la matière qui forme les tubes; elle ne dépend que de la nature du liquide employé. L'eau est de tous les liquides connus celui qui s'élève à la hauteur la plus grande dans un tube capillaire donné.

C'est la capillarité qui fait monter le café dans un morceau de sucre que l'on trempe seulement par la partie inférieure. C'est elle encore qui fait monter la séve dans les plantes et la conduit à l'extrémité de toutes les branches; nous l'utilisons dans presque toutes nos lampes, comme vous allez le voir. Avant de vous décrire les différents appareils employés pour l'éclairage à l'huile, je vais vous parler d'un instrument très-employé pour huiler les articulations des machines, et qui repose entièrement sur la capillarité.

Godet-graisseur. — C'est ordinairement un cylindre ABCD (fig. 189) en cuivre, fermé par un couvercle AED à charnière, destiné à empêcher la poussière d'entrer dans le godet. Sur le fond du cylindre est soudé un petit tube GH ouvert par les deux bouts, et qui vient aboutir à quelque distance du couvercle. Une mèche en coton passe dans l'intérieur du tube; on met l'huile destinée au graissage dans le godet, mais son niveau n'atteint pas le haut du tube GH. Une des extrémités de la mèche, celle du haut, trempe dans l'huile, l'autre passe par le bout inférieur du tube. En vertu de la capillarité, l'huile monte dans la mèche, dépasse le coude qu'elle fait et descend par son propre poids le long du coton, pour tomber goutte à goutte sur la partie à graisser. Dès ce moment, une foule de petits siphons se trouvent allumés et fournissent de l'huile d'une manière continue. Quand on veut interrompre le graissage, il suffit de retirer la mèche; on la passe quand doit recommencer l'écoulement de l'huile.

Fig. 189

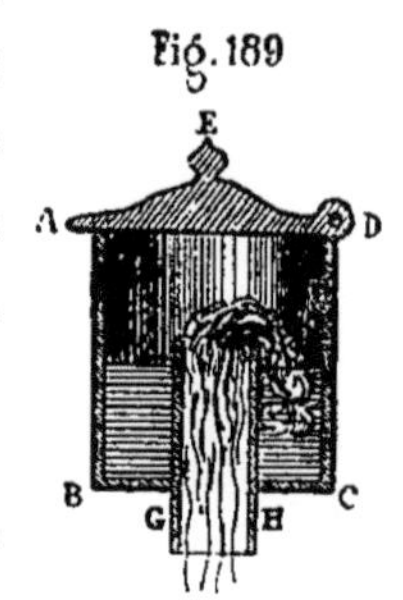

165. **Lampes.** — Les lampes peuvent se partager en plusieurs divisions bien caractérisées :

1° Celles dans lesquelles le niveau de l'huile est au-dessous de la mèche;

2° Celles à niveau constant, ou encore à réservoir d'huile plus élevé que la mèche;

3° Celles dans lesquelles l'huile monte par un mécanisme quelconque.

Lampes à réservoir inférieur. — La figure 190 représente une lampe ancienne; l'huile se mettait dans la partie creuse B. La mèche plongeait dans l'huile et venait s'appuyer sur le bec A. C'est seulement par la capillarité que l'huile montait dans la mèche.

Les lampes sont restées sans perfectionnement jusqu'à nos jours; mais, depuis quelques années, on s'en est beaucoup occupé.

Les lampes anciennes présentaient les inconvénients suivants :

Le peu de lumière qu'elles donnaient était encore caché par le corps de la lampe et ne se répandait que d'un côté, laissant tout le reste dans l'ombre.

L'huile arrivait difficilement dans la mèche quand le réservoir n'était pas plein; il fallait donc le remplir souvent.

Fig. 190

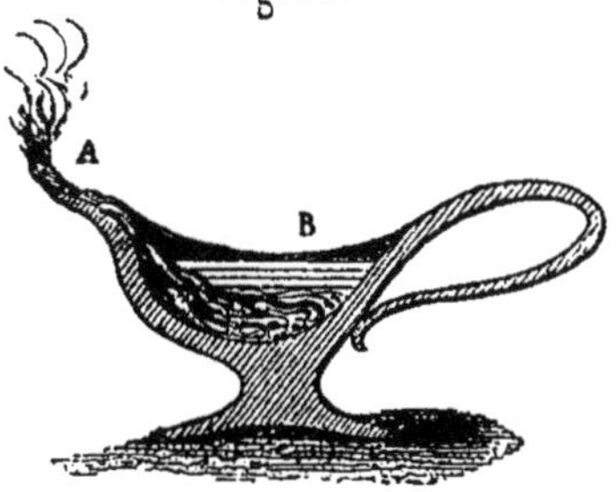

La flamme était continuellement agitée par l'air environnant et ne donnait qu'une lumière vacillante.

La combustion se faisait d'une manière incomplète; l'air n'arrivait pas en quantité suffisante pour l'entretenir.

Pour remédier au premier inconvénient, on fit un réservoir d'huile commun à plusieurs mèches disposées autour du réservoir. On eut ainsi des lampes à plusieurs becs éclairant tout autour d'elles.

Pour empêcher la flamme d'être agitée par le vent, Argand, physicien de Genève, la renferma, en 1780, dans un tube de verre, nommé *cheminée*, qui remédia non-seulement à l'inconvénient qu'il voulait faire disparaître, mais qui, en formant en quelque sorte une cheminée d'appel, attirait une plus grande quantité d'air. La mèche fut transformée aussi; elle fut tressée, et on put la monter ou la descendre au moyen d'un petit mécanisme. L'huile, qui s'échappait si souvent des mèches et tombait autour des lampes, fut recueillie dans un petit réservoir qu'il était facile de vider. Ainsi arrivèrent les lampes dites *quinquets*. Quand vous en rencontrez, vous les trouvez bien imparfaits; ce qu'il y a de certain, c'est que ces pauvres quinquets, qui furent si fêtés à leur apparition, sont restés bien de l'arrière aujourd'hui. Ce fut pourtant sur eux que furent appliquées tout d'abord la cheminée et la mèche cylindrique d'Argand.

Cette mèche était, comme aujourd'hui, entre deux cylindres, et l'huile arrivait dans l'espace annulaire laissé entre eux. De cette manière, l'huile fut mieux divisée, puisque la mèche présentait une surface plus grande; l'air put passer dans l'intérieur du bec et en dehors ; le tirage produit par la cheminée appela la quantité d'air nécessaire pour une bonne combustion. De rouge, la lumière devint blanche, et la fumée disparut complétement. L'air en dehors de la mèche montait trop verticalement sans toucher la mèche ou réduisait son diamètre au-dessus de la mèche, de manière à produire l'étranglement que vous remarquez sur presque tous les verres de lampe.

Fig. 191

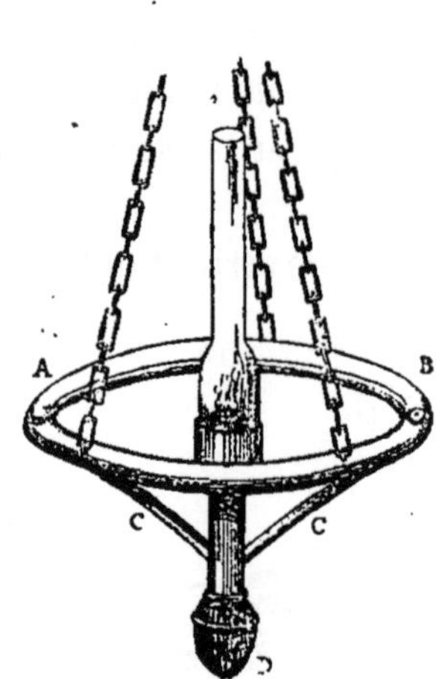

Par ses différentes modifications, on arriva à la fameuse lampe appelée *lampe sinombre* et représentée par la figure 191. L'huile est dans le réservoir annulaire AB, qui se trouve à la hauteur de l'endroit où se fait la combustion de l'huile Ce réservoir, assez volumineux, quoique peu profond, a l'avantage de conserver un niveau presque constant et, par suite, d'alimenter convenablement la mèche. En A est un petit trou pour que la pression atmosphérique puisse agir; en B est l'ouverture par laquelle on verse l'huile, qui arrive dans le bec par les conduits C, C; celle en excès coule le long du bec et tombe dans le petit réservoir D, que l'on peut enlever à volonté. Ce petit réservoir est percé à sa partie supérieure pour laisser arriver l'air qui passe dans l'intérieur du bec. Enfin, cette lampe est disposée pour être suspendue au-dessus de l'endroit qu'elle doit éclairer; sa lumière est rabattue et concentrée au moyen d'un abat-jour.

Fig. 192

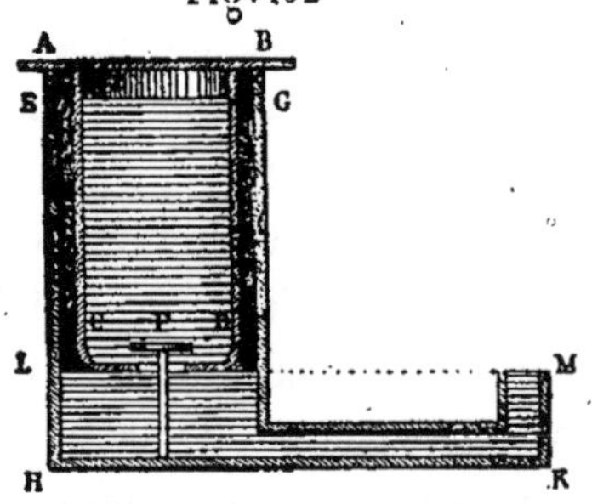

Lampes à niveau constant. — Vinrent ensuite les quinquets et les lampes à niveau constant, dans lesquels on utilisa la propriété du vase dit *de Mariotte* et qui est la suivante :

Si, dans un vase EGKH, on renverse un autre vase ACDB rempli d'un liquide quelconque, ce liquide s'écoulera jusqu'à ce que l'orifice du vase

ACDB par lequel il est passé soit bouché. Alors, le niveau du liquide reste le même, tant que le réservoir ACDB en contient. Si, par une cause ou une autre, le niveau dans le vase EGKH vient à baisser, l'ouverture du réservoir ACDB se dégage, une petite quantité d'air pénètre dans l'intérieur et le liquide s'écoule de nouveau, rétablissant le niveau primitif du vase EGKH. Supposez maintenant le réservoir EGKH disposé comme l'indique la figure 192; placez un bec Argand en K, de telle sorte que la partie supérieure corresponde au niveau LM, vous aurez une lampe à niveau constant. Dans ce système, on a fait des lampes pouvant remplacer les lampes sinombres, comme l'indique la figure 193. A est le réservoir d'huile qui alimente tous les becs placés autour.

Fig. 193

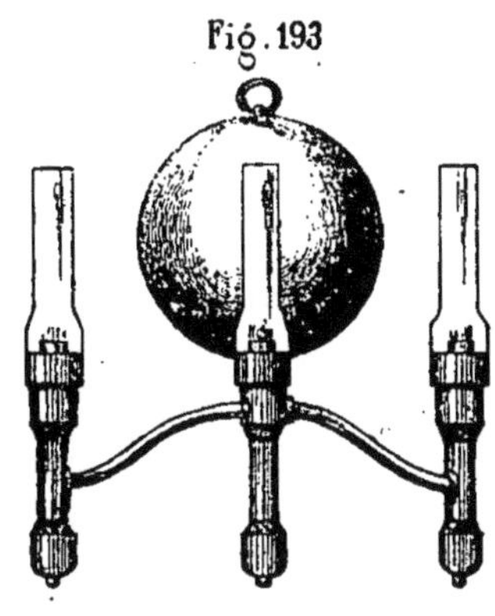

Dans toutes ces lampes, le réservoir d'huile est fermé par une espèce de soupape P, à longue tige, qui permet de renverser le vase sans que l'huile se répande au dehors; quand ce vase est à son poste, la tige de la soupape touche le fond du réservoir des becs et la soupape se lève. S'il faut retirer le réservoir d'huile, la soupape se ferme d'elle-même et on peut le retourner pour le remplir sans répandre d'huile au dehors.

Lampes dans lesquelles l'huile monte dans la mèche par un mécanisme quelconque. — Carcel fit faire un grand pas aux appareils d'éclairage en inventant sa lampe, dans laquelle le réservoir d'huile se trouve dans le pied, qui supporte le bec. Dès lors, plus de réservoir qui empêche la lumière de se répandre partout, rien ne vient plus arrêter les rayons lumineux. Pour faire arriver l'huile à la mèche, il disposa deux petites pompes actionnées par un mouvement d'horlogerie. Dans les lampes Carcel, qui sont toujours les meilleures de toutes celles qui existent et qui n'ont contre elles que leur prix trop élevé et leur mouvement compliqué, l'huile arrive toujours en excès à la mèche. Ce qui n'est pas brûlé retombe dans le pied de la lampe, où les pompes la puisent et la renvoient à la mèche. Pour que la lampe marche, il suffit de monter le mouvement avec une clef semblable à celles qui servent pour les pendules. Il vous sera donc facile de reconnaître si une lampe est ou non dans le système Carcel, il suffira de voir s'il y a, comme dans les pendules, un trou pour les monter.

Enfin vinrent, en 1836, les lampes inventées par M. Franchot, mécanicien français, et connues sous le nom de *lampes à modérateur*. Elles présentent presque tous les avantages des lampes Carcel, et elles sont d'un prix à la portée de tout le monde.

L'huile est dans le pied de la lampe (fig. 194), au-dessus d'un piston P en cuir, dont les rebords s'appliquent exactement contre les parois de la lampe. Ce cuir est ce qu'on appelle *embouti*, c'est-à-dire qu'après l'avoir mouillé on l'a placé entre les deux parties d'une espèce de moule, qui lui a donné la forme voulue, forme qu'il conserve étant sec.

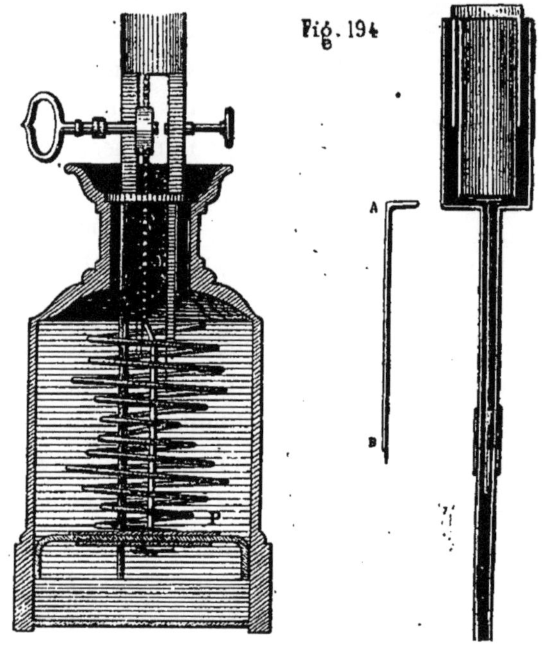

Le piston est pressé par un ressort à boudin, semblable à ceux que l'on met dans les meubles. Un petit tube soudé au piston, et pouvant entrer dans un autre fixé à la partie annulaire du bec, établit la communication entre le dessous du piston et la mèche. Une tige à crémaillère permet de lever le piston. Si la lampe est remplie d'huile, on lève le piston, la pression devient moins grande au-dessous de lui qu'au-dessus, le cuir se détache des parois de la lampe et l'huile du dessus passe au-dessous. En laissant alors le ressort faire son action, le piston pousse l'huile, sur laquelle il pèse, dans le tube alimentaire de la mèche, l'huile en excès retombe dans la lampe au-dessus du piston. La première fois que l'on monte une lampe modérateur, il faut boucher le haut du bec avec la main, sans cette précaution, l'air passerait par ce conduit et arriverait sous le piston pour combler le vide laissé sous lui, et l'huile ne passerait pas dessous.

Mais l'énergie du ressort est évidemment beaucoup plus grande quand il vient d'être monté que quand le piston arrive à l'extrémité de sa course;

de là il devait résulter que l'huile monterait trop vite d'abord et d'une manière insuffisante ensuite; il fallait rendre l'ascension de l'huile en quelque sorte régulière : là était toute la difficulté. Tel est le but que remplit d'une manière convenable le modérateur. C'est une petite tige de fer AB, immobile dans la partie supérieure du tube à huile, et qui descend dans toute la partie intérieure tenant au piston lors que ce dernier est monté. Comme le diamètre du modérateur est seulement un peu plus petit que le diamètre de la partie du tube à huile qui tient au piston, il en résulte que le passage du liquide est très-gêné alors que le piston est monté au plus haut de sa course, et que cette gêne est de moins en moins grande au fur et à mesure que le piston descend, et que, par suite, le modérateur sort du tube. On a pu, comme vous pouvez le comprendre, combiner l'énergie variable du piston avec l'embarras produit par le modérateur, pour que l'alimentation de la mèche se fasse d'une manière à peu près régulière.

Parmi les différentes huiles, il y en a de grasses, de siccatives, c'est-à-dire qui sèchent vite ou qui s'évaporent plus ou moins facilement, et d'essentielles, c'est-à-dire qui contiennent l'essence du corps dont elles proviennent. Non-seulement ces dernières s'évaporent facilement, mais encore leurs vapeurs répandent des odeurs plus ou moins fortes et plus ou moins désagréables. Les huiles employées pour l'éclairage sont prises seulement parmi les huiles grasses : ce sont celles d'olive, de colza, de navette et d'œillet. L'*olive* est un fruit à noyau fourni par l'olivier, arbre toujours vert ; vous savez que cet arbre est le symbole de la paix. Le *colza* est une espèce de choux dont la graine donne beaucoup d'huile ; la *navette* est, comme l'indique son nom, une espèce de navet, et l'*œillet* est le nom que l'on donne au pavot vulgaire.

Souvent les huiles sont mauvaises, on peut les purifier facilement en mettant dans l'huile deux parties pour 100 d'acide sulfurique et deux fois son volume d'eau à 40° environ. En secouant ou brassant le tout pendant quelque temps et laissant ensuite reposer, l'eau tombe au fond, entraînant avec elle les matières étrangères contenues dans l'huile. Il suffit alors de transvaser doucement l'huile ou de la décanter.

Jusqu'à ce jour on avait employé exclusivement pour les lampes des huiles provenant des plantes ou des végétaux, aujourd'hui on fait beaucoup usage d'huiles minérales; plus tard, j'aurai l'occasion de revenir sur ce sujet, quand je vous parlerai de l'éclairage au gaz.

DES MACHINES A VAPEUR

166. **DÉFINITION**. — On appelle machines à vapeur toutes celles dans lesquelles la force expansive de la vapeur est utilisée, pour produire un mouvement quelconque.

167. **PRINCIPE GÉNÉRAL SUR LEQUEL REPOSENT TOUTES LES MACHINES A VAPEUR**. — Soit un cylindre ABCD (fig. 195) fermé en bas par le fond BC et en haut par le couvercle AD. Dans l'intérieur de ce cylindre est un piston PP à frottement doux, dont la tige T traverse un presse-étoupe GG, ménagé dans le couvercle AD. I et I' sont deux tuyaux qui communiquent avec le récipient dans lequel on transforme de l'eau en vapeur. E et E' sont deux autres tuyaux, qui peuvent à volonté faire communiquer le haut et le bas du cylindre avec l'atmosphère; sur chacun des tuyaux dont il vient d'être parlé il existe un robinet. Toutes choses disposées comme nous venons de le dire, les tuyaux I et I' peuvent laisser arriver, à volonté, de la vapeur à une pression supérieure à celle de l'atmosphère, soit au-dessus soit au-dessous du piston.

Fig. 195.

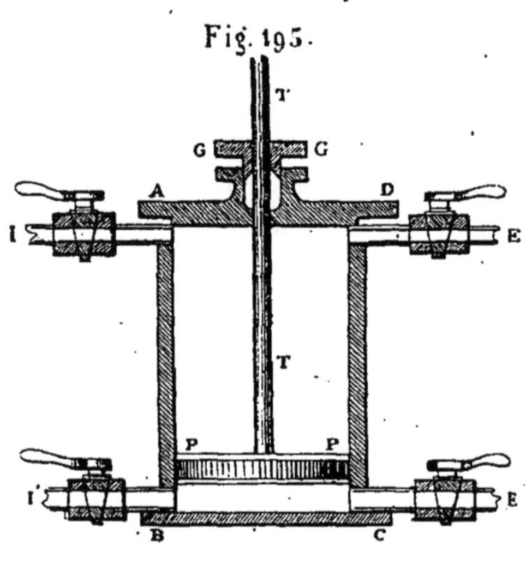

Le robinet E' ouvert, les deux robinets I et E fermés, ouvrons le robinet I'. La vapeur arrive au-dessous du piston et le fait monter, puisque nous avons supposé la pression de la vapeur plus forte que celle de l'atmosphère : en même temps, l'air contenu dans le cylindre, au-dessus du piston, sort par le tuyau E. Le piston rendu au point le plus haut qu'il puisse atteindre, fermons I′ et E′, ouvrons E et I. La vapeur qui agissait pour faire monter le piston n'est plus en communication avec la chaudière; celle contenue dans le cylindre s'échappe par le tuyau E dans l'atmosphère et par suite cesse d'agir sous le piston. Le robinet E′ interrompt la communication du haut du cylindre avec l'atmosphère, la vapeur arrive au-dessus du piston et chasse devant elle ce piston. Quand ce dernier est arrivé au point le plus bas qu'il puisse atteindre, les robinets E et I sont fermés, et ceux E′ et I′ ouverts. La vapeur contenue au-dessus du piston s'échappe, de nouvelle vapeur arrive au-dessous pour le faire monter. Et ainsi de suite en tournant convenablement les différents robinets.

Ainsi, au moyen de l'action alternative de la vapeur au-dessous et au-dessus du piston, on peut faire monter et descendre ce dernier dans l'intérieur du cylindre ; ce mouvement, transmis au dehors par la tige TT, peut alors être utilisé pour produire un travail quelconque.

Tel est le principe général sur lequel reposent toutes les machines à vapeur sans exception.

Le mouvement donné au piston, qui parcourt le même chemin, tantôt dans un sens tantôt dans un autre, est un *mouvement alternatif ;* comme le piston suit toujours une ligne droite ou une direction rectiligne, le mouvement est *rectiligne alternatif.*

Les conduits par lesquels la vapeur passe sont les *orifices ;* ceux qui laissent arriver la vapeur dans le cylindre sont les *orifices à l'introduction ;* ceux qui laissent sortir la vapeur du cylindre sont les *orifices à l'évacuation.*

168. ORGANES PRINCIPAUX D'UNE MACHINE A VAPEUR. — D'après ce que je viens de vous dire, toute machine à vapeur devra satisfaire aux conditions suivantes :

1° Produire la vapeur nécessaire pour son fonctionnement ;

2° Utiliser la force expansive de cette vapeur ;

3° Transformer le mouvement donné au piston en un autre convenable pour le travail que l'on veut exécuter.

De là trois organes principaux, nécessaires, indispensables :

1° Le *générateur* ou la *chaudière,* dans lequel l'eau est transformée en vapeur au moyen de la chaleur. Cette partie de la machine produit et emmagasine la vapeur.

2° L'*utilisateur*. C'est le plus souvent un cylindre dans lequel un piston à frottement doux peut aller et venir.

3° Le *transformateur*. C'est l'ensemble des organes mécaniques qui changent le mouvement du piston en un autre approprié au travail que l'on veut produire. Le plus souvent, le mouvement du piston est rectiligne alternatif, et il est transformé en un autre circulaire continu, qui peut s'appliquer en général à toute espèce de travail.

169. **GÉNÉRATEUR OU CHAUDIÈRE.** — La chaudière doit produire et emmagasiner la vapeur. Il doit donc exister un endroit pour faire le feu, un autre pour contenir l'eau, et un troisième pour recevoir la vapeur fournie. Le premier s'appelle le *foyer*, le second le *réservoir d'eau* et le troisième le *réservoir de vapeur*.

170. **Foyer.** — Dans toutes les cheminées ou foyers domestiques, on met le bois ou le charbon de terre, qui est le *combustible*, sur des chenets ou sur une grille, de manière que l'air nécessaire à la combustion puisse arriver par dessous. Cette disposition est aussi celle adoptée dans la plupart des chaudières.

Le foyer se trouve donc ainsi partagé en deux parties principales dans le sens de la hauteur.

La partie inférieure, celle qui donne passage à l'air et reçoit les résidus du bois ou du charbon de terre, est le *cendrier*. Ces résidus non combustibles, qui passent entre les *barreaux de la grille*, sont les *cendres* ou les *escarbilles*.

La partie supérieure du foyer, celle dans laquelle brûle le combustible, où se fait la combustion, est le *fourneau*. Elle est fermée par une porte appelée *porte du fourneau*.

Tout le parcours que l'on fait faire, dans l'intérieur de la chaudière, aux gaz échauffés et à la fumée, pour utiliser une partie de leur chaleur, sont les *courants de flamme*, qui sont, par le fait, la suite du fourneau. Le fourneau est terminé par la *cheminée*, qui a pour but : de produire un tirage suffisant pour que de l'air nouveau vienne toujours entretenir la combustion ; de conduire à une certaine hauteur, dans l'atmosphère, les gaz qui pourraient nuire à la santé des hommes ; enfin, de mettre les objets environnants à l'abri du feu des flammèches qui sortent souvent par le haut.

On doit pouvoir, dans certaines circonstances, diminuer et même suspendre le passage de l'air entre les barreaux des grilles ; c'est pour cette raison que l'on ferme le cendrier par une porte, ou encore la cheminée par un registre, espèce de clef semblable souvent à celle que l'on met dans l'intérieur du tuyau d'un poêle.

Comme je vous l'ai dit plus haut, la grille sépare le cendrier du fourneau; elle est composée de barreaux placés le plus souvent dans le sens de la longueur du foyer. Elle est parfois terminée par un petit mur en briques ou en tôle, appelé *autel*, qui a pour but de maintenir le charbon et de l'empêcher de tomber dans le cendrier quand la grille ne s'appuie pas sur les tôles du fond de la chaudière, de mettre les tôles du fond de la chaudière à l'abri de l'action directe de la flamme, enfin de redresser la flamme pour qu'elle entre plus facilement dans les courants de flamme.

Tels sont les organes nécessaires, indispensables, que vous trouverez dans tous les foyers, quel que soit leur système, qu'ils fassent partie de la chaudière elle-même, ou qu'ils soient en maçonnerie.

171. **Réservoir d'eau.** — Le réservoir d'eau est la partie de la chaudière qui contient l'eau destinée à passer à l'état de vapeur. Sous l'action de la chaleur produite, une partie du liquide sort en vapeur ; si on ne la remplaçait pas, le niveau baisserait de plus en plus, et il arriverait un moment où la chaudière serait vide. Pour éviter cet inconvénient, qui, comme vous le verrez, peut causer la rupture de la chaudière, il y a un organe particulier chargé de maintenir continuellement le même niveau dans la chaudière, quelle que soit la dépense de vapeur : c'est l'*alimentation*. Parfois, c'est une pompe aspirante et foulante, qui envoie l'eau dans l'intérieur du générateur ; d'autres fois, une partie de la vapeur de la chaudière est employée à aspirer et à refouler l'eau d'alimentation dans un appareil particulier nommé *injecteur Giffard*. Parfois, quand l'organe d'alimentation fonctionne continuellement pendant la marche de la machine, le robinet qui permet à l'eau de s'introduire dans la chaudière s'ouvre et se ferme mécaniquement par le fait d'un *flotteur* placé dans l'intérieur de la chaudière.

Il est de la plus grande importance de connaître toujours à quelle hauteur se trouve le liquide dans la chaudière ; il faut donc un moyen de rendre le niveau de l'eau visible à l'extérieur. Ce résultat est donné par le *tube de niveau.* C'est un tube en verre placé à l'extérieur de la chaudière, à la hauteur du niveau intérieur. Il communique, par sa partie supérieure, avec le réservoir de vapeur, et, par sa partie inférieure, avec le réservoir d'eau. Les choses se passent dans le tube comme dans la chaudière elle-même, le niveau de l'eau dans l'un est à la hauteur du niveau de l'eau dans l'autre.

Mais certaines circonstances viennent fausser les indications du tube de niveau; parfois il se brise, d'autres fois les communications avec la chaudière se bouchent, le verre est souvent assez sale pour empêcher de voir l'eau dans l'intérieur. Il fallait trouver le moyen de contrôler les indications du tube de niveau et même de le remplacer au besoin. C'est le but des *robinets jauge*, petits robinets fixés sur la chaudière. Ils sont ordinairement au nombre de trois : le plus bas est à quelques centimètres au-dessous du niveau de l'eau; le second est à la hauteur même de ce niveau, et le troisième est à quelques centimètres au-dessus. Ainsi donc, quand le niveau est à une hauteur convenable, le robinet inférieur donne de l'eau, celui du milieu de l'eau et de la vapeur, et celui supérieur de la vapeur seulement. S'il n'y a que deux robinets jauge, c'est celui du milieu qui est supprimé.

Pour remplir la chaudière avant de commencer à chauffer, ou pour *faire le plein*, il y a souvent un tuyau particulier, nommé *tuyau de prise d'eau* ou simplement *prise d'eau.* Pour les petites machines, on verse souvent l'eau nécessaire pour remplir la chaudière, par le trou qui peut permettre d'aller visiter l'intérieur du générateur et que l'on nomme *trou d'homme.* Généralement les chaudières à vapeur ont un robinet à la partie la plus basse du réservoir d'eau; au moyen de ce robinet, nommé *robinet de vidange,* on peut vider complétement la chaudière lorsqu'elle est éteinte. Quand on emploie l'eau de mer, ce qui arrive le plus souvent pour les machines employées pour la navigation, le sel n'étant pas entraîné s'accumulerait dans la chaudière; pour diminuer sa quantité et maintenir l'eau à un degré de salure convenable, on laisse sortir de la chaudière une partie de l'eau trop chargée de sel, et on la remplace par une égale quantité d'eau venant de la mer. On fait alors ce qu'on appelle une *extraction.*

172. *Aréomètres, pèse sels, pèse-acides, pèse-lait, saturomètres.* — Quand on emploie pour alimenter les chaudières de l'eau de mer, ou de l'eau douce chargée de matières étrangères, surtout de chaux, il peut arriver

un moment où ces matières se déposent. Elles forment alors des couches plus ou moins épaisses en dedans de la chaudière, précisément au-dessus des parties exposées à l'ardeur du foyer, qui alors ne laissent plus passer la chaleur ; on appelle ces dépôts des *incrustations*. Cet effet est donc une cause de perte de combustible, puisque la chaleur ne passe plus que très-difficilement.

Ce serait déjà un inconvénient, mais ces dépôts peuvent causer des accidents terribles que vous allez comprendre facilement. Puisque la chaleur ne passe plus, elle reste dans la tôle qui rougit ; si par une cause ou une autre le dépôt se détache, le liquide vient toucher des parties rouges, et il se forme immédiatement une quantité considérable de vapeur qui peut compromettre la chaudière. Dans tous les cas, la partie rougie peut ne pas avoir une assez grande force de résistance pour supporter l'action de la vapeur et céder ; il peut encore en résulter une déchirure dans la chaudière ou simplement une brûlure ou *coup de feu*, comme on dit. Vous voyez qu'il est très-important de pouvoir connaître le degré de salure de l'eau contenue dans une chaudière de machine à vapeur ; on y arrive en faisant usage d'un instrument nommé *aréomètre* ou *pèse-sel*. Il est en verre ou en métal (fig. 196). Il est formé d'un cylindre creux BC portant à sa partie inférieure un petit réservoir D dans lequel on met de la grenaille de plomb ou de mercure, de manière à le lester pour qu'il se tienne droit dans l'eau. La partie supérieure est terminée par un petit tube AB. Pour graduer l'instrument, on le plonge dans de l'eau distillée, qui ne contient aucun sel, et on charge le récipient D jusqu'à ce que le point d'affleurement atteigne à peu près l'extrémité A. Le plongeant ensuite dans un liquide saturé de sel, on met au point d'affleurement 10 ou 100. Il suffit ensuite de diviser la partie du tube AB comprise entre les deux points d'affleurement en 10 ou 100 parties égales. Pour la marine, c'est en 10 parties. Du reste, la graduation est indifférente ; il suffit que vous compreniez que, par ce moyen, on peut avoir une idée exacte de la densité du liquide, et comme cette densité dépend de la quantité de sel contenue, on peut arriver à cette dernière, qu'il importe tant de connaître.

Fig. 196.

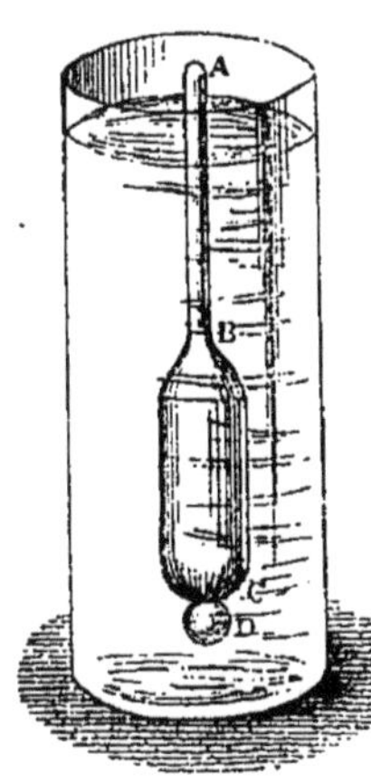

Comme vous le voyez, le pèse-sel est une application du principe d'Archimède (34).

Le poids de l'instrument est constant, par suite il pénètre d'autant plus dans un liquide que ce dernier est moins dense, et il plonge d'autant moins que le corps dans lequel il surnage est plus dense. Il ne peut déplacer qu'un poids d'eau égal au sien ; ce dernier restant le même et la densité des liquides variant, il faut nécessairement que le volume d'eau déplacée varie et, par suite, que l'aréomètre se maintienne à des hauteurs différentes. Si donc la tige est graduée, l'aréomètre pourra donner le rapport des densités des liquides dans lesquels on le plonge.

Les aréomètres sont beaucoup employés dans le commerce ; ils servent à estimer le degré de concentration d'un acide, la quantité de sel contenue dans une dissolution saline, la quantité de sucre d'un sirop, la quantité d'alcool ou d'esprit que contient une liqueur spiritueuse, ou bien encore la quantité d'eau que renferme du lait, par exemple. Malheureusement la graduation de ces instruments est en général arbitraire et ne repose sur aucune base ; ainsi, l'aréomètre de Baumé (*), qui est le plus en usage, est gradué de la manière suivante (fig. 197) :

Fig. 197

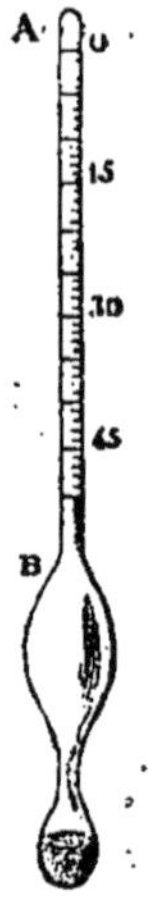

1° S'il doit servir à peser des liquides, qui sont d'autant plus pesants que leur richesse est plus grande, comme les acides et les dissolutions salines, et qui par suite ont une densité plus grande que l'eau, on plonge l'instrument (fig. 197) dans de l'eau distillée ; et, en chargeant convenablement le petit récipient inférieur C, on le fait enfoncer jusqu'au sommet du tube ; à ce point, on marque zéro. On le met ensuite dans une dissolution contenant 85 parties d'eau distillée et 15 de *sel marin*, ou *sel ordinaire*, et l'on marque 15 à l'endroit du petit tube A qui correspond au niveau de l'eau. L'intervalle est partagé en 15 parties égales appelées *degrés*, et l'on prolonge les divisions jusqu'à la naissance du réservoir B. Dans ce cas, on désigne plus particulièrement l'instrument sous le nom de *pèse-acide* ou *pèse-sel*.

2° Si l'aréomètre doit être employé comme *pèse-liqueur*, c'est-à-dire pour des liquides contenant plus ou moins d'alcool, dont la densité est

(*) Beaumé, savant chimiste français, né en 1728 et mort en 1804.

plus faible que celle de l'eau distillée, on charge le petit réservoir de telle sorte que, mis dans de l'eau distillée, l'instrument enfonce seulement jusqu'à la naissance du petit tube, et l'on marque zéro à ce point. On place ensuite le pèse-liqueur dans de l'eau distillée contenant 90 parties d'eau et 10 de sel ordinaire, et l'on marque 10 au point d'affleurement. Enfin, on partage l'intervalle laissé sur le tube entre les deux points dont on vient de parler en 10 parties égales, que l'on prolonge jusqu'au sommet du tube.

Ces instruments, qui sont moins faits pour connaître la densité d'un liquide que pour apprécier le nombre de parties d'un autre corps en suspension ou en dissolution, devraient être gradués d'une manière plus rationnelle. Par exemple, pour un pèse-sel, l'instrument devrait être mis d'abord dans de l'eau distillée, puis dans de l'eau saturée, c'est-à-dire contenant 33 parties sur 100 de sel; l'intervalle, partagé en 33 parties égales, donnerait une échelle sur laquelle on lirait immédiatement la proportion de sel contenu dans le liquide que l'on pèse. Pour les liqueurs spiritueuses ou alcooliques, le pèse-liqueur devrait être plongé d'abord dans de l'eau distillée, puis dans de l'alcool pur, et la distance entre les deux points serait partagée en 100 parties égales, par exemple, comme dans l'aréomètre centésimal de Gay-Lussac, le célèbre chimiste français mort en 1850.

Fig. 198.

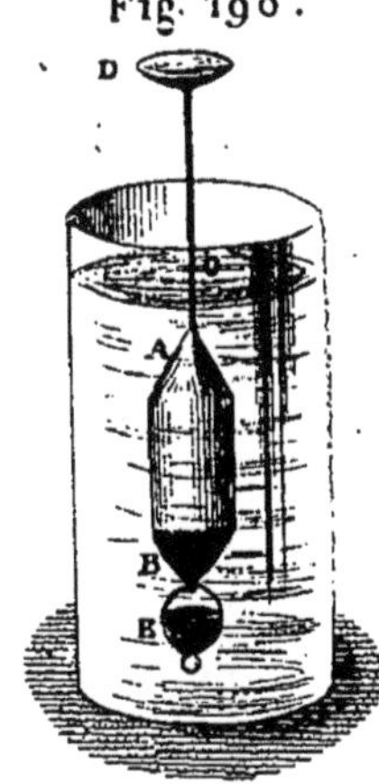

Il y a deux espèces d'aréomètres, ceux à poids constant, comme ceux dont il vient d'être question, et ceux à volume constant, dont je vais vous dire quelques mots. L'aréomètre de *Nicholson*, qui est de cette dernière classe, est une véritable balance donnant la densité ou le poids spécifique des solides. Il se compose d'un cylindre creux AB (fig. 198) de fer-blanc ou de cuivre, terminé de part et d'autre par des cônes de même métal. Le cône A porte, dans le prolongement de son axe, une tige AD, très-déliée, surmontée d'un petit plateau D. Au-dessous du cône inférieur est suspendue une petite corbeille E, lestée par de la grenaille de plomb. Le poids de l'instrument est tel que, plongé dans l'eau distillée, le point d'affleurement O a lieu entre le cône supérieur et le plateau D.

Pour déterminer la densité ou le poids spécifique d'un corps solide quelconque, on agit de la manière suivante : L'aréomètre mis dans l'eau, on place sur le plateau ou la capsule D un fragment du corps dont on s'occupe, avec des poids suffisants pour que l'instrument affleure au point 0, marqué sur la tige. On enlève alors le corps et on le remplace par des poids, de manière à ramener l'instrument à son point d'affleurement 0. Evidemment, le poids ainsi ajouté est celui du corps dans l'air. On enlève ce poids et l'on met le corps dans la corbeille E; le poids qu'il faut ajouter sur la capsule D, toujours pour ramener l'instrument à son point d'affleurement, donne évidemment la valeur de la poussée verticale exercée par le liquide sur le corps plongé, ou le poids de l'eau qu'il déplace. La comparaison entre ce dernier poids et le premier, c'est-à-dire celui du corps dans l'air, donne le poids spécifique ou la densité.

Si le corps solide a une densité moins grande que celle de l'eau, on le place au-dessous de la corbeille E, retournée et crochée à l'aréomètre par l'anneau que l'on voit à la partie inférieure.

173. **Réservoir de vapeur.** — Les tôles d'une chaudière ont une épaisseur en rapport avec la pression qu'elles doivent supporter; si on dépassait la limite extrême de cette pression, on s'exposerait à voir les tôles céder, et, par suite, la chaudière sauter. D'un autre côté, il faut que la vapeur que l'on emploie ait bien la pression voulue; sans cette condition, la machine ne développerait pas la force qu'on attend d'elle. Pour ces deux raisons, on doit connaître, à chaque instant, la pression de la vapeur produite; le *manomètre* (132) est l'organe qui remplit ce but.

Mettre la chaudière à l'abri d'une explosion est d'une importance si grande, qu'on ajoute un organe particulier pour remplir cette fonction; c'est la *soupape de sûreté* (160). Cette soupape est appliquée du dehors au dedans sur la partie supérieure du réservoir de vapeur. Elle est chargée d'un poids, calculé de telle sorte qu'elle se lève sous l'effort de la vapeur, quand la pression de cette dernière dépasse celle que peut supporter sans danger la chaudière.

Toutes les chaudières peuvent être mises en communication avec l'organe qui utilise la vapeur; le tuyau qui sert à conduire la vapeur est appelé *tuyau de conduite de vapeur* ou *tuyau de vapeur*. L'obturateur, qui permet d'établir ou d'interrompre cette communication, est le *registre de vapeur* ou la *soupape d'arrêt.*

174. **Différentes formes des chaudières.** — Pour comprendre les raisons qui ont conduit à donner aux chaudières les formes différentes qu'elles affectent extérieurement, il faut se pénétrer de la manière dont résistent les surfaces d'un vase clos, soumis à une pression intérieure. Ainsi, une surface plane, poussée de dedans au dehors, tend à se bomber ; par suite, une chaudière ayant la forme d'un parallélipipède rectangle (18), soumise à une pression intérieure, tend à prendre la forme d'un cylindre, et ses bases celle d'une demi-sphère. Elle atteindrait certainement cette forme si le métal pouvait céder jusque-là, et elle la conserverait alors. L'expérience a démontré qu'un vase cylindrique à bases sphériques n'était pas déformé par l'action d'une pression intérieure ; il peut éclater sous l'effort de cette pression, mais sa forme géométrique ne change pas.

On peut donc conclure, qu'à épaisseur égale, les surfaces planes présentent la résistance la plus faible, et que les surfaces courbes sont d'autant plus résistantes qu'elles se rapprochent davantage de la forme sphérique.

Par suite, dans la construction des chaudières, destinées à supporter des pressions intérieures si différentes, on a dû nécessairement tenir compte de l'observation précédente pour la forme à donner aux surfaces. Ainsi, on a pu faire les chaudières, dans lesquelles la pression de la vapeur était comprise entre une et deux atmosphères, avec des surfaces planes, à angles vifs de raccordement ; mais dans les chaudières dont la pression de vapeur dépasse deux atmosphères, on a dû arrondir les surfaces et les angles de raccordement.

La vapeur est dite *à basse pression* quand sa tension est comprise entre une et deux atmosphères ; entre deux et trois, elle est *à moyenne pression ;* au-dessus, elle est *à haute pression.* Les chaudières et les machines sont aites à basse, à moyenne ou à haute pression, suivant la tension de la vapeur qu'elles emploient.

Chaudières à basse pression. — Quoique les chaudières à basse pression ne soient plus guère en usage, je vous donne les dispositions qu'elles comportent ; elles vous feront mieux comprendre ce que je vous ai dit des formes en général. La figure 199 est une coupe verticale suivant la ligne XY de la figure 200, et la figure 200 est la coupe horizontale suivant la ligne XY de la figure 199. Les mêmes lettres désignent les mêmes parties dans les deux figures. BB est le réservoir de vapeur, surmonté d'une espèce de coffre A, nommé *coffre à vapeur*. C'est sur ce dernier que se trouvent la soupape d'arrêt N et la soupape de sûreté O.

CC est le réservoir d'eau, traversé par les courants de flamme D, D qui se détachent en noir sur les figures; cette partie est terminée par la cheminée E. Quand les courants de flamme ont la forme de galeries, comme dans la chaudière représentée, ils prennent le nom de *carneaux*.

Fig. 199.

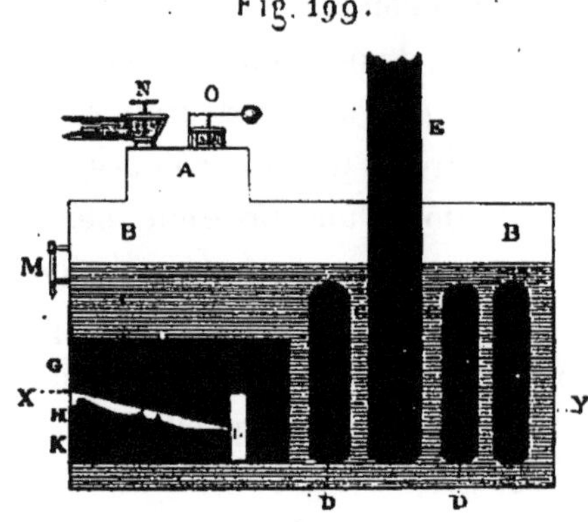

G est le fourneau, H la grille, K le cendrier, L l'autel, M le tube de niveau.

Toutes les parties qui reçoivent l'action de la chaleur du foyer sont les *surfaces de chauffe;* mais, comme elles ne donnent pas toutes une même quantité de vapeur à surface égale, on appelle *surfaces de chauffe directes* celles qui sont directement exposées à l'action de la flamme, et *surfaces de chauffe indirectes* celles qui ne reçoivent que l'action des gaz chauds. Les premières produisent cinq ou six fois plus de vapeur, à surface égale, que les secondes. Les surfaces verticales ne donnent pas non plus autant de vapeur que celles horizontales, et l'on ne compte leur production que pour moitié de celle de ces dernières.

Fig. 200

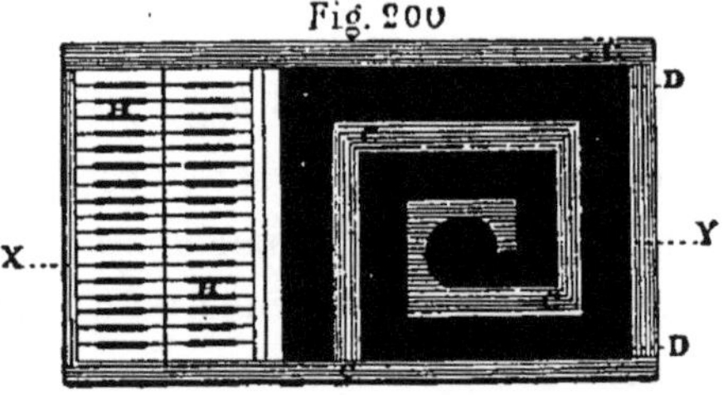

Quoique la pression dans les chaudières à basse pression soit peu supérieure à la pression atmosphérique, qui contre-balance, en grande partie, l'effort intérieur, les surfaces planes sont parfois si considérables qu'il faut les soutenir. A cet effet, on place à l'intérieur des tringles de fer, qui vont d'un côté à l'autre et qu'on nomme *tirants*. Dans les parties étroites, comme celles comprises entre deux carneaux et qu'on nomme *lames d'eau*, on met des tirants très-courts, qui prennent le nom d'*entretoises*. De même que les surfaces planes peuvent céder sous l'effort intérieur, de même elles peuvent être écrasées par la pression atmosphérique dans le cas où, par une cause ou une autre, la vapeur viendrait à être condensée et où, par suite, il y aurait le vide produit dans la chaudière. Pour écarter les accidents qui se produiraient dans de telles circonstances, on met, sur la chaudière, une soupape s'ouvrant de dehors en dedans, et que l'on appelle *soupape atmosphérique*. Tant que la pression intérieure est plus grande que celle extérieure, la soupape atmosphérique reste appuyée sur son siége; mais aussitôt que la pression extérieure l'emporte sur celle intérieure, la soupape s'ouvre et laisse pénétrer l'air extérieur, qui rétablit l'équilibre.

175. *Chaudières à haute pression.* — Par le fait, il n'y a que les chaudières à basse pression et celles à haute pression. Dans la marine seulement, on a subdivisé ces dernières en chaudières à moyenne pression et en chaudières à haute pression véritablement; nous ne nous y arrêterons donc pas davantage, et nous les considérerons toutes comme des chaudières à haute pression.

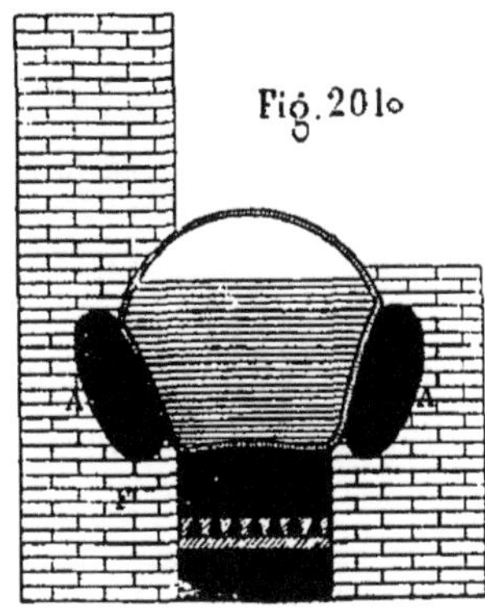

La figure 201 représente une section faite dans une chaudière à haute pression; vous pouvez voir que toutes les faces sont arrondies. La partie au-dessus du foyer est bombée par le haut, pour présenter plus de résistance contre la déformation provenant de la chaleur toujours très-grande de cette partie, chaleur qui diminue considérablement la force de résistance du métal. La flamme et les gaz chauds, formés dans le fourneau F, s'engagent dans les courants de flamme A, A, qui aboutissent à la cheminée. Vous remarquerez que le foyer et la cheminée sont en maçonnerie; les briques employées sont *réfractaires*, c'est-à-dire qu'elles laissent passer très-difficilement la chaleur.

Les dimensions à donner à une chaudière dépendent évidemment de la quantité de vapeur qu'elle doit fournir. Comme point de départ, on sait que les surfaces de chauffe directes, c'est-à-dire celles qui sont directement léchées par la flamme du foyer, vaporisent 80 à 100 litres d'eau par heure et par mètre carré, tandis que les surfaces de chauffe indirectes ne vaporisent que 15 litres environ.

C'est ordinairement d'après ces données que l'on calcule la surface de chauffe d'une chaudière. L'expérience a démontré qu'elle devait être de

1 m. 25 par force de cheval; du reste, une seule considération doit limiter l'étendue à donner aux surfaces de chauffe : c'est qu'il faut que la température de la fumée ou des gaz chauds, au pied de la cheminée, soit assez considérable pour entretenir le tirage nécessaire à une bonne combustion.

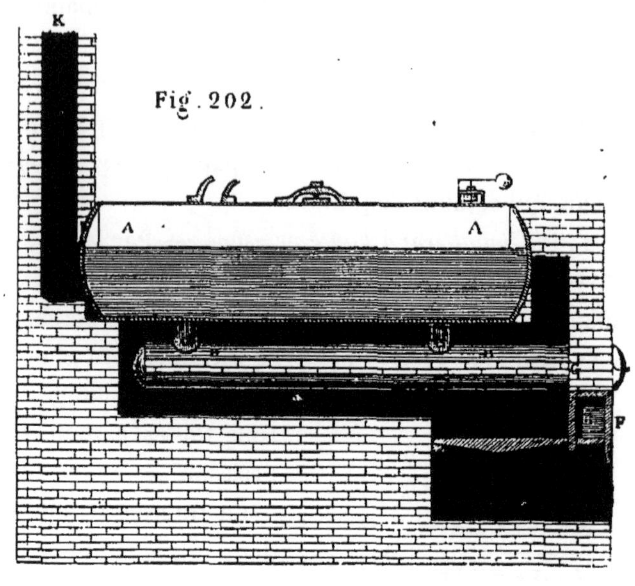

Fig. 202.

Chaudières à bouilleurs. — Les chaudières à bouilleurs ont été inventées pour donner le plus de surface de chauffe directe possible. AA, le corps de la chaudière (fig. 202 et 203), est cylindrique et terminé par des demi-sphères. Au-dessous se trouvent deux cylindres d'un plus petit diamètre B, B, communiquant par chacune de leurs extrémités avec le corps de la chaudière au moyen des *tubulures* C, C. Comme vous le montrent les dispositions de la figure 203, le fourneau FF est divisé en deux étages, dans le sens de la hauteur, par une cloison. L'étage supérieur est divisé lui-même en trois galeries : une, au milieu, correspondant au-dessous du corps de la chaudière, et une de chaque côté aboutissant à la cheminée K. Les bouilleurs, au milieu de la flamme du fourneau, sont en quelque sorte entourés par elle. Après avoir parcouru tout l'étage inférieur du fourneau, la flamme et les gaz chauds s'engagent dans la galerie du milieu de l'étage supérieur et vont, de là, dans les galeries latérales pour gagner la cheminée.

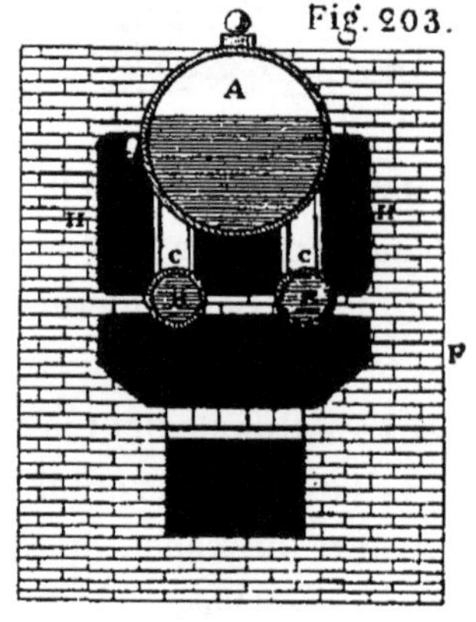

Fig. 203.

Il y a parfois plus de deux bouilleurs; peu importe, le but que l'on veut atteindre est toujours une grande production de vapeur, et chaque constructeur s'imagine avoir trouvé le meilleur moyen.

176. *Chaudières tubulaires.* — L'invention des chaudières tubulaires a apporté de grandes modifications dans les chaudières à vapeur ; on a pu dès lors faire des générateurs produisant une grande quantité de vapeur, quoique relativement moins pesants et d'un volume beaucoup moins considérable que les chaudières à bouilleurs. Les courants de flamme sont remplacés par des tubes d'un petit diamètre, dans lesquels passent la flamme et les gaz chauds ; ces tubes traversent toute la masse liquide contenue dans la chaudière. La surface de chauffe se trouvant beaucoup plus grande que dans les autres chaudières, l'eau s'échauffe promptement et la production de vapeur est considérable. La figure 204 vous donne deux coupes faites dans une chaudière tubulaire, une dans le sens longitudinal, et l'autre dans le sens perpendiculaire à la longueur. A, A, A sont les tubes, ils sont rivés sur deux plaques BC et DE que l'on nomme *plaques de tête*. Le foyer F est en avant de la chaudière, la cheminée H est à l'arrière, elle surmonte une espèce de boîte appelée *boîte à fumée*, fermée par une porte que l'on peut ouvrir pour nettoyer l'intérieur des tubes, qui sont vite engagés par la suie.

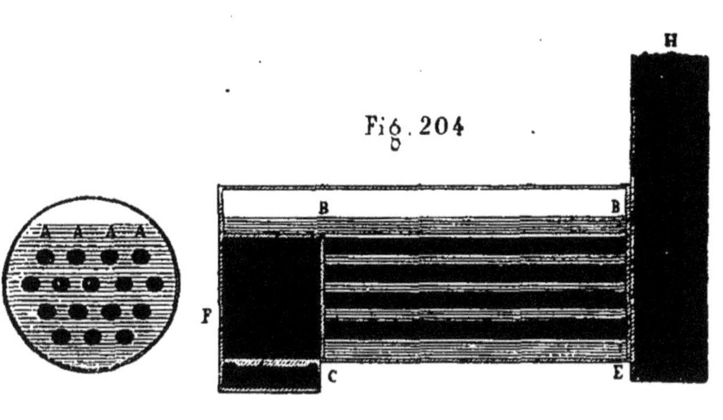

Fig. 204

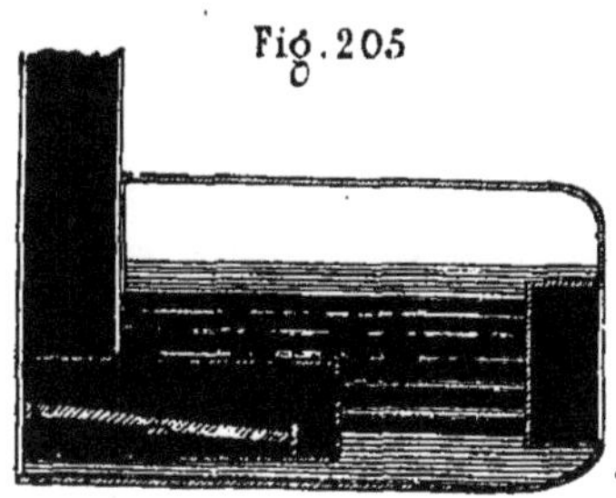
Fig. 205

Les chaudières tubulaires n'ont pas toujours la disposition représentée dans la figure 204, il y en a dans lesquelles on tire encore un meilleur parti de la chaleur développée par la combustion du charbon. Dans ces dernières, la flamme et les gaz chauds, après avoir passé dans une première série de tubes, reviennent trouver une seconde série placée au-dessus des premiers, avant d'arriver à la boîte à fumée et à la cheminée. Cette disposition est surtout avantageuse quand certaines conditions imposent de donner une faible longueur aux chaudières. Alors la cheminée, comme le montre la figure 205, est sur l'avant de la chaudière, au lieu d'être à l'arrière comme dans la figure 204.

Les chaudières dans lesquelles la flamme et les gaz chauds se rendent directement à la cheminée, comme dans la chaudière représentée par la figure 204, sont appelées *chaudières tubulaires à flamme directe ;* celles dans lesquelles la flamme et les gaz, après avoir été dans un sens, reviennent en suivant une direction opposée, comme le montre la figure 205, sont dites *à retour de flamme.* Dans ce cas, la partie dans laquelle arrivent la flamme et les gaz chauds, avant de revenir sur leurs pas, se nomme la *boîte à feu,* pour la distinguer de la boîte à fumée, qui est toujours à la naissance de la cheminée.

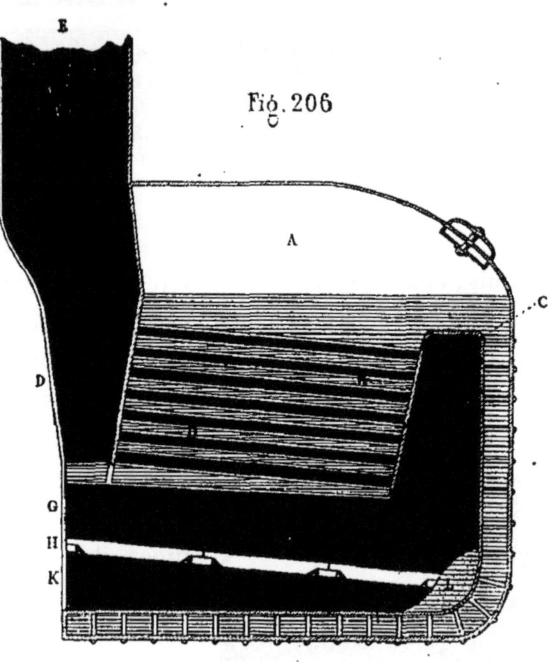

Je vous ai dit tout à l'heure que certaines conditions imposaient de donner à une chaudière une forme plutôt qu'une autre. Ainsi, sur les navires, l'espace en hauteur ne manque pas, mais l'espace en longueur est toujours très-limité, aussi les chaudières tubulaires employées sont-elles à retour de flamme, mais il n'y a qu'une série de tubes placés au-dessus du foyer; la figure 206 vous donne une idée de ces générateurs. A est le réservoir de vapeur, B, B les tubes, C la boîte à feu, D la boîte à fumée, E la cheminée, G le fourneau, H la grille, K le cendrier et L l'autel.

Enfin, il est encore une autre disposition donnée aux chaudières tubulaires ; les tubes, au lieu d'être horizontaux, ou très-peu inclinés, comme nous les avons vus jusqu'ici, sont placés verticalement au-dessus du foyer, comme l'indique la figure 207. Il peut se faire que la place que doit occuper un générateur mette dans l'obligation d'adopter cette disposition, et alors il faut s'incliner devant la nécessité ; mais en dehors de ce cas particulier, elle ne semble pas avantageuse, les surfaces verticales laissant passer la chaleur moins facilement que celles horizontales. Cependant il faut aussi considérer que la flamme s'élève dans presque toute la longueur des tubes verticaux, tandis qu'elle ne passe que bien rarement dans les tubes horizontaux. Les premiers peuvent donc être considérés comme des surfaces de chauffe directes verticales, tandis que les autres sont des surfaces de chauffe indirectes horizontales.

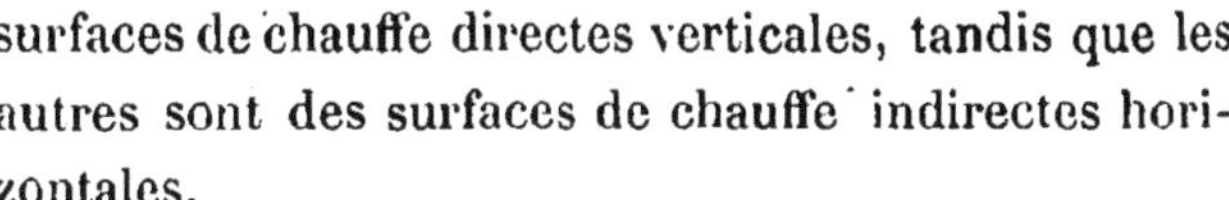

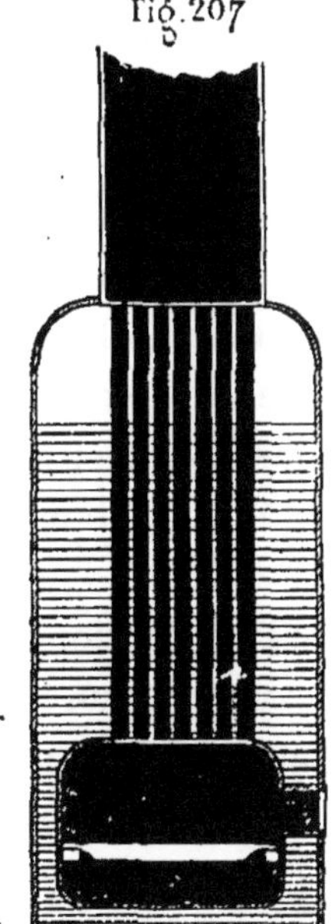
Fig. 207

177. **Résumé sur les chaudières à vapeur.** — Dans l'état actuel des choses, les chaudières à vapeur tubulaires ont des avantages incontestables sur toutes les autres, au point de vue de la production de la vapeur, de la légèreté, et certes elles n'ont pas dit leur dernier mot. Avec la manière d'employer le combustible, la suie et les cendres engorgent très-vite les tubes, il faut les nettoyer souvent. Quoi qu'on fasse, ils ne donnent pas toute la vapeur qu'ils pourraient fournir. Pour éviter cet engorgement, qui nuit au tirage, on donne aux tubes un diamètre de sept à huit centimètres ; il faut alors que l'épaisseur soit en rapport avec ce diamètre. Mais on entrevoit déjà la possibilité de séparer la combustion du chauffage, et de chauffer les chaudières avec le gaz fourni par le combustible ; alors la fumée et la suie ne passeraient plus dans les tubes ; ils ne pourraient donc plus s'engorger, il serait possible alors de leur donner un diamètre beaucoup plus petit, une épaisseur considérablement moindre, et en fin de compte la surface de chauffe se trouverait augmentée dans des proportions très-grandes.

178. **UTILISATEUR.** — L'utilisateur est l'ensemble des organes qui utilisent la force expansive de la vapeur.

Il se compose essentiellement d'un cylindre, fermé aux deux extrémités par un couvercle et un fond, dans lequel se meut à frottement doux un piston. Le mouvement du piston est transmis au dehors par la tige du piston, qui traverse le couvercle du cylindre dans un presse-étoupe.

C'est dans le cylindre qu'on utilise la force expansive de la vapeur, mais c'est le piston qui utilise cette force.

Pour que le mouvement du piston se fasse d'une manière continue, il faut que la vapeur vienne agir et qu'elle cesse son action à des moments précis. Pour atteindre ce résultat nécessaire, indispensable, le cylindre porte un organe particulier pour la distribution de la vapeur.

Ainsi donc, les organes principaux qui constituent l'utilisateur sont : le cylindre, le piston et l'organe de distribution de la vapeur. Nous allons voir chacune de ces parties isolément.

Le **cylindre**, comme l'indique son nom, a intérieurement la forme cylindrique. Il est en général fondu d'un seul jet de fonte de fer grise, qui est plus facile à travailler, et qui a plus d'élasticité que la fonte blanche, dont la résistance est cependant beaucoup plus grande. L'intérieur est tourné ou *alésé* avec le plus grand soin, de manière que le diamètre soit exactement le même dans toute la longueur; en outre, il est poli autant que le permet la fonte employée.

La forme extérieure varie naturellement avec la place et la position qu'il doit occuper, cependant on trouve généralement à ses extrémités un bourrelet, nommé *collet*, servant, l'un à fixer le couvercle, et l'autre à attacher le fond. On renforce aussi le cylindre au moyen de *nervures* et de *cordons* qui permettent de diminuer l'épaisseur du métal en conservant toute la solidité désirable.

Couvercle et fond du cylindre. — Le couvercle et le fond du cylindre sont ordinairement coulés avec la même fonte qui a donné le cylindre ; ils portent des collets qui, au moyen de nombreux boutons à écrous, servent à les unir avec les collets du cylindre.

Sur le couvercle se trouve le *presse-étoupe* (n° 180), qui donne passage à la tige du piston.

Pour laisser sortir l'eau provenant de la vapeur condensée au contact des parois froides du cylindre, et celle qui peut être amenée par la vapeur elle-même, on place, dans l'endroit le plus convenable, des robinets appelés *robinets de purge.* Ils permettent de faire communiquer chacune des extrémités du cylindre avec l'atmosphère. On nomme ces robinets robinets de purge, parce qu'ils permettent, avant de mettre en marche, de faire sortir du cylindre l'eau et l'air qui s'y trouvent toujours quand la machine est au repos ; cette opération indispensable est ce qu'on nomme *purger la machine*. Dans les grandes machines, les robinets de purge ne suffiraient pas, dans de certaines circonstances, pour laisser sortir l'eau qui arrive ou qui se forme dans le cylindre ; alors on met, à chaque extrémité de cet organe, une *soupape de sûreté*, qui se lève sous l'action de l'eau pressée par le piston et qui donne passage à ce liquide.

Pour entretenir toujours dans de bonnes conditions de glissement l'intérieur du cylindre et le pourtour du piston, il faut faire arriver dans l'intérieur du cylindre un corps gras, huile ou suif; à cet effet, on place, sur le cylindre, une espèce d'entonnoir ou réservoir qui peut communiquer, au moyen d'un robinet, avec l'intérieur du cylindre, et qu'on appelle pour cette raison *godet graisseur*.

Enfin, aux extrémités du cylindre sont deux ouvertures beaucoup plus longues que hautes, qu'on nomme les *orifices* du cylindre ; ils sont destinés à laisser passer la vapeur qui vient agir et celle qui vient d'agir ; en d'autres termes, c'est par les orifices que la vapeur entre et sort du cylindre.

179. Piston des machines à vapeur. — Le piston se compose de quatre parties bien distinctes (fig. 208) : AA le corps du piston ; BB la garniture ; CC le presse-garniture ou mieux la couronne, et DD la tige du piston.

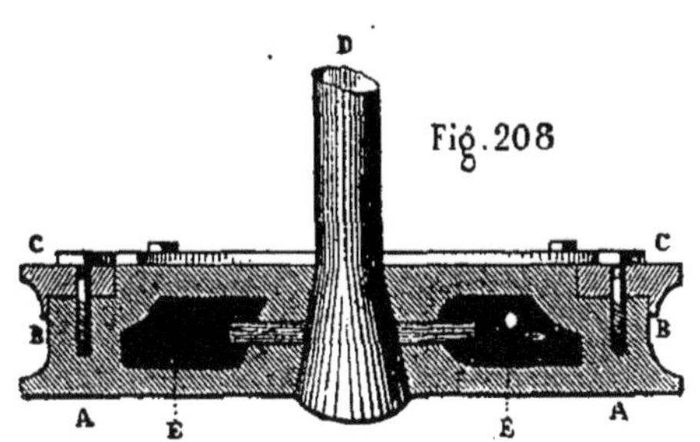

Le corps du piston est, en général, la partie la plus considérable de cet organe ; il porte la garniture, la couronne et la tige, ou les tiges, car vous rencontrerez des machines dans lesquelles le piston a plusieurs tiges.

La garniture est l'ensemble des moyens employés pour empêcher la vapeur de passer entre le piston et la paroi du cylindre. Elle se place dans la gorge BB, pratiquée autour du corps du piston.

La couronne est, le plus souvent, un cercle en fer destiné à presser ou à maintenir la garniture dans la gorge du corps du piston.

La tige ou les tiges sont des pièces de fer cylindriques, emmanchées solidement avec le corps du piston, et destinées à communiquer le mouvement aux autres pièces de la machine.

Corps du piston. — La forme du piston est, en général, celle d'un disque dont les faces sont légèrement convexes ; tout autour on ménage une gorge pour la garniture. Quand le piston a de grandes dimensions, on laisse dans l'intérieur des vides E, E, qui diminuent le poids. Quand il n'y a qu'une seule tige, le corps du piston porte à son centre un trou pour la recevoir.

Fig. 209

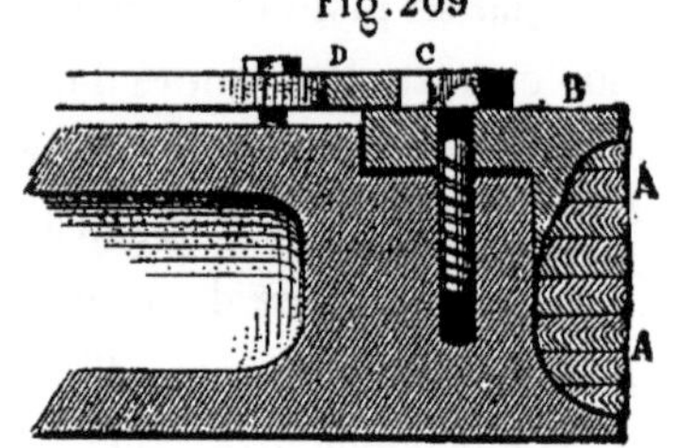

Garniture du piston. — Il y a deux espèces de garnitures, celles en chanvre, et celles faites au moyen de bague métallique.

La *garniture en chanvre* (fig. 209) se compose de tresses en chanvre ou en coton A, A, trempées dans du suif fondu. Ces tresses, coupées de la longueur convenable, sont placées dans la gorge entre le corps du piston et le cylindre, en ayant soin de croiser les points de réunion.

La *couronne* BB, par sa disposition, peut presser fortement la garniture contre le cylindre, et, par suite, empêcher tout passage de la vapeur d'un côté à l'autre du piston. Les boulons C donnent la possibilité de faire descendre la couronne jusqu'à ce qu'elle soit arrivée à toucher le corps du piston. Souvent, pour empêcher les boulons de la couronne de se desserrer dans le mouvement du piston, on met un *frein* D ; c'est ordinairement un petit cercle fixé sur le corps du piston, et qui vient toucher toutes les têtes des boulons. Parfois la couronne forme un véritable couvercle, qui ferme le corps du piston.

Fig. 210

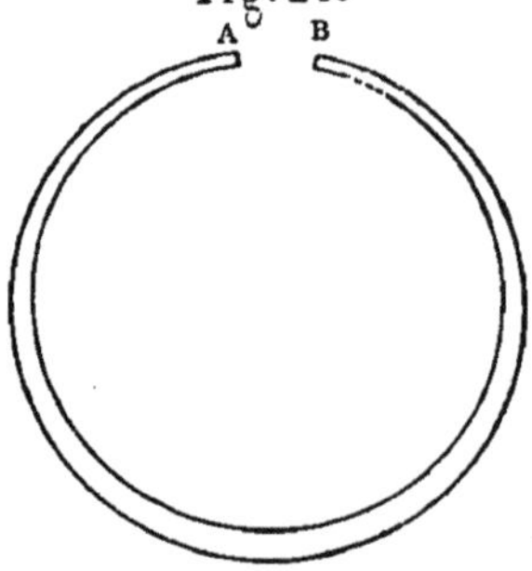

Quoique les garnitures en chanvre ou en coton ne se rencontrent que dans les machines à basse pression, si peu employées de nos jours, je vous en parle parce que ce sont elles que l'on emploie le plus généralement pour les pompes.

Les garnitures métalliques se font le plus souvent au moyen de bagues semblables à celle représentée par la figure 210. Elles sont en fonte de fer ; on les tourne à l'extérieur à un diamètre un peu plus grand que celui du cylindre, et, intérieurement, suivant un cercle excentré par rapport au premier, de manière à leur donner une épaisseur variable. On retranche une certaine quantité AB de la partie la moins épaisse, de manière à permettre de les diminuer de diamètre pour les faire entrer dans le cylindre. Cette disposition donne aux bagues une élasticité assez grande, et surtout elle leur conserve la forme circulaire quand on les replie sur elles-mêmes. En plaçant les bagues dans la gorge, on a soin de croiser les coupures, de manière à empêcher la vapeur de passer par les solutions de continuité. La figure 211 vous donne une section faite dans un piston ayant une garniture métallique, composée de deux bagues excentrées, comme celle représentée par la figure 210.

Beaucoup de dispositions différentes sont adoptées pour les garnitures du piston; on met parfois, pour empêcher la vapeur de passer entre les bouts des bagues, de petites pièces fixées seulement sur un des côtés et qu'on nomme *cache-joints*. L'élasticité naturelle des bagues excentrées est souvent augmentée par des ressorts, qui appuient sur le fond de la gorge du piston et sur la partie intérieure des bagues; enfin, parfois, les bagues sont composées de segments auxquels on donne de l'élasticité, pour appuyer contre les parois du cylindre, au moyen de ressorts disposés comme ceux dont on vient de parler.

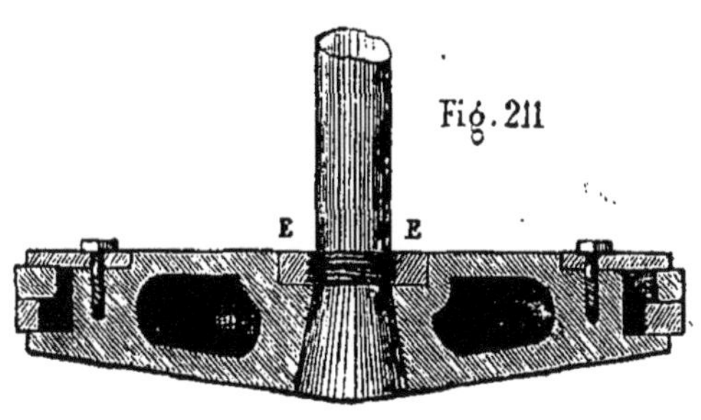

Fig. 211

Tiges du piston. — La tige ou les tiges d'un piston à vapeur sont en fer forgé ou en *fer étoffé*, c'est-à-dire recouvert d'une couche d'acier, ou encore en acier fondu. Dans tous les cas, elles doivent être fixées d'une manière invariable avec le piston, et, en même temps, le joint ne doit pas laisser passer la vapeur. Les figures 208 et 211 vous montrent deux manières différentes de les emmancher; dans la première, une clavette force la partie conique de la tige à appuyer fortement dans la partie conique du corps du piston; dans la figure 211, c'est un écrou EE qui remplit ce but. Il y a encore bien d'autres systèmes employés; mais tous ont le même but à remplir, c'est-à-dire donner une solidité complète.

180. Les *presse-étoupes* ou *boîtes à étoupes* jouent un si grand rôle dans les machines à vapeur, que je vais vous donner la description et le but des différentes parties qui les composent.

Un presse-étoupe est l'ensemble des pièces contenant et pressant, autour d'une tige ou de toute pièce mobile, une garniture destinée à empêcher l'air, la vapeur ou l'eau, suivant le cas, de passer par les ouvertures qui donnent passage à ces pièces. Un presse-étoupe (fig. 212) se compose toujours de trois parties :

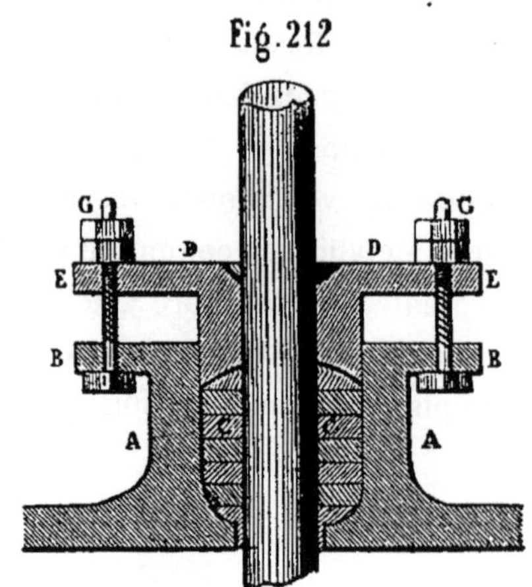

1° La *boîte à garniture* AA, cylindre creux à collet BB, venue de fonte avec la pièce que la tige doit traverser, le couvercle d'un cylindre par exemple;

2° La *garniture*, en coton ou en chanvre;

3° Le *presse-garniture* DD, ou *chapeau du presse-étoupe* CC, ajusté dans la boîte à garniture pour comprimer cette dernière. Cette partie porte aussi un collet qui, au moyen de boulons à écrous, sert à retenir le chapeau du presse-étoupe avec la boîte à étoupe.

Quand le chapeau du presse-étoupe ne peut plus être enfoncé dans la boîte à étoupe, ou quand le collet EE repose sur le collet BB, il faut rechanger ou *refaire le presse-étoupe*. Dans ce cas, on enlève les écrous G, G, on sort le chapeau de la boîte, on retire les vieilles tresses pour en mettre de nouvelles, ou on se contente d'ajouter quelques tresses au-dessus de celles qui y sont, et l'on remet le chapeau à sa place.

181. **Distribution de la vapeur dans les machines.** — Le piston d'une machine à vapeur ne va pas, dans sa course, d'un bout à l'autre du cylindre, toucher le fond et le couvercle ; s'il en était ainsi, ces derniers seraient souvent défoncés, car l'usure produit toujours de petits changements dans la longueur des organes. Aussi donne-t-on ce qu'on appelle de la *liberté au cylindre*, en ne permettant au piston que d'arriver à 15 millimètres du fond et du couvercle à bout de course. Il en résulte nécessairement des espaces qu'il faut remplir de vapeur, sans que cette dernière augmente en rien l'action exercée sur le piston ; aussi ces espaces sont-ils nommés *espaces morts ou nuisibles*, et s'arrange-t-on de manière à les rendre le moins grands possible.

L'expérience a démontré que la distribution de la vapeur, dans une machine, devait satisfaire aux conditions suivantes :

1° L'arrivée de la vapeur dans le cylindre, d'un côté ou de l'autre du piston, ne doit pas avoir lieu pendant toute la course du piston. S'il en était autrement, le piston, recevant à chaque moment une nouvelle impulsion, serait soumis à l'action d'une force accélératrice (50) ; et, par suite, la vitesse qu'il acquerrait serait de plus en plus grande. Les conséquences naturelles d'un semblable mouvement seraient, à chaque fin de course, au moment du retour du piston sur le chemin qu'il vient de parcourir, des chocs toujours nuisibles à un appareil et une perte considérable de travail, employé à détruire le mouvement du piston. C'est pour remédier à cet inconvénient qu'on n'introduit la vapeur que pendant une partie de la course du piston. L'organe de distribution est disposé de telle sorte que, lorsque le piston se trouve au point fixé d'avance, l'orifice qui donne passage à la vapeur, et qu'on nomme pour cette raison *orifice à l'introduction*, se ferme et reste fermé pendant un certain temps.

2° Au moment de la fermeture de l'orifice à l'introduction, la vapeur n'est plus en communication avec son liquide générateur ; elle continue à pousser le piston en vertu de sa force d'expansion ou par détente. Mais cette force va toujours en diminuant d'énergie, et elle se trouve dans les conditions voulues pour que la vitesse du piston aille en diminuant.

3° Cette vapeur, qui continue à agir par expansion, ne doit pas exercer son action sur le piston jusqu'à la fin de sa course, il faut qu'elle cesse avant ; sans cette condition, le piston aurait encore une vitesse trop grande au bout de sa course. Aussi l'organe de distribution doit laisser sortir la vapeur qui vient d'agir avant que le piston soit à bout de course : c'est ce que l'on nomme l'*avance à l'évacuation*. Le piston arrive à bout de course en vertu de la vitesse acquise.

4° Enfin, la vapeur doit arriver en sens contraire du mouvement du piston, avant que ce piston ait commencé son mouvement rétrograde : ce qu'on appelle *avance à l'introduction*.

L'espèce de matelas de vapeur, qui se trouve, par le fait de l'avance à l'introduction, comprimé entre le couvercle ou le fond du cylindre, empêche les chocs et rend le changement de mouvement du piston, quoique brusque, aussi doux que possible. Enfin, l'avance à l'introduction permet aux espaces inutiles de se remplir de vapeur avant le retour du piston sur ses pas.

L'avance à l'évacuation est par le fait la quantité dont l'orifice de sortie de la vapeur, ou l'*orifice de l'évacuation*, est ouvert, alors que le piston arrive à bout de course Parfois on l'évalue par le nombre de millimètres dont l'orifice est découvert, mais le plus souvent par la fraction décimale de la course du piston, que ce dernier doit parcourir depuis l'ouverture de l'orifice à l'évacuation jusqu'à la fin de sa course. En général, elle est de un dixième de la course du piston, c'est-à-dire qu'elle commence quand le piston a parcouru les 9 dixièmes de sa course. L'avance à l'évacuation est nécessaire; une machine dans laquelle l'organe de distribution de la vapeur n'en donnerait pas ne marcherait pas.

L'avance à l'introduction est la quantité dont l'orifice à l'introduction est ouvert, alors que le piston est à bout de course; on l'exprime en donnant la fraction de la course que le piston a encore à parcourir alors que l'orifice à l'introduction commence à s'ouvrir. Elle est généralement de 1 centième de la course du piston. Elle n'est pas indispensable, beaucoup de machines fonctionnent sans elle. Quand, par une cause ou une autre, l'organe de distribution de la vapeur ne laisse arriver la vapeur au cylindre que quand le piston a commencé son mouvement de retour, on dit qu'il y a *retard à l'introduction*; d'après ce que je vous ai dit plus haut, vous comprenez que c'est un défaut dont il faut aussitôt corriger l'organe de distribution.

La vapeur qui vient d'agir ne perd pas instantanément toute sa force par le fait de l'ouverture de l'orifice à l'évacuation, il lui reste une certaine pression qui nuit au mouvement du piston, qui équilibre une partie de la force qui le pousse dans un sens ou dans un autre. Cette action de la vapeur, qui ne devrait plus agir, se nomme la *contre-pression*.

182. *Organes de distribution de la vapeur*. — Tous les organes de distribution de la vapeur que l'on emploie peuvent rentrer dans les trois divisions suivantes :

1° Les robinets ;

2° Les soupapes ;

3° Les tiroirs.

Pour que le piston puisse avoir la plus longue course possible, on rapproche les orifices des extrémités du cylindre et on leur donne la forme d'un rectangle allongé, ayant sa plus petite dimension dans le sens de la longueur du cylindre.

La vapeur, soit pour entrer dans le cylindre, soit pour en sortir, ne doit pas éprouver d'étranglement ; il faut qu'elle arrive en quantité suffisante pour remplir le cylindre à mesure que le piston marche; enfin, elle doit s'échapper dans le moins de temps possible après qu'elle a agi. Cette dernière considération conduirait à faire des orifices à l'évacuation plus grands que ceux à l'introduction; mais, généralement, les mêmes ouvertures servent alternativement pour l'introduction et pour l'évacuation. Aussi leur donne-t-on les dimensions voulues pour une bonne évacuation, se réservant de ne pas les ouvrir en entier pour l'introduction.

183. *Robinets distributeurs.* — Un robinet quelconque se compose toujours de deux parties bien distinctes : une fixe, que l'on nomme *boisseau*, et une mobile, appelée *tournant*. Un robinet est ouvert, quand le conduit ou les conduits qui traversent le boisseau correspondent ou font suite aux conduits du boisseau. Dans le cas contraire, il est fermé.

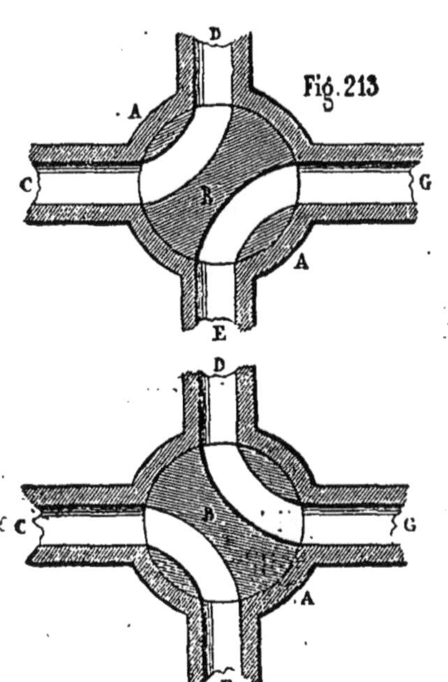

Un robinet qui ne ferme qu'un conduit est dit *à un seul courant.*

Un robinet qui peut établir la communication d'un conduit avec deux autres différents est *à deux courants* ou *à deux fins.*

Enfin, un robinet comme celui représenté par la figure 213 est *à quatre courants* ou *à quatre fins.* Dans la partie supérieure de la figure, le tournant B occupant la position qu'il occupe dans le boisseau A, le conduit C est en communication avec le conduit D, et le conduit E avec le conduit G. Si l'on fait tourner le tournant B, pour le placer comme l'indique la partie inférieure de la figure, le conduit C sera en communication avec le conduit E et le conduit D avec le conduit G; de là, évidemment, quatre courants différents que l'on peut produire à volonté.

C'est précisément cette dernière espèce de robinet que l'on emploie quelquefois pour distribuer la vapeur dans une machine. Alors le conduit C est en communication avec la chaudière, le conduit G avec l'atmosphère, le conduit D avec le haut du cylindre et le conduit E avec le bas. Ainsi, dans la partie haute de la figure, le haut du cylindre D recevrait la vapeur de la chaudière, tandis que la vapeur du bas du cylindre E pourrait s'échapper dans l'atmosphère. Dans la partie inférieure de la figure, le haut du cylindre D serait en communication avec l'atmosphère et le bas E avec la chaudière.

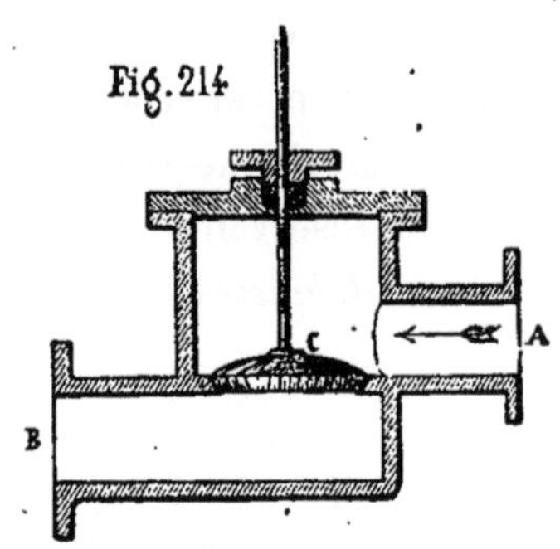

184. *Soupapes distributives.* — On employa d'abord des soupapes ordinaires, comme celle indiquée figure 214, mais la différence des pressions exercées sur leur surface gênait beaucoup leur fonctionnement, et, de plus, produisait des chocs violents. Elles s'ouvraient et se fermaient trop brusquement. Ainsi, supposons que le conduit A communique avec la chaudière et le conduit B avec le cylindre ; dans ce moment, la soupape C est fermée et elle est appuyée sur son siége par la pression de la vapeur ; s'il faut l'ouvrir, pour laisser passer la vapeur au cylindre, il faut vaincre la pression exercée sur la soupape. Pour la fermer, il faut la descendre sur son siége ; mais avant de le toucher, elle est violemment poussée par la vapeur.

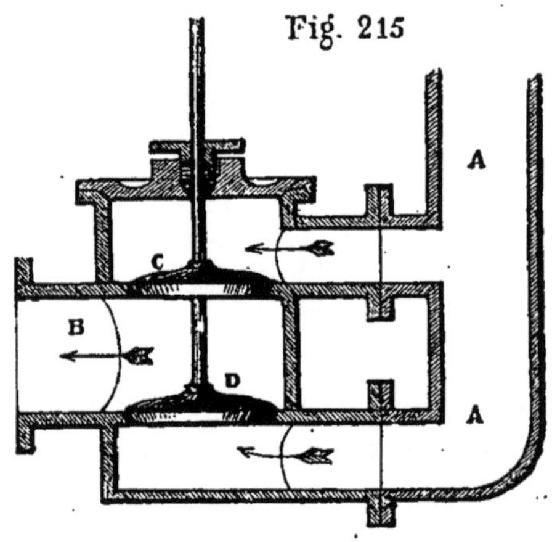

On remédia à cet inconvénient par plusieurs moyens, entre autres en équilibrant les soupapes, comme l'indique la figure 215. La soupape est composée de deux disques, C et D, fixés sur la même tige ; la vapeur arrive, par exemple, par le conduit AA. Elle agit sur le disque C et sous le disque de même surface D ; il en résulte que les choses se passent comme si la soupape C ou la soupape D était en équilibre sous l'action de deux forces égales, l'une agissant par en dessus et l'autre par en dessous. Pour faire passer la vapeur du conduit A au conduit B, on n'éprouvera alors aucune difficulté ; et, lorsqu'il s'agit de la fermer, il ne se produit aucun choc.

Je dois vous dire que les robinets et les soupapes ne sont employés, pour la distribution de la vapeur, que dans bien peu de machines; on se sert surtout de tiroirs dont je vais vous parler.

185. *Tiroirs.* — Avant de vous donner la forme de ceux généralement employés, je vais vous dire comment ils agissent et quels effets ils produisent. Supposons que *ab, cd* (fig. 216) soient les orifices d'un cylindre; admettons qu'ils soient fermés par deux plaques frottantes AB, CD menées par la même tige T.

Donnons d'abord à ces plaques, que l'on nomme *barrettes*, exactement la même largeur que celle des orifices, comme dans la partie supérieure de la figure. Si l'on fait marcher les barrettes pour déboucher les orifices, ils seront découverts toujours de la même quantité; si donc l'un d'eux laisse une ouverture pour l'arrivée de la vapeur, l'autre laissera exactement la même ouverture pour la sortie de la vapeur qui vient d'agir; et, quoi que l'on fasse avec de semblables barrettes, il en sera toujours ainsi.

Fig. 216.

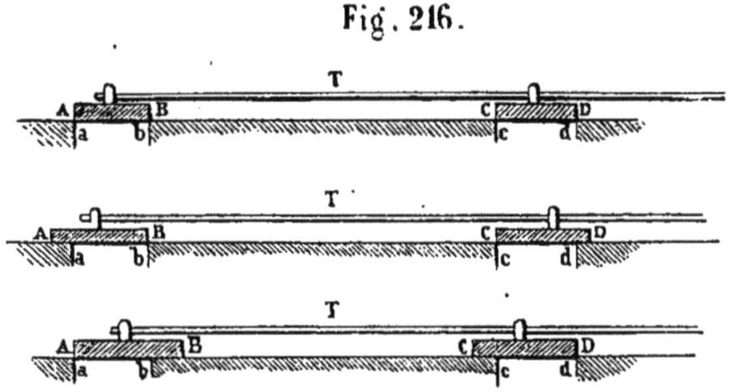

Avant d'aller plus loin, il faut que je vous parle de certaines conventions adoptées. Ainsi, le côté de l'orifice par lequel arrive la vapeur dans le cylindre est l'*arête à l'introduction*; celui par lequel la vapeur sort du cylindre est l'*arête à l'évacuation*. Il en est de même pour les barrettes. Ainsi, en admettant que la vapeur arrive entre les deux orifices *b*, B, *c*, C seront les arêtes à l'introduction, et *a*, A, *d*, D celles à l'évacuation. Si au contraire la vapeur arrive par le dehors des orifices *a*, A, *d*, D seront les arêtes à l'introduction, et *b*, B, *c*, C celles à l'évacuation.

Maintenant, examinons ce qui se passerait dans le mouvement des barrettes si elles étaient plus larges que les orifices, comme dans la partie milieu de la figure 216.

Pour fixer les idées, supposons que la vapeur arrive par le dehors des orifices, les arêtes à l'introduction seront donc *a*, A, *d*, D, et celles à l'évacuation *b*, B, *c*, C; et, dans le cas présenté, les barrettes et les orifices seront *arêtes pour arêtes à l'évacuation*. Ce qui veut dire que les barrettes doubleront les orifices du côté de l'introduction seulement ; c'est ce qu'on appelle le *recouvrement*. Faisons marcher les barrettes de gauche à droite : l'orifice à l'évacuation *cd* s'ouvre immédiatement, mais il n'en est pas de même de l'orifice à l'introduction *ab*, il faut que tout le recouvrement *a*A passe. Pendant tout ce temps, l'orifice reste donc fermé. Quand l'orifice à l'évacuation *cd* est complétement ouvert, celui à l'introduction est recouvert par tout le recouvrement du tiroir. Ainsi donc, les barrettes plus larges que les orifices font déjà que les orifices, qui sont toujours trop grands pour l'introduction, restent en partie fermés pendant l'arrivée de la vapeur (181). Faisons maintenant revenir les barrettes sur leur chemin. L'orifice à l'évacuation *cd*, qui était ouvert, se ferme et reste fermé pendant tout le temps que passe le recouvrement *d*D ; en même temps, l'orifice à l'introduction *ab* se ferme et reste fermé pendant tout le temps que le recouvrement met à passer sur l'orifice. Alors la vapeur se trouve isolée de la chaudière ou de son liquide générateur, et elle continue à pousser le piston par sa force expansive. Pour désigner cet effet particulier, on dit que la vapeur agit par détente ou avec détente (181). Le recouvrement ou l'excès de largeur des barrettes sur les orifices produit donc aussi la détente.

Si le recouvrement était également réparti du côté de l'introduction et du côté de l'évacuation, les orifices s'ouvriraient de la même quantité, soit pour l'introduction, soit pour l'évacuation ; l'évacuation serait retardée, mais il y aurait détente.

Si le recouvrement était porté du côté des arêtes à l'évacuation, comme l'indique la partie inférieure de la figure 216, l'introduction serait ouverte alors que l'évacuation serait encore fermée ; donc, loin d'avoir une avance à l'évacuation, il y aurait un retard ; cette disposition est donc inadmissible.

186. *Tiroirs en D ou à deux orifices.* — Bien des formes différentes sont données aux organes distributeurs nommés tiroirs, et, quoique les fonctions qu'ils remplissent soient toujours les mêmes, ils s'en acquittent de différentes manières.

Celui que représente la figure 217 est ce qu'on nomme un tiroir en D, parce qu'une section perpendiculaire à la longueur de l'appareil a un peu la forme de cette lettre.

La partie de gauche de la figure 217 est un tiroir en D coupé en deux dans le sens de la longueur; la partie de gauche est la vue en perspective de la partie mobile du tiroir.

Le tiroir en D se compose d'un demi-cylindre ABCD extérieur en fonte nommé *boîte du tiroir*, qui contient un autre demi-cylindre EGHK, ayant moins de hauteur que lui et un diamètre plus petit que le sien; de sorte que cette partie mobile, qui est véritablement le *tiroir*, peut monter et descendre dans l'intérieur de la boîte.

La boîte est, le plus souvent, fermée par la partie plane ménagée sur le côté du cylindre qui porte les orifices, et qu'on appelle la *glace du cylindre*. La vapeur qui a servi peut sortir de la boîte du tiroir par une de ses extrémités. Le tiroir est creux et ouvert dans toute sa longueur; il porte les deux barrettes EG, HK. Il résulte de cette disposition que la face plane du tiroir n'appuie que par les barrettes placées à ses extrémités, sur la partie plane du côté du cylindre qui porte les orifices, et que, par suite, il existe un vide entre cette partie du cylindre et celle du tiroir qui est en regard. D'un autre côté, le diamètre du tiroir étant plus petit que celui de la boîte, il y a aussi une certaine distance entre les parties courbes. Le vide laissé ainsi entre la boîte et le tiroir est isolé de l'intérieur de ce dernier au moyen de deux presse-étoupe L, M, qui entourent toute la partie circulaire du tiroir à la hauteur des barrettes.

Fig. 217.

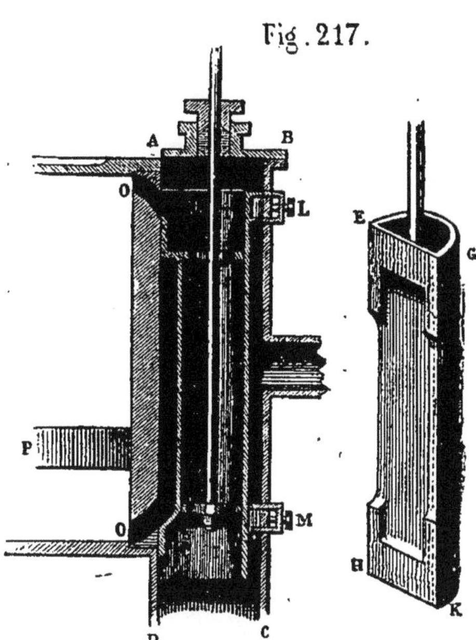

Toutes choses disposées comme je viens de vous le dire, l'intérieur du tiroir, celui de la boîte compris entre la garniture supérieure et le couvercle, et celui compris entre le presse-étoupe inférieur et le bas de la boîte reçoivent la vapeur qui vient d'agir sur le piston; tandis que l'intérieur de la boîte, limité par les deux presse-étoupe et les barrettes, communique avec la chaudière. Enfin, l'introduction se fait par les arêtes intérieures, et l'évacuation par les arêtes extérieures.

Tous les tiroirs en D ne sont pas comme celui dont je viens de vous parler; parfois le tiroir n'est pas ouvert à l'intérieur, alors la vapeur qui vient d'agir ne peut passer d'un bout à l'autre; dans ce cas, les deux extrémités de la boîte sont mises en communication au moyen d'un tuyau. D'autres fois, toute la partie du milieu de la boîte et du tiroir est supprimée; ce tiroir est plus particulièrement appelé *tiroir en D court*.

Fig. 218.

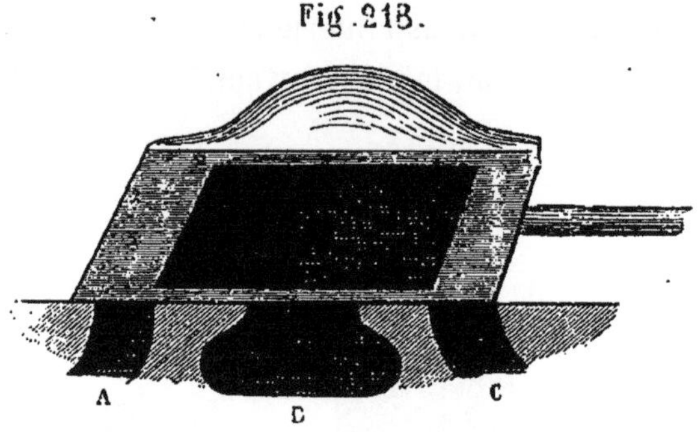

187. *Tiroirs en coquille ou à trois orifices.* — Le tiroir en coquille ou à trois orifices (fig. 218) se compose d'une espèce de coquille plate, ouverte sur l'une de ses grandes faces. Les bords de cette face portent exactement sur la glace du cylindre et se prolongent pour former les barrettes. Ce tiroir est appliqué sur les trois orifices A, B, C : les deux extérieurs A et C destinés au passage de la vapeur, soit pour entrer, soit pour sortir du cylindre, et celui du milieu B sert à l'évacuation hors du tiroir.

Fig. 219.

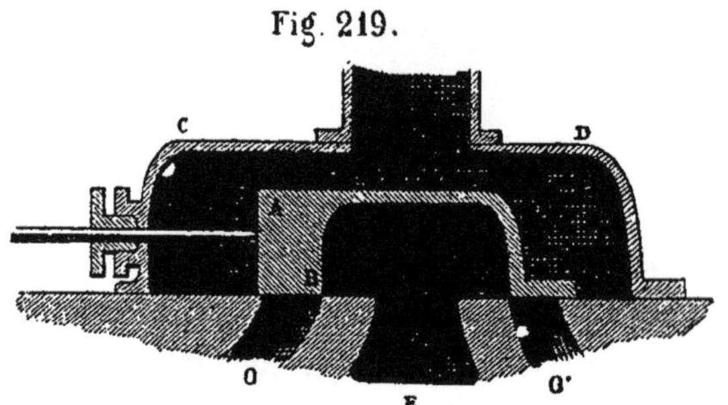

Par-dessus la coquille AB (fig. 219) est une boîte rectangulaire CD, assez grande pour permettre le mouvement du tiroir, et en communication directe avec la chaudière. Dans ce tiroir, la vapeur arrive par les arêtes extérieures et s'échappe par les arêtes intérieures; c'est le contraire de ce qui a lieu pour les tiroirs en D. Vous remarquerez facilement que le piston doit marcher comme le tiroir en coquille; en effet, portez le tiroir AB de gauche à droite, la vapeur pénètre à gauche dans le cylindre et pousse le piston de gauche à droite; portez le tiroir de droite à gauche, la vapeur arrive à l'extrémité de droite du cylindre et pousse le piston de droite à gauche. Avec un tiroir en D, ce serait le contraire; si le tiroir était poussé de gauche à droite, le piston irait de droite à gauche, et réciproquement.

Quoique, pour une même machine, les dimensions d'un tiroir en coquille soient toujours plus petites qne celles d'un tiroir en D, la pression que la vapeur exerce sur lui est toujours un obstacle à son mouvement; toute l'action de la vapeur contenue dans la boîte agit pour le presser sur la glace du cylindre. Vous comprenez que si l'on peut négliger cette action dans les petits appareils, il faut en tenir compte dans les grands; aussi plusieurs constructeurs isolent-ils le dessus de la coquille en l'entourant d'une garniture AB (fig. 220), qui frotte sous le couvercle de la boîte du tiroir. Toute la partie ainsi soustraite à la pression de la vapeur est souvent mise en communication avec le dedans de la coquille par le moyen d'un trou C percé dans le dos de cette dernière. Du reste, peu importe la disposition prise pour arriver à empêcher l'action de la vapeur sur le tiroir. Dans tous les cas, un tiroir ainsi disposé se distingue des autres par un nom particulier : on l'appelle un *tiroir en coquille compensé ou à compensateur*. Le compensateur est le cadre qui appuie sous la boîte du tiroir.

Fig. 220.

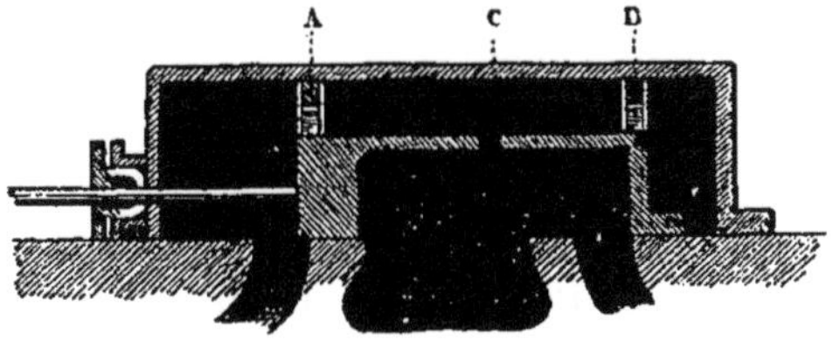

Il est toujours avantageux de faire faire au tiroir le moins de chemin possible, tout en ayant des orifices d'une grandeur suffisante ; plusieurs constructeurs, pour atteindre ce résultat, ont fait des tiroirs en coquille ayant quatre et même six barrettes destinées à fermer autant d'orifices du cylindre. On appelle ces tiroirs *tiroirs à doubles, à triples orifices*. Leur manière d'agir étant absolument la même que pour les tiroirs en coquille ordinaires, je n'entrerai pas dans plus de détails.

188. *Détente.* — Nous avons vu au n° 185 que le recouvrement d'un tiroir produisait ce qu'on appelle la détente, ou mieux faisait travailler la vapeur par détente, en l'isolant de son liquide générateur. Mais cette détente, qui se produit par le fait même du mouvement du tiroir, est en dehors de l'action du mécanicien; il ne peut ni l'augmenter ni la diminuer, sans changer complétement la distribution de la vapeur, ce qu'on

appelle la *régulation de la machine*. Souvent on trouve que la détente obtenue ainsi ne suffit pas, il se présente des circonstances où il est avantageux d'employer une forte détente ; dans ce cas, on ajoute aux organes de la machine un appareil quelconque pouvant arrêter l'arrivée de la vapeur dans la boîte du tiroir à un point quelconque de la course du piston.

La détente produite par le tiroir lui-même, détente qui existe toujours pendant plus ou moins de temps, suivant l'espèce de machine et surtout les idées du constructeur, se nomme la *détente fixe*, pour la distinguer de celle que le mécanicien peut produire à volonté, toujours dans de certaines limites cependant, et qu'on appelle *détente variable*.

Pour bien vous donner une idée des avantages de la détente, admettons que la vapeur arrive de la chaudière dans un cylindre pendant le quart de la course du piston ; elle agit par suite pendant ce temps à *toute pression*. Si le piston a une surface de 100 centimètres carrés et que la pression de la vapeur soit de 5 kilogrammes (environ 5 atmosphères), la force qui agira sur le piston sera de 500 kilogrammes. Laissons maintenant agir la vapeur en détente en fermant la communication avec la chaudière. Quand le piston sera rendu à la moitié de sa course, la vapeur, contenue dans le premier quart du cylindre, occupera un volume double, et, en vertu de la loi de Mariotte (134), sa force expansive ne sera plus que la moitié de ce qu'elle était, ou 2 kil. 500 par centimètre carré de surface. Ainsi, le piston, rendu à la moitié de sa course, ne sera plus pressé que par une force de 250 kilogrammes. Aux trois quarts de sa course, la force qui agit sur lui ne sera plus que de 166 kilog. environ, et, à bout de course, de 125. En additionnant ces quatre quantités ($500 + 250 + 166 + 125 = 1041$) et divisant la somme par 4, on aura l'effort moyen exercé par la vapeur pendant toute la course. C'est 210 kilogrammes environ, à peu près la moitié de l'effort que l'on aurait obtenu en faisant introduire la vapeur dans le cylindre à toute pression pendant toute la course du piston, et l'on n'aurait cependant dépensé que le quart de la vapeur qu'il aurait fallu alors. Ainsi, vous pouvez voir que la force développée au moyen de la détente doit produire une grande économie dans la dépense du combustible. Mais tout est limité, et, en dehors de certaines proportions, la détente ne produirait plus aucun avantage.

Nous définirons ainsi la détente variable d'une machine, car le mot détente s'applique plus particulièrement au mécanisme qui produit cet effet de la vapeur : c'est un obturateur quelconque qui permet au mécanicien d'interrompre l'arrivée de la vapeur dans la boîte du tiroir, et par suite au cylindre, à plusieurs points différents de la course du piston.

On emploie, pour produire la détente variable, des soupapes, des tiroirs ou glissières, des papillons comme les clefs que l'on met parfois dans l'intérieur des tuyaux de poêles, et même des pistons. La vue de ces différents organes, sachant d'avance quelles fonctions ils doivent remplir, suffira pour vous faire comprendre leur manière de fonctionner.

189. **Condensation de la vapeur.** — Jusqu'à ce moment, lorsque je vous ai parlé de la vapeur qui avait agi sous le piston d'une machine, je vous ai toujours dit qu'elle s'échappait dans l'atmosphère ; cependant, dans toutes les machines à basse pression et dans la plupart de celles à moyenne pression (174), la vapeur, après avoir poussé le piston, se rend dans un vase clos, nommé le *condenseur*, où elle perd une certaine quantité de chaleur et, par suite, une partie de sa force expansive. Vous allez comprendre quel avantage il résulte de cette disposition : en laissant échapper la vapeur dans l'atmosphère, il reste, opposée à l'action de la vapeur, qui pousse le piston, une force égale au moins à une atmosphère ; tandis qu'en condensant cette vapeur, elle n'a plus qu'une pression bien inférieure à une atmosphère.

Pour former la vapeur, on a chauffé le liquide ; pour revenir à l'état liquide, il faut retirer la chaleur donnée primitivement, ou refroidir la vapeur. C'est, en effet, le moyen employé pour condenser la vapeur ; mais remarquez bien qu'il n'y a jamais destruction complète de la vapeur, il en existe toujours, seulement sa force élastique est en rapport avec la température.

Il y a deux manières de condenser la vapeur :

1° En mêlant la vapeur avec de l'eau relativement froide ; c'est le moyen le plus généralement employé : on l'appelle *condensation par mélange*.

2° En refroidissant le vase qui contient la vapeur : c'est la condensation par contact.

Condensation par mélange. — Dans la condensation par mélange, on tient compte du peu de conductibilité de la vapeur pour la chaleur. Si la vapeur ne rencontrait qu'une surface d'eau froide, sa condensation serait très-lente, car les molécules ne perdraient leur chaleur qu'au contact même du liquide ; ou il faudrait alors donner des proportions considérables à la surface d'eau refroidissante. C'est pour remédier à cet inconvénient que l'eau qui sert à refroidir, et qu'on nomme *eau d'injection*, est lancée en pluie au milieu de la masse de vapeur arrivant au condenseur. De cette manière, les molécules d'eau vont en quelque sorte chercher celles de vapeur, et la condensation se produit presque instantanément.

Le condenseur est le plus souvent une espèce de coffre en fonte de fer. Il comporte les organes suivants :

1° Un tuyau amenant l'eau d'injection ; il prend le nom de *tuyau d'injection ;* il est fermé par un robinet, nommé le *robinet d'injection;* le tuyau, son robinet et la pompe qui fournit l'eau, s'il y en a une, constituent l'organe d'injection ou l'*injection.*

2° Une pompe pour retirer l'eau du condenseur, et appelée *pompe à air.* Sans elle, le condenseur serait bientôt rempli d'eau et ne condenserait plus la vapeur, qui, du reste, ne pourrait plus y arriver. On appelle cette pompe pompe à air, parce que l'air qui arrive, soit avec l'eau d'injection, soit par des fissures du condenseur, empêcherait la condensation et, par suite, le vide relatif qui s'y produit, si la pompe ne le retirait pas avec l'eau qui a servi à la condensation.

3° Un réservoir, nommé *bâche,* dans lequel la pompe à air envoie l'eau qui a servi à l'injection. Comme cette eau est à une température assez élevée, on l'utilise en partie pour l'alimentation de la chaudière. Le surplus s'écoule de la bâche par un tuyau, appelé *tuyau de décharge* ou *de trop-plein.*

4° Un indicateur du vide (131), qui donne à chaque instant la pression de la vapeur restant dans le condenseur.

Condenseur à surface. — Dans le condenseur à surface, l'eau refroidissante ne se mêle pas avec la vapeur à condenser. Ordinairement, cette dernière passe dans l'intérieur de petits tubes, autour desquels une pompe, *dite de circulation*, fait continuellement circuler un courant d'eau froide. Ce condenseur fonctionne moins bien que le condenseur par mélange. Les matières grasses, que la vapeur entraîne toujours avec elle, viennent tapisser l'intérieur des tubes et les rendent moins bons conducteurs de la chaleur ; aussi faut-il les nettoyer souvent et avec le plus grand soin pour que le condenseur fonctionne d'une manière convenable. Du reste, ces condenseurs ne sont guère employés que pour des machines marines, dans lesquelles il y a un puissant avantage à renvoyer à la chaudière l'eau douce provenant de la vapeur condensée.

190. **TRANSFORMATEUR OU RENVOIS DE MOUVEMENT.** — Jusqu'à ce jour, la force expansive de la vapeur n'a été réellement utilisée que pour produire un mouvement de va-et-vient d'un piston dans un cylindre, ou un mouvement rectiligne alternatif. Or, ce mouvement n'est guère utilisable que pour faire fonctionner des machines ayant le même mouvement, des pompes par exemple. Dans toutes les autres circonstances, il faut transformer le mouvement du piston en un autre plus applicable. Le plus souvent, on change le mouvement du piston en un mouvement circulaire continu, facile à utiliser pour faire marcher toute espèce de mécanique ou d'outils. Les organes nécessaires pour cette transformation sont les renvois de mouvement. Ordinairement, le mouvement circulaire continu est communiqué à une pièce de fer nommée *arbre moteur*, qui tourne entre des cylindres creux appelés *coussinets*, supportés eux-mêmes par des pièces en fonte appelés *paliers*.

191. **Changer un mouvement rectiligne alternatif en un mouvement circulaire continu.** — J'aurais pu vous donner ce qu'on nomme en mécanique les *changements de mouvement*, ou les moyens de passer de l'un à l'autre, après les machines simples, mais j'ai mieux aimé ne vous les montrer qu'au fur et à mesure qu'ils se présentent à nous. Il vous suffira, du reste, au point où nous en sommes, que vous les voyez pour les comprendre.

Le moyen employé le plus souvent pour transformer un mouvement rectiligne alternatif en un mouvement circulaire continu est celui indiqué par la figure 221.

AB est la tige animée d'un mouvement rectiligne alternatif. DM est une espèce de bras, nommé *manivelle*, fixé sur l'arbre moteur N. CD est une pièce qui unit la tringle AB à l'extrémité D de la manivelle. Cette pièce se nomme une *bielle ;* elle se distingue des *tringles* ou des tiges parce qu'elle est mobile, ou *articulée*, à ses deux extrémités, tandis que ces dernières ne le sont généralement qu'à l'une des leurs.

Si vous supposez que la tringle AB aille de droite à gauche, comme l'indique la flèche, l'extrémité D de la manivelle sera tirée dans le même sens et arrivera au point D′ de la circonférence décrite par le point D qui ne peut s'écarter du centre de l'arbre N; alors le point C de la tringle sera à l'une des extrémités de sa course.

Si la tringle revient de gauche à droite, l'extrémité D de la manivelle sera poussée ; mais remontera-t-elle vers D ou descendra-t-elle vers *d?* Il n'y a que la vitesse acquise qui puisse déterminer sa descente vers *d*, et, par suite, produire le mouvement circulaire continu. Si donc le point D′ est franchi, la manivelle arrivera à la position N*d*, quand la tringle sera au milieu de sa course en C. Le mouvement continuant, la tringle et la manivelle se trouveront encore dans la même direction; quand le point C

Fig. 221.

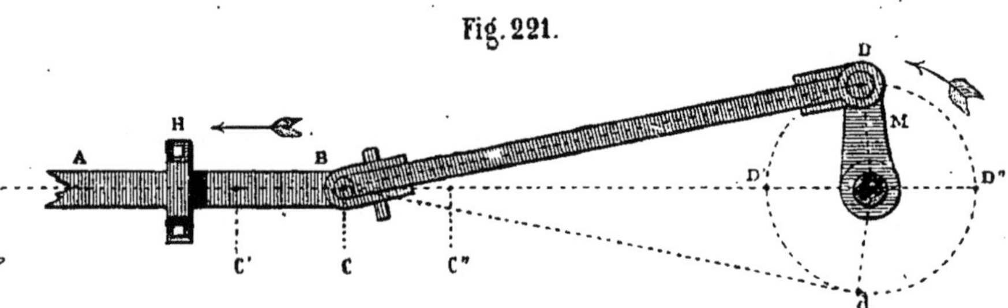

sera en C″ et le point D en D″, alors la tringle sera à l'autre extrémité de sa course. La tringle, revenant sur ses pas, tirera bien l'extrémité D de la manivelle, mais il n'y a encore que la vitesse acquise, ou la force d'inertie, qui puisse déterminer la manivelle à aller plutôt du côté de D que du côté de *d*.

Ces deux points, parmi les différentes positions que peut prendre une manivelle, qui correspondent aux extrémités de course de la tige ou de la tringle qui donne le mouvement, sont appelés les *points morts de la manivelle*. Puisqu'il y a une indécision si grande dans le sens du mouvement qu'elle doit prendre, elle ne transmet alors aucune force pour faire tourner l'arbre moteur ; mais il n'en est pas de même quand les points morts sont dépassés, la force de la manivelle augmente jusqu'au moment où elle est perpendiculaire à la direction de la bielle CD, moment qui correspond à peu près à celui où la tringle est au milieu de sa course ; puis alors la force de la manivelle commence à décroître pour être nulle au point mort.

Comme il y a deux points morts qui sont placés dans la direction de la tringle, il y a aussi deux points de *plus grande puissance* ou de *maximum d'effet*, situés à peu près sur une perpendiculaire à la direction de la tringle, et passant par le centre de l'arbre moteur. On appelle ces deux points *point haut* et *point bas de la manivelle.*

La longueur d'une manivelle, c'est-à-dire la distance du centre de l'arbre moteur N au centre du boulon qui produit l'articulation de l'extrémité D de la manivelle avec la bielle, est ce qu'on nomme le *rayon de la manivelle.*

Fig. 222.

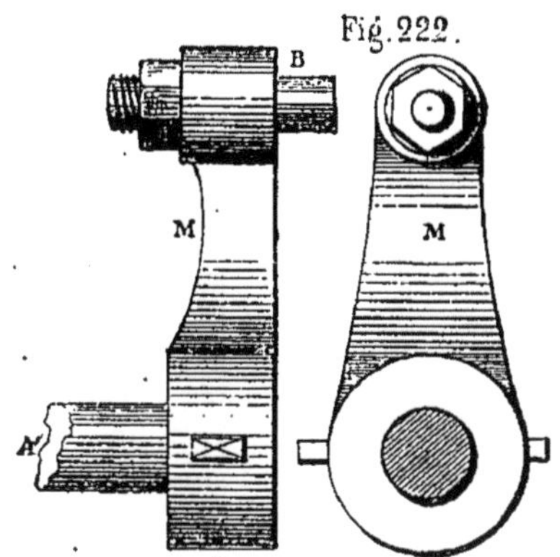

La plus petite longueur que l'on puisse donner à la bielle CD est environ le double du rayon de la manivelle ; mais alors la tringle AB est fortement appuyée, aux points haut et bas de la manivelle, sur ses guides H, H. D'un autre côté, si la bielle avait une longueur indéfinie, on pourrait la considérer comme étant toujours dans la même direction que la tringle, et, par suite, cette dernière n'éprouverait aucune augmentation de frottement sur ses guides aux points haut et bas de la manivelle. Dans la pratique, lorsque l'on peut donner à la bielle une longueur égale à sept fois celle de la manivelle, on se regarde comme dans des conditions excellentes ; mais souvent les dispositions de la machine ne permettent pas d'atteindre une aussi grande longueur, cependant il ne faut pas rester au-dessous de trois fois le rayon de la manivelle.

Fig. 223.

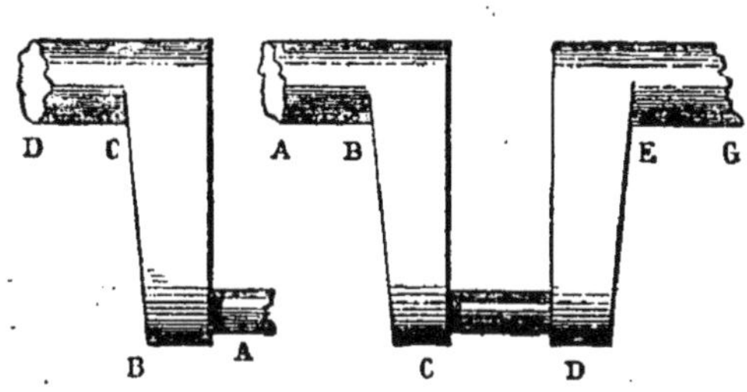

Les manivelles ont en général la forme représentée par la figure 222 ; le trou qui sert à l'emmanchement sur l'arbre moteur se nomme l'*œil de la manivelle;* à l'autre extrémité est un second trou qui reçoit le boulon de l'articulation avec la bielle. Ce boulon prend le nom de *bouton de la manivelle.*

Une manivelle est simple ou double : simple, quand elle est fixée à l'extrémité de l'arbre moteur; double, quand l'arbre est en deux parties et que chacune d'elles porte une manivelle. Alors le bouton de manivelle est remplacé par un boulon, qui sert à unir les deux manivelles, et sur lequel vient s'articuler la bielle. On dit alors le *boulon des manivelles.*

Quand une tringle ou une tige ne fait que pousser la manivelle, on dit que cette dernière est à *simple effet;* quand elle est poussée et tirée, elle est à *double effet.* Le plus souvent aujourd'hui, les manivelles font partie de l'arbre moteur; elles sont produites par deux coudes ABCD (fig. 223), ou par quatre coudes GEDCBA de l'arbre. Dans le premier cas, c'est un *vilebrequin simple;* dans le second, un *vilebrequin double.* Les manivelles

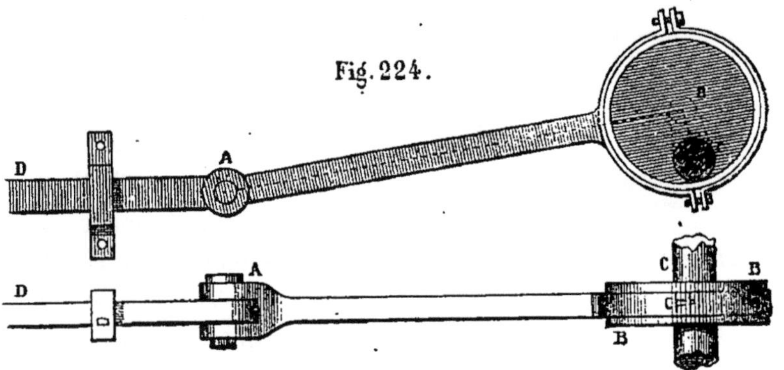

Fig. 224.

et les vilebrequins tendent évidemment à faire tourner l'arbre, quand elles ne sont pas dans la position verticale; pour éviter cet inconvénient, on contre-balance parfois leur effet par un poids égal placé à l'opposé. On dit alors que les manivelles ou les vilebrequins sont *contre balancés.*

192. Changer un mouvement circulaire continu en un mouvement rectiligne alternatif. — Comme je viens de vous le dire, le mouvement rectiligne alternatif du piston est transformé en un mouvement circulaire continu, pour l'arbre moteur, par le moyen des manivelles; mais le mouvement de la plupart des organes secondaires est pris sur l'arbre moteur, entre autres celui du tiroir, qui a un mouvement rectiligne alternatif. Il faut donc revenir du mouvement circulaire continu au mouvement rectiligne alternatif. Les manivelles pourraient encore servir, mais elles nécessitent la coupure de l'arbre; aussi prend-on une disposition particulière que l'on nomme un *excentrique* et qui est, par le fait, comme vous allez le voir, une véritable manivelle.

Supposons, figure 224, un arbre moteur C, une manivelle CB, une bielle AB et une tringle AD. Si on exagère le bouton de la manivelle B, de manière qu'il embrasse l'arbre C, on aura un excentrique.

193. *Excentrique.* — On appelle rayon d'excentricité la distance entre le centre B de l'excentrique et le centre de l'arbre moteur sur lequel l'excentrique est calé. C'est, par le fait, la longueur de la manivelle qui pourrait remplacer l'excentrique, et vous voyez que ce dernier ne nécessite pas la séparation de l'arbre en deux parties; il peut se placer en un point

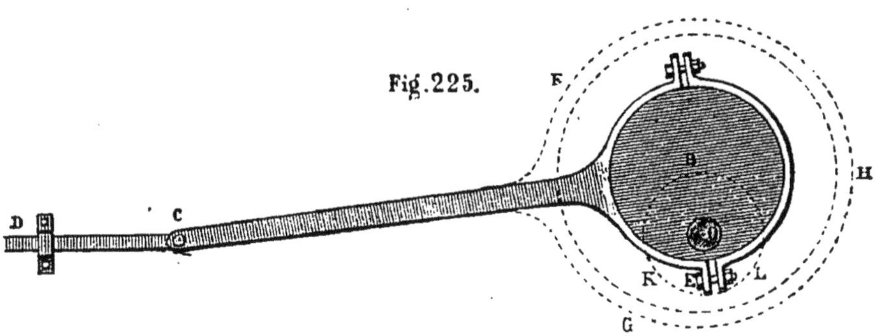

quelconque de sa longueur. La partie de l'excentrique fixée sur l'arbre se nomme le *chariot d'excentrique;* l'anneau qui l'entoure est le *collier de l'excentrique;* il tient à la *bielle d'excentrique.* Remarquez que le rayon d'excentricité BO est indépendant du rayon du chariot d'excentrique. Dans la figure 225, il pourrait être FGH ou toute autre circonférence, sans que la distance BO change.

Si maintenant nous supposons l'arbre A animé d'un mouvement circulaire continu, le point B, centre du chariot, décrira le cercle BKL, comme le ferait le bouton d'une manivelle, et la tringle DC, qui ne peut suivre qu'une direction rectiligne, sera tirée en avant et poussée en arrière, ce qui produit un mouvement rectiligne alternatif.

194. **Moyens employés pour faire passer les points morts des manivelles.** — Je vous ai fait voir, au n° 191, que la vitesse acquise pouvait seule faire franchir les points morts des manivelles, mais la vitesse

n'existe pas au commencement du mouvement, et, du reste, elle serait le plus souvent insuffisante. On arrive à ce résultat en plaçant, sur l'arbre moteur, une grande roue en fonte appelée *volant*, dont le pourtour ou la *jante* est d'un grand poids. Quand il est en mouvement, sa force d'inertie l'entraîne alors que l'arbre n'est plus sollicité pour tourner, et il communique son impulsion à ce dernier; il en résulte que les manivelles dépassent facilement les points morts et que le mouvement circulaire continu se produit. Le volant ne produit pas seulement cet avantage, son inertie empêche aussi les accélérations et les diminutions de vitesse, qui se produiraient indubitablement, s'il ne faisait pas partie du mécanisme de la machine.

N'oubliez pas que la vitesse du piston d'une machine à vapeur, par exemple, n'est pas uniforme : en deux points elle est nulle; au milieu de sa course environ, cette vitesse est la plus grande possible, puis elle va en diminuant jusqu'à l'extrémité de sa course, moment où elle est nulle.

Sur certaines machines, comme celles employées pour la navigation, par exemple, il est impossible de placer un volant; alors on met deux machines qui ont un même arbre moteur, mais dont les manivelles font entre elles un angle de 90 degrés. Il en résulte que, quand les manivelles de l'une des machines sont aux points morts, celles de l'autre sont à leurs points de plus grande puissance, et réciproquement. De sorte que les points morts sont facilement franchis.

Dans les machines employées sur les chemins de fer, on ne peut pas non plus mettre de volant, mais les roues et tout le train constituent un véritable volant d'une grande puissance. Du reste, toutes ces machines ont en général deux cylindres attelés ou *conjugués* sur le même arbre moteur, comme dans les appareils pour la navigation.

195. HISTORIQUE SUCCINCT DE LA MACHINE A VAPEUR. — Toutes les inventions utiles à l'humanité ont, en général, une importance proportionnée aux difficultés qu'il a fallu vaincre, au temps qu'elles ont demandé, aux sacrifices qu'elles ont exigés, aux dépenses qu'elles ont imposées.

Parfois on tourne en ridicule, on poursuit de railleries, on insulte les inventeurs, ceux qui consacrent leur existence à poursuivre la réalisation d'une idée; ce sont des fous, disent les ignorants, les incapables ou les envieux. Respect, vénération même, pour ces chercheurs infatigables; pour faire quelque chose de connu, de simple, de facile, il faut toujours beaucoup de travail, à plus forte raison pour trouver, inventer, faire le premier un objet quelconque. N'est pas inventeur qui veut, c'est une mission que Dieu ne confie pas à tout le monde, soyez-en sûr; car pour être inventeur, il faut avoir l'esprit d'observation qui ne laisse rien échapper, la patience qui fait surmonter toutes les petites difficultés, la persistance qui marche en avant malgré tout, le courage et la force qui font tout braver pour arriver au but que l'on voit à l'horizon de sa pensée. Ces sublimes chercheurs sont comme les pionniers qui s'avancent résolûment au milieu des solitudes du nouveau monde, et qui vont tracer la route à ceux qui devront les suivre plus tard. Peut-être aurai-je l'occasion de vous raconter la vie des inventeurs les plus célèbres, et vous verrez alors que la science, comme la religion, a eu ses martyrs, et que chaque jour elle en donne, comme exemple, à ceux qui veulent devenir ses disciples.

Parmi toutes les inventions, il n'en est guère de plus importante que celle de l'utilisation de la force expansive de la vapeur, il n'en est guère non plus qui ait demandé plus de temps, plus de travail, plus de sacrifices de toutes sortes. On a cherché l'inventeur de la machine à vapeur et l'on a eu tort, en ce sens que la machine à vapeur, telle que nous la voyons de nos jours, est l'œuvre collective de beaucoup d'inventeurs qui ont tous contribué à l'édification commune. Chacun, il est vrai, n'a pas apporté le même travail, les uns ont plus fait que les autres; mais, en étudiant avec soin tous les détails par lesquels il a fallu passer, on rend à chacun la part de gloire qui lui revient.

Les anciens connaissaient la vapeur, mais ils pensaient qu'en échauffant de l'eau on produisait de l'air qui avait une puissance considérable. *Héron d'Alexandrie*, né 120 ans avant Jésus-Christ, dans son traité connu sous le nom de *Spiritalia*, fait la description d'appareils dont le jeu est fondé sur l'emploi de la vapeur.

Sénèque, le célèbre philosophe latin, précepteur du cruel Néron, qui vivait au commencement de l'ère chrétienne, attribuait les tremblements de terre à des vents souterrains, engendrés par les eaux en contact avec le feu intérieur du globe. *Vitruve*, célèbre architecte romain, qui vivait à la même époque, connaissait les *éolipyles* de Héron d'Alexandrie; il les décrit ainsi : « Ce sont, dit-il, des boules d'airain qui sont creuses

« et qui n'ont qu'un très-petit trou par lequel on les remplit d'eau. Ces « boules ne poussent aucun air avant d'être échauffées, mais étant mises « devant le feu, aussitôt qu'elles sentent la chaleur, elles envoient un vent « impétueux vers le feu, et ainsi enseignent, par cette petite expérience, « des vérités importantes sur la nature de l'air et des vents. »

On attribue aussi à Héron les deux machines représentées figure 226 :

La première est une marmite fermée contenant de l'eau ; son couvercle est percé pour recevoir un petit tuyau terminé à la partie supérieure par une espèce de demi-sphère creuse. En mettant de l'eau dans la marmite et faisant bouillir cette eau, la vapeur formée s'échappe avec force par le tuyau. Si alors on jette une petite boule légère dans la demi-sphère creuse, la vapeur soulève cette boule et la soutient en l'air, de sorte qu'elle paraît danser.

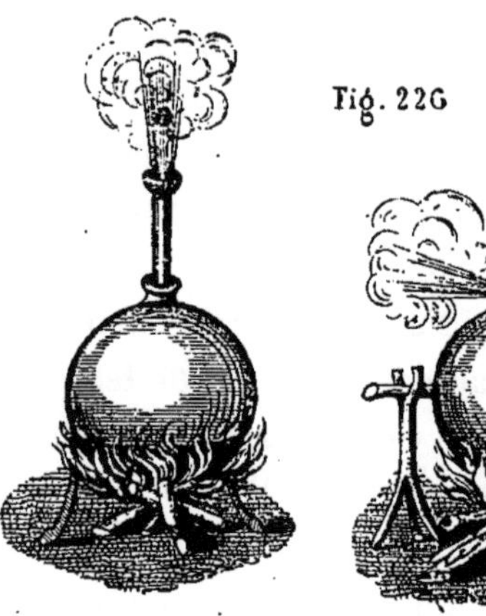
Fig. 226

La seconde machine, celle de droite (fig. 226), se compose d'une sphère creuse suspendue au moyen d'un axe horizontal prolongeant un de ses diamètres, et par le moyen duquel elle peut tourner. Suivant un diamètre perpendiculaire à celui de l'axe de rotation, sont deux ouvertures sur lesquelles sont adaptés deux petits tuyaux recourbés à angle droit en sens inverse. Si l'on met de l'eau dans la sphère et que l'on fasse du feu en dessous, la vapeur formée dans l'intérieur sort par les petits tubes ; elle s'échappe seule quand les tubes sont en l'air et avec l'eau contenue dans la sphère lorsqu'ils sont en bas. Par la forme recourbée des tubes, la sortie de la vapeur produit un phénomène semblable à celui de la poussée latérale (161), et la sphère tourne. Du reste, les Grecs construisaient depuis longtemps des machines à peu près semblables, mais dans lesquelles l'eau produisait la force de réaction pour faire tourner un tube, recourbé par les extrémités, duquel le liquide s'échappait.

A une époque plus rapprochée de nous, quoique bien éloignée encore, les prêtres des anciens Germains, cette race d'hommes indomptables qui luttèrent pendant deux siècles et demi contre les Romains et qui finirent par les vaincre, employèrent l'éolipyle pour augmenter leur influence sur le peuple qu'ils voulaient dominer.

La statue de leur dieu (fig. 227) était placée sur un piédestal formant une véritable marmite ; des tuyaux, passant dans l'intérieur de la statue, allaient du piédestal à la bouche et au front du dieu. Un foyer de chaleur, entretenu sous le piédestal, faisait passer l'eau contenue dans son intérieur à l'état de vapeur, qui s'échappait par la bouche et le front du dieu. Comme les prêtres pouvaient produire ce phénomène à volonté, ils s'en servaient pour montrer au peuple épouvanté qu'ils étaient bien les interprètes d'un dieu si terrible.

Fig. 227

Jusqu'au quinzième siècle, on ne rencontre aucune trace d'applications plus sérieuses de la vapeur en vase clos. Cependant on trouva dans les cartons du célèbre peintre italien *Léonard de Vinci*, mort en 1519, le dessin d'un canon à vapeur attribué à Archimède (34). Quoi qu'il en soit de cette invention, qui était restée complétement ignorée, ce n'est encore qu'une application de l'éolipyle, dans le tube duquel Archimède a placé un boulet ou une balle.

En 1543, il paraît certain qu'un capitaine espagnol, nommé *Blasco de Garay*, proposa à l'empereur Charles-Quint une machine pouvant faire aller les navires de toutes les dimensions, sans voiles et sans rames. L'expérience fut faite sur la *Trinité*, navire déplaçant deux cent mille kilogrammes d'eau ou deux cents tonneaux ; mais aucun plan, aucun dessin de cette machine ne nous est parvenu. On ne sait même pas, d'une manière positive, si elle était à vapeur.

David Rivault, professeur de mathématiques de Louis XIII en 1605, parle d'une artillerie nouvelle, ne se chargeant que d'air et d'eau pure, et cependant ayant une force incroyable. Il semble, du reste, que ce soit le canon d'Archimède dont je viens de vous parler.

Salomon de Caus, ingénieur normand, dans un livre intitulé : *les Raisons des forces mouvantes*, publié en 1615, montre qu'il savait que l'eau chauffée suffisamment se transforme entièrement en vapeur, lorsqu'on laisse cette dernière s'échapper ; si, au contraire, le vase est fermé et qu'il ne soit pas assez résistant, ou s'il est chauffé à outrance, il peut éclater sous l'effort exercé par la vapeur. Il sait aussi que la vapeur refroidie revient à l'état liquide. Mais là s'arrêtent ses idées sur la vapeur ; il ne semble pas avoir connu les travaux de ses prédécesseurs, ou du moins il n'a pas su rapprocher ses expériences de celles de ses devanciers, en tirer des conclusions et faire des applications utiles.

Toutefois, il donne un appareil (fig. 228) qu'il décrit ainsi :

« Soit une balle de cuivre marquée I, bien soudée tout à l'entour, à la- « quelle il y aura un soupirail marqué D, par où l'on « mettra l'eau, et aussi un tuyau marqué Bc, qui sera « soudé au haut de la balle, et le bout *c* approchera « près du fond, sans y toucher ; après, faut emplir « ladite balle d'eau par le soupirail, puis la bien re- « boucher et la mettre sur le feu ; alors la chaleur, « donnant contre ladite balle, fera monter toute l'eau « par le tuyau Bc. »

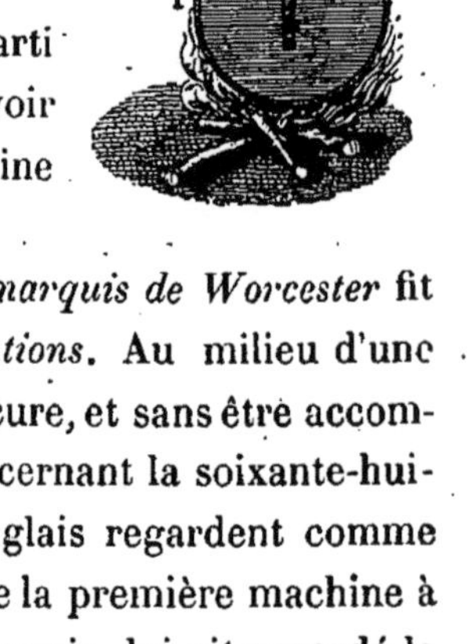

Quoique Salomon de Caus n'ait tiré aucun parti utile de sa découverte, il a cependant fait entrevoir qu'il serait peut-être possible de faire une machine d'épuisement agissant par la vapeur.

En 1663, vers la fin du règne de Charles II, le *marquis de Worcester* fit paraître un ouvrage intitulé : *A century of inventions*. Au milieu d'une foule d'inventions décrites d'une manière très-obscure, et sans être accompagnées d'une seule figure, se trouve l'article concernant la soixante-huitième invention, article que certains auteurs anglais regardent comme établissant les droits de Worcester à l'invention de la première machine à feu. Quoique le Parlement, sur la demande du marquis, lui ait accordé le privilége du monopole, on ne trouve aucune trace, ni de ses expériences, ni de son appareil.

Nous touchons au moment où l'idée d'utiliser la force expansive de la vapeur va surgir. *Denis Papin*, comme je vous l'ai déjà dit au nº 160, en cherchant à faire cuire économiquement des matières animales au moyen de la vapeur à une haute température, fut conduit à étudier les propriétés de la vapeur et à l'invention de la soupape de sûreté. En Allemagne, où il se réfugia après la révocation de l'édit de Nantes, il fit la connaissance du célèbre *Huyghens*, savant astronome et mathématicien hollandais, et l'aida dans des expériences curieuses pour élever l'eau à l'aide du vide produit par l'explosion de la poudre à canon. Ils ne purent arriver aux résultats qu'ils espéraient, et c'est alors que Denis Papin pensa à employer la vapeur d'eau pour produire le vide. On trouve, dans les actes de Leipsick de 1680, ce passage écrit par Denis Papin lui-même ; il s'agit du vide dont je viens de vous parler :

« J'ai donc cherché d'en venir à bout d'une autre manière, et comme « l'eau a la propriété, étant par le feu changée en vapeur, de faire ressort « comme l'air, et ensuite de se recondenser si « bien par le froid qu'il ne lui reste plus aucune « apparence de cette force de ressort, j'ai cru « qu'il ne serait pas difficile de faire des machines « dans lesquelles, par le moyen d'une chaleur « médiocre et à peu de frais, l'eau ferait ce vide « parfait qu'on a inutilement cherché par le « moyen de la poudre à canon. »

Fig. 229

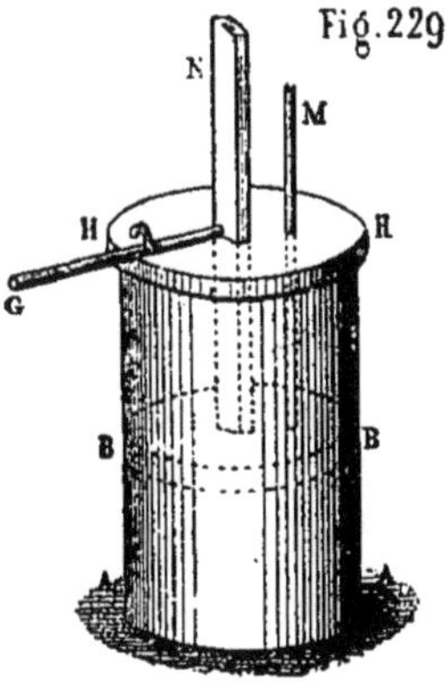

Il décrit ensuite l'appareil représenté par la figure 229, qui est, par le fait, la première machine à vapeur connue et exécutée :

« AA est un tuyau égal d'un bout à l'autre ; BB est un piston ajusté à ce « tuyau ; N est le manche attaché au piston, G une verge de fer qui peut « se mouvoir autour d'un axe ; un ressort presse la verge de fer G, en « sorte qu'elle entre dans l'échancrure de N sitôt que le piston avec son « manche est élevé assez haut pour que ladite échancrure paraisse au- « dessus du couvercle ; M, tige qui se visse dans un trou pratiqué au pis- « ton par où l'air peut sortir du fond du tuyau AA, lorsque l'on y enfonce « le piston pour la première fois.

« Pour se servir de cet instrument, on verse un peu d'eau dans le « tuyau AA, jusqu'à la hauteur de 3 ou 4 lignes (8 à 9 millimètres) ; on y « fait ensuite entrer le piston et on le pousse jusqu'au bas, en sorte que « l'eau qui est au fond du tuyau regorge par-dessus. Alors on ferme ledit « trou avec la verge M, et on adapte le couvercle HH, qui a autant de

« trous qu'il en faut pour entrer sans obstacle; ayant ensuite mis un « feu médiocre sous le tuyau AA, il s'échauffe fort vite, parce qu'il n'est « fait que d'une feuille de métal fort mince, et l'eau qui est dedans se « changeant en vapeur, fait une pression si forte qu'elle surmonte le poids « de l'atmosphère et pousse le piston BB en haut, jusqu'à ce que l'échan- « crure paraisse au-dessus du couvercle H, et que la verge G y soit poussée « par le ressort qui y est attaché, ce qui ne se fait pas sans bruit. Alors « il faut incontinent éloi- « gner le feu, et les va- « peurs dans ce tuyau se « condensent bientôt par « le froid et laissent le « tuyau absolument vide « d'air; alors il n'y a qu'à « tourner la verge G au- « tant qu'il est nécessaire « pour la faire sortir de « l'échancrure et laisser « le piston en liberté « descendre; et il arrive « que le piston est incon- « tinent poussé en bas « par tout le poids de « l'atmosphère, et pro- « duit le mouvement que « l'on veut avec d'autant plus de force que le diamètre du tuyau est plus « grand. »

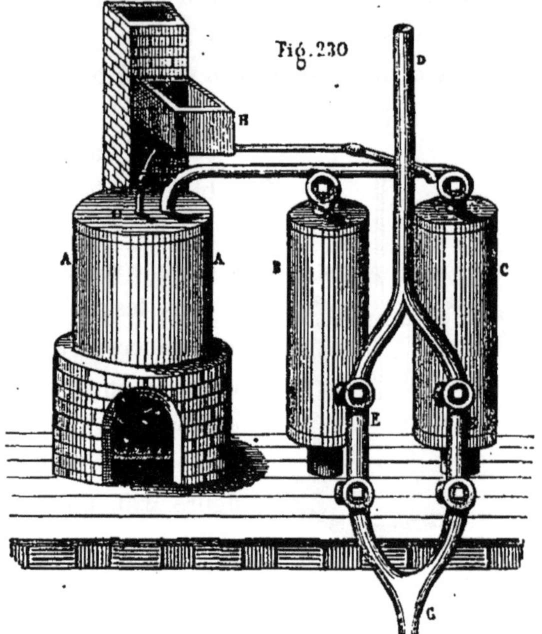

Fig. 230

Voilà bien certainement la description la plus claire et la plus simple de la *machine à vapeur atmosphérique*, que nous allons voir bientôt. Non-seulement Papin est le premier qui ait compris comment on pouvait faire travailler la vapeur, mais il entrevit quel parti on pourrait tirer par la suite de cette immense puissance, comme le prouve le passage suivant extrait toujours des actes de Leipsick :

« Il serait trop long de rapporter ici de quelle manière cette invention « se pourrait appliquer à tirer l'eau des mines, jeter des bombes, ramer « contre le vent, et à plusieurs autres usages de cette sorte; mais il faut

« que chacun, selon les besoins qu'il en aura, imagine les constructions « les plus propres pour ses desseins. Je ne puis pourtant m'empêcher de « remarquer ici, en passant, combien cette force serait préférable à celle « des galériens pour aller vite en mer. »

D'après une lettre découverte récemment, Papin aurait fait exécuter un bateau à vapeur, qui fut mis en pièces par les bateliers du Weser, fleuve d'Allemagne.

En 1698, Thomas Savery, capitaine anglais, prit une patente pour une machine à vapeur propre à élever l'eau des mines. L'idée était empruntée à la fois à Salomon de Caus et à Denis Papin, comme vous allez le voir. Mais il eut l'heureuse idée de séparer le vase dans lequel se formait la vapeur de celui qui recevait l'eau à épuiser, et en cela seul il fit faire un pas considérable aux machines d'épuisement mises en jeu par la vapeur.

La figure 230 représente cette machine. AA est une chaudière placée sur un foyer fait en maçonnerie; B et C sont deux cylindres qui peuvent être mis en communication par le haut avec la chaudière, et par le bas avec le tuyau DEG. Ce dernier va du réservoir contenant l'eau à élever à celui où elle doit être élevée; enfin, c'est en même temps un tuyau d'aspiration et de refoulement.

Des robinets permettent d'interrompre la communication des cylindres avec la chaudière et avec la partie haute ou la partie basse du tuyau DEG. H est un réservoir d'eau pour alimenter la chaudière et pour refroidir les cylindres B et C, en laissant couler de l'eau sur leur partie extérieure.

Si l'on ferme la communication des cylindres B et C avec la partie inférieure du tuyau DEG ou le tuyau d'aspiration, et que l'on ouvre celle avec la chaudière, l'air contenu dans les cylindres est chassé par la vapeur et sort par la partie supérieure du tuyau DEG ou le tuyau de refoulement. Les cylindres pleins de vapeur, on ferme le tuyau de refoulement et la communication avec la chaudière, on ouvre la communication avec le tuyau d'aspiration et on laisse couler de l'eau sur les cylindres B et C. La vapeur se condense, le vide se produit, et la pression atmosphérique pesant sur la surface du liquide à élever, la fait monter dans les cylindres B et C, si ces cylindres ne sont pas à une hauteur supérieure à la colonne d'eau qui fait dans le lieu équilibre à la pression atmosphérique. Si alors on ferme le tuyau d'aspiration et que l'on ouvre le tuyau de refoulement et a conduite de vapeur, cette dernière vient presser sur le liquide contenu dans les cylindres B et C et le pousse dans le tuyau de refoulement ; et ainsi de suite.

Vous voyez que Savery, dans sa machine, a utilisé la pression de la vapeur pour faire monter l'eau, comme Salomon de Caus, et le vide produit par la vapeur condensée, comme David Papin, pour aspirer le liquide. Cette machine avait plusieurs inconvénients, entre autres celui de dépenser 11/12 de la vapeur pour échauffer les parois des cylindres et l'eau qu'ils contenaient avant d'élever cette dernière.

196. **Machine atmosphérique de Newcomen.** — En 1705, Savery s'associa avec deux ouvriers intelligents : Newcomen, forgeron de Darmouth, dans le Devonshire, et Cawley, vitrier de la même ville. Newcomen eut l'idée d'activer la condensation de la vapeur sous le piston de la machine de Papin, en arrosant le cylindre d'eau froide extérieurement comme Savery. Sa machine est représentée fig. 231 ; C est la chaudière, A un cylindre ouvert par le haut ; P est le piston ; ce dernier a pour tige une chaîne qui suit l'extrémité d'un grand balancier B, qui porte, à son autre extrémité, le piston de la pompe qui doit élever l'eau à épuiser. R est un réservoir d'eau froide avec laquelle on peut arroser le cylindre extérieurement ; S est une petite pompe aspirante et foulante qui alimente le réservoir R et la chaudière.

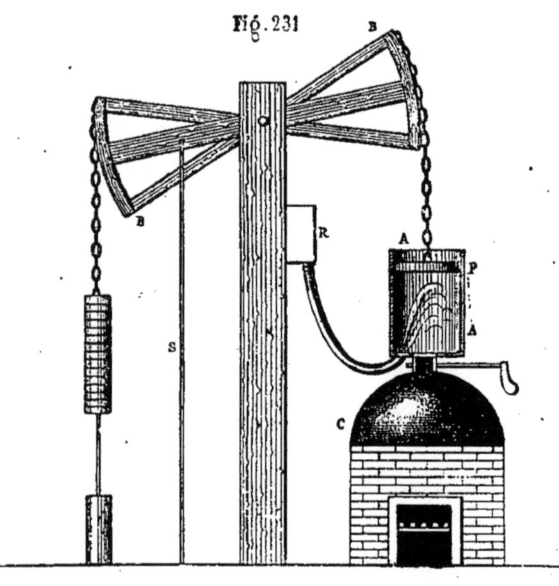

Supposons le piston au bas du cylindre, et faisons arriver la vapeur au-dessous ; bientôt la pression atmosphérique est vaincue, le piston monte, et le poids placé sur la tige de la pompe d'épuisement fait descendre le piston de cette pompe. Le piston à vapeur rendu au haut de sa course, fermons l'introduction de la vapeur, arrosons le cylindre à l'extérieur pour activer la condensation de la vapeur; le vide se produit au-dessous du piston; la pression atmosphérique pesant dessus, le fait descendre au bas du cylindre; en même temps, la tige du piston de la pompe d'épuisement est tirée en haut. Cessant d'arroser et faisant arriver de nouveau la vapeur au bas du cylindre, le piston remonte, et ainsi de suite.

Pour empêcher les fuites de vapeur qui se produisaient entre les parois du cylindre et celles du piston (l'art du mécanicien était alors fort peu avancé), les inventeurs eurent l'heureuse idée de recouvrir le piston d'une couche d'eau, qui pénétrait dans tous les vides et les remplissait. Or, un jour que leur machine fonctionnait devant les trois associés, ils virent avec étonnement le piston descendre plusieurs fois de suite avec beaucoup plus de vitesse que de coutume. La condensation se faisait donc plus rapidement, mais quelle en était la cause? Ils cherchèrent et trouvèrent qu'une partie de l'eau au-dessus du piston tombait en pluie dans la vapeur du cylindre. Appliquant immédiatement cette découverte à leur machine, ils supprimèrent le refroidissement à l'extérieur du cylindre et firent arriver l'eau d'arrosage dans l'intérieur au moyen d'un petit tuyau, terminé par une pomme d'arrosoir qui divisait le liquide. Telle est l'origine d'une amélioration capitale dans la machine à vapeur, puisqu'elle détermina une plus grande rapidité dans la marche du piston.

Cette machine, telle que je viens de vous la décrire, présentait déjà, comparée à tout ce qui avait été fait jusqu'à ce moment, les avantages suivants :

1° L'eau qu'on devait élever n'était plus chauffée;

2° La pression de la vapeur ne devait être que très-peu supérieure à celle de l'atmosphère; par suite, il y avait moins à craindre la rupture des vases qui la contenaient;

3° Le piston ayant un mouvement rectiligne alternatif, il devenait possible de communiquer ce mouvement à toute espèce de machine.

Un enfant, nommé Humphrey Potter, chargé d'ouvrir et de fermer les robinets qui donnaient accès à la vapeur et à l'eau d'injection dans le cylindre, eut l'idée de disposer un système de ficelles et de morceaux de bois qui faisait ouvrir et fermer, par la machine elle-même, les robinets dont il était chargé. En 1748, Beighton perfectionna l'idée première de Potter, en attachant au balancier une tringle qui, à l'aide de deux chevilles horizontales, rencontrant les leviers des robinets, manœuvrait ces derniers.

Après Newcomen, l'Allemand *Leupold*, né en 1674 et mort en 1727, fait l'esquisse d'une machine à haute pression, à deux cylindres et à balancier, dans laquelle on remarque un robinet à quatre fins, servant pour l'introduction et l'évacuation de la vapeur.

Vient ensuite *Jonathan Hulles,* qui propose un bateau à deux roues, à palettes, mues par la vapeur, et destiné à faire sortir les navires des ports par tous les temps. C'était l'idée de Papin réalisée de nouveau, mais avec une heureuse modification, puisque les rames au mouvement alternatif étaient remplacées par des roues ayant un mouvement continu.

Gensanne, mécanicien français; *de Moura,* gentilhomme portugais; *Fitz Gerald*, cherchent à transformer le mouvement rectiligne alternatif du piston en un mouvement circulaire continu: *Peyne*, en 1741; *Smeaton,* un peu après; *Brindley*, en 1759, et *Louis-Guillaume de Cambray* apportent chacun une nouvelle pierre à l'édifice et préparent la route à *Watt,* le plus célèbre des inventeurs des temps modernes.

197. **Machines de Watt.** — De 1766 à 1801, les machines à vapeur subissent des transformations excessivement importantes, grâce au génie de Watt, auquel l'Angleterre doit en grande partie sa gloire et sa fortune. Watt, né en 1736, à Greenock, fut d'abord fabricant d'instruments de physique; en 1756, il fut attaché à l'Université de Glasgow par le docteur *Robinson*, alors professeur de physique. C'est en voulant réparer les modèles des machines qui faisaient partie du cabinet de physique, qu'il fut conduit à s'occuper de machines à vapeur. Robinson et lui eurent d'abord l'idée de construire une voiture à vapeur; mais les essais n'ayant pas répondu à leurs espérances, ils abandonnèrent ce projet, et Watt consacra tout son temps au perfectionnement de la machine de Newcomen, la seule connue alors.

Mais il comprit de suite que le résultat de ses travaux dépendait de la connaissance exacte de la vapeur. Il reprit les expériences de Papin et détermina le volume de vapeur que peut fournir une certaine quantité d'eau élevée à une température quelconque; la puissance ou la force élastique de cette vapeur; la quantité de chaleur nécessaire pour la vaporisation; le poids de vapeur dépensé par chaque coup de piston dans un cylindre d'un diamètre et d'une hauteur donnés, ou d'un volume connu ; la quantité d'eau froide à injecter dans le cylindre pour donner au piston, sur lequel la pression atmosphérique agit, une force déterminée ; enfin, il détermina la forme élastique de la vapeur à différents degrés de température.

Observant avec une minutieuse attention la machine de Newcomen, il remarqua que la chaleur, communiquée par la vapeur au cylindre, était un obstacle à la condensation prompte de la vapeur ; que, d'un autre côté, le cylindre, refroidi par l'eau d'injection, devait être avant tout échauffé par la vapeur avant d'agir ; de là une grande dépense qu'il fallait diminuer. Pour écarter ces inconvénients, il ajouta à la machine de Newcomen un récipient séparé du cylindre, qu'il nomma le *condenseur*, et dans lequel la vapeur se trouvait en contact avec l'eau d'injection, quand elle avait poussé le piston au haut de sa course. L'invention de la pompe à air fut la conséquence de celle du condenseur.

Cette nouvelle machine, bien supérieure à celle primitivement faite par Newcomen, avait cependant encore les défauts suivants :

Le piston, soumis à l'influence d'une force agissant avec une énergie à peu près constante, recevait une vitesse croissante et arrivait au bas de sa course avec une très-grande vitesse, qui produisait des chocs terribles. On ne pouvait remédier à cet inconvénient qu'en faisant entrer de l'air sous le piston, ou en rendant le vide moins parfait, ce qui diminuait le travail utilisable, tout en augmentant la dépense de combustible. En outre, le poids de l'atmosphère, qui joue un si grand rôle dans cette machine et dont l'énergie n'est pas constante, donnait des variations assez grandes dans la vitesse du mouvement pour empêcher l'emploi de la machine de Newcomen à un travail mécanique demandant un moteur régulier.

Pour vous donner cependant une idée de l'avantage du condenseur, il suffira de vous dire qu'avec la machine primitive de Newcomen, on obtenait environ 20,000 kilogrammètres par kilogramme de charbon brûlé, tandis que dans celle ayant le condenseur de Watt, 1 kilogramme de charbon donnait 28,000 kilogrammètres environ.

Machine à simple effet de Watt. — Pour arriver à un moteur régulier, il fallait supprimer l'action de l'atmosphère ; c'est ce que fit Watt dans sa machine à simple effet (fig. 232), qu'il construisit en 1769 et qu'il appela *machine à simple effet*.

Le cylindre CC est fermé par le haut. Cette partie et celle de dessous peuvent communiquer avec le condenseur A, entre elles et avec la chaudière B par le tuyau DD, et au moyen de trois soupapes S, S′, S″, menées par la même tige et ayant chacune une fonction particulière à remplir.

La tige du piston est attachée à une des extrémités d'un balancier et les pompes d'épuisement à l'autre, car il s'agissait toujours d'employer cette machine à l'épuisement des mines.

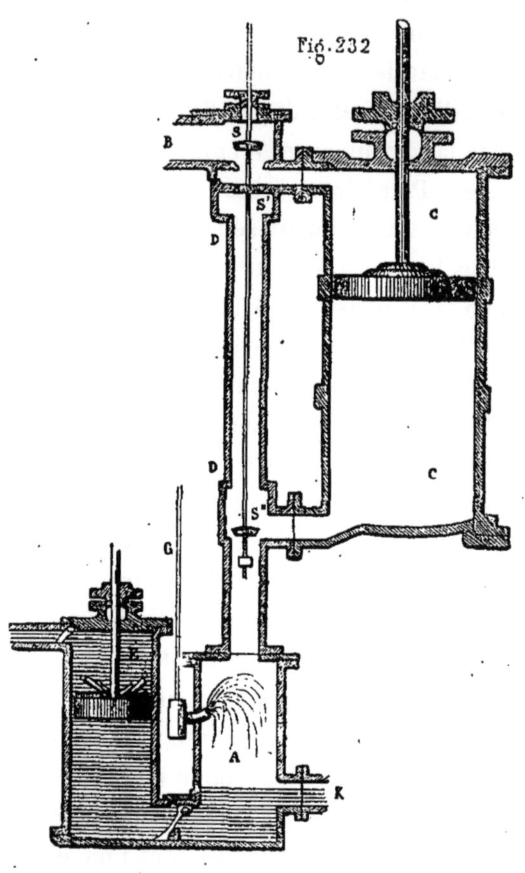

Si nous supposons la machine en état de fonctionner, c'est-à-dire si la vapeur occupe l'intérieur du cylindre, ou si elle est purgée, le dessous et le dessus du piston communiquant ensemble, le piston est en équilibre au milieu de la vapeur introduite, et le poids des pompes suspendues à l'autre extrémité du balancier le fait monter au haut du cylindre.

Si alors on monte la tige des soupapes, la soupape S laisse arriver la vapeur de la chaudière au-dessus du piston, la soupape S′ interrompt la communication entre le haut et le bas du cylindre, et la soupape S″ fait communiquer le dessous du piston avec le condenseur A. Le vide se produit sous le piston alors que la vapeur agit en dessus pour le faire descendre au bas du cylindre. Si ensuite on baisse la tige des soupapes, la soupape S ferme l'arrivée de la vapeur de la chaudière; la soupape S′ établit la communication entre le dessous et le dessus du piston, et la soupape S″ ferme la communication de cette dernière partie avec le condenseur. Le piston remonte donc, entraîné par le poids des pompes. Je dis le poids des pompes, parce que le côté du balancier opposé à la tige du piston à vapeur portait non-seulement la pompe d'épuisement, mais encore la pompe à air E et la pompe d'alimentation. G est la tige du robinet d'injection, K est un tuyau qui permet de purger le condenseur avant la mise en marche, c'est-à-dire de chasser l'eau et l'air qui s'y trouvent au moyen de la vapeur qui vient le remplir.

Watt obtint, avec cette machine, 65,000 kilogrammètres par kilogramme de charbon brûlé, c'est-à-dire près de trois fois l'effet utile donné par la machine de Newcomen.

Ruiné par toutes les dépenses qu'il dut faire pour arriver à sa machine à simple effet, il s'associa à *Bolton,* qui lui fournit les fonds nécessaires pour continuer ses travaux, car il entrevoyait déjà la possibilité de faire travailler le piston en montant comme en descendant, et, par suite, d'arriver à une machine à double effet.

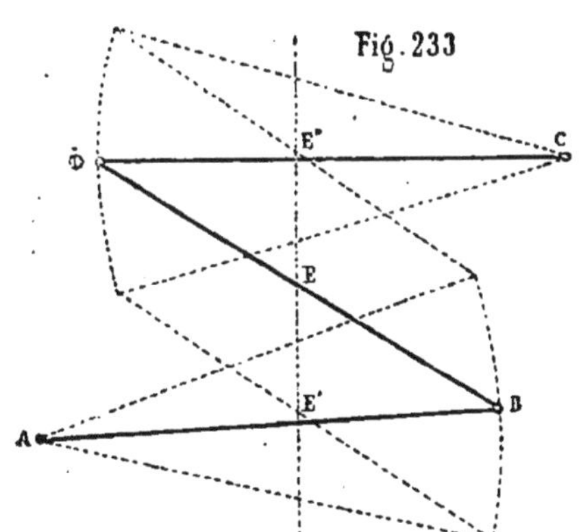

Mais il avait encore bien des difficultés à vaincre, bien des détails à perfectionner. Les chaînes qui servaient, dans la machine à simple effet, pour transmettre le mouvement du piston, ne pouvaient plus être employées, puisqu'elles n'ont de pouvoir transmissif que dans le sens de leur extension. Aussi Watt, après diverses tentatives, arriva à la tige rigide. Mais il fallait maintenir cette tige dans l'axe du cylindre, la guider enfin à la sortie du cylindre. C'est ainsi qu'il fut conduit au parallélogramme ou guide articulé qui porte son nom.

Parallélogramme de Watt. — Ce mécanisme est basé sur le principe suivant :

Si deux tringles AB et CD (fig. 233), mobiles autour des centres de mouvement A et C, sont réunies par une troisième tringle DB, articulée sur les extrémités D et B ; si les pointes D et B décrivent des arcs de cercle d'une certaine étendue, il existera toujours, sur la tringle DB, un point E qui suivra sensiblement une ligne droite. Quand les longueurs AB et CD ne sont pas bien différentes l'une de l'autre, le point E partage la tringle de jonction DB en deux parties, inversement proportionnelles aux longueurs des tringles AB et CD, de manière à avoir :

$$AB \times BE = CD \times DE.$$

Ainsi donc, si CD est le balancier d'une machine, et que la tige du piston soit articulée en E, elle suivra une ligne sensiblement droite. AB est ce qu'on appelle le *bras du parallélogramme ;* son point de rotation A est pris en général sur la charpente en fer ou en fonte qui relie entre eux les différents organes de la machine.

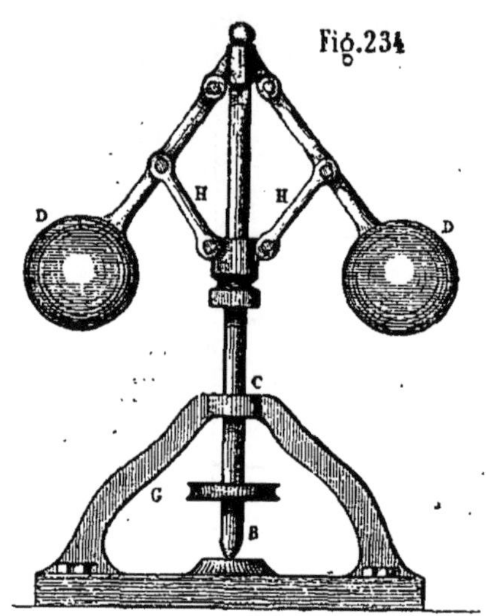

Fig.234

Le parallélogramme ou le guide articulé se présente sous divers aspects, mais il vous sera toujours facile de retrouver les trois tringles du parallélogramme articulé.

Pour régulariser complétement le mouvement de la machine à vapeur, Watt inventa le volant, si employé aujourd'hui.

Aux clapets, aux soupapes, ou aux robinets qui servaient pour l'introduction et l'évacuation de la vapeur dans le cylindre, il substitua un organe plus approprié aux fonctions à remplir, nommé tiroir, inventé en 1801 par *Marrey.*

Régulateur à force centrifuge ou pendule conique. — La résistance à vaincre pouvait diminuer tout à coup ; par suite, la machine était exposée à prendre des vitesses considérables contre lesquelles le volant devenait impuissant. Il fallait alors agir sur le registre de vapeur de manière à diminuer l'introduction de la vapeur, le fermer tout à fait même ; dans d'autres cas, alors que les résistances augmentaient, il fallait demander à la machine tout ce qu'elle pouvait faire, par suite lui donner toute la vapeur possible en ouvrant le registre en entier. Watt arriva à ce résultat en appliquant à sa machine le modérateur à force centrifuge, inventé par Gensanne et représenté par la figure 234. AB est une tige de fer qui repose, par sa partie inférieure B, sur un petit godet, dans lequel elle peut tourner. Elle est maintenue verticalement par la douille C. A l'extrémité supérieure sont deux articulations pour les tringles de deux boules pesantes D, D. Deux petites bielles H, H sont articulées sur les tringles des boules et sur un manchon E, pouvant monter ou descendre le long de la tige AB. Le mouvement de rotation de cette tige est d'autant plus grand que celui de la machine est plus accéléré, et réciproquement. Or, quand la vitesse est grande, la force centrifuge fait écarter davantage les boules D, D de la tige et le manchon E monte. Si, au contraire, la vitesse diminue, la force centrifuge a moins d'énergie, les boules se rapprochent de la tige AB et le manchon E descend. Watt utilisa le mouvement de ce manchon pour ouvrir ou fermer le registre de vapeur, et, par suite, éviter les accidents qui pouvaient résulter d'une vitesse trop grande du piston d'une machine.

Il restait encore à changer le mouvement rectiligne alternatif du piston en un mouvement circulaire continu. Cette transformation, par suite de circonstances qu'il serait trop long de vous raconter, lui donna beaucoup de peine, et il finit par prendre la manivelle du rémouleur, à laquelle il n'avait pas pensé tout d'abord.

Enfin, il reconnut qu'il était inutile de laisser arriver la vapeur au cylindre pendant tout le temps de la course du piston ; qu'en la laissant agir par détente, on évitait les chocs qui se produisaient toujours à la fin de la course du piston.

Machine à double effet de Watt. — Les études, les essais que Watt avait faits, lui permirent enfin d'exécuter sa machine à double effet, qui est le point de départ de toutes celles que nous possédons aujourd'hui et dont la figure 235 vous donne une idée générale :

Le cylindre est entouré d'une *chemise;* entre elle et le cylindre passe de la vapeur pour maintenir la température du cylindre. Le tiroir est conduit par un excentrique calé sur l'arbre moteur. Le mouvement du pendule conique est donné par une ficelle qui passe sur une poulie montée sur l'arbre moteur et une autre fixée sur un des montants supportant le balancier. Le condenseur D, la pompe à air B sont plongés dans un réservoir d'eau M, alimenté par la pompe AA; une partie de cette eau est employée pour l'injection. Le liquide retiré du condenseur D, par la pompe à air B, est envoyé dans un réservoir particulier C, dans lequel plonge le tuyau d'aspiration de la pompe alimentaire E; le surplus s'écoule en dehors. Vous retrouvez dans cette machine, sortie complète du cerveau de l'immortel

Watt, tous les organes dont je vous ai parlé. Depuis lui, on a modifié les formes, le transformateur ou les renvois de mouvement ; mais la machine n'a subi aucune de ces modifications importantes qui constituent presque une invention. En utilisant davantage la puissance de la vapeur, on a fait des machines appropriées aux différents travaux que l'on voulait

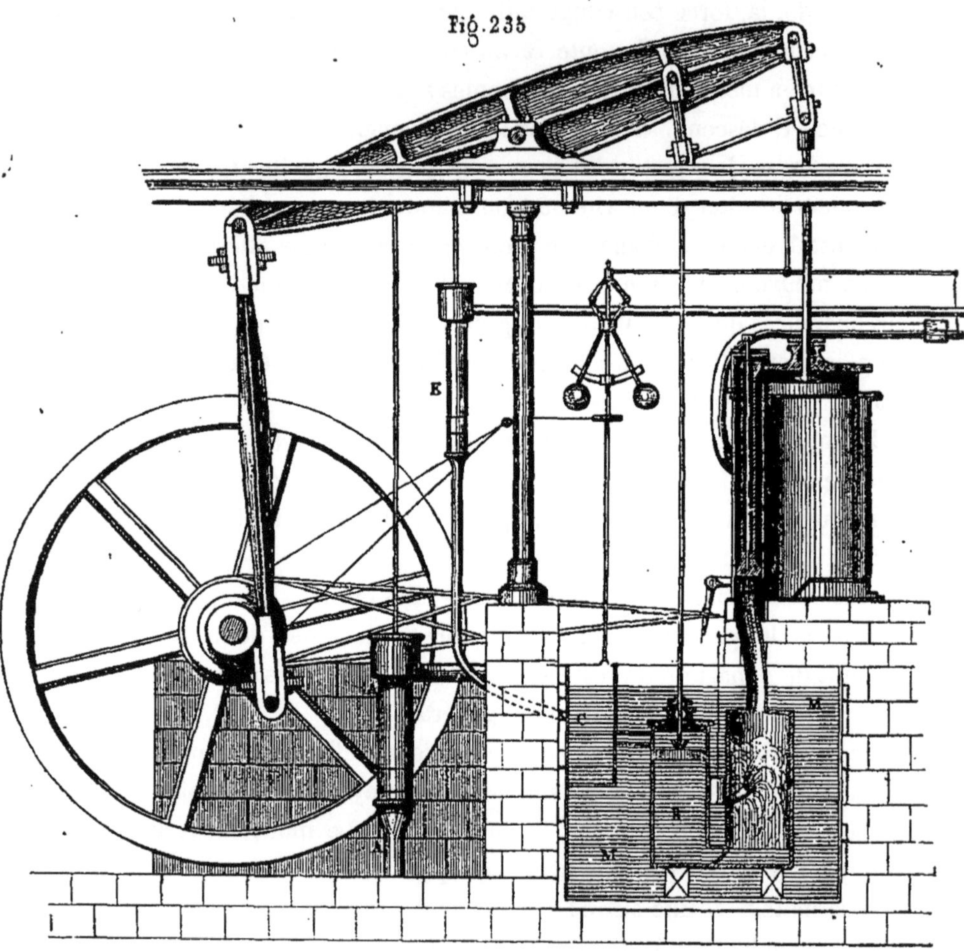

exécuter, aux espaces dont on disposait pour placer l'appareil, aux circonstances dans lesquelles on se trouvait ; mais voilà tout.

198. **Machines à haute pression.** — La première machine à haute pression et sans condensation ne fut exécutée qu'en 1802, par Trevithick

et Vivian. Dans cette machine, la cheminée pénétrait dans la chaudière et s'y recourbait pour remplir la fonction de courants de flamme ; la distribution de la vapeur était faite par un robinet à quatre fins. L'évacuation se faisait dans l'atmosphère ; mais le tuyau qui portait cette vapeur au dehors passait d'abord dans le réservoir d'eau destiné à l'alimentation, et débouchait dans la cheminée pour y produire un tirage forcé.

199. **ORGANES DE CHANGEMENT DE MARCHE.** — Parmi les machines à vapeur, les unes ne doivent jamais tourner que dans un sens ; aussi le chariot d'excentrique, qui donne le mouvement au tiroir, est-il fixe ou calé invariablement sur l'arbre moteur. Quand il faut faire marcher la machine, ou *mettre en marche*, on ouvre un peu l'arrivée de vapeur, on donne la première impulsion au volant, s'il y en a un, et la machine continue à marcher d'elle-même.

Mais il y a d'autres machines qui doivent aller tantôt dans un sens, tantôt dans un autre, et ce changement de marche a souvent besoin de se produire le plus vite possible. Ainsi, sur un chemin de fer, le mécanicien qui conduit la machine aperçoit tout à coup un obstacle devant lui; pour l'éviter, il faut qu'il suspende la marche du train. Il ne suffit pas d'arrêter la machine, car la vitesse acquise, malgré les freins que l'on serre, continuerait encore le mouvement, il faut employer toute la puissance de la vapeur pour détruire ce mouvement ; aussi change-t-on la marche, c'est-à-dire que l'on introduit la vapeur de manière à donner à la machine un mouvement contraire à celui qu'elle avait. Deux navires sont près de se rencontrer ou de *s'aborder*, il faut marcher en arrière, par suite changer la marche de la machine. Je vous parle ici de quelques cas exceptionnels, qui sont des accidents dont les conséquences sont toujours graves, mais la manœuvre des machines employées sur les chemins de fer et celle des navires à vapeur demandent à chaque instant que l'on puisse non-seulement arrêter l'appareil à vapeur ou *stopper*, mais encore, étant en avant, par exemple, aller en arrière, et réciproquement.

En général, le changement de marche dans les machines à vapeur se produit de deux manières différentes, ou, du moins, tous les mécanismes que vous verrez rentreront dans les deux systèmes que nous allons voir.

Ou le tiroir est conduit par un seul excentrique dont le chariot peut prendre deux positions sur l'arbre, l'une pour la marche en avant, l'autre pour la marche en arrière ; ou il y a deux excentriques calés sur l'arbre, l'un pour la marche en avant, l'autre pour celle en arrière. Dans les deux cas, il faut pouvoir suspendre l'action de l'excentrique qui agit, par suite séparer l'extrémité de la bielle d'excentrique des organes qui transmettent le mouvement au tiroir, ce qu'on appelle *déclancher;* puis conduire à la main le tiroir pour produire le mouvement que l'on veut, et, quand la machine est lancée, réunir la bielle de l'excentrique avec les organes de mouvement du tiroir ou *enclancher*. Mais s'il n'y a qu'un excentrique, le chariot doit changer de position sur l'arbre ; sans cela, il ne pourrait pas conduire le tiroir de manière à entretenir le mouvement. La figure 236 vous montre, pour un tiroir en D, les deux positions de l'excentrique. A étant l'axe de l'arbre moteur, AB la direction de la manivelle, BAC l'angle de calage du chariot d'excentrique pour la marche en avant, BAD sera celui pour la marche en arrière ; comme nous supposons un tiroir en D, cet angle est de 55°, et l'angle total CAD est de 110°. Pour que l'arbre puisse entraîner le chariot, on fixe sur une partie de son pourtour GHE une masse de métal nommée *toc*, qui vient appuyer sur un point d'arrêt ou *battoir* K, fixé sur le chariot d'excentrique, par la partie G pour la marche en avant, et par la partie E pour celle en arrière.

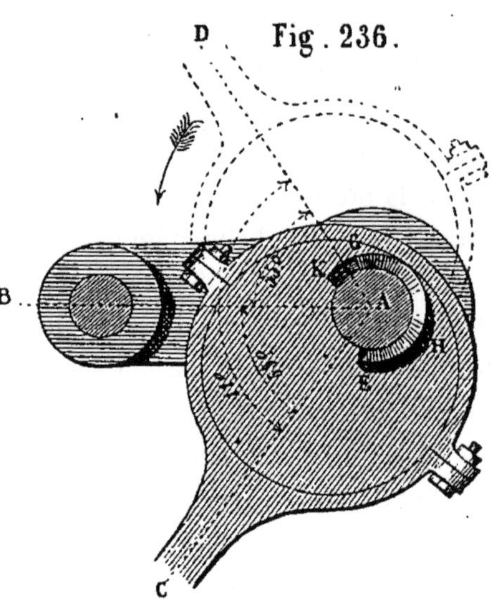

Fig. 236.

J'ai précisé qu'il s'agissait d'un tiroir en D, parce que pour un tiroir en coquille, qui introduit par les arêtes extérieures, l'angle de calage du chariot est de 125°, comme le montre la figure 237, et l'angle total DAC est de 250°.

Je ne vous dirai rien du mécanisme pour manœuvrer le tiroir à la main ; il y a bien des systèmes différents, mais il suffit de les voir pour les comprendre. Dans les petits appareils, un levier suffit pour conduire le tiroir à la main ; mais dans les grandes machines, où l'effort à produire est considérable, il faut employer des moyens mécaniques plus puissants. Ainsi, sur de grandes machines motrices à balancier, on met quelquefois une petite machine dont la fonction spéciale est de faire marcher le tiroir pour le chargement de marche.

Quand il y a deux excentriques, l'un pour la marche en avant, l'autre pour la marche en arrière, l'extrémité des bielles porte souvent une espèce d'encoche dans laquelle vient se loger un bouton placé sur la tige du tiroir ou sur un levier qui fait mouvoir le tiroir (fig. 238). Dans ce cas, on commence par déclancher l'excentrique qui agit, on fait marcher le tiroir à la main pour produire la marche que l'on désire, et on enclanche l'autre excentrique.

Fig. 237

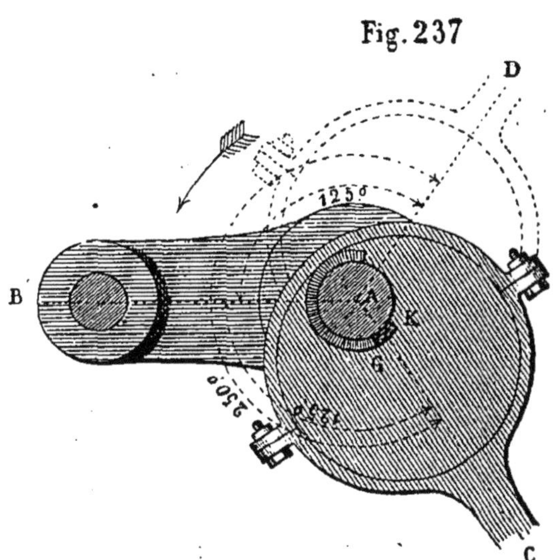

Le plus souvent cependant, aujourd'hui, les deux extrémités des bielles d'excentrique sont articulées au bout d'un arc fendu, inventé par l'ingénieur anglais *Stephenson*, et qu'on nomme *arc fendu de Stephenson* ou *secteur de Stephenson* ou encore *coulisse de Stephenson*. La figure 239 vous montre la disposition de ce système, d'une grande simplicité et surtout d'une grande facilité de mouvement. Supposons que l'excentrique D soit pour la marche en avant et l'excentrique C pour la marche en arrière. Les deux bielles sont articulées, l'une en A et l'autre en B. E est un bouton placé sur la tige du tiroir et engagé dans la coulisse. Si l'on

Fig. 238

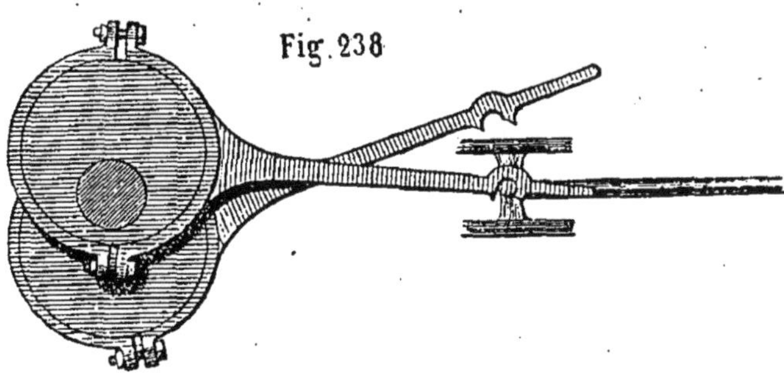

veut produire la marche en avant, il suffit de laisser descendre l'arc fendu, de manière à mettre l'extrémité A de la bielle près du bouton du tiroir. Dans ce mouvement, l'arc fendu fait marcher le tiroir de la quantité voulue pour que la marche désirée se produise, et l'excentrique le conduit pour qu'elle se continue. Veut-on arrêter, on manœuvre l'arc fendu de manière à mettre le bouton du tiroir vers le milieu de sa longueur; dans cette position, le tiroir ne fonctionne plus ; la distribution de la vapeur n'a plus lieu et la machine stoppe.

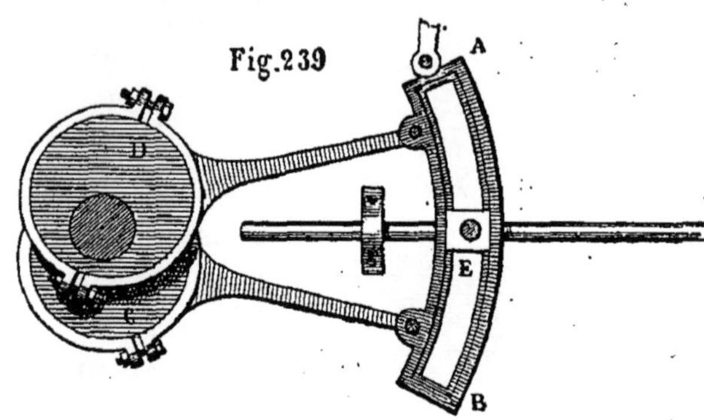

Fig. 239

Enfin, s'il s'agit de produire la marche en arrière, on lève l'arc fendu de manière à mettre l'extrémité B de la bielle près du bouton du tiroir; non-seulement, en agissant ainsi, on change le tiroir de position, comme on le fait à la main dans la plupart des autres systèmes, mais on met en action l'excentrique qui doit produire la marche en arrière.

Ce que je viens de vous dire suffit pour vous faire saisir les différents mécanismes qui se présenteront à vos yeux ; seulement, n'oubliez jamais que, pour changer de marche, il faut que le tiroir marche indépendamment de la machine.

200. **MACHINES A DÉTENTE.**—Watt, comme je vous l'ai dit (197), s'était servi de la détente de la vapeur pour régulariser la marche du piston des machines à vapeur. Plus tard, Woolf pensa à l'employer dans une grande proportion, pour utiliser davantage la puissance de la vapeur. Les machines de Woolf ne diffèrent de celles de Watt qu'en ce qu'elles se composent de deux cylindres (fig. 240), au lieu d'un.

La vapeur arrive d'abord, à pression élevée, dans un petit cylindre A, où elle agit avec toute sa puissance. Quand le piston de ce cylindre est rendu à bout de course, la vapeur qui vient d'agir sur lui passe au-dessous du piston d'un grand cylindre B, où elle agit par détente, en même temps que la vapeur de la chaudière arrive sous le petit piston. La vapeur, qui agit par détente sous le grand piston, exerce aussi un certain effort sur le dessus du petit et s'oppose à son mouvement; mais cet effet est de beaucoup inférieur à celui exercé sur la surface du grand piston. La différence entre ces deux effets opposés s'ajoute à la pression que le petit piston éprouve sur l'une ou l'autre de ses faces, pour former la force totale qui tend à faire mouvoir l'ensemble des deux pistons. Cette force est évidemment plus grande qu'elle ne le serait, s'il n'y avait qu'un cylindre et si la vapeur, après avoir agi sous le piston de ce cylindre, passait immédiatement dans le condenseur; cependant, dans ce dernier cas, la quantité de vapeur dépensée pour chaque coup de piston serait la même. Au n° 188, je vous ai fait voir comment l'action de la détente s'ajoutait à celle de la vapeur à toute pression.

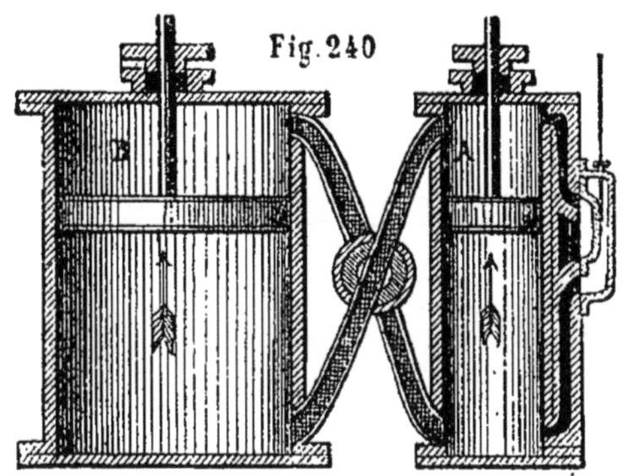

Fig. 240

Les machines de Woolf sont fort employées de nos jours, ou du moins les machines à deux cylindres, reposant sur le principe qu'il a posé. Quoique plus compliquées et plus lourdes que celles à un cylindre, elles sont préférées pour l'économie qu'elles procurent et pour la régularité du travail qu'elles produisent.

201. **PUISSANCE DES MACHINES A VAPEUR.** — Comme les premières machines à vapeur furent faites pour remplacer le travail des chevaux, on compara leur force à celle de ces animaux, et l'on prit la force du cheval comme une unité de mesure des appareils à vapeur. Cette force animale est représentée par 33,000 livres anglaises, élevée à 1 pied par minute. Cette unité, nommée *cheval-vapeur*, adoptée par les Anglais, est aussi admise chez nous; traduite en mesures françaises, elle équivaut à 75 kilogrammes élevés à 1 mètre en une seconde ou à 75 kilogrammètres (58).

Ainsi, pour connaître la force en kilogrammètres d'une machine à vapeur exprimée en chevaux-vapeur, il faudra multiplier le nombre de chevaux-vapeur qu'elle développe par 75; réciproquement, pour avoir en chevaux-vapeur la force d'une machine exprimée en kilogrammètres, on divisera le nombre de kilogrammètres qu'elle développe par 75. Dans le premier cas, le produit donnera un nombre de kilogrammètres ; dans le second, le quotient donnera le nombre de chevaux-vapeur.

Dans beaucoup de cas, quand il s'agit de petites machines, on peut connaître leur force réelle au moyen du frein de Prony, représenté par la figure 241.

L'arbre moteur A de la machine, ou une poulie montée sur cet arbre, est pris entre les deux mâchoires B, B d'un levier en bois. On met la machine en marche, d'abord à très-petite vitesse, et l'on serre les écrous C, C de manière à rendre le frottement des mâchoires B, B sur l'arbre assez considérable pour que le levier DE reste horizontal. On augmente la vitesse de l'appareil, de manière à atteindre la vitesse normale de la machine, on serre en même temps les écrous C, C tout en chargeant le plateau du levier. Il arrive un moment où le levier et son plateau restent horizontaux : c'est précisément l'instant où le frottement des mâchoires sur l'arbre est égal au travail réel de la machine. Pour connaître ce travail, il suffit de multiplier la longueur du bras du levier KE, exprimée en mètres et parties de mètres, par le poids du plateau P et de ce qu'il contient, exprimé en kilogrammes; le produit donne en kilogrammètres la force réelle de la machine. Il est évident qu'il faut tenir compte du poids du levier lui-même. Cette opération est ce qu'on nomme l'*essai au frein*.

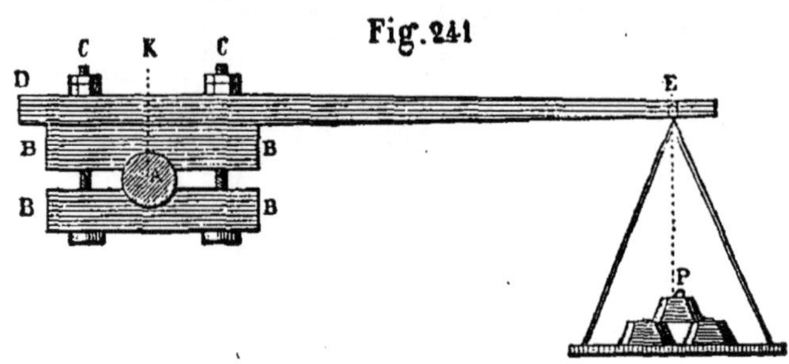

D'autres fois, comme dans les appareils employés aux épuisements, il est facile de connaître la puissance de la machine, parce que le travail fait peut être mesuré exactement. On connaît la quantité d'eau élevée dans une seconde de temps, et par suite son poids; on sait à quelle hauteur cette eau a été conduite; on a alors tous les éléments pour calculer la puissance de la machine employée.

Mais souvent il est impossible de se servir du frein de Prony, alors la quantité de travail ne peut être déterminée que par le calcul. Dans ce cas, il faut évidemment multiplier l'effort exercé par la vapeur sur le piston ou les pistons, par le chemin parcouru par eux dans l'unité du temps.

Ainsi donc, pour une machine n'ayant qu'un piston, il faudra multiplier la surface du piston ($1/4\ \pi\ D^2$, n° 15), exprimée en centimètres carrés, par la pression de la vapeur sur un centimètre carré, exprimée en kilogrammes; multiplier le produit obtenu par la course du piston dans une seconde de temps, exprimée en mètres et parties de mètres. Vous obtiendrez ainsi le travail brut fait par le piston, dont il faudra retrancher tout le travail nécessaire pour faire fonctionner les différents organes de la machine et, en général, pour vaincre toutes les résistances passives.

Pour les machines de Watt, dans lesquelles l'effort moyen de la vapeur était de $0^k,4918$ par cent. de surface du piston, la formule $\frac{D^2CN}{0,59}$, dans laquelle D est le diamètre du piston exprimé en centimètres carrés, C la course du piston, N le nombre de coups de piston, aller et retour, ou le nombre de tours de l'arbre pendant une minute, donne la puissance effective. Mais les conditions des machines de Watt ont été entièrement changées; en outre, la pression par centimètres carrés est toujours plus grande que $0^k,4918$. Aussi cette formule n'est plus considérée aujourd'hui que comme une formule empirique, représentant seulement la puissance d'une machine en fonction des dimensions du cylindre, de la course du piston et du nombre de tours de l'arbre moteur, quelle que soit, d'ailleurs, la pression de la vapeur.

Quoi qu'il en soit, la puissance d'une machine, calculée d'après la formule de recette que je viens de vous donner, est ce qu'on nomme la *puissance nominale*. Elle est toujours au-dessous de la puissance réelle, puisque la pression de la vapeur est toujours supérieure à celle employée par Watt, et ne dit rien pour la puissance réelle de la machine. Aussi vaut-il mieux prendre l'effort exercé sur le piston, comme je vous l'ai dit au commencement de ce numéro, et que l'on nomme la *puissance effective* et même *puissance indiquée*. Dans tous les cas, il faut avoir la pression moyenne de la vapeur pendant un coup de piston, et l'on ne peut se procurer cette donnée qu'au moyen d'un instrument inventé encore par Watt. Il se nomme *indicateur* et se met en communication avec le cylindre à vapeur; mais je ne puis vous en donner la description ici, elle m'entraînerait dans trop de détails qui seront mieux placés plus tard.

202. **CLASSIFICATION DES MACHINES A VAPEUR.** — Les machines peuvent être considérées sous divers points de vue ; le mode de les classer change avec la base que l'on adopte.

Ainsi, en ne tenant compte que de la pression de la vapeur, qui leur donne le mouvement, elles forment deux grandes divisions :

1° Les machines à basse pression ;

2° Les machines à haute pression.

Si l'on considère seulement la manière d'agir de la vapeur, on aura encore deux grandes divisions, renfermant chacune deux subdivisions :

1° Les machines à condensation en vase clos. . . . . { sans détente, avec détente ;

2° Les machines à condensation dans l'atmosphère, connues sous le nom de machines sans condensation. . . { sans détente, avec détente.

Si l'on prend pour base les moyens de transmission du mouvement, on aura deux divisions :

1° Les machines à balancier ou à connexion indirecte ;

2° Les machines sans balancier ou à connexion directe.

Si l'on considère seulement la manière d'être du cylindre, on aura :

1° Les machines à cylindre fixe ;

2° Les machines à cylindre mobile.

Enfin, si l'on considère l'état de la machine dans son ensemble, on aura :

1° Les machines fixes, c'est-à-dire celles qui ne peuvent être changées de place, qui tiennent au sol, et parmi lesquelles la plupart ont des foyers en briques réfractaires ;

2° Les machines mobiles, que l'on peut à volonté changer de position, soit au moyen d'hommes ou de chevaux, comme les *locomobiles*, qui sont beaucoup employées dans l'industrie ; soit par le fait de l'action de la vapeur sur les roues du chariot qui les portent, comme les *locomotives*.

203. **Machines à connexion indirecte ou à balancier.** — J'ai peu de choses à vous dire sur ce genre de machine, représentée dans son ensemble par la figure 235. Cependant, il ne faudrait pas croire que le balancier est toujours placé à la partie supérieure, il peut être en dessous, et même par le travers du cylindre ; mais, dans ce dernier cas, il y a deux balanciers, comme dans les anciennes machines des navires à vapeur.

Dans ces machines, les organes du changement de mouvement du piston sont, comme vous pouvez le voir dans la figure 242, la tige du piston T, le balancier BB, la bielle C et la manivelle M. Et même, dans la machine figurée en dessous des autres, la position des balanciers, par le travers du cylindre, nécessite des bielles C′ reliant la tige du piston avec l'extrémité des balanciers.

204. **Machines à connexion directe.** — La complication des machines

Fig.242

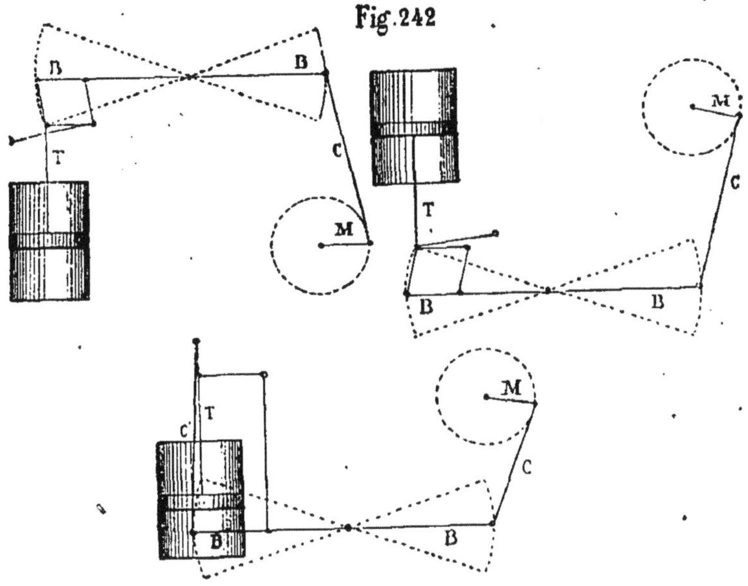

à connexion indirecte devait nécessairement exciter les recherches des constructeurs, aussi arrivèrent-ils vite à supprimer le balancier.

Nous partagerons ces machines, comme je vous l'ai dit au n° 202, en machines à connexion directe à cylindre fixe, et en machines à connexion directe à cylindre mobile.

Machines à connexion directe et à cylindre fixe. — Remarquez, avant tout, que dans cette classification tout arbitraire, que je vous donne seulement pour fixer vos idées, je ne tiens aucun compte de la position du cylindre ; le système de machine ne change donc pas, au point de vue où je me place, quand le cylindre est vertical, horizontal, incliné par en haut ou incliné par en bas.

La figure 243 vous donne une idée de la disposition des organes des machines à connexion directe et à cylindre fixe.

Les renvois de mouvement sont diminués, il n'y a plus que :

La tige du piston T;

La bielle B;

Et la manivelle M.

Le guide articulé a disparu, l'extrémité de la tige du piston glisse entre *deux guides fixes* ou *glissières* GG, qui font partie de la charpente de la machine. Comme vous le voyez, peu importe la position du cylindre;

Fig. 243

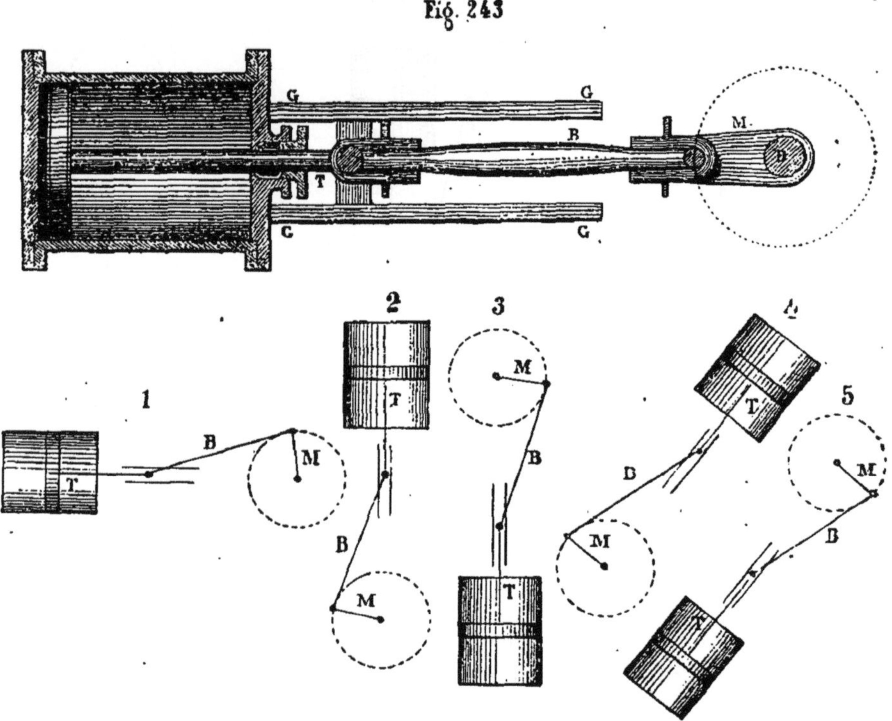

cependant la disposition 2 se désigne plus particulièrement par le nom de *machine à pilon*. Mais ce nom est commun à toutes les machines à connexion directe, dont le cylindre est placé verticalement au-dessus de l'arbre moteur, et dans lesquelles le cylindre est renversé, ou dont la tige du piston sort par le dessous.

Sans entrer dans beaucoup de détails sur les avantages et les inconvénients de ces machines, je dois vous signaler un défaut capital, c'est le frottement considérable des extrémités de la tige du piston sur les guides fixes destinés à maintenir cette tige dans l'axe du cylindre. Ce frottement est d'autant plus grand que la bielle est plus courte, comme je vous l'ai déjà fait remarquer au sujet de l'excentrique (193).

Pour diminuer autant que possible ce frottement, on a dû augmenter la longueur de la bielle. Mais, comme cette longueur donnait un grand développement à la machine, disposition souvent gênante, on a placé l'arbre moteur entre le cylindre et l'extrémité de la tige du piston. On est arrivé ainsi aux machines à *connexion directe à cylindre fixe et à bielle renversée*

Fig. 244

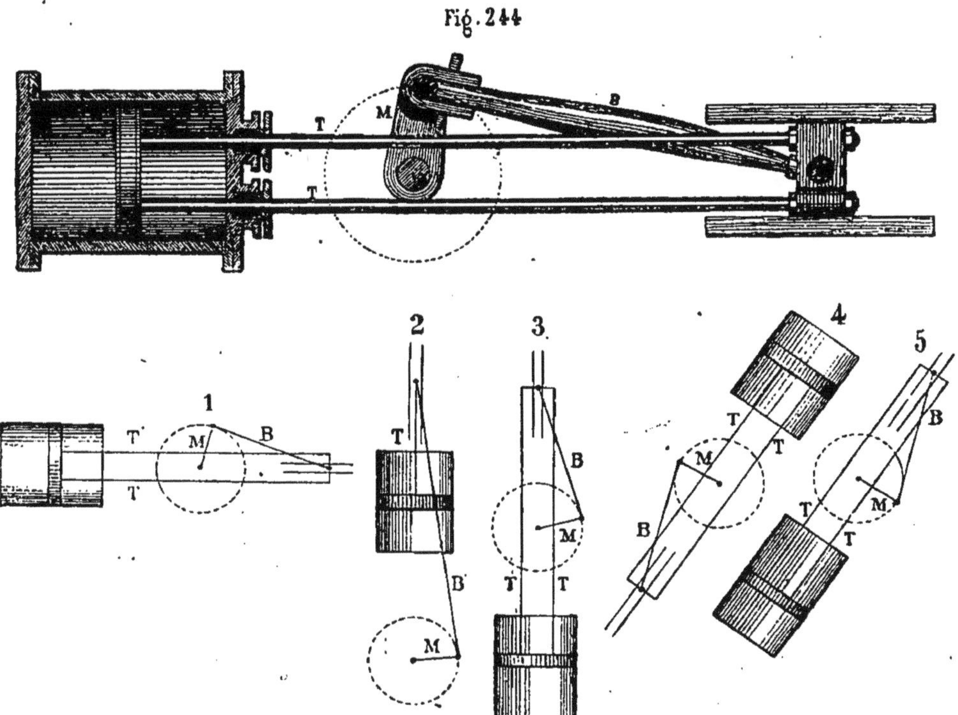

ou *en retour* (fig. 244). Celles représentées par la figure 243 ont reçu le nom de *machines à connexion directe à cylindre fixe et à bielle directe*.

La figure 244 vous montre la disposition des organes de changement de mouvement de ces machines ; vous remarquerez que, le plus souvent, le piston porte deux tiges qui passent, l'une d'un côté de l'arbre moteur, l'autre de l'autre côté. Ces tiges sont considérablement allongées, et il faut relier leurs extrémités. La pièce qui remplit ce but glisse entre les glissières. Elle reçoit l'articulation de la bielle et se nomme le plus souvent le *joug* ou la *traverse*.

En parlant de la disposition 3 de la figure 244, on dit ordinairement que c'est une *machine en cloche* ou *en clocher*.

Machines à fourreau. — Les constructeurs ne devaient pas s'arrêter aux machines à bielle directe ou en retour, dans la voie des simplifications, ils arrivèrent aux machines à fourreau, dans lesquelles la tige ou les tiges

Fig. 245

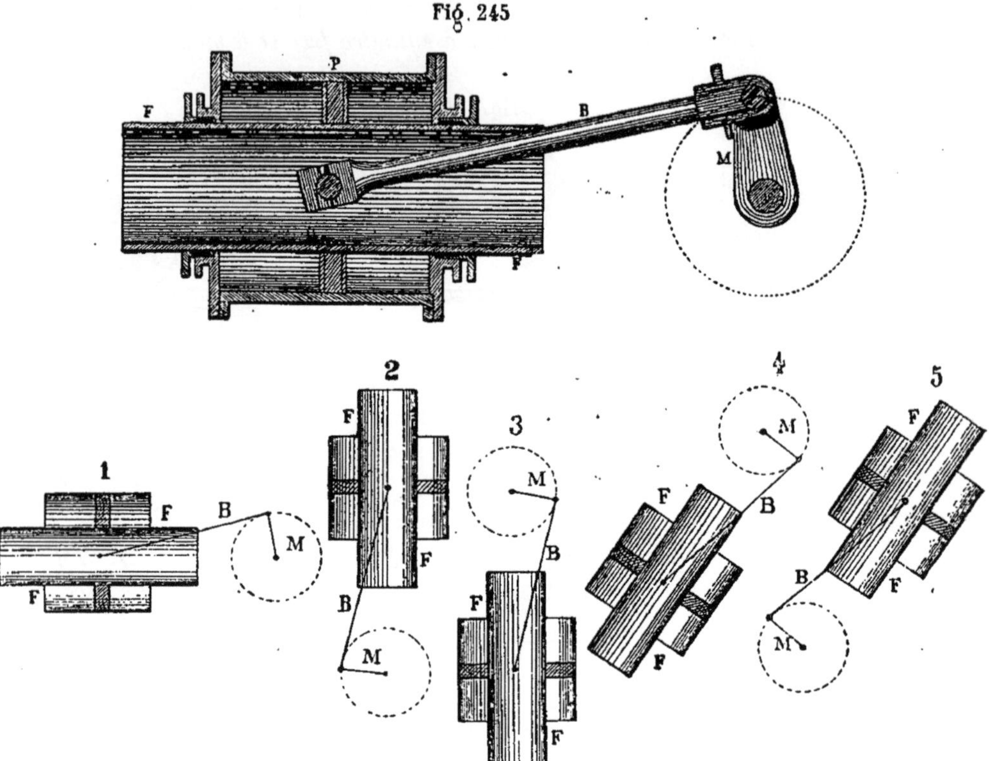

du piston sont supprimées, ou du moins remplacées par un cylindre creux, comme le montre la figure 245.

Dans ces machines, il y a pour organes de changement de mouvement :

Le fourreau F ;

La bielle B ;

La manivelle M.

Le fourreau remplace la tige du piston ; ce dernier n'est pas plein comme celui des autres machines à connexion directe. Il forme une espèce d'anneau qui entoure le fourreau avec lequel il est fixé. Le fourreau doit avoir nécessairement pour longueur deux fois au moins celle de la course du piston. La bielle est articulée d'un côté au milieu du fourreau, dans l'intérieur, et de l'autre au bout de la manivelle.

Machines à connexion directe et à cylindre mobile. — Dans les machines à cylindre mobile ou oscillant (fig. 246), il n'y a plus pour recevoir de mouvement que :

La tige du piston T;

La manivelle M.

La bielle a disparu, la tige du piston est directement articulée sur la

Fig. 246.

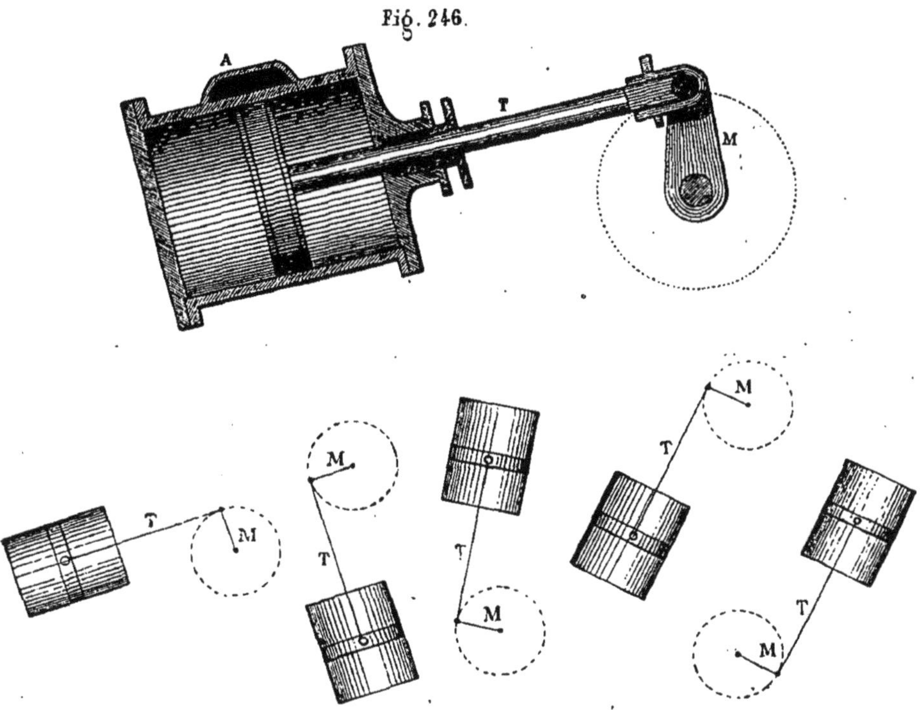

manivelle de l'arbre ; mais, pour que cette tige puisse prendre des inclinaisons en rapport avec les différentes positions de la manivelle, le cylindre est porté par deux tourillons qui lui permettent de suivre la tige dans ses différentes positions.

Les tourillons du cylindre sont le plus souvent placés au milieu de la longueur de ce dernier ; cependant il existe des machines dans lesquelles les tourillons se trouvent à la base du cylindre.

205. **MOUVEMENT DES ORGANES D'UNE MACHINE.** — Je vous ai déjà dit que le tiroir est conduit par la bielle d'un excentrique calé sur l'arbre moteur.

La pompe à air, quand la machine est à condensation, est menée par le balancier, dans les machines à balancier. Dans les machines à connexion directe à bielle directe ou à bielle renversée, la tige de la pompe à air est conduite par la tige ou l'une des tiges du piston. Dans les machines à fourreau, la tige de la pompe à air est le plus souvent fixée au piston. Enfin, dans les machines à cylindre oscillant, le mouvement de cette pompe est souvent donné par un excentrique calé sur l'arbre moteur.

La pompe alimentaire, dans les machines à balancier, est conduite par le balancier ou par la tige de la pompe à air. Il en est de même dans la plupart des autres machines. Cependant, dans les petits appareils à haute pression, cette pompe est menée, soit par la tige du piston, soit par un excentrique calé sur l'arbre. Du reste, ces détails sont de peu d'importance, chaque constructeur adoptant une disposition particulière dont il est facile de se rendre compte à première vue.

206. **OBSERVATIONS SUR LES MACHINES FIXES EMPLOYÉES DANS L'INDUSTRIE.** — Le choix d'une machine est ordinairement commandé par beaucoup de considérations. S'il est difficile de se procurer la grande quantité d'eau nécessaire pour la condensation, ou s'il faut la faire monter d'un puits profond, il peut y avoir avantage à prendre une machine à haute pression, surtout si le combustible est à bon marché dans le lieu où l'on se trouve.

Si au contraire l'eau est en abondance, que l'on puisse l'avoir à bon marché, si en outre le charbon doit être économisé, les machines à condensation doivent être préférées. Quant au système à adopter, la place dont on dispose détermine le choix. Si l'espace que doit occuper la machine est considérable, on peut avoir un appareil à balancier ; si, au contraire, on dispose d'un endroit restreint, il faudra adopter une machine qui occupe peu de place, comme les machines à connexion directe.

207. **MACHINES A L'ÉTUDE.** — Dès le commencement des machines à vapeur, on pensa à donner au piston un mouvement circulaire. La figure 247 est une coupe faite dans une machine de cette espèce, nommée

machine rotative et inventée par Watt. AA est le cylindre qui communique, par le tuyau B, avec la chaudière, et, par le tuyau D, avec l'atmosphère. T est le piston fixé sur l'arbre moteur O. C est un clapet mobile autour du point M. Si vous imaginez la vapeur venant par le tuyau B, elle poussera devant elle le piston T, qui entraînera l'arbre O dans son mouvement. Lorsque le piston arrivera à toucher le clapet C, en vertu de la vitesse acquise, il continuera à tourner; il lèvera le clapet C, qui retombera dans sa position primitive aussitôt que le piston sera passé. A ce moment, la vapeur agira de nouveau sur lui, et celle qui lui aura fait accomplir le premier tour sera évacuée dans l'atmosphère. C'est ainsi que le piston est doué d'un mouvement circulaire continu. Depuis Watt, bien des inventeurs ont cherché des machines rotatives, mais aucun des systèmes trouvés jusqu'à ce jour n'a inspiré assez de confiance pour être adopté par l'industrie.

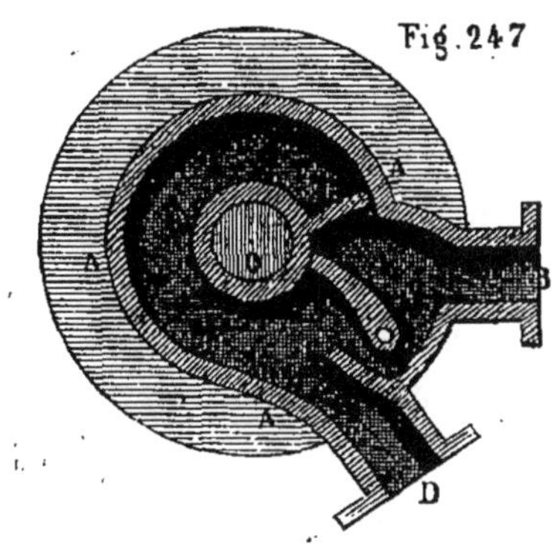

Pour économiser le combustible, pour utiliser d'une manière plus complète la chaleur développée par le foyer, M. Joyeuse, en France, et M. Ericsson, en Amérique, ont fait des machines dans lesquelles la vapeur et l'air échauffé agissent dans le cylindre. Ces machines, que l'on désigne sous le nom de *machines à vapeur et à air chaud combinés*, n'ont encore donné que des résultats peu satisfaisants ; mais elles n'ont évidemment pas dit leur dernier mot.

On a pensé aussi à rendre à la vapeur la petite quantité de chaleur qu'elle perd en travaillant et à la faire travailler de nouveau ; les machines de ce système sont appelées *machines régénératrices*. MM. Séguin aîné, en France, et Siemens, au Hanovre, ont beaucoup travaillé cette question, qui a une importance si grande au point de vue de l'économie du combustible.

On prend aussi des liquides très-volatiles, comme l'éther et le chloroforme ; on les fait passer à l'état de vapeur avec la chaleur de la vapeur d'eau qui vient d'agir et l'on fait travailler cette vapeur, qui ne coûte rien à produire, sous un piston particulier dont l'action vient s'ajouter à celle d'un piston actionné par la vapeur d'eau. M. du Trembley est l'inventeur de ces machines, nommées *machines à vapeur combinées*. Elles réalisaient des économies sérieuses ; mais les vapeurs de l'éther et du chloroforme ont une action telle sur le système nerveux des hommes de la machine, qu'il a fallu abandonner cette idée.

Je pourrais vous parler de bien d'autres tentatives plus intéressantes qu'utiles, mais ce serait dépasser les bornes de cet ouvrage. Du reste, maintenant, vous devez pouvoir comprendre tout système nouveau que l'on mettra sous vos yeux.

208. APPLICATION DE LA VAPEUR A LA NAVIGATION. — Historique. — Parmi toutes les applications des machines à vapeur, la plus importante, sans contredit, celle qui a changé les rapports des peuples entre eux et contribué à les rapprocher, est l'emploi de la vapeur dans la locomotion soit sur mer, soit sur terre. Je ne vous parlerai ici que de la première ; c'est, du reste, par elle que le progrès débuta.

Comme je vous l'ai déjà dit, les premières tentatives de l'application de la vapeur à la navigation semblent avoir été faites en 1543, à Barcelone. Ce ne fut qu'en 1693 que *Papin* reprit la question et qu'il fit remarquer qu'un navire pouvait marcher à l'aide de palettes adaptées à l'extrémité d'un arbre tournant, mû par plusieurs cylindres à vapeur agissant alternativement. En 1707, il mettait à exécution ses conceptions ; mais, comme vous le savez déjà, cette première tentative fut rendue infructueuse par la brutalité des bateliers, qui virent dans l'œuvre de Papin une concurrence qui pouvait leur porter préjudice.

Il n'est pas prouvé que la *Trinité*, de Blasco Garay, fut à vapeur. Denis Papin peut donc être considéré comme ayant, le premier, appliqué sérieusement la vapeur à la navigation.

En laissant de côté les tentatives infructueuses de *Jonathan Hull* en 1737 et celles de *Perrier* en 1775, nous arrivons aux travaux du *marquis Jouffroy*. En 1781, il fit construire, sur la Saône, un navire à vapeur long de 46 mètres et large de 4 m. 50, portant deux machines à simple effet de Watt. Mais les événements de 89 vinrent arrêter ces essais, qui devaient plus tard exercer une si grande influence sur l'humanité.

En Angleterre, de 1791 à 1801, *Miller*, *lord Stanhope* et *Symineton* font aussi de nombreuses tentatives qui restent aussi infructueuses.

Enfin, en 1803, les Américains *Livingston* et *Fulton* proposent à Napoléon de construire des navires à vapeur pour la descente en Angleterre. L'essai qu'ils font sur la Seine ne paraît pas satisfaisant, et ils retournent en Amérique découragés.

En 1807, seulement, paraît le premier bateau à vapeur qui ait véritablement été employé à faire un service régulier. Il s'appelait le *Clermont* et fut construit par Fulton pour faire le service entre New-York et Albany, sur l'Hudson.

Les Anglais n'eurent leur premier bateau à vapeur qu'en 1812; il fut construit à Glascow, sur la Clyde, et la France n'en posséda qu'en 1816.

Jusqu'en 1840, les roues à aubes furent le seul moyen de propulsion des navires; le mouvement leur était donné par une machine fixe, à basse ou à haute pression, et par l'intermédiaire de manivelles.

On employa d'abord la machine à basse pression de Watt; mais la hauteur du balancier, celle du centre de gravité de la machine, mettaient l'appareil dans de mauvaises conditions, en l'exposant aux coups de mer Aussi plaça-t-on le balancier au-dessous du cylindre et de l'arbre moteur; puis enfin on mit deux balanciers, toujours au-dessous de l'arbre, mais par le travers de la base du cylindre. Pour remédier aux points morts et, par suite, à l'irrégularité du travail de la machine, on plaça deux machines conjuguées sur l'arbre des roues et ayant leurs manivelles à 90° l'une de l'autre.

Depuis 1840, des tentatives nombreuses ont été faites; l'expérience aidant, on a pu simplifier la machine à balanciers. Nous devons à *M. Cavé* l'emploi des cylindres oscillants, agissant directement par la tige de leur piston sur les manivelles de l'arbre moteur.

On plaça aussi le cylindre directement au-dessous de l'arbre moteur; par ce seul fait, on supprima les balanciers, et l'on arriva aux machines à connexion directe.

Malgré tous ces perfectionnements, les roues à aubes entraînaient avec elles tant d'inconvénients, que la navigation au moyen de la vapeur était encore une question à résoudre, au point de vue du navire de guerre surtout, dans lequel la machine et le propulseur doivent être à l'abri des boulets ennemis. Aussi la recherche d'un propulseur toujours immergé a préoccupé bien des intelligences, car l'idée d'appliquer la vis d'Archimède à la propulsion des navires remonte à une époque déjà reculée.

Du Quest, Français, en parla le premier en 1727, et c'est son idée que l'Anglais *Paveton* reproduisit en 1768.

En 1803, *Thomas-Charles-Auguste Dallery*, né en 1754, présénta aussi l'hélice comme moyen de propulsion. Une commission académique, chargée de statuer sur les réclamations des descendants de Dallery, reconnaît ainsi ses droits :

« De l'examen auquel ils se sont livrés, il résulte pour vos commissaires la preuve que, dès l'année 1803, M. Dallery avait proposé :

« 1° L'emploi des chaudières à bouilleurs tubulaires verticaux com-
« muniquant avec un réservoir à vapeur ;

« 2° Celui de l'hélice immergée, comme moyen de propulsion et de
« direction pour les bâtiments à vapeur. »

En 1823, *Delisle,* capitaine du génie, s'occupe aussi de la propulsion des navires au moyen de l'hélice, et enfin *Sauvage*, en 1832, prend un brevet d'invention pour ce propulseur.

En 1836, *Smith* prend une patente, et ses idées sont mises à exécution par MM. *John* et *G. Rennie*, ingénieurs anglais.

Enfin, en 1838, *Ericson* modifie les systèmes de vis, employés jusqu'alors, et prend aussi une patente.

On ne vit pas tout d'abord l'avenir de la navigation à la vapeur, surtout dans la marine militaire. On pensait généralement que les navires à vapeur ne devaient jamais dépasser certaines dimensions, parce qu'ils ne pouvaient servir que de courriers ou de *mouches* dans les escadres ou les armées navales.

Quand, en 1842, parurent nos frégates à vapeur de 450 chevaux, elles furent regardées comme atteignant les plus grandes dimensions que devaient jamais atteindre les navires à vapeur.

Ce n'est véritablement que depuis 1850, époque de l'apparition du *vaisseau à vapeur le Napoléon,* que l'on commence à bien comprendre le rôle que doit jouer le navire à vapeur dans la marine de guerre. Aujourd'hui, il n'est plus question de vaisseaux à vapeur, la plus puissante machine de guerre se rapproche chaque jour davantage *d'un fort bardé de fer ou blindé,* armé de canons monstrueux et muni de machines puissantes pouvant le pousser avec rapidité. Cependant il ne faut rien préjuger, car les pas faits, chaque jour, dans le domaine de l'inconnu, sont si rapides qu'on ne peut savoir quel sentier l'esprit humain prendra.

209. **Machines employées pour la navigation.** — Pour la grande navigation, les machines employées sont toutes à condensation et à basse ou à moyenne pression, mais plutôt à moyenne pression aujourd'hui. L'eau d'injection est un peu moins salée que celle de la mer, puisqu'elle contient l'eau douce provenant de la vapeur condensée. Elle est toujours plus chaude, c'est pourquoi on l'emploie pour l'alimentation et pour le remplacement de l'eau des extractions (171). Il y a là une dépense de combustible assez considérable, surtout quand il s'agit de grands appareils de plusieurs milliers de chevaux-vapeur, comme on en voit aujourd'hui. Aussi, bien des tentatives ont été faites pour supprimer les extractions, ou mieux pour empêcher les eaux de la chaudière de produire des dépôts. On a d'abord cherché des moyens chimiques; les uns ont proposé de la terre glaise ou argile; elle devait, mêlée à l'eau d'alimentation, transformer les croûtes de sel en bouillie facile à extraire. Il en devait être de même de la pomme de terre, ou de la fécule qu'elle contient. D'autres ont proposé des morceaux de cuir, du bois de chêne, etc., etc. Tous ces moyens successivement essayés ont été abandonnés comme ne produisant pas les résultats promis. On a vu bien vite que le seul moyen d'empêcher les dépôts et d'économiser le charbon de terre était de n'employer que de l'eau distillée pour alimenter les générateurs. Le problème était donc celui-ci : transformer l'eau de mer en eau douce avant de l'envoyer aux chaudières, et cela sans dépenses nouvelles de combustibles. La première idée qui vint fut de conserver toute l'eau douce provenant de la condensation de la vapeur passée dans les cylindres. C'est pour atteindre ce but que M. *Hall*, ingénieur anglais, construisit, en 1836, son condenseur à surface (189).

M. *Normand fils* a traité la question d'une autre manière. Il alimente les chaudières de ses machines avec de l'eau douce, tout en ayant un condenseur par contact ou à injection directe ; seulement il se sert d'eau douce pour l'injection. Cette eau, après avoir passé au condenseur, va perdre la chaleur qu'elle a acquise dans un réfrigérant tubulaire et sert de nouveau pour l'injection.

Dans tous les cas, toute l'eau qui sort de la chaudière ne passe pas à l'état de vapeur dans les cylindres; le générateur a toujours, quoi qu'on fasse, des fuites d'eau ou de vapeur; souvent même, quand la machine ne marche pas ou quand la pression est trop forte, on laisse sortir de la vapeur de la chaudière. Par suite, l'eau provenant de la vapeur condensée dans le condenseur serait insuffisante pour l'alimentation. On la complète, soit avec de l'eau de mer, soit avec de l'eau douce provenant de la distillation de l'eau de mer dans une petite chaudière auxiliaire, disposée à cet effet.

Les plus anciennes machines employées, et que l'on retrouvera encore souvent sur les navires à roues, sont les machines à balanciers (fig. 248).

Fig. 248

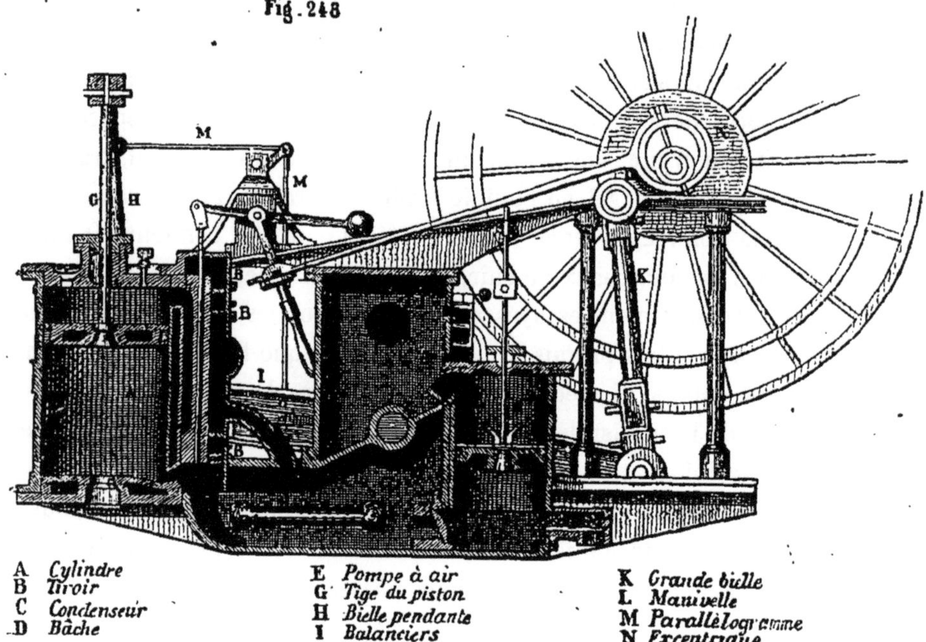

La pompe à air est conduite par les balanciers, il en est de même pour la pompe alimentaire.

C'est la machine à double effet de Watt, avec cette seule différence que le plus souvent le balancier n'est pas à la partie supérieure de la machine. Pour diminuer la hauteur de l'appareil, on a mis un balancier de chaque côté des cylindres. Comme dans tous les appareils de bord, il y a deux machines, l'une à droite ou à *tribord*, l'autre à gauche ou à *bâbord*. Elles sont dans le sens de la longueur du bâtiment.

Toutes n'ont pas exactement les dispositions présentées par la figure 248, mais il vous sera toujours facile de reconnaître le système.

Aujourd'hui, où les navires à roues sont l'exception, du moins pour la navigation sur mer, on a presque abandonné les machines à balanciers, dont la vitesse n'est pas en rapport avec celle à donner aux hélices. La machine à connexion directe se trouve partout, même sur les bateaux à roues.

Ainsi vous trouverez, actionnant des roues à aubes :

1° Des machines à connexion directe, à bielle directe, et à cylindre

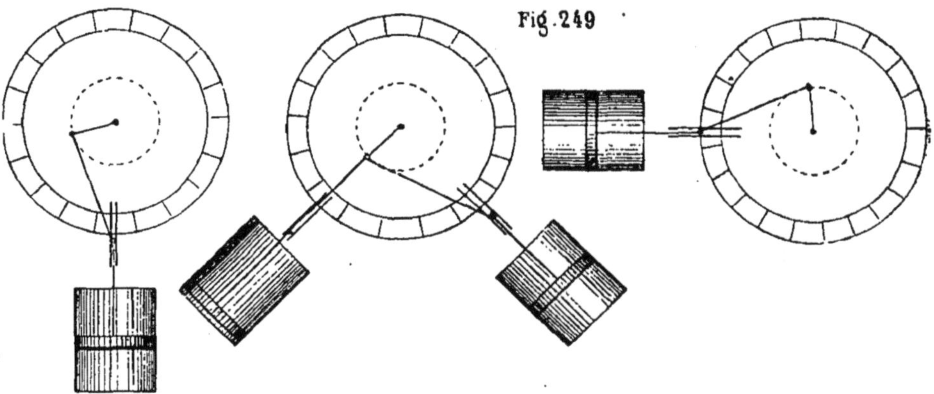
Fig. 249

fixe, placé soit au-dessous de l'arbre moteur, soit incliné vers lui, soit enfin dans le même plan horizontal que lui (fig. 249) ;

2° Des machines à connexion directe, à bielle renversée, et à cylindre fixe, placé soit au-dessous de l'arbre, comme dans les machines en clocher, soit sur le même plan horizontal que l'arbre moteur (fig. 250) ;

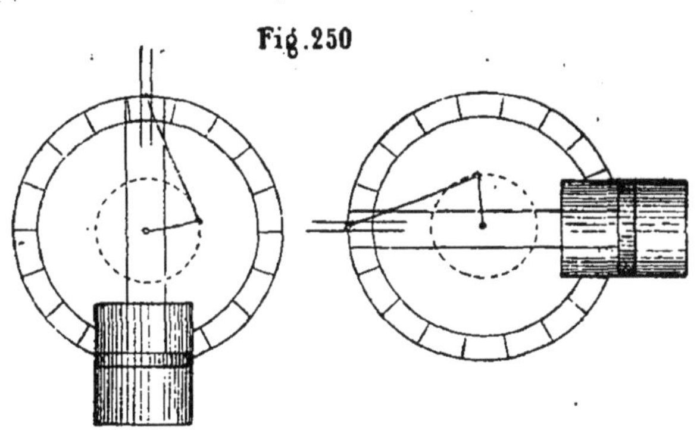
Fig. 250

3° Des machines à connexion directe, à cylindre oscillant, placé, soit au-dessous de l'arbre, soit incliné vers lui, soit sur le même plan horizontal que lui (fig. 251) ;

4° Enfin des machines à fourreau (fig. 252).

Pour les appareils à hélice, on emploie seulement les machines à connexion directe.

La figure 253 montre les différentes positions données aux cylindres des machines à connexion directe, à cylindre fixe et à bielle directe.

Le n° 1 est une machine à pilon ; vous le trouverez sur tous les petits navires et même sur de grands paquebots. La disposition n° 2 est plus

Fig. 251

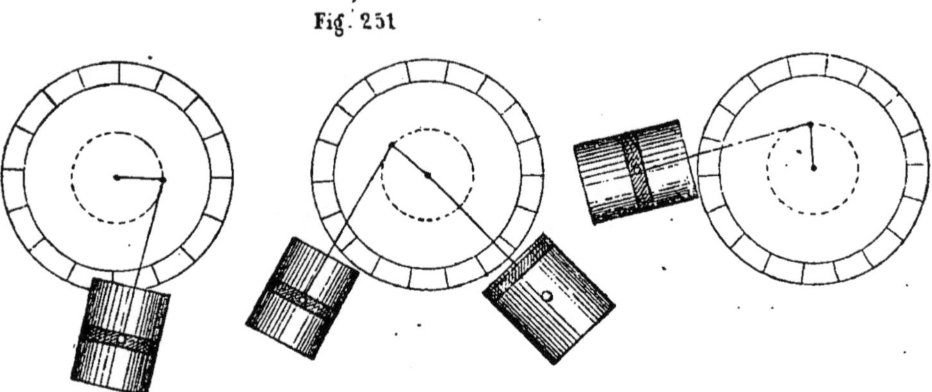

rare; quant au n° 3, c'est la disposition la plus communément employée pour les grands navires. Cependant, il faut remarquer que les machines à bielle directe, quand le cylindre est horizontal, sont beaucoup moins communes que les machines à bielle renversée, représentées par le n° 4.

Fig. 252

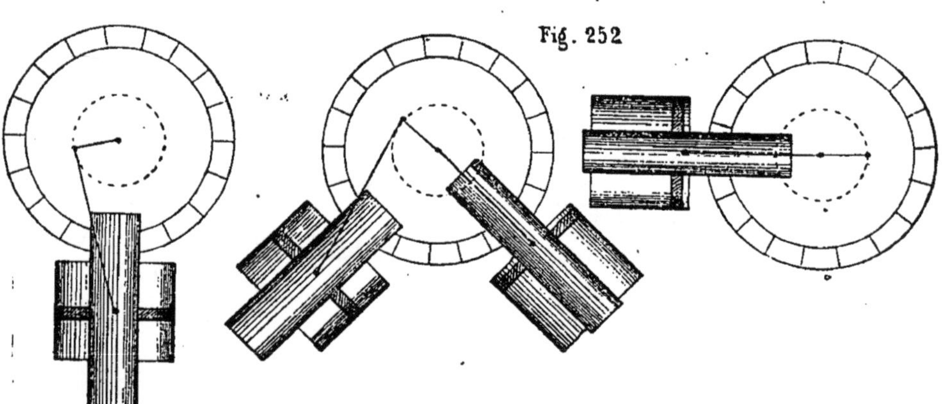

On rencontre aussi des machines à cylindre oscillant. Le cylindre peut être au-dessus de l'arbre, incliné vers lui, ou dans le même plan horizontal que lui, comme l'indique la figure 254.

Enfin, depuis quelques années, on met beaucoup de machines à fourneau sur les navires. Le cylindre peut avoir l'une des trois dispositions indiquées par la figure 255.

Le numéro 1 est une machine à pilon.

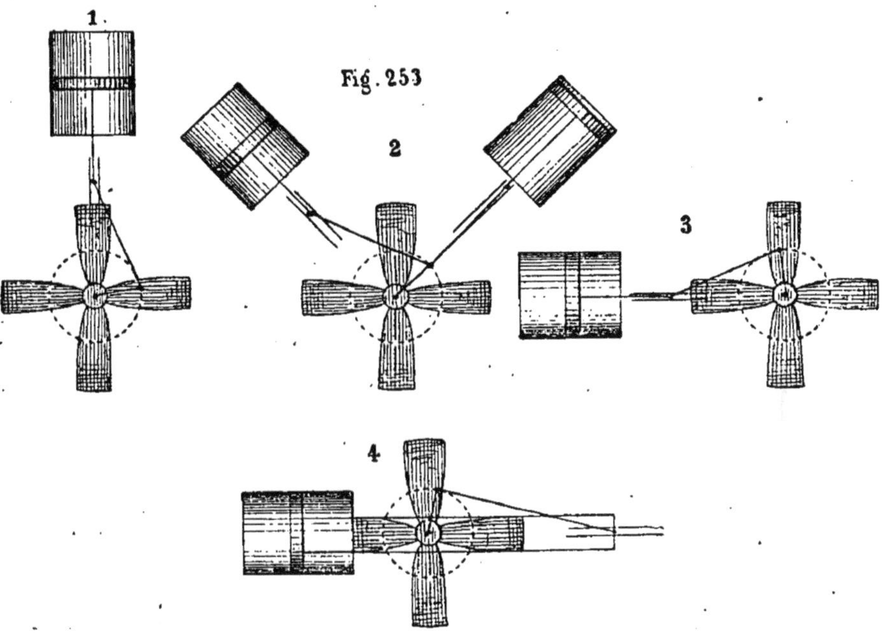

Fig. 253

Toutes les machines employées pour la navigation rentrent dans un des types que je viens de vous indiquer

On commence à adopter les machines à deux cylindres du système

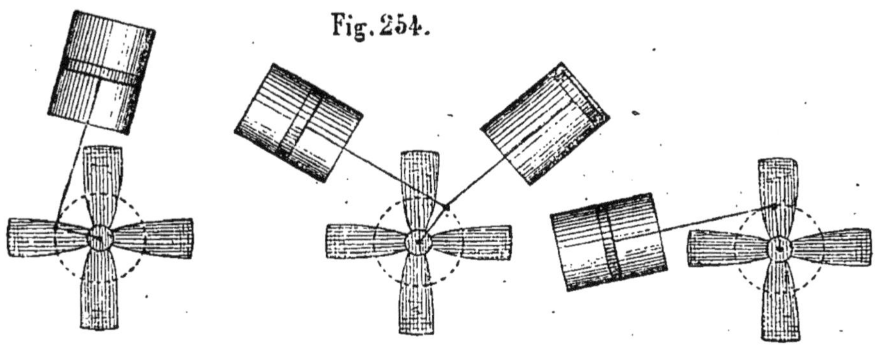
Fig. 254.

Woolf, mais cette disposition ne change en rien le type de la machine au point de vue des renvois de mouvement.

210. **PROPULSEURS.** — Les premières embarcations furent des troncs d'arbres creusés ; pour les faire marcher, on se servit de longues perches, avec lesquelles on poussait en les appuyant sur le fond.

Plus tard, l'homme s'aventura sur des lacs, des rivières, des fleuves,

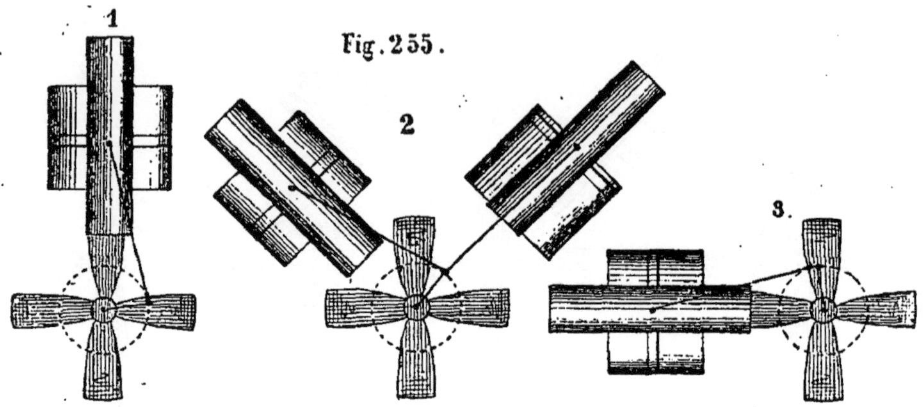

Fig. 255.

dont il ne pouvait toucher le fond ; dès lors, il inventa la *rame* ou l'*aviron*. Les roues à aubes et l'hélice ne datent que de nos jours.

Le propulseur, quel qu'il soit, n'a d'autre point d'appui que le liquide dans lequel il plonge ; il doit donc présenter à ce liquide des surfaces disposées de telle sorte qu'il puisse trouver une résistance suffisante.

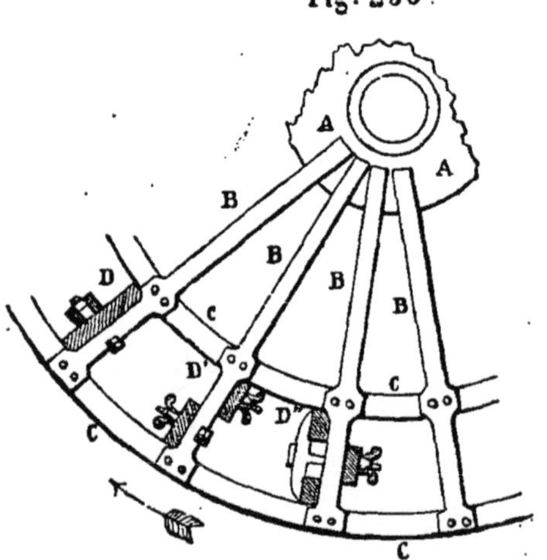

Fig. 256.

Jusqu'à ce jour, on n'a employé avec succès, pour atteindre ce but, que l'aviron, les roues et l'hélice. L'aviron ne sert que pour les embarcations et lorsque la force motrice est empruntée à l'homme.

Il ne reste donc que deux systèmes :

1° Les roues ;

2° Les hélices.

Roues à aubes. — Le bout de l'arbre moteur, à l'extérieur du navire, porte généralement plusieurs disques en fonte A (fig. 256), nommés *tourteaux*, solidement clavetés sur l'arbre ; de ces disques partent des rayons en fer forgé B, fixés sur eux ; l'autre extrémité des rayons est liée à plusieurs grands cercles en fer forgé C, C, concentriques à l'arbre des roues. Les rayons reçoivent les *palettes*, *pales* ou *aubes*. Les aubes sont généralement en bois ; on en fait d'une seule pièce D, de deux pièces D′ et de trois pièces D″. Toutes sont fixées sur les rayons au moyen de boulons à vis et à crochet ; quand l'aube est en deux parties, l'une d'elles est d'un côté du rayon et l'autre de l'autre ; quand elles sont en trois parties, ce qui est assez général pour les grands navires, deux des parties, celles qui forment les extrémités de l'aube, sont placées pour la marche en avant ; la troisième, celle du milieu, est de l'autre côté du rayon.

Les passages successifs des aubes dans le liquide produisent des réactions, qui donnent le mouvement au navire. Si l'eau frappée restait immobile, c'est-à-dire si elle ne cédait pas sous le choc de l'aube, le chemin parcouru par le navire serait égal à celui fait par le point d'un des rayons des roues qui touche la surface de l'eau (ou encore au développement de la circonférence décrite par ce point), multiplié par le nombre de tours de roue faits dans le temps que l'on considère. Mais les choses ne se passent pas ainsi, le liquide n'oppose pas un point fixe de résistance, il cède au contraire sous l'effort des aubes, qui font ainsi un certain chemin inutile à la marche du navire. Ce chemin inutile est ce qu'on nomme le *recul de la roue.*

D'après la position des roues sur les côtés d'un navire, chacune des aubes n'agit avantageusement que pendant le moment très-court où elle est verticale, puisque seulement alors elle pousse l'eau horizontalement. Mais avant d'arriver à cette position favorable, chaque aube vient frapper le liquide obliquement, faisant un travail inutile à la marche du navire ; il en est de même pendant le temps de la sortie de l'eau ; chaque aube, après avoir passé par la position verticale, remonte en reprenant des positions obliques, semblables à celles qui ont précédé la verticale. Ainsi, à l'immersion, les aubes ne tendent qu'à déprimer la surface du liquide. Elles produisent le creux que l'on remarque toujours sur l'avant des roues d'un navire à vapeur, et cette succession de *vagues* ou de *lames* qui marquent, au loin derrière lui, la route qu'il a suivie, ou son *sillage*. A leur sortie du liquide, les aubes soulèvent une grande quantité d'eau qui retombe en cascade sur l'arrière des roues.

C'est pour remédier à ce dernier inconvénient que l'on a fait des aubes en plusieurs parties, entre lesquelles le liquide peut passer. Pour éviter l'action oblique des aubes, on a construit des *roues à palettes articulées.* Un excentrique donne le mouvement à toutes les aubes, de telle sorte que celles qui se présentent pour entrer dans l'eau restent à peu près verticales pendant tout le temps de leur passage dans le liquide.

Fig. 257.

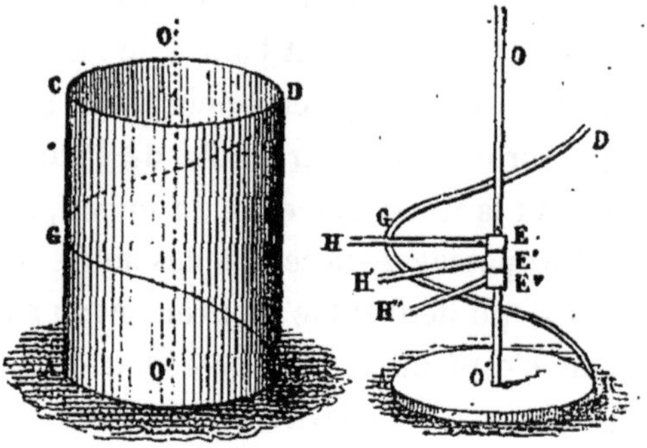

Hélices. — Au numéro 65, en vous parlant de la vis, je vous ai dit comment on traçait, sur un cylindre, la courbe nommée hélice, et ce qu'on appelle son pas. Donc, prenons un cylindre ABDC (fig. 257), sur lequel l'hélice BGD est tracée ; admettons en outre que le cylindre disparaisse et qu'il ne reste plus que l'hélice BGD et l'axe OO′ du cylindre ; supposons ces deux lignes représentées par des fils de fer. Plaçons alors un troisième fil de fer EH, perpendiculaire à l'axe OO′, mais pouvant tourner autour de lui, au moyen d'une douille qui lui conserve sa perpendicularité. Si l'on appuie le fil de fer EH sur la courbe BGD, et qu'on le fasse tourner en le maintenant toujours en contact avec l'hélice, il montera ou descendra le long de l'axe en par-

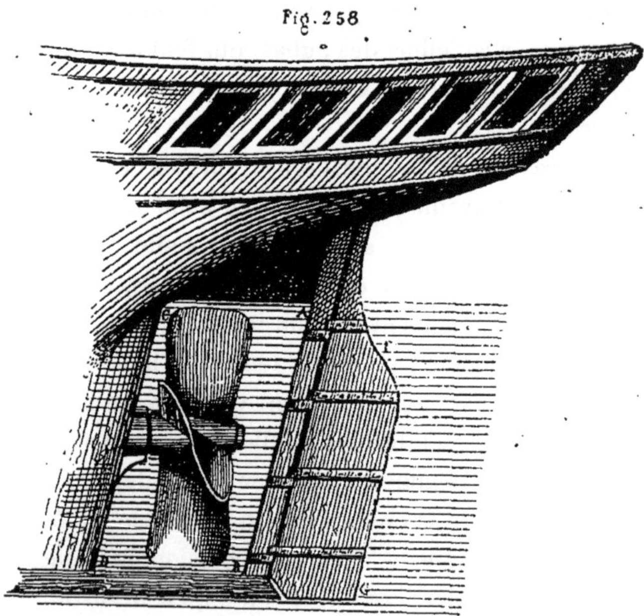
Fig. 258

courant tous les points de l'hélice DGB ; les lignes E'H' E''H'' donnent différentes positions de la tringle EG.

La surface engendrée ainsi, par le fil de fer EH, est ce qu'on nomme une *surface hélicoïdale*. La ligne EH est la *génératrice*, la spirale ou l'hélice BGD la *directrice*.

C'est précisément cette surface hélicoïdale qui forme la surface du propulseur, appelé hélice. Dans les premiers essais qui furent faits, on employa la surface engendrée par une génératrice faisant un tour complet autour de l'axe, mais on remarqua que ce propulseur éprouvait dans le liquide un frottement considérable. On arriva bientôt à ne plus prendre qu'une portion de cette surface, divisée en plusieurs branches ou ailes montées sur le même moyeu. L'ensemble de la surface des ailes d'une hélice ne dépasse guère le quart de la surface d'une spire complète.

L'hélice propulsive adoptée pour les navires est formée par un certain nombre d'ailes hélicoïdales, de deux à six, montées sur un arbre que fait tourner la machine ; elle est placée, comme le montre la figure 258, à l'arrière du navire extérieurement, et entièrement plongée ; l'arbre qui lui donne le mouvement traverse l'arrière du bâtiment. Un *presse-étoupe* empêche les infiltrations de l'eau dans l'intérieur. L'action des ailes d'une hélice est semblable à celle des *ailes d'un moulin à vent ;* si l'hélice se trouvait dans un courant liquide, comme les ailes d'un moulin sont dans un courant aériforme, l'effet serait le même, et elle pourrait être utilisée pour faire marcher un moulin ou tout autre mécanisme industriel. De même, si l'on fait tourner les ailes d'un moulin à vent, la surface de ces ailes viendra rencontrer les molécules d'air, et il y aura une partie de la résistance produite employée pour faire renverser le moulin ou le faire marcher s'il est mobile. C'est précisement ce qui se passe pour l'hélice ; la résistance qui se produit sur les ailes réagit sur le navire, qui cède à l'effort, ou à la poussée de l'hélice.

Si l'on suppose l'écrou d'une vis fixé invariablement (fig. 93), et que l'on fasse tourner cette vis, elle s'avancera ou se retirera suivant son axe ; et, pour chaque révolution complète, la quantité dont elle aura avancé ou reculé sera égale à son pas. Le même effet aura lieu si l'on supprime une partie des spires de la vis, comme on le fait pour les *tarauds*. Cette dernière remarque est importante, parce qu'elle explique comment les ailes d'une hélice, qui ne sont que des portions de spires, peuvent produire le même effet que la spire complète.

Le propulseur hélicoïdal peut donc être comparé à la vis, dont je viens de vous parler; le liquide est l'écrou dans lequel l'hélice avance ou recule, entraînant le navire dans son mouvement. Mais, comme le liquide n'a pas l'immobilité de l'écrou et qu'il cède sous l'action de l'hélice, cette dernière ne marche pas, pour chacune de ses révolutions, d'une quantité égale à son pas; elle éprouve alors ce qu'on appelle du *recul.* Ainsi, supposons qu'une hélice doive faire avancer un navire de 1 mètre par

Fig. 259

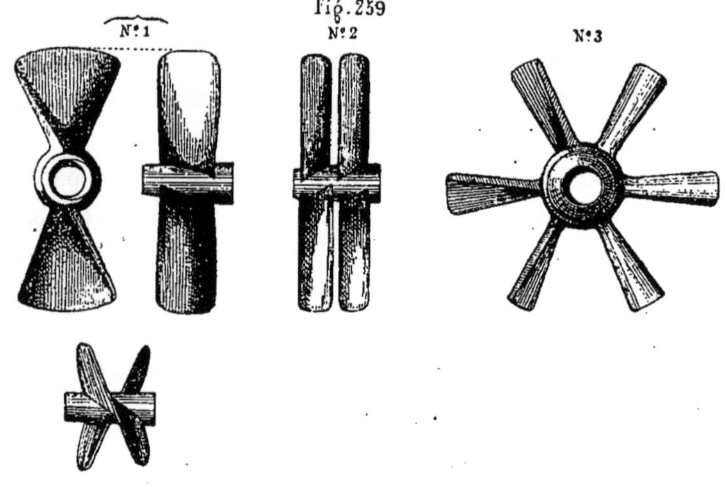

seconde, et qu'il n'avance réellement que de 90 centimètres; on dira que le recul de l'hélice est de un dixième ou de 10 p. 100.

Il y a des hélices à deux, à trois, à quatre, à six branches simples; des hélices à deux branches doubles et même triples. La surface hélicoïdale des ailes n'est pas toujours engendrée par une ligne droite, parfois la génératrice est courbe. Le pas ne reste pas le même, il est souvent variable depuis le moyeu jusqu'au bout de l'aile.

La figure 259 vous représente quelques hélices, celles employées le plus généralement.

Le n° 1 est une hélice à deux branches, fondue d'un seul jet; le n° 3 est à six branches ou ailes. Ce système a l'avantage de permettre de changer une ou plusieurs ailes cassées, car les branches sont rapportées et clavetées sur le moyeu. L'hélice étant un embarras très-grand pour la marche à la voile, quand le vent est favorable, on a pensé pouvoir cacher l'hélice derrière les formes de l'arrière; mais, pour cela, il fallait donner au propulseur peu de largeur. C'est pour arriver à ce résultat que l'on a fait des hélices très-étroites à ailes doubles, comme le nº 3 de la figure 259; on en a même fait à ailes triples. Mais ces essais n'ont pas été favorables.

Reportez-vous à la figure 258. L'hélice se trouve logée dans une espèce de fenêtre ABDC, nommée la *cage de l'hélice;* la pièce AB est ce qu'on nomme l'*étambot;* elle porte le *gouvernail* EG, qui sert à faire prendre au navire toutes les directions que l'on désire suivre. Vous comprenez,

Fig. 260

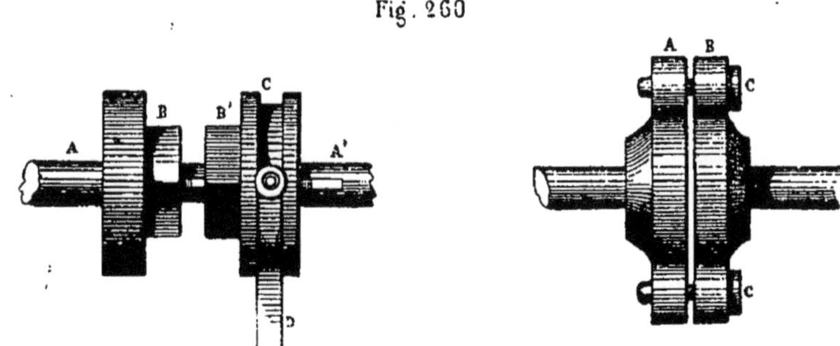

d'après la position de l'hélice, combien elle doit nuire à la marche d'un navire qui ne veut plus se servir de sa machine. Il faudrait donc pouvoir supprimer le propulseur dans ces circonstances. On y est arrivé de deux manières : la première, en enlevant réellement l'hélice de sa cage; dans ce cas, le propulseur est établi dans un *cadre* que l'on peut monter ou descendre dans la cage; l'extrémité de l'arbre est disposée de telle sorte que son *emmanchement* avec le propulseur puisse se faire d'une manière facile. Dans le second cas, on sépare simplement le bout de l'arbre qui porte l'hélice de celui de la machine, de sorte que le propulseur peut tourner sans entraîner le mouvement de l'appareil. Les hélices qui se démontent sont appelées *hélices mobiles* ou *à démonter*, pour les distinguer des *hélices fixes*. Celles que l'on peut rendre indépendantes de la machine sont des *hélices folles* ou *désembrayées*, parce que le système qui permet d'unir ou de séparer l'arbre de l'hélice de l'arbre de la machine est appelé l'*embrayeur*.

On appelle embrayage ou embrayeur une disposition qui permet d'unir ou de séparer deux parties d'un même arbre, de manière à les rendre indépendantes l'une de l'autre.

On emploie beaucoup l'une des deux dispositions représentées par la figure 260.

Celle de gauche sert pour les petits arbres; A est l'arbre en mouvement; B est un manchon fixé sur son extrémité; B' est un autre manchon qui peut glisser sur l'arbre A', au moyen du levier D. La clavette E encastrée dans l'arbre A' et dans le manchon B' empêche ce dernier de tourner et ne lui permet que de glisser. Si l'on rapproche le manchon B' du manchon B, les parties saillantes du premier pénètrent dans les parties creuses du second, et les deux arbres A et A' se trouvent liés entre eux, ou du moins le mouvement de l'un est communiqué à l'autre.

La disposition de droite est employée pour les arbres d'une forte dimension. A et B sont deux tourteaux fixés aux extrémités des arbres; ces deux manchons peuvent être à volonté réunis entre eux au moyen des boulons C.

Que l'hélice soit à démonter ou qu'elle puisse se désembrayer, il faut des organes particuliers pour la manœuvrer. On doit pouvoir la faire tourner de l'intérieur d'une certaine quantité, ce qu'on obtient au moyen d'une vis sans fin, qui prend dans les dents d'une grande roue calée sur l'arbre de la machine : c'est le *vireur*. Il permet aussi, et c'est plus particulièrement sa fonction, de faire chaque jour marcher à la main d'une petite quantité la machine, quand elle ne sert pas. De cette manière, on ne laisse pas longtemps les mêmes parties en contact, et, par suite, on empêche la rouille de se produire. Il faut pouvoir arrêter le propulseur qui tourne, ou qui pourrait tourner, pendant l'opération de l'embrayage ou du désembrayage; on se sert à cet effet d'un frein qu'on nomme *frein de l'hélice* et qui agit sur l'arbre de l'hélice.

211. CHARPENTE OU BATIS DES MACHINES EMPLOYÉES POUR LA NAVIGATION. — Les différents organes d'une machine sont reliés entre eux par des pièces de fonte ou de fer, qui les rendent solidaires les uns des autres. Ces pièces constituent la charpente de la machine ou ses bâtis. Pour les machines employées sur mer, qui sont exposées aux mouvements si violents d'un navire, vous devez comprendre que les bâtis doivent présenter plus de solidité que pour des machines établies à terre sur une base immobile.

L'union intime de la machine avec le navire est aussi une question de la plus grande importance. En général, tout l'appareil est monté sur une forte plaque de fonte, nommée *plaque de fondation*, qui est liée aussi invariablement que possible avec le fond du bâtiment.

La partie de la charpente qui porte les coussinets dans lesquels tournent les arbres est ce qu'on nomme les *paliers;* ceux qui ne font pas partie des bâtis de la machine sont solidement fixés au fond du navire. Les *coussinets* sont dans le corps du palier; ils sont surmontés du *chapeau du palier* qui peut, au moyen de vis fixées dans le corps du palier, presser plus ou moins sur les coussinets et par suite les rapprocherplus ou moins de l'arbre qu'ils comprennent.

212. GOUVERNAIL, GOUVERNER. — Je vous ai parlé du gouvernail, il faut que je vous dise comment il est fait et comment il agit.

Le gouvernail EG (fig. 258) est une espèce de volet placé à l'arrière d'un navire et pouvant tourner sur des gonds. La partie qui porte les ferrures, et que l'on appelle la *mèche*, est prolongée au-dessus de l'eau; l'extrémité supérieure ou la *tête du gouvernail* reçoit un levier nommé *barre du gouvernail*, qui sert à porter le gouvernail d'un côté ou de l'autre pour les besoins de la conduite du navire; c'est là le *timon des anciens*. Sur les petits navires, on manœuvre cette barre à la main; elle est tenue par le *timonier* ou le *pilote*. Sur les grands navires, on manœuvre la barre au moyen d'un treuil horizontal, appelé la *roue du gouvernail*, sur lequel agissent plusieurs hommes, huit quelquefois. Les chocs des lames sur le gouver-

Fig. 261

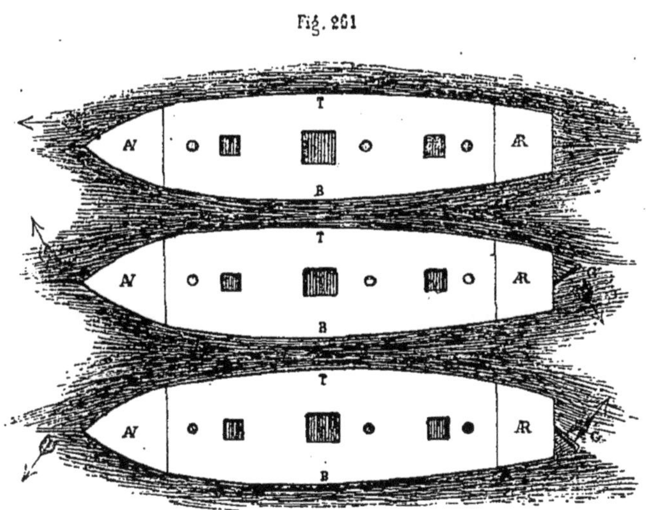

nail sont si violents, que parfois ces huit hommes sont entraînés par le mouvement de la roue, qu'ils ne peuvent maintenir.

La figure 261 vous montre comment agit le gouvernail.

Dans le premier navire G, le gouvernail est droit, c'est-à-dire dans le sens de la longueur du bâtiment; les filets d'eau qui passent le long du navire pendant sa marche viennent se réunir sur l'arrière d'après les formes mêmes du bâtiment, et agissent de la même manière sur les deux côtés du gouvernail; par suite, il n'y a aucune raison pour que le navire change la direction de la route qu'il suit, il *gouverne droit*. Mais si l'on porte le gouvernail à droite, en regardant l'avant ou à *tribord,* comme dans le navire du milieu, les filets d'eau rencontreront cette surface et agiront dessus pour pousser l'arrière du navire sur la gauche ou à *bâbord,* et l'avant aura l'air de venir sur tribord. Au contraire, si l'on met la barre à tribord ou le gouvernail à bâbord, comme dans le navire d'en dessous, l'arrière viendra sur tribord et l'avant semblera venir sur bâbord.

C'est au moyen du gouvernail que l'on fait prendre à un navire toutes les directions possibles, il ne peut gouverner sans lui; aussi vous comprenez la gravité des circonstances, quand, par une cause ou une autre, un navire perd son gouvernail. Les hommes qui le montent ne peuvent plus le diriger, il est emporté par le vent sans que la lutte soit possible. Heureusement, le marin sait comment on peut, non le remplacer tout à fait, mais le suppléer; et il parvient souvent à échapper aux périls qui le menacent.

213. **COMMENT SE COMPTE LE CHEMIN PARCOURU PAR UN NAVIRE.** — Quoique je me réserve plus tard de vous parler de la navigation et des moyens qu'on emploie pour connaître sa position au milieu des mers, hors de la vue de toute terre, il me semble nécessaire de vous montrer ici comment on peut estimer la marche d'un bâtiment. A propos du recul des propulseurs, je vous ai parlé du chemin fait par un navire; il faut donc que vous sachiez comment on mesure ce chemin.

Au numéro 23, je vous ai dit que le mètre était l'unité de longueur adoptée; mais quelle est cette longueur, comment la retrouverait-on si elle était perdue? Pour répondre à cette question, je dois entrer dans quelques détails nécessaires.

La terre est à peu près une sphère ; je dis à peu près, parce qu'elle est un peu aplatie à l'extrémité du diamètre autour duquel elle tourne journellement. Les extrémités de ce diamètre, qui est l'*axe de rotation*, sont les *pôles*. Le grand cercle perpendiculaire au diamètre qui passe par les pôles se nomme l'*équateur*. Or, le mètre est la dix-millionième partie du quart de l'équateur. Par suite, la circonférence de l'équateur est de 40,000,000 de mètres. Vous savez qu'une circonférence se partage en 360 degrés; par suite, *un degré sur la terre est de* 111,111 *mètres;* et comme le degré se partage en 60 minutes, *chaque minute sera de* 1,851 *mètres*. Cette longueur est ce qu'on nomme le *mille marin*. La *lieue marine*, qu'il ne faut pas confondre avec la lieue terrestre, est plus grande que cette dernière. On n'en compte que vingt au degré, tandis que l'on compte vingt-cinq lieues terrestres. Par suite, la lieue marine renferme trois minutes ou trois milles marins, ou 5,553 mètres.

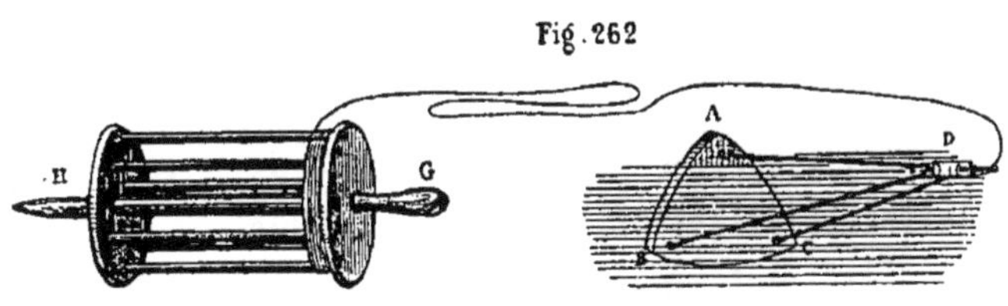

Divisons la longueur d'un mille ou 1,851 mètres par 120, nous aurons pour quotient 15 mètres. Or, 120 est le nombre de demi-minutes contenues dans une heure; si donc on avait un moyen de savoir combien de fois le navire fait 15 mètres en une demi-minute, on pourrait prendre ce nombre comme exprimant le nombre de milles parcourus par le navire en une heure. C'est précisément à ce résultat que l'on arrive avec l'instrument que l'on nomme le *loch*.

Il se compose de trois parties :

1° Le *bateau de loch* (fig. 262) ABC est un triangle en bois, dont les côtés sont des lignes courbes; le côté BC est lesté par de petits morceaux de plomb, pour que le bateau de loch puisse se maintenir verticalement dans l'eau. Des trois angles du triangle partent trois bouts de ficelle égaux en longueur.

2° La *ligne de loch* est attachée à la réunion des bouts de ficelle du bateau; elle est divisée en longueurs de 15 mètres, marquées par de petits bouts de ficelle, sur lesquelles il y a des nœuds indiquant l'ordre des longueurs de 15 mètres; c'est pour cette raison que ces dernières sont appelées des *nœuds*. Chaque nœud est divisé lui-même en dix parties égales, marquées par de petits morceaux de cuir.

3° Le *rouet* GH sert à enrouler la ligne, dont la longueur est de 250 à 300 mètres.

A chaque demi-heure à bord d'un navire en marche, on *jette le loch*, c'est-à-dire que le bateau de loch est lancé à la mer; par sa forme et sa position, il oppose une certaine résistance : c'est comme un point fixe pris sur l'eau. On fait dérouler le rouet, de telle sorte que la ligne n'oppose aucune résistance, et on la laisse filer au fur et à mesure que le navire s'éloigne du bateau de loch. En même temps que la ligne se déroule, on compte une demi-minute, et on arrête quand ce temps est passé. Autant de nœuds passés dans la main de l'homme qui jette le loch, autant de milles le navire parcourt dans une heure.

L'horloge employé pour compter la demi-minute est un *sablier* (fig. 262 *bis*). C'est un vase en verre, qui a la forme de deux petites bouteilles ayant le goulot commun. Le sable contenu dans l'une peut s'écouler lentement dans l'autre, et le temps de l'écoulement est d'une demi-minute.

Fig. 262 *bis*.

Les nœuds, sur la ligne de loch, ne commencent pas au bateau même, parce que ce dernier, lancé à la mer, reste pendant quelque temps soumis à l'attraction que le navire exerce sur lui. Pour qu'il soit soustrait à cette influence, on attend qu'une certaine quantité de ligne soit écoulée, environ une longueur égale à celle du bâtiment. Le poids de la ligne agit aussi pour rapprocher le bateau de loch du navire et le fait suivre un peu ce dernier; pour cette raison, les nœuds ne sont que de 42 pieds au lieu de 45 qu'ils devraient avoir.

Pour jeter le loch, il faut trois hommes : celui qui lance le bateau, celui qui tient le rouet et celui qui se tient prêt à tourner le sablier. Le premier lance le bateau de loch à la mer en disant : *Attention;* quand la marque qui indique l'endroit où commencent les nœuds passe dans sa main, il crie : *Tournez*. A ce commandement, le sablier est retourné. La ligne file, et, quand le sable est écoulé, celui qui tient le sablier crie : *Stoppe*. A ce moment, celui qui a jeté le loch arrête la ligne et compte le nombre de nœuds et de parties de nœuds passés.

214. DE LA MARINE EN GÉNÉRAL. — Je terminerai ce que j'ai à vous dire au sujet des machines employées pour la navigation, par quelques mots sur la marine en général.

Le commerce n'a pas tout d'abord compris l'avantage qu'il pouvait tirer de la vapeur, au point de vue de la rapidité des voyages. On n'a vu dans le principe que les dépenses plus grandes occasionnées par l'achat des machines, le personnel nouveau à embarquer, les consommations de combustible, etc. L'esprit humain met toujours un certain temps pour adopter une idée nouvelle; la question ne se présente que sous quelques-unes de ses faces, il faut que l'expérience consacre les faits et démontre à tous les avantages constatés ou entrevus seulement par quelques-uns. On doit aussi tenir compte du vieux matériel à user, du nouveau à construire, du déplacement de l'industrie, de la perturbation qui en résulte. Quoi qu'il en soit, la question des navires à vapeur a passé aujourd'hui par ces différentes phases, et toutes les nations rivalisent à l'envi pour remplacer l'ancienne marine à voiles par la nouvelle à vapeur. Les navires sont plus grands, ils portent une plus grande quantité de marchandise et font plus de chemin dans le même temps. Dans beaucoup de circonstances, pour les longues traversées par exemple, il semble préférable de n'employer que des machines auxiliaires, qui ne servent que pour entrer ou sortir des ports, avancer par les temps calmes, alors que les voiles n'ont aucune action, et augmenter la marche dans des moments difficiles. Pour le transport des dépêches et des voyageurs, on est obligé, en général, de franchir la distance à parcourir dans le moins de temps possible ; aussi emploie-t-on des machines puissantes, capables de lutter contre les vents : la voile n'est plus qu'un auxiliaire pour aider la machine quand le vent est favorable. C'est ainsi que plusieurs navires, qui vont du Havre à New-York, ont des vitesses moyennes de 12 et 13 nœuds à l'heure et font le voyage en moins de dix jours.

Sur les rivières dont la profondeur est peu considérable, on emploie le plus souvent les roues à aube; pour les navires qui font de longues traversées à la mer, l'hélice semble préférable. Pour calculer la force des machines à mettre sur un navire à vapeur, on suit à peu près la règle suivante :

1 cheval de force pour 2 tonneaux de déplacement sur les rivières;
1 cheval de force pour 4 tonneaux de déplacement sur mer.

On considère la résistance que le liquide oppose à la marche d'un navire comme proportionnelle à la vitesse multipliée par elle-même, ou au carré de cette vitesse. La quantité de charbon à dépenser est à peu près dans la même proportion. On compte en moyenne 4 kilogr. de charbon par force du cheval nominal et par heure. Ainsi, un navire de 1,200 chevaux dépenserait par heure 3,600 kilogrammes de houille et, dans 24 heures, 86,400 kilogrammes ; s'il doit faire une traversée de 10 jours sans prendre de combustible, il devra donc emporter avec lui 864,000 kilogrammes ou 864 tonneaux. Tout cet immense poids est à retrancher sur les marchandises que pourrait prendre le navire. Vous pouvez comprendre dès lors quelle importance il y a à employer des machines consommant le moins de charbon possible; et c'est à la recherche de ce résultat que travaillent les ingénieurs et les constructeurs.

Pour la marine de guerre, les conditions ne sont plus les mêmes; pour elle, il faut pouvoir marcher le plus longtemps possible sans renouveler le combustible; d'un autre côté, la vitesse semble aujourd'hui une condition essentielle pour le succès, elle doit donc être la plus grande possible. Ces différentes conditions à remplir ont mis dans la nécessité de diviser les navires de guerre en trois classes :

1° Les navires de guerre proprement dits. Ce sont des forts flottants, bordés de fer, armés de puissants engins de destruction et doués d'une grande vitesse, pour qu'ils puissent se transporter avec rapidité d'un point à un autre. La mobilité est pour eux un des éléments de force.

2° Les courriers ou les mouches, espèce de cavalerie légère, qui doit aller faire des reconnaissances, porter des ordres. La légèreté et la vitesse sont pour eux les qualités par excellence.

3° Enfin, les navires de transport, le train de l'armée de terre sur la mer. Quoique la rapidité soit encore pour eux très-importante, ils doivent en outre être faits pour porter beaucoup d'hommes et beaucoup de matériel.

215. **MACHINES LOCOMOBILES.** — Les locomobiles ne sont, en général, que de petites machines; du moins les plus grandes ne dépassent guère vingt-cinq à trente chevaux. Pour qu'elles puissent être transportables, tous les organes sont solidement reliés ensemble. Le plus généralement, ces machines ont la disposition indiquée par la figure 263.

Elles sont toutes à haute pression ; la chaudière, tubulaire à flamme directe, est le plus souvent horizontale et porte tout le mécanisme, c'est-à-dire le cylindre, les glissières de la tige du piston, l'arbre moteur, sur lequel est calé le volant, l'excentrique du tiroir, celui de la pompe alimentaire et la poulie qui sert à transmettre le mouvement de la machine, et qu'on nomme *poulie de commande.*

Le système de la machine est toujours très simple ; le plus généralement, elle est à connexion directe, à cylindre fixe horizontal et à bielle directe. La vapeur, après avoir travaillé dans le cylindre, s'échappe à la base de la cheminée. Ce jet de vapeur produit un *tirage artificiel* ou forcé

Fig. 263

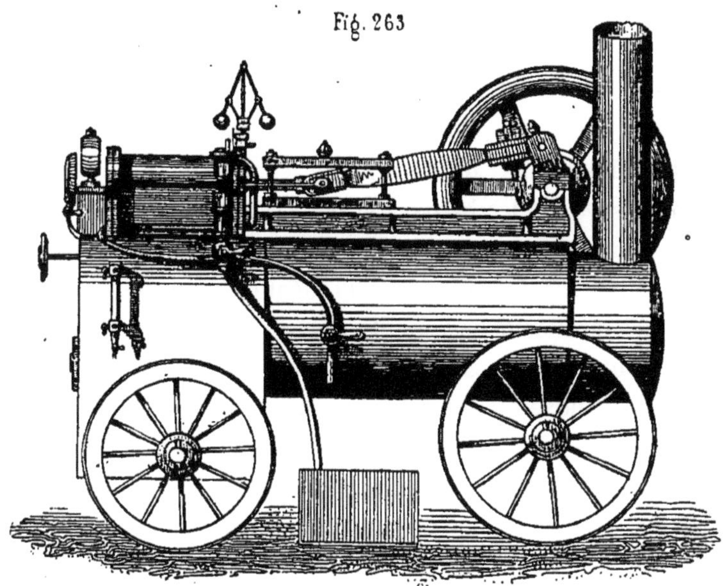

excessivement énergique et permet de produire une grande quantité de vapeur avec des surfaces de chauffe assez restreintes.

Au-dessous de 12 chevaux de force, il n'y a communément qu'un cylindre ; au-dessus de cette puissance, on en met souvent deux conjugués sur le même arbre. Quoique cette disposition permette de franchir facilement les points morts, on place toujours un volant pour régulariser le mouvement de la locomobile, dont le travail est si souvent irrégulier.

Les petites locomobiles sont ordinairement montées sur un chariot à roues, qui permet de les transporter facilement d'un point à un autre ; celles d'une certaine grandeur n'ont souvent pas de roues ; on les change de place, s'il y a lieu, au moyen de rouleaux, ou on les met sur un camion. Malgré cela, elles sont locomobiles, parce qu'elles se transportent tout d'une pièce et sans aucun démontage préalable. D'autres fois, des essieux font partie de la chaudière et des roues peuvent se mettre quand il faut déranger la machine.

La forme donnée figure 263 est la plus commune, cependant vous en rencontrerez de bien différentes. On fait des locomobiles partout, l'emploi de cette machine devient de jour en jour plus commun, et chaque constructeur veut avoir un type particulier. Quoi qu'il en soit, les plus simples sont toujours préférées, parce qu'elles sont plus faciles à nettoyer, à entretenir en bon état, à conduire, et moins exposées aux avaries qui causent des suspensions de travail, toujours préjudiciables aux intérêts d'un atelier quelconque.

On emploie les locomobiles : dans les ateliers de construction, pour faire marcher l'outillage ; dans les fonderies et les forges, pour actionner les ventilateurs ; dans les bâtisses et les terrassements, pour monter les matériaux, faire le mortier, épuiser les eaux. En agriculture, on lui fait conduire des batteuses, des pompes d'irrigation ou de desséchement, et en général toutes les machines agricoles. On rencontre aujourd'hui des locomobiles partout : c'est le cheval à tout faire. Son mouvement est en général transmis au moyen d'une courroie en cuir qui passe sur la poulie de commande et sur celle de la machine à laquelle il s'agit de communiquer le mouvement.

Il n'est pas hors de propos de vous donner ici quelques règles générales pour la conduite de ces petites machines à vapeur, que l'on confie souvent à des ouvriers qui, ne les comprenant pas, les surmènent ou ne savent pas obtenir d'elles ce qu'elles peuvent donner :

1° Avant d'allumer le feu dans le foyer d'une locomobile, il faut remplir la chaudière et s'assurer, en consultant le tube de niveau et les robinets-jauge, que l'eau dans l'intérieur est à la hauteur voulue, c'est-à-dire au-dessus des tubes les plus élevés.

2° Ne pas activer la combustion dans le commencement, laisser aux parties de l'appareil tout le temps de s'échauffer et de se dilater.

3° Huiler toutes les articulations.

4° Avant de mettre en marche, faire passer la vapeur dans le cylindre, en laissant les robinets de purge ouverts, pour échauffer la machine et la purger.

5° En mettant en marche, n'aller qu'à petite vitesse; n'augmenter cette dernière que progressivement.

6° Veiller avec attention le manomètre, pour ne pas laisser la pression monter au-dessus des limites tracées d'avance; consulter souvent les robinets-jauge et le tube de niveau, et alimenter toutes les fois que le niveau de l'eau dans l'intérieur commence à baisser. Cette dernière recommandation est de la plus grande importance, la plupart des explosions n'étant produites que par le défaut d'alimentation.

7° Si, malgré l'alimentation, le niveau ne remonte pas; si la pompe alimentaire ne fonctionne pas; si le niveau de l'eau baisse sans cesse, avant de chercher la cause d'un tel état de choses, jeter bas immédiatement les feux, tout en laissant la machine fonctionner, si elle est en marche, de manière à user la vapeur contenue dans la chaudière. Dans de telles circonstances, ne jamais lever les soupapes de sûreté.

8° Décrasser l'entre-deux des barreaux de grille pour que l'air passe facilement. Pendant les moments d'arrêt, nettoyer l'intérieur des tubes de la chaudière; ils s'engorgent très-facilement et très-vite, et le tirage est considérablement diminué. Cette opération, du reste, peut être faite pendant la marche; seulement il faut s'y préparer en obtenant une bonne pression dans la chaudière.

9° Quand la machine cesse de fonctionner, l'essuyer alors qu'elle est chaude. Si elle doit rester plusieurs jours au repos, la vider complétement, la nettoyer et réparer immédiatement tout ce qui a besoin de l'être. La négligence dans les petites choses conduit bien vite à des avaries réelles.

216. **APPLICATION DE LA VAPEUR POUR LA LOCOMOTION SUR TERRE.** — *Historique.* — Comme je vous l'ait dit au n° 197, *Watt* et *Robinson*, vers 1759, tentèrent la locomotion sur terre au moyen de la vapeur; mais alors la machine de Newcomen était encore trop imparfaite, et ils durent abandonner leur projet comme irréalisable pour le moment.

Dix ans plus tard, *Cugnot* faisait en France, en présence de M. de Gribeauval, lieutenant général, l'essai d'une machine placée sur un chariot à roues. Elle devait lui faire parcourir deux lieues à l'heure; mais elle n'avança que d'un quart de lieue. Le 1er décembre 1769, une seconde expérience fut faite avec la même machine; sans arriver aux deux lieues promises, sa marche fut plus satisfaisante. Enfin, le 20 novembre 1770, la machine dont nous venons de parler et représentée par la figure 264 (on la voit encore au Conservatoire des arts-et métiers à Paris) traîna, à raison de cinq quarts de lieues à l'heure, le socle d'un *canon de* 48 (portant un boulet pesant quarante-huit livres), du poids de cinq mille livres.

Cugnot, l'inventeur de cette machine, était ingénieur français. Il est né

Fig. 264

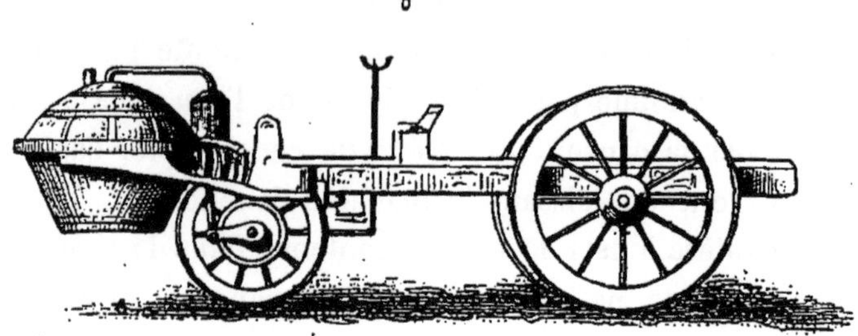

en 1725 et mort en 1804. Le duc de Choiseul, ministre de la guerre, donna l'ordre à Cugnot de faire exécuter sa machine; elle devait être soumise à une commission composée de Coulomb, Perrier, Buonaparte et Prony (Registre de l'Institut de l'an IV). Mais elle fut mal construite, et cet essai, au lieu d'avancer la question, en retarda la solution.

La machine à haute pression d'*Olivier Evans* est reprise par *Trevithick* et *Vivian*, qui font, en 1804, une voiture marchant au moyen d'une machine à vapeur à haute pression. Mais cette locomotive, au lieu d'aller sur les routes ordinaires, comme le voulait Olivier Evans, fut placée sur des rails en fer, employés depuis bien longtemps déjà dans les pays houillers de l'Angleterre. La figure 265 peut vous donner une idée de cette première machine, qui fut employée dans quelques mines de houille.

Fig. 265

C'était un chariot monté sur quatre roues, deux grandes à l'avant et deux petites à l'arrière. Les deux premières seulement étaient motrices ou actionnées par la machine à vapeur. Deux cylindres inclinés par en bas étaient placés un de chaque côté de la chaudière, et leurs pistons actionnaient les roues de l'avant. Ces petites machines étaient, comme vous pouvez le voir, des machines à connexion directe, à cylindre fixe incliné par le bas, et à bielle directe.

En 1813, l'ingénieur anglais Blacket fait faire un grand pas à la question des chemins de fer, en démontrant qu'une locomotive, quand son poids est considérable, éprouve, sur des bandes en fer, une résistance assez grande pour entraîner derrière elle plusieurs chariots ou wagons. Jusqu'à ce moment, on pensait généralement que le frottement des roues sur des bandes ou *rails* unis ne pouvait être que très-faible, et ne devait même pas permettre aux locomotives d'avancer.

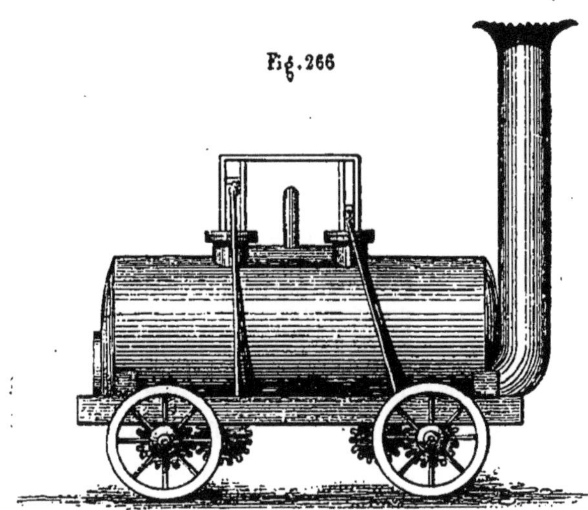
Fig. 266

En 1812, Georges Stephenson, ancien ouvrier mineur, qui ne doutait pas de l'énergie du frottement des roues sur les rails en fer, construisit une locomotive qui fonctionna sur le chemin de fer des usines de Killing Woth. Cette machine était bien imparfaite sans doute, mais elle fit sortir la question de la locomotion au moyen de la vapeur de l'oubli dans lequel elle était tombée. La figure 266 représente les dispositions extérieures de cette machine.

En 1829, une découverte capitale, faite par un ingénieur français, M. Seguin aîné, décida en quelque sorte la question des chemins de fer, et les amena à l'état où nous les voyons aujourd'hui. Je veux parler de l'invention des chaudières tubulaires, dans lesquelles la surface de chauffe est assez grande pour qu'il soit possible, avec une chaudière relativement peu volumineuse, de produire, dans un temps donné, une grande quantité de vapeur. Vous comprenez que la production de la vapeur et la vitesse de la machine se tiennent, la seconde dépend de la première.

En 1827, une compagnie se forme pour relier par un chemin de fer Liverpool et Manchester; mais il n'entre dans la pensée d'aucun des actionnaires que la traction se fera au moyen de la vapeur; il est au contraire entendu en quelque sorte que l'on emploiera des chevaux. Stephenson, qui avait fait plusieurs chemins de fer, est appelé pour construire celui de Liverpool à Manchester. Toutes les difficultés sont surmontées, toutes les résistances sont vaincues, on va commencer la construction, quand surgit cette question capitale : Quel sera le mode de traction? Emploiera-t-on des chevaux? Placera-t-on des machines fixes de distance en distance pour traîner, au moyen de câble, les voitures et les wagons? Ou enfin se servira-t-on de locomotives? Et dans ce cas quel moteur utilisera-t-on? Emploiera-t-on la vapeur d'eau? Demandera-t-on la force à la pression atmosphérique? Stephenson, seul contre tous les ingénieurs distingués de l'Angleterre, détermine le directeur de la Compagnie à offrir une prime de 12,500 fr. au constructeur qui présentera, à jour fixe, la meilleure locomotive.

Tous les constructeurs de l'Angleterre furent appelés à concourir. Stephenson et son fils se mirent à l'œuvre comme les autres, et le 6 octobre 1829 cinq machines sont sur les rails préparés à cet effet : la *Fusée*, de Stephenson père et fils; la *Nouveauté*, de Braithwin et Ericson; la *Sans-Pareille*, de Timothy-Back-Worth; la *Persévérance*, de Barstal; et le *Cyclope*, de Brandreth. Cette dernière fut écartée, comme ne remplissant pas les conditions du programme; les machines devaient être mues par la vapeur d'eau, et le *Cyclope* marchait au moyen de chevaux.

La *Fusée* eut tous les honneurs de la journée, et elle servit de modèle pour toutes les locomotives du nouveau chemin de fer. Mais ce grand succès fut dû en partie à l'adoption, par Stephenson, de la découverte de M. Séguin.

Quoi qu'il en soit, les avantages de la locomotion au moyen de la vapeur furent bien vite appréciés et connus. La rapidité obtenue fut telle, que le chemin de Liverpool à Manchester, fait pour le transport des marchandises seulement, fut bientôt couvert de voyageurs.

Le succès de ce chemin de fer attira l'attention de toute l'Europe et de l'Angleterre surtout. Partout on entreprit des voies ferrées. Depuis 1840, l'Europe a été sillonnée de chemins de fer qui se croisent dans tous les sens, qui unissent les différentes capitales entre elles, qui relient entre eux les centres producteurs, les centres manufacturiers, les lieux d'échange et de commerce. L'invention des chemins de fer est l'une de ces grandes conquêtes qui marquent dans l'humanité et que nos arrière-neveux estimeront à sa juste valeur.

La figure 267 vous montre une coupe faite dans une des locomotives employées de nos jours.

Elle se compose, comme toutes les autres machines à vapeur, d'un générateur, d'un utilisateur et d'un transformateur.

Le générateur est une chaudière tubulaire à haute pression et à flamme directe. Le niveau de l'eau recouvre le dessus du foyer et les tubes les plus élevés. Elle est portée sur un chariot à 6 roues, dont deux plus grandes

Fig. 267.

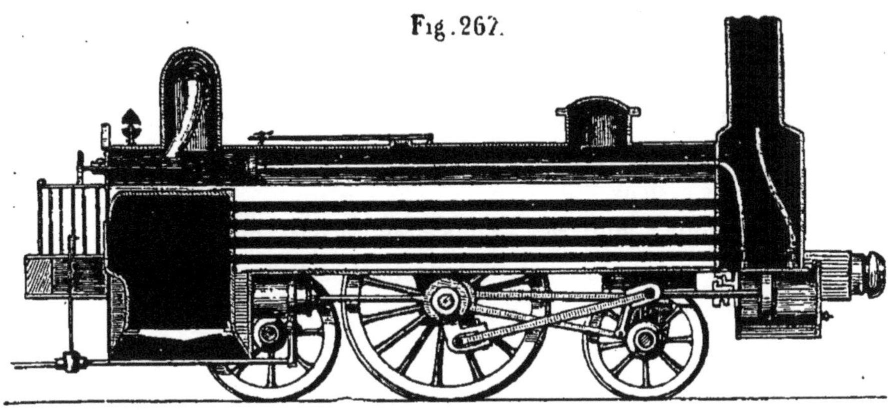

que les autres placées au milieu ; ce sont ces dernières qui reçoivent l'action des pistons. Des ressorts puissants sont interposés entre les essieux des roues et le chariot, pour éviter les chocs.

L'utilisateur est généralement composé de deux cylindres placés en dessous de la boîte à fumée et de chaque côté. Ce sont des machines à connexion directe, à cylindre fixe horizontal et à bielle directe. Cette dernière est articulée sur la manivelle de l'arbre des grandes roues ; les deux cylindres sont conjugués sur cet arbre. La vapeur est prise dans le coffre à vapeur ; elle suit un tuyau qui longe le réservoir de vapeur et descend en passant dans la boîte à fumée, pour s'unir avec la boîte des tiroirs. En général, ces derniers sont conduits par deux excentriques, l'un pour la marche en avant, l'autre pour la marche en arrière, dont les bielles sont réunies par un arc fendu de Stephenson. La vapeur, après avoir servi, s'échappe à la base de la cheminée, pour produire un *tirage forcé* ou *artificiel.*

Le plus souvent, les locomotives sont suivies par une voiture particulière, nommée *tender*, qui contient le combustible pour le chauffage pendant le trajet à parcourir, et l'eau nécessaire pour l'alimentation. C'est dans le réservoir, que porte le tender, que le tuyau d'aspiration de la pompe alimentaire ou celui de l'injecteur Giffard vient plonger.

Souvent, la locomotive est portée sur six roues, dont quatre grandes, et même sur six roues égales ; généralement, quand il en est ainsi, les roues égales sont unies aux roues motrices au moyen de bielles qui vont des manivelles des roues motrices à des manivelles fixées sur les arbres des autres roues. De cette manière, le mouvement des premières est directement communiqué aux secondes. On dit alors qu'elles sont *accouplées.* J'ai oublié de vous dire que l'expérience avait démontré qu'il y avait moins d'inconvénients à avoir les roues calées à demeure sur des essieux tournants, que d'avoir les essieux fixes et les roues tournant sur les extrémités de ces essieux.

La locomotive, qui arrive pour prendre des voitures ou des wagons, pourrait éprouver des chocs dangereux pour elle et, dans tous les cas, excessivement désagréables pour les voyageurs. On évite en grande partie ces chocs, ou du moins les secousses qui en sont la conséquence, en plaçant, en avant et en arrière des locomotives et de tous les véhicules qui vont sur un chemin de fer, ce qu'on appelle des *tampons de choc.* D'un autre côté, quand la locomotive se met en marche, elle doit vaincre la force d'inertie de chaque voiture ; le mouvement ne se communique pas instantanément d'un bout à l'autre d'un train, chaque voiture est en quelque sorte arrachée violemment au repos, et il en résulte de nouvelles secousses aussi désagréables que celles provenant des chocs. Les tampons sont encore disposés, du moins dans les voitures destinées aux voyageurs, pour diminuer de beaucoup ces secousses.

Les tampons sont, en général, composés d'un plateau en fer, recouvert en bois et monté sur une tige dont l'extrémité appuie sur un ressort disposé pour agir en même temps, soit pour les chocs, soit pour la traction.

Il est de la plus grande importance de pouvoir signaler la présence d'un train sur une ligne occupée par un autre train ; il faut toujours annoncer de loin son arrivée à un point, pour que l'on puisse prendre toutes les précautions capables d'écarter les accidents sans nombre qui seraient la conséquence forcée du moindre désordre. Aussi, chaque locomotive porte un *sifflet d'alarme.* Le plus souvent, c'est un timbre CC (fig. 268), disposé de telle sorte que la vapeur puisse venir frapper son pourtour; dans de telles conditions, il résonne en produisant un sifflement qui s'entend à des distances considérables. Le mécanicien, qui conduit la locomotive, peut, en tournant le robinet du sifflet, toujours placé au-dessus du réservoir de vapeur et à sa portée, le faire retentir quand il le désire et pendant le temps qu'il veut.

Fig. 168.

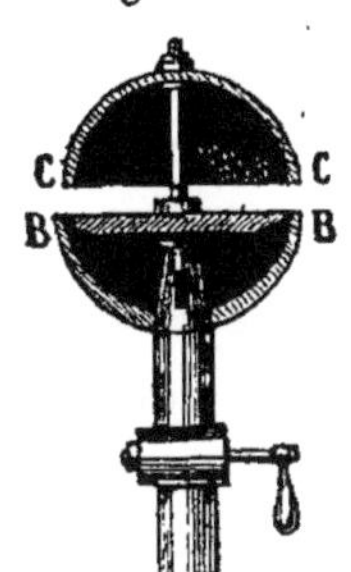

Comme je vous l'ai déjà dit, il ne suffit pas d'interrompre l'arrivée de la vapeur dans les cylindres d'une locomotive pour que le train qu'elle conduit s'arrête. La vitesse acquise est si grande, la masse en mouvement si considérable, que le train continuerait à marcher encore longtemps, et souvent il pourrait en résulter des accidents terribles. En mettant la machine en arrière, on produit déjà un certain effet, que l'on augmente beaucoup

Fig. 269.

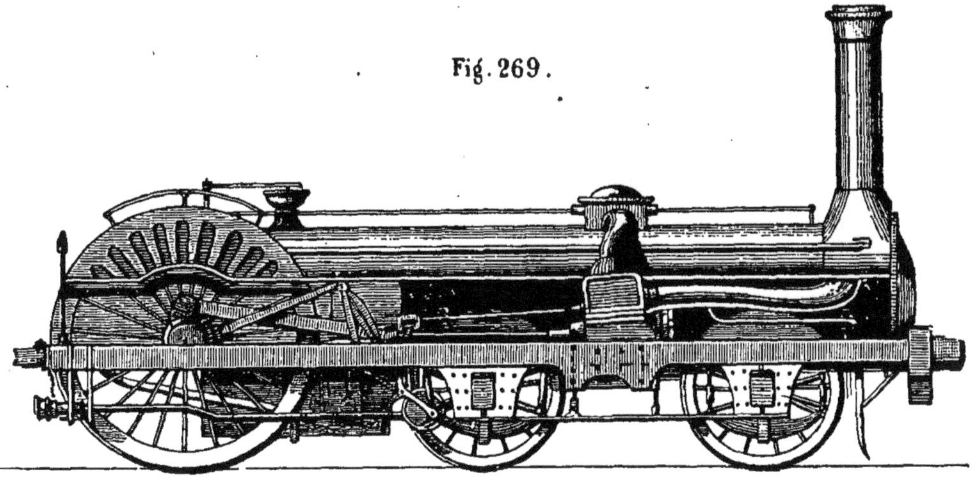

en serrant des *freins puissants* disposés pour produire un frottement excessif sur les roues de la locomotive et même sur celles de certains wagons, que l'on place toujours à la queue d'un train. On parvient ainsi à détruire une partie de la vitesse acquise et à arrêter le train. Mais, quels que soient les moyens employés jusqu'à ce jour, il a été impossible de suspendre la marche d'un train instantanément. Du reste, un tel résultat aurait des conséquences bien graves, car on a calculé qu'à la vitesse de 60 kilomètres à l'heure, l'arrêt subit produirait le même effet que si le train tombait d'une hauteur de 14 mètres, hauteur d'un quatrième étage au-dessus du sol.

On partage les locomotives en trois catégories :

1° Les *machines à voyageurs* ou *à grande vitesse* des express. Les roues sont indépendantes, et celles motrices ont le plus grand diamètre possible. Parfois elles sont placées au milieu ; mais, comme la chaudière empêche de relever suffisamment l'essieu, on met le plus souvent les roues motrices à l'arrière, comme dans les locomotives *Crampton*, représentées par la figure 269. Alors on peut donner aux roues motrices un diamètre de 2 m. 20. En réunissant cette dernière condition à un cylindre ayant peu de course, on arrive à des vitesses de 80 et même 100 kilomètres à l'heure.

2° Les *machines mixtes* sont celles destinées à desservir les trains omnibus sur les lignes à peu près horizontales, et tous les trains de voyageurs sur des inclinaisons un peu fortes. Ces machines sont ordinairement à quatre roues égales, accouplées de manière à augmenter l'adhérence sur le chemin de fer. Le diamètre des roues motrices n'est guère que de 1 m. 50. Leur vitesse varie entre 35 et 50 kilomètres à l'heure.

3° Les *machines à petite vitesse* ou *à marchandises*, dont la vitesse ne dépasse pas 30 kilomètres à l'heure, ont des roues motrices encore plus petites que celles des machines mixtes. Les six roues sont accouplées, c'est-à-dire que les roues d'avant et d'arrière sont réunies aux roues motrices par des bielles. Le poids considérable des machines à marchandises, leur petite vitesse, et l'action des six roues sur le chemin de fer, constituent un frottement tel qu'une machine semblable peut traîner jusqu'à quarante-cinq wagons portant chacun 10,000 kilogrammes ou dix tonnes. Parmi toutes les machines à marchandises, celle qui réunit les meilleures conditions pour ce service spécial est celle que fit construire M. *Engerth*, conseiller autrichien, et qui porte son nom. Le chemin de fer du Nord, en France, emploie ces machines pour le transport de la houille.

La puissance des machines employées pour la locomotion sur terre est très-variable ; les plus fortes sont de 300 chevaux-vapeur.

217. **DES CHEMINS ORDINAIRES.** — Avant de vous parler des chemins de fer, tels que vous les voyez aujourd'hui, je crois devoir vous dire quelques mots sur les routes ordinaires ; d'après les conditions dans lesquelles doivent se trouver ces dernières, vous comprendrez mieux l'utilité des voies ferrées.

Evidemment, en construisant une route quelconque, on doit chercher à rendre le transport des fardeaux le moins cher possible ; ou, ce qui revient au même, on doit s'efforcer de rendre aussi petit que possible l'effort de traction des voitures qui fréquenteront cette route.

Une route est meilleure ou moins bonne qu'une autre, quand la même force motrice, le même nombre de chevaux par exemple, est capable de transporter, dans le même temps et à la même distance, une charge plus grande ou plus petite. Or, toute la force du moteur qui traîne est employée, à peu de chose près, à vaincre les résistances des voitures sur lesquelles sont chargés les fardeaux à porter. Tout le problème de la locomotion sur terre se réduit donc à trouver les moyens de diminuer, d'une manière permanente, les causes produisant ces résistances, et qui sont les suivantes :

1° *L'inégalité de la voie.* — Si une voiture descend dans une ornière, si elle doit franchir un obstacle quelconque, une pierre par exemple, cette voiture et sa charge doivent être remontées de l'ornière et être élevées au-dessus de l'obstacle ; dans tous les cas, il faut faire un travail inutile au transport pour élever ces poids. Une partie de la force du moteur est donc dépensée inutilement. On doit en conclure qu'une route doit être aussi unie que possible.

2° *Le défaut de résistance de la route.* — Si la surface de la route cède sous le poids de la voiture, cette dernière enfonce et se trouve dans les mêmes conditions que si elle était dans une ornière dont elle doit être retirée. Il faut donc que la surface d'une route soit assez résistante, assez solide, pour qu'elle supporte, sans se déformer, les voitures les plus pesantes qui peuvent la fréquenter.

3° *L'inclinaison de la route.* — Si la route est inclinée, il faudra évidemment dépenser une force suffisante pour faire monter la voiture et sa charge du point le plus bas au point le plus haut de la montée.

Si nous supposons que la hauteur verticale de la montée soit de 1 mètre pour 100 mètres de parcours, ou de 1 pour 100, non-seulement il faudra traîner la voiture et sa charge pendant ces 100 mètres, mais encore les élever de 1 mètre de hauteur. Il est vrai de dire que si les montées occasionnent une plus grande dépense pour le transport des fardeaux, les descentes produisent des économies. Si donc le transport, dans un sens, est égal à celui dans l'autre, il peut suffire de disposer les pentes de telle sorte qu'il y ait à peu près compensation entre les montées et les descentes. En dehors de ce cas, qui est assez rare, on devra rendre une route aussi horizontale que possible. Autrefois, on admettait qu'un chemin, pour aller d'un point à autre, devait être le plus court possible, et l'on arrivait ainsi à des pentes excessivement fortes; aujourd'hui, on a complétement abandonné des idées aussi peu pratiques; la condition essentielle est que la route à faire se rapproche le plus possible de l'horizontalité; la condition de longueur du chemin ne passe qu'après.

4° *Le glissement des pieds des chevaux sur la route.* — Pour qu'un cheval transmette toute la force dont il est capable, il ne faut pas que le sol sur lequel il appuie soit assez résistant et assez uni pour que ses pieds glissent. Il faut au contraire que le sol cède sous lui en quelque sorte. Ainsi donc, une route ne doit pas céder sous les roues et fléchir au contraire sous les pieds des chevaux.

Avant de construire une route, il y a des travaux préparatoires à exécuter, ou des études à faire. Avant tout, on s'occupe de sa direction ou de son *tracé*. Généralement, l'administration fixe le point de départ et celui d'arrivée, d'après des considérations commerciales ou militaires. Quant aux lieux intermédiaires à traverser, les ingénieurs sont guidés par une foule de considérations dont ils doivent tenir compte. L'importance du chemin entre pour beaucoup; aussi les dépenses à faire pour l'exécuter doivent être en rapport avec cette importance. D'un autre côté, il est utile de traverser les centres les plus riches, les plus commerciaux, les plus industriels. Enfin, quand toutes ces raisons ont été pesées, quand des études toujours sérieuses ont déterminé à adopter telle direction plutôt que telle ou telle autre, on étudie les moyens de construction, les obstacles à franchir ou à tourner, les hauteurs à abaisser ou les *déblais*, les parties basses à combler ou les *remblais*. On calcule le volume des terres à déplacer, pour savoir si les déblais fourniront assez de matériaux pour les remblais. Pour cela, on fait ce qu'on appelle des *profils en long* et des *profils en travers*. Les premiers sont des sections faites par un plan vertical ou des plans verticaux menés suivant la direction de la route projetée. Sur ces plans sont tracées les courbes du terrain tel qu'il existe et la courbe du chemin à construire. On voit donc, sur ces plans, les lieux à remblayer et ceux à déblayer, et la distance qui sépare les uns des autres. On coupe ensuite la route par des plans verticaux perpendiculaires à sa direction, sur lesquels on trace la courbe du terrain et celle de la route projetée. Ces plans permettent de calculer le volume des déblais et des remblais.

Une route peut être, en ne considérant que le sol :

1° *Au niveau du sol;* dans ce cas, il suffit de disposer la partie sur laquelle les voitures et les chevaux passeront et qu'on nomme la *chaussée*, et de creuser les fosses latérales dans lesquelles les eaux de pluie s'écouleront.

2° *En remblai*, c'est-à-dire établie sur des terres rapportées. La partie supérieure, sur laquelle doit être établie la chaussée, n'a que la largeur voulue; quant à la base du remblai, elle est plus ou moins grande suivant la nature des terres rapportées. Il faut, dans tous les cas, que les terres des côtés de la route se maintiennent solidement.

3° *En déblai*, c'est-à-dire creusée dans le sol. Dans ce cas, les fosses pratiquées de chaque côté de la route doivent, non-seulement recevoir les eaux de la route, mais encore celles des plans inclinés ou *talus* du sol de chaque côté.

4° Enfin, *en déblai et en remblai,* ce qui a lieu le plus souvent; quand une route franchit une montagne, les déblais du haut de cette dernière servent aux remblais du bas.

Pour le transport des terres, l'expérience a démontré qu'il y avait avantage à employer les *brouettes* pour des distances au-dessous de 100 mètres; les petites voitures à deux roues et traînées par des hommes ou les camions, pour des distances de 100 à 132 mètres; un tombereau, à partir de 132 mètres; à 200 mètres, deux tombereaux, et ainsi de suite, en augmentant le nombre des tombereaux avec la distance.

Si la route doit couper un fleuve, une rivière ou même un ruisseau, il faut laisser aux eaux leur libre écoulement; aussi construit-on des ponceaux ou des ponts pour le passage de la route, suivant l'importance des cours d'eau traversés.

Les travaux de déblais et de remblais sont désignés sous le nom général de *terrassements;* les constructions des ponts sont des *travaux d'art*.

Quand les terrassements et les travaux d'art sont terminés, on s'occupe de la construction de la chaussée.

Construction des chaussées. — Elles sont recouvertes, soit de pierres d'une certaine grosseur, taillées régulièrement et nommées *pavés*, ou de pierres irrégulières et de différentes grosseurs. Dans le premier cas, une *chaussée est pavée;* dans le second, elle est *empierrée* ou en *empierrement.*

Vous savez comment s'exécute le pavage, vous avez vu certainement les paveurs travailler dans les rues; aussi je ne vous en dirai rien.

L'empierrement, si le sol est peu solide, consiste à placer d'abord des pierres plates, puis des pierres ordinaires par-dessus, et, enfin, de petits cailloux entre ces dernières.

Mac Adam, ingénieur anglais, a apporté un grand perfectionnement dans la construction des chaussées en empierrement, et son système est maintenant employé partout. Il consiste simplement dans une couche de pierres cassées, épaisse de 20 à 30 centimètres, suivant le poids des voitures qui doivent passer dessus. Quand la couche de cailloux est placée, on comble les intervalles avec du gros sable ou de la pierraille, on arrose, et l'on fait passer un rouleau pesant, qui comprime le tout et le tasse. Il y a, en quelque sorte, réunion entre toutes ces parties, et la chaussée se trouve recouverte, au bout de peu de temps, d'une espèce de banc de pierres uni et dur.

En comparant la résistance à la traction sur des routes sèches et en bon état d'entretien, on a trouvé que la résistance au roulement était, pour les voitures ordinaires de roulage, de un cinquantième du poids sur les chaussées pavées, et de un quarantième sur les chaussées en empierrement. Pour les voitures légères et qui ont une certaine vitesse, les chaussées en empierrement ont l'immense avantage de ne pas occassionner de cahots.

Philippe-Auguste, roi de France, fit exécuter, au XIIe siècle, les premières routes; sous Henri IV et Louis XIV, la viabilité fit de grands progrès.

Les chemins en France sont ainsi classés :

1° Routes nationales, se divisant en trois classes, suivant leur importance;

2° Routes départementales;

3° Chemins vicinaux, de grande et de petite communication;

4° Chemins ruraux, de grande et de petite communication.

218. DES CHEMINS DE FER. — *Historique.* — Vers le milieu du XVIIe siècle, en 1649 d'après les uns, et en 1630 suivant les autres, on commença à placer sur les chemins qui servaient à transporter le charbon de terre des houillères du Durham et du Northumberland au lieu d'embarquement, des *rails* ou bandes de chêne ou de sapin. Ces rails étaient placés parallèlement à la route sur des pièces de bois ou *traverses* établies perpendiculairement à la direction de la route. Les roues des voitures, bordées à la jante d'un rebord, roulaient sur les rails, tandis que les chevaux marchaient entre eux et par-dessus les traverses. Le rebord des roues avait pour but de maintenir ces dernières sur les rails. Un seul cheval, avec ce système, pouvait traîner, sur les parties horizontales, jusqu'à 10,000 kilogrammes de charbon.

Les traverses, continuellement en contact avec les sabots des chevaux, ne duraient pas longtemps, et il fallait les remplacer souvent; pour diminuer cette dépense, on éleva les rails de manière à pouvoir enterrer complétement les traverses; en même temps, on plaça une bande de fer sur les rails en bois. On arriva ainsi aux *rail-ways*, qui veut dire en anglais chemins à bande. En Amérique, où le bois est encore à bon marché, on construit des rail-ways de ce genre.

En 1770, les rails en bois furent remplacés par des rails en fonte ayant un rebord extérieur, comme l'indique la figure 270. Dès lors, les roues n'avaient plus de rebord saillant.

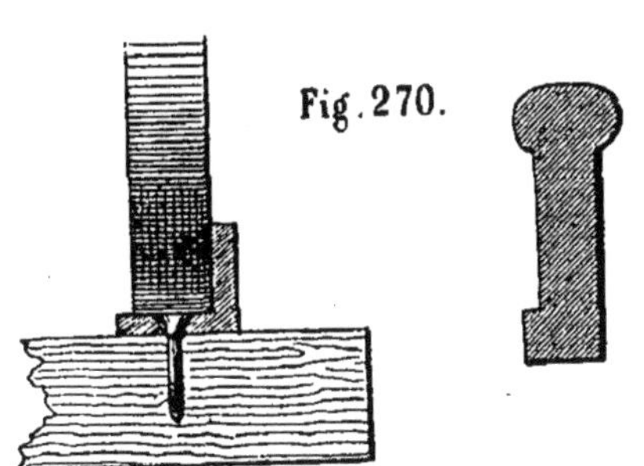
Fig. 270.

Ce système, appelé *tram-ways* ou *tram-rodels*, qui veut dire chemin à ornières, fut abandonné au bout de peu de temps; on reconnut bien vite que la poussière et la boue, qui s'accumulaient dans l'angle du rail, faisaient disparaître en grande partie les avantages des voies ferrées... On remplaça le rail à ornière ou en cornière, comme on l'appelle aussi, par un rail à bande saillante en fonte (partie droite de la figure 270), dont la hauteur était bien plus considérable que la largeur; forme on ne peut plus favorable pour que le rail, quoique peu pesant, se trouvât dans d'excellentes conditions pour résister aux poids qu'il devait supporter. On revint alors aux rebords des roues, seulement on les plaça à la partie d'en dedans des jantes. C'est en 1788 que parurent, dans les districts houillers et métallurgiques de l'Angleterre, les premiers rails de cette forme. Mais ils étaient peu élastiques et très-cassants ; ils n'auraient pu résister à la vitesse des locomotives et, surtout, au poids considérable de ces machines. Cette question était très-grave ; on sentait qu'avec les rails en fonte, les chemins de fer ne pourraient servir qu'à transporter les produits des mines.

En 1810, Georges Stephenson remplaça les rails en fonte par des rails en fer forgé, et fit faire ainsi un pas immense à la question des chemins de fer. Vinrent ensuite les locomotives à chaudières tubulaires et à tirage forcé. Dès lors, toutes les difficulés étaient franchies ; les chemins de fer, tels que vous les voyez aujourd'hui, étaient possibles. Et, en effet, le 15 septembre 1830, le premier train de voyageurs à grande vitesse déroula ses lourds anneaux sur le chemin de fer de Manchester à Liverpool.

219. **Tracé d'un chemin de fer ou tracé de la voie.** — On considère toujours un chemin de fer sous deux points de vue bien distincts : au point de vue de la question économique et industrielle, et au point de vue de la construction matérielle de la voie ferrée.

Certes, on cherche à raccourcir la distance entre les deux points extrêmes d'un chemin de fer, surtout quand ce sont deux centres industriels ou commerciaux importants, ou deux points stratégiques ; mais on admet aujourd'hui qu'un chemin de fer doit desservir le plus possible de centres de population ; car il est reconnu que le parcours partiel d'une voie est d'un produit à peu près égal à celui du parcours complet. On a soin aussi de tenir compte des embranchements possibles dans l'avenir, car ces derniers, que l'on peut comparer aux affluents d'une rivière, sont le plus souvent la fortune de la voie sur laquelle ils aboutissent. Cependant, il ne faut pas non plus que la dépense de construction soit hors de proportion avec l'importance du chemin de fer projeté.

Deux grandes questions se posent en dehors du tracé direct, généralement écarté, et divisent les ingénieurs. Un chemin de fer doit-il suivre les cours d'eau, les vallées, ou passer sur les plateaux ? Les partisans du premier système disent, avec raison, qu'il faut aller chercher les voyageurs et les marchandises qui se trouvent, en général, le long des cours d'eau. Ils reconnaissent bien que l'on fait ainsi double emploi avec ces derniers, mais il y a beaucoup à faire pour les deux moyens de transport. Ce qu'il y a de positif, c'est qu'un chemin de fer qui suit les cours d'eau, qui longe les vallées, coûte en général moins cher à construire que celui qui passe sur les plateaux, et, de plus, il rapporte davantage, condition capitale pour trouver l'argent nécessaire pour la construction.

Ceux qui veulent que l'on passe sur les plateaux s'appuient sur la nécessité de relier entre elles les vallées, de faire échanger plus facilement leurs produits, et cela avec un parcours moins long; mais ils ont contre eux le courant commercial établi, courant qui ne change qu'à la longue, qui suit longtemps les ornières ouvertes, et dont il faut respecter l'habitude ou la routine. Enfin, ces chemins coûtent généralement plus cher à établir, et ils rapportent moins; peut-être l'avenir donnera raison aux partisans des tracés en suivant les plateaux; mais en attendant un avenir incertain, il faut compter avec le présent.

Un chemin de fer se compose toujours de parties droites, horizontales ou inclinées, réunies entre elles par des courbes. Ce que je vous ai dit sur les routes ordinaires vous permet de comprendre quels sont les avantages d'une voie ferrée. Ainsi les résistances sont beaucoup moins grandes; avec la même force de traction, on peut obtenir une vitesse plus grande ou transporter un poids plus considérable. Il y a donc, dans l'emploi des chemins de fer, une économie réelle; mais pour qu'il en soit ainsi, la voie ferrée doit se trouver dans de certaines conditions, qui se résument toutes dans une direction aussi rectiligne et aussi horizontale que possible.

Pour vous bien convaincre de la nécessité de l'horizontalité de la voie, examinons les résistances qui s'opposent à la traction. La force motrice doit vaincre le frottement du pourtour des roues sur le chemin, appelé le *frottement de roulement*, et le *frottement des roues sur l'essieu*. Sur un chemin ordinaire horizontal et parfaitement entretenu, le frottement de roulement est sept fois plus grand que le frottement de la boîte de la roue. La somme de ces deux résistances égale environ le trentième du poids de la voiture et de ce qu'elle contient. Sur un chemin de fer, les choses ne se passent pas de la même manière, le frottement de roulement n'est que la moitié de celui des essieux des roues entre leurs coussinets, et la somme des deux résistances atteint seulement la deux-centième et même la deux cent cinquantième partie du poids en mouvement. Ainsi donc, une force donnée pourra traîner, sur un chemin de fer horizontal, un poids sept fois ou neuf fois plus considérable que celui qu'elle pourrait transporter sur un chemin ordinaire. Mais si le chemin de fer cesse d'être horizontal, il n'a plus les mêmes avantages, et offre une résistance d'autant plus grande qu'il est plus uni. On a calculé qu'une pente de 1 mètre sur 250 mètres, ou de 4 millimètres par mètre, égalait la deux cent cinquantième partie du poids à traîner; par suite, avec cette inclinaison, il faut doubler la force de traction pour obtenir les mêmes résultats que sur un chemin horizontal, toutes choses égales d'ailleurs.

En France, sur nos chemins de fer, on ne dépasse guère 8 à 10 millimètres par mètre.

Jusqu'à 8 millimètres, les pentes sont *douces;* entre 8 et 10, elles sont *moyennes;* au delà, elles sont *fortes*.

Nous allons voir maintenant l'influence des courbes.

Quand une voiture ordinaire tourne le coude d'une route, la roue qui est en dehors du coude fait plus de chemin que celle qui est en dedans, et la voiture change facilement de direction; sur un chemin de fer, il ne peut en être de même, puisque les roues sont fixes sur les essieux; il faut donc, pour un changement de direction quelconque, que la roue qui doit faire le plus de chemin glisse sur le rail, ce qui augmente considérablement la résistance. On remédie à cet inconvénient en faisant les jantes des roues un peu coniques, comme l'indique la figure 271. Les rebords des roues sont en dedans, la distance qui sépare ces rebords est un peu plus petite que la distance des rails; par le fait de la force centrifuge, le rebord de la roue d'en dehors vient toucher le rail, tandis que le rebord de la roue d'en dedans s'écarte de son rail. Il en résulte que, dans les courbes, la roue d'en dedans porte sur son plus petit diamètre, tandis que sur le rail d'en dehors la roue porte sur son plus grand diamètre; tout en tournant avec une même vitesse angulaire, la roue d'en dehors fait donc plus de chemin que celle d'en dedans. L'action de la force centrifuge peut être assez grande, si la vitesse est considérable et si la courbe est à petit rayon, pour faire sortir les voitures des rails, ou *dérailler*. Les rebords des roues s'opposent seuls à ces accidents, toujours graves par leurs conséquences. Aussi, dans les courbes, élève-t-on toujours davantage le rail d'en dehors, et on donne un rayon de 800 à 1,000 mètres aux courbes.

Fig. 271.

220. Construction de la voie. — De ce qui précède il résulte que les chemins de fer doivent être, autant que possible, en ligne droite; s'il faut changer de direction, les courbes de raccordement doivent être à grand rayon; en outre, les pentes doivent être peu prononcées. Le terrain se prête rarement à ces exigences, aussi la construction d'un chemin de fer demande toujours des travaux considérables et dispendieux. Comme pour les chemins ordinaires, on fait des profils en long et des profils en travers. On traverse les marais sur des chaussées en remblais; les rivières, les fleuves, les vallons et les vallées sont passés sur des ponts qui, lorsqu'ils sont d'une certaine importance, prennent le nom des *viaducs;* les hauteurs peu élévées sont coupées et forment des *tranchées;* les montagnes sont percées par de véritables souterrains, appelés *tunnels*.

Comme pour les chemins ordinaires, les travaux se divisent en terrassements et en travaux d'art. Pour les premiers, on procède comme je vous l'ai dit à propos des routes ordinaires; mais comme les éboulements sont toujours dangereux, on soutient les terres de côté, soit par des plantations, soit par des murs en pierres sèches, soit par de la maçonnerie. On donne aussi un écoulement facile aux eaux, car elles pourraient faire glisser les terres.

On fait les ponts en bois, en briques, en pierres, en fonte, en fer forgé et en tôle. Les premiers sont économiques, mais ils durent peu de temps; les seconds coûtent beaucoup, mais ils durent éternellement. Quant à ceux en tôle, ils ont parfois la forme d'un immense tube, dans lequel ou sur lequel passent les trains. Les Américains, qui sont d'une hardiesse extrême, font passer des chemins de fer sur des ponts suspendus.

En général, les points d'arrivée et de départ d'un chemin de fer sont un peu relevés; on donne à la voie une pente de 3 millimètres par mètre pour faciliter l'arrêt des trains arrivants et le départ de ceux qui partent.

Les chemins de fer sont à une voie ou à deux voies; dans le premier cas, on met toujours une seconde voie dans les endroits où les trains montants doivent croiser les trains descendants, et réciproquement; on nomme ces endroits des *gares d'évitement*. On pose encore une seconde voie dans toutes les parties du chemin où les trains ne peuvent s'apercevoir que d'une petite distance. Malgré ces précautions, il faut en outre, pour éviter les accidents terribles qu'occasionne toujours la rencontre de deux trains, combiner avec la plus minutieuse attention les heures de départ. Quand il y a deux voies, ce qui a lieu pour tous les chemins importants, l'une d'elles est suivie par les trains montants et l'autre par les trains descendants.

La distance entre les rails d'une voie, d'axe en axe, est 1 m. 50 à 1 m. 51 en France et en Belgique; l'entre-voie est de 1 m. 80.

221. Pose de la voie. — Le sol des tranchées et des remblais ne pourrait pas, en général, recevoir les rails; les pluies le transformeraient en boue; les fonds de roches, le dessus des ponts et des viaducs, ne sont pas assez élastiques. Le roulement sur des corps aussi peu flexibles occasionnerait non-seulement l'usure rapide du matériel, mais encore fatiguerait considérablement les voyageurs. Pour remédier à ces inconvénients, on recouvre le chemin d'une couche de sable ou de pierres concassées que l'on appelle *balast*, qui veut dire en anglais lest. Cette opération s'appelle le *balastage de la voie*.

Fig. 272

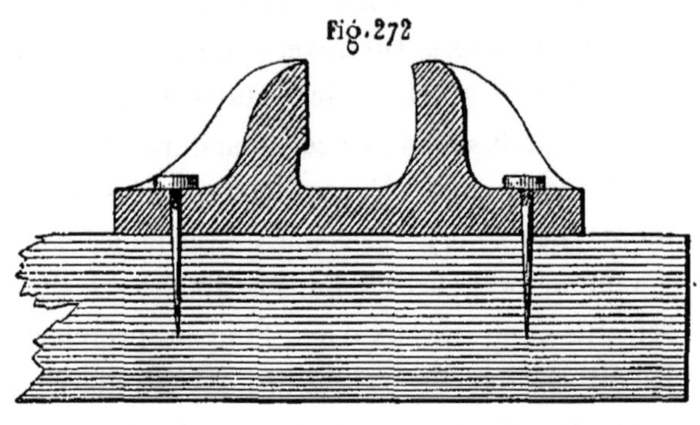

C'est par le fait une espèce de chaussée épaisse de cinquante à soixante centimètres, qui recouvre le chemin de fer dans toute son étendue, et qui est suffisamment élastique et perméable à l'eau.

Fig. 273

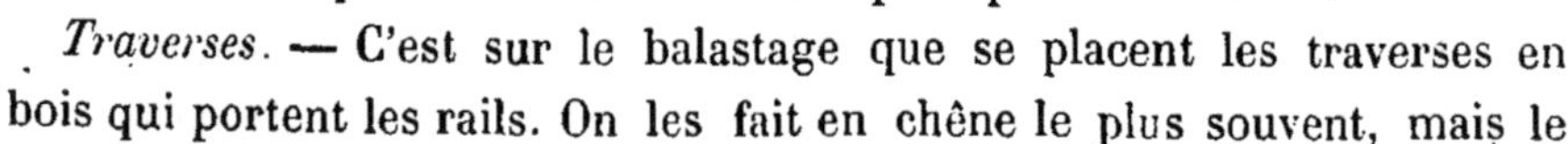

Traverses. — C'est sur le balastage que se placent les traverses en bois qui portent les rails. On les fait en chêne le plus souvent, mais le manque de bois fait que l'on cherche à employer toutes les essences, même le sapin. Dans ce cas, on a soin de faire pénétrer, dans toute leur longueur, un sel de cuivre qui les met à l'abri de la décomposition causée par les insectes : c'est ce qu'on appelle *injecter les bois*. Les traverses se mettent perpendiculairement à la direction de la voie; elles ont 2 m. 50 à 2 m. 70 de longueur, sur 12 à 14 centimètres de largeur et d'épaisseur; elles sont environ à 1 m. 25

Fig. 274

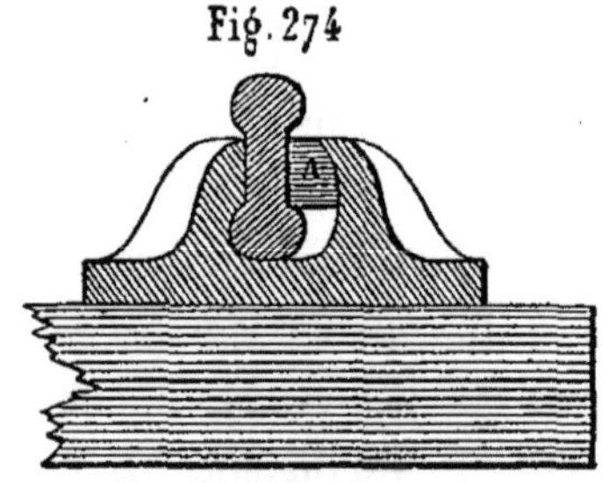

l'une de l'autre. Bien des tentatives ont été faites pour supprimer les traverses, ou du moins pour les remplacer d'une manière économique, car vous pouvez comprendre quelle dépense elles occasionnent, puisqu'elles représentent, pour les chemins de fer que possède la France aujourd'hui, un volume de 700,000 mètres cubes de bois environ.

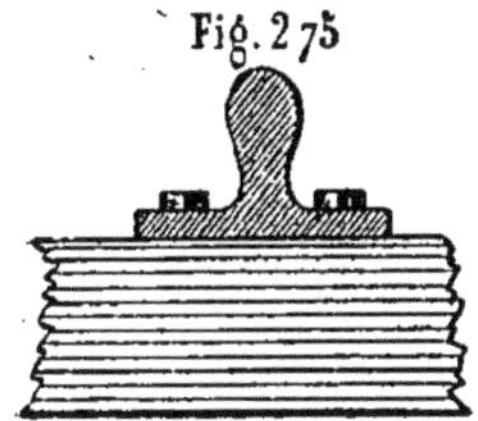
Fig. 275

Coussinets. — Les coussinets sont des pièces en fonte (fig. 272), clouées sur les traverses et destinées à recevoir les rails.

Rails. — Pour les travaux de terrassement et pour les chemins de fer dans l'intérieur des usines, on emploie, le plus souvent, des barres de fer plus larges qu'épaisses. Ces espèces de rails pénètrent d'une certaine quantité dans des entailles faites à cet effet dans les traverses. Ils y sont maintenus par des coins en bois.

On a essayé des rails ayant des formes bien différentes ; celui à double champignon ou double T (fig. 273) est le plus communément employé. Cette disposition permet de retourner le rail quand il est usé d'un côté, et de prolonger ainsi son usage. Les rails sont maintenus dans les coussinets (fig. 274) au moyen de coins en bois A, fortement enfoncés entre le rail et la corne des coussinets. On les place toujours du côté extérieur de la voie, de manière à présenter plus d'élasticité.

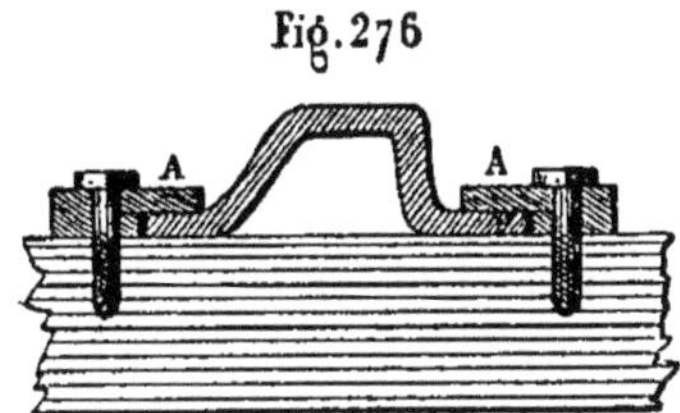

Fig. 276

Pour supprimer les coussinets, on a fait des *rails à patins*, dont la figure 275 vous donne la forme. On nomme ces rails *rails américains*, parce qu'ils ont été inventés en Amérique, ou *rails Vignolles*, du nom de l'ingénieur qui les a introduits en Angleterre.

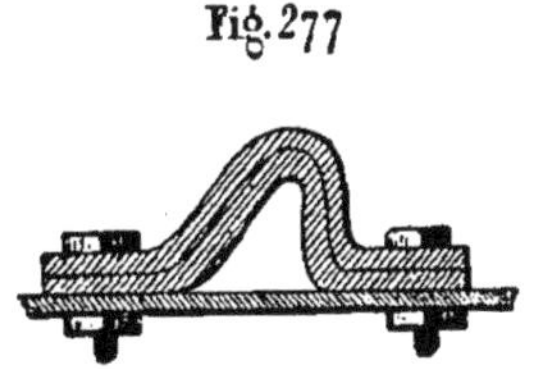
Fig. 277

M. Brunel, ingénieur anglais, est arrivé aussi à supprimer les coussinets en employant un rail ayant la forme indiquée par la figure 276. Mais ce rail présente de grandes difficultés pour sa fabrication, et son établissement est plus dispendieux que celui des rails à coussinets.

Il y a encore bien des espèces de rails dont je ne vous parlerai pas ; je terminerai en vous montrant la forme des rails Barlow, du nom de leur inventeur (fig. 277).

Ils sont fixés sur des traverses en fer, et reposent directement sur le balast.

Revenons maintenant aux rails ordinaires ; la figure 278 vous montre comment ils sont établis sur une voie ferrée.

Les rails ont 4 m. 50 de longueur ; ils sont supportés par trois tra-

Fig. 278

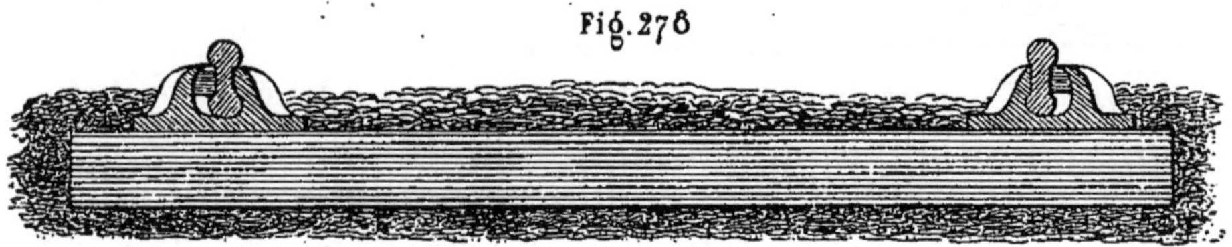

verses distantes l'une de l'autre, comme je vous l'ai déjà dit, de 1 m. 25, et deux de joints pour soutenir les extrémités. On laisse, entre deux rails qui se suivent, une distance de 3 à 5 millimètres, pour la dilatation.

La réunion des rails se fait en général au moyen de deux plaques de fer, nommées *éclisses* (fig. 279), placées l'une d'un côté et l'autre de l'autre des rails à réunir. Des boulons, traversant les éclisses et les rails, consolident le tout. Je ne vous parle pas d'une foule de systèmes essayés chaque

Fig. 279

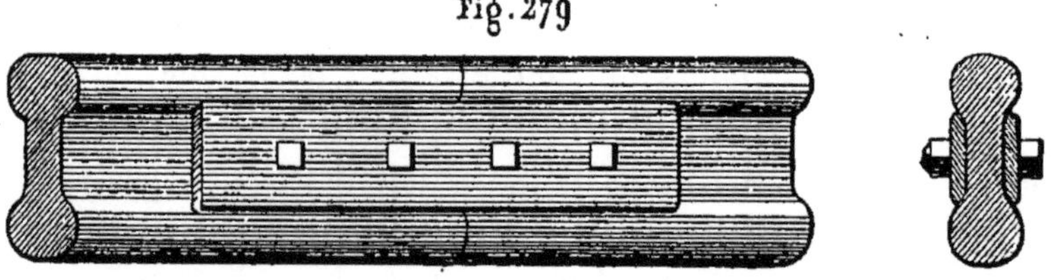

jour ; le grand mobile qui fait travailler les chercheurs est l'économie. Or, dans les chemins de fer, tout est important ; la plus petite chose peut diminuer d'une manière sensible les dépenses, et rapporter de beaux bénéfices à l'inventeur assez heureux pour trouver une modification utile, quelque insignifiante qu'elle semble tout d'abord.

Changement de voies. — Vous avez certainement remarqué avec étonnement cette grande quantité de lignes de fer, qui se croisent dans tous les sens et qui forment comme une toile d'araignée gigantesque, aux environs de gares importantes. Les trains arrivent, partent, quittent une voie pour en prendre une autre, et, au milieu de ce dédale qui semble inextricable, s'avancent avec une assurance qui paraît merveilleuse. Des machines vont en avant, puis en arrière, et s'engagent successivement sur des voies différentes, soit pour aller prendre des wagons, soit pour tout autre service.

Ces changements de voies se font de plusieurs manières différentes :

Au moyen de rails mobiles, comme l'indique la figure 280 ; les por-

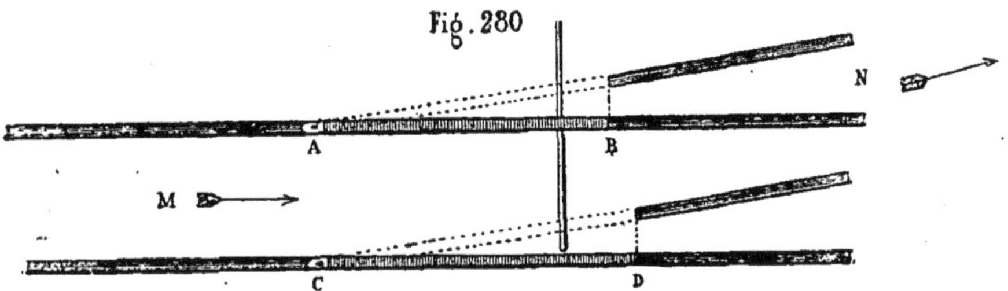

tions de rails AB, CD peuvent tourner autour des points A et C et faire, à volonté, la continuation de la voie M ou de la voie N. Le système qui sert à faire mouvoir les portions de rails se nomme *aiguilles ;* et l'homme chargé de les mettre en mouvement est appelé aiguilleur. Un train suit la voie ouverte devant lui ; sur les aiguilleurs pèse donc une grande responsabilité. Car ils peuvent, par négligence, causer des accidents terri-

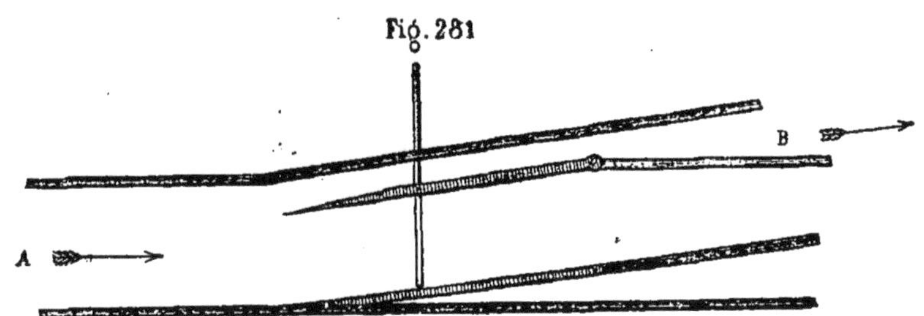

bles. Ce système de rails mobiles a un grand inconvénient : c'est d'interrompre les rails et par suite d'exposer à des déraillements.

Le système des *rails mobiles amincis* est de beaucoup préférable et employé plus généralement.

Avec les aiguilles disposées comme l'indique la figure 281, un train venant sur la voie A s'engage sur la voie B. On voit qu'avec ce système aucune des voies n'est interrompue, puisque l'un des rails de chacune d'elles reste toujours sans solution de continuité.

Pour les manœuvres dans les gares, lorsqu'il s'agit de faire passer des voitures d'une voie sur une autre, on emploie des plaques tournantes, figure 282.

Ce sont des disques mobiles ayant un diamètre suffisant pour recevoir une locomotive. Ils reposent sur un pivot en fer, et portent, sur leur surface supérieure, des portions de rails qui sont la continuation des voies aux croisements desquelles se trouve la plaque tournante. Le plateau supérieur, celui sur lequel se place la voiture à faire changer de voie, porte en dessous un rail circulaire ; sur un second plateau immobile placé au fond de la fosse qui reçoit la plaque, est un autre rail circulaire correspondant exactement au premier. Entre ces deux rails, nommés *cercles de roulement*, sont des galets coniques, qui rendent très-faciles les mouvements de la plaque. Pour changer une voiture de voie, on l'amène sur la plaque, on fait tourner cette dernière pour que les portions de rails qui portent la voiture se trouvent dans la direction de la voie à prendre, et l'on pousse la voiture sur cette voie.

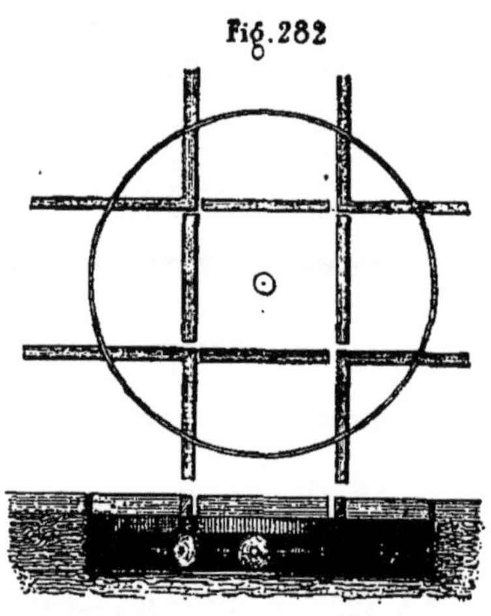
Fig. 282

Quand il s'agit de changements de voies sur des voies parallèles entre elles, on emploie un autre système, que l'on nomme un chariot et que représente la figure 283.

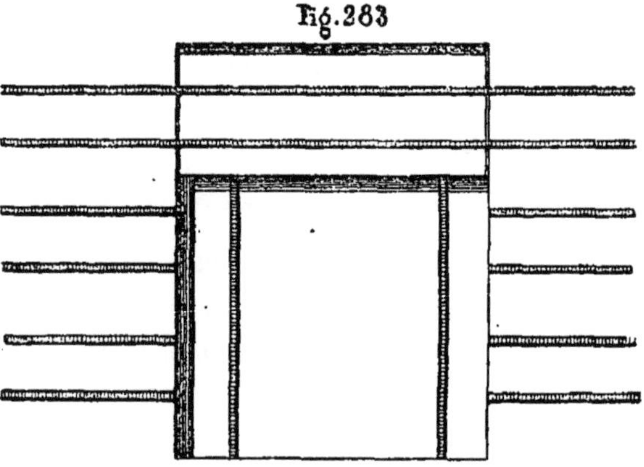
Fig. 283

Dans une fosse qui coupe toutes les voies parallèles peut se mouvoir, sur deux rails perpendiculaires aux voies coupées, un chariot portant des portions de rails qui peuvent être le prolongement de l'une quelconque des voies coupées.

Voies qui se coupent. — Comme les roues, avec leur rebord en saillie, ne peuvent pas monter par-dessus les rails, dans les endroits où deux voies se croisent, il faut interrompre les rails pour le passage des roues. Mais alors, pour éviter les déraillements, on place des *contre-rails*. Ce sont des

Fig. 284

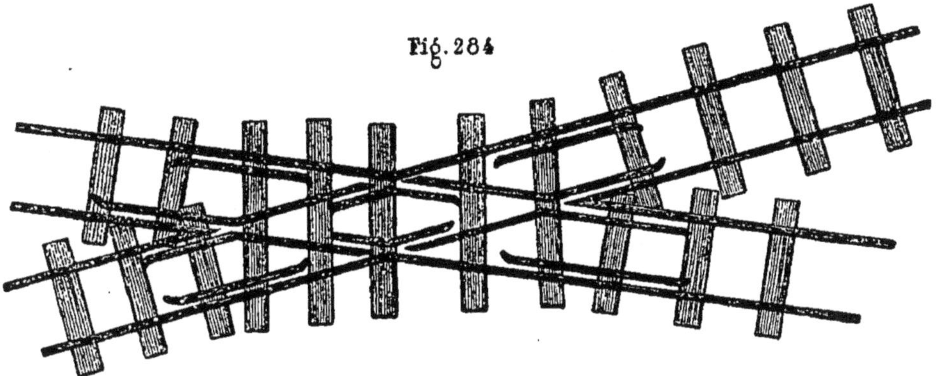

portions de rails placés en dedans des rails, vis-à-vis des parties coupées, comme l'indique la figure 284.

Cependant, quand deux voies se coupent à angle droit, on ne met pas de contre-rails (fig. 285).

Souvent une voie ferrée traverse un chemin ordinaire à niveau ; il faut que ce dernier reste praticable pour les voitures, ce qui n'aurait certainement pas lieu si les rails étaient au-dessus du sol. Aussi, dans ces parties, les enterre-t-on de telle sorte qu'ils se trouvent au niveau de la route ; mais, pour que le rebord des roues puisse toujours être dans un creux, on met un contre-rail en dedans du rail de la voie (fig. 186).

Fig. 285

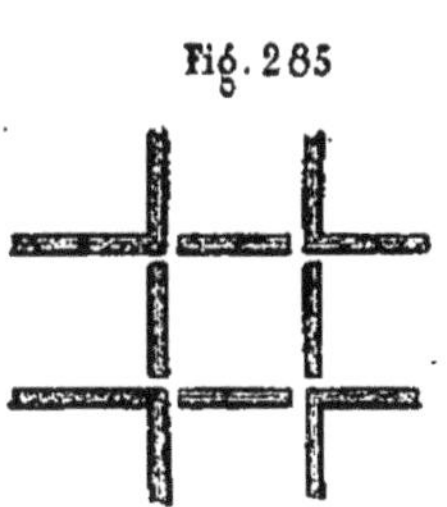

Fig. 286

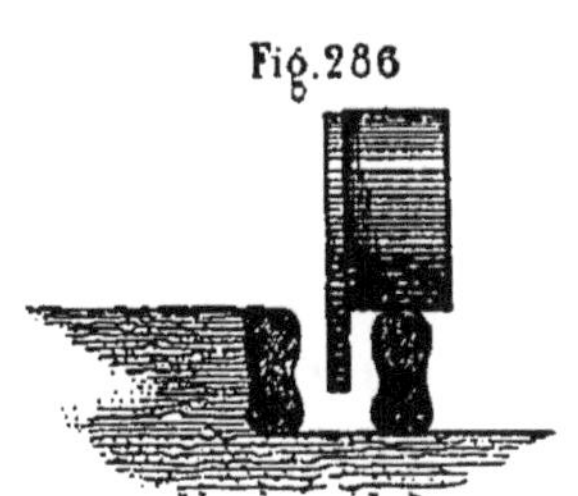

Tous les chemins de fer, comme vous le comprenez facilement, n'ont pas la même importance. Ainsi ceux qui établissent les communications de la capitale d'un pays avec celles des autres, qui conduisent aux différentes mers qui baignent les côtes, ceux enfin qui permettent de défendre le pays contre les attaques des voisins, passent les premiers et peuvent être regardés comme le *premier réseau*. Viennent ensuite ceux qui vont de la capitale aux contrées les plus commerçantes, les plus industrielles, les plus populeuses, et forment le second réseau. Enfin, les voies qui font communiquer entre eux les lieux les plus importants d'un pays, qui permettent de porter directement les matières premières dans les centres industriels, qui unissent les lieux de production avec ceux de consommation et d'exportation, constituent le troisième réseau.

La France possède aujourd'hui 14,000 kilomètres de chemin de fer en exploitation; comme le kilomètre a coûté en moyenne 391,000 francs, l'ensemble de nos voies ferrées a demandé, pour être exécuté, près de 5 milliards et demi. Et il n'est question ici que de l'argent dépensé pour faire le chemin, c'est-à-dire sans les rails et tout le matériel d'exploitation.

222. **Observations sur les chemins de fer.** — On s'occupe beaucoup aujourd'hui du transport à la vapeur sur les routes ordinaires, au moyen de *locomotives routières*. La plus grande objection faite à ce système est le peu de bénéfices qu'il procurera peut-être d'ici longtemps, à cause des habitudes prises par les producteurs, les agriculteurs surtout; les uns et les autres portent eux-mêmes leurs denrées aux marchés. Cependant plusieurs endroits possèdent des services établis.

Lorsqu'il s'agit de franchir une chaîne de montagnes, les travaux pour établir un chemin de fer, dont les pentes doivent être si peu prononcées, deviennent considérables; les dépenses sont excessives et le temps demandé pour l'exécution très-long. Ainsi, le tunnel de Blaisy, sur la ligne de Paris à Lyon, a 4,100 mètres de longueur; il a fallu trois ans et quatre mois pour le construire, et il a coûté 10 millions. Dans certains endroits, il passe à 200 mètres au-dessous du niveau du sol. Celui du mont Cenis a plus de 12 kilomètres de long, et il relie les chemins de fer de France avec ceux de l'Italie.

Ce sont ces travaux gigantesques qui poussent les chercheurs à trouver les moyens de franchir des pentes beaucoup plus fortes que celles possibles dans l'état actuel des choses. Sur certaines lignes, on fait monter des trains sur des rampes considérables, au moyen de machines fixes et de câbles; sur d'autres, les choses sont disposées de telle sorte qu'un train descendant peut faire monter un train montant. On a essayé aussi des rails et des roues motrices cannelées : c'était un véritable système d'engrenage; mais l'usure rend, au bout de peu de temps, ces dispositions inutiles. On a fait aussi des chemins à trois rails ; le rail du milieu servait de point d'appui à deux roues inclinées le comprimant de chaque côté. Cette compression peut être plus ou moins grande, suivant la rapidité des rampes de la voie.

M. *Gérard*, ingénieur français, a imaginé un système qui permet non-seulement de franchir des rampes considérables, mais encore de pouvoir atteindre, sans déraillements possibles, des vitesses doubles de celles que l'on obtient aujourd'hui. Les voitures n'ont plus de roues, mais des patins ; le rail est plat et comme une ornière. Par un système mécanique particulier, l'eau peut arriver entre les patins et les rails. Il en résulte que le frottement de roulement est remplacé par un frottement de glissement sur l'eau. Le train ne roule plus, il flotte en quelque sorte comme un bateau. Or, le frottement de glissement sur l'eau est au moins cinq fois moins grand que celui de roulement sur un chemin de fer ; vous pouvez comprendre l'économie qui pourrait résulter de l'emploi d'un pareil sys tème. Mais que de petites questions de détails, qui peuvent paraître insignifiantes, et qui arrêtent complétement. Heureusement, l'inventeur a toute la foi, toute l'énergie et toute la persévérance qui peuvent mener à bonne fin une aussi belle entreprise ; on peut espérer que ses idées, devenues complétement pratiques, seront bientôt, sinon adoptées partout, ce qui est impossible, mais essayées sur une grande échelle. Avec ce système, les arrêts sont presque instantanés, et cependant il n'en résulte pas de chocs dangereux ; il suffit d'interrompre l'arrivée de l'eau sur les patins, pour que le frottement de ces derniers sur le rail détruise la vitesse acquise, quelque considérable qu'elle soit.

Aux environs de Paris, on a fait l'essai d'un chemin de fer dans lequel la locomotive était remplacée par un piston pouvant circuler dans l'intérieur d'un gros tube placé sous la voie, entre les deux rails, et allant d'un bout à l'autre du chemin. Des machines fixes faisaient le vide dans ce tube, d'un côté du piston : la pression atmosphérique agissant de l'autre côté, poussait ce piston, et tout le convoi qui tenait à lui était entraîné. On appelle ce chemin de fer *chemin de fer atmosphérique ;* il a été abandonné en France.

Ce que je vous ai dit au sujet de l'alimentation nécessaire pour l'existence d'un chemin de fer vous montre combien la création de voies ferrées, dans les pays qui n'ont pas encore un nombre suffisant de routes ordinaires, doit être une opération désastreuse. Il faut nécessairement creuser les ruisseaux avant de penser aux rivières ; les fleuves viendront ensuite.

Pour bien vous faire comprendre toute l'importance des voies de communication, soit par terre, soit par eau ; pour vous donner une idée des forces employées par l'industrie française, je terminerai en vous donnant quelques chiffres.

En dehors des bateaux à vapeur et des chemins de fer, l'industrie française employait, au 1er janvier 1865, 243,309 chevaux-vapeur, pouvant remplacer 726,628 chevaux de trait, ou encore 5,086,396 hommes de peine. Ainsi donc, les machines à vapeur font le travail que l'on pourrait obtenir de plus de 5 millions d'ouvriers; par leur introduction dans l'industrie, on a donc doublé à peu près la population ouvrière du pays.

Nous avions, au 1er janvier 1865, 13,046 kilomètres de chemin de fer exploités, sur lesquels 3,855 locomotives circulent.

Vous remarquerez en passant, pour répondre à ceux qui soutiennent que nous ne savons pas faire les locomotives, que, parmi les 3,855 employées en France, 95 seulement proviennent de l'étranger. En outre, les chemins de fer ont 581 machines fixes, représentant 3,464 chevaux-vapeur.

Le nombre des voyageurs a été, en 1864, de 77,676,781, qui ont parcouru 3,167,819,004 kilomètres; le nombre de trains de marchandises portées a été de 31,115,273, ayant fait 4,625,638,064 kilomètres.

Sur mer, sans tenir compte de la marine militaire, qui emploie au moins 100,000 chevaux-vapeur, nous avions toujours, au 1er janvier 1865, 238 navires marchands à vapeur, jaugeant 74,762 tonneaux, qui ont porté, dans l'année 1864, 923,323 voyageurs et 969,702 tonneaux de marchandises. Sur les fleuves, il y avait, à la même époque, 232 bateaux à vapeur, jaugeant 38,149 tonneaux, qui ont porté 3,943,952 voyageurs et 3,053,046 tonneaux de marchandises.

En résumé, nous avions, le 1er janvier 1865, dans l'industrie française, 25,027 machines à vapeur, représentant une force de 674,720 chevaux-vapeur, ou de 2,024,160 chevaux de trait, ou encore de 14,169,120 hommes de peine, c'est-à-dire trois fois environ la population ouvrière industrielle de la France. La marine militaire est en dehors de ces chiffres.

Les chemins de fer seulement dépensent 3,000 tonnes de charbon de terre par jour, ou le dixième environ de la production annuelle de la France, qui est aujourd'hui de 12 millions de tonnes. La consommation générale est de 18 millions de tonnes ; nous sommes donc obligés de tirer le tiers du combustible qui nous est nécessaire de l'étranger.

Or, en suivant les progrès faits par l'industrie depuis le commencement de ce siècle, on voit que ses besoins en combustible ont à peu près doublé au bout de chaque période de quinze ans ; aussi se préoccupe-t-on déjà de l'épuisement possible des mines de houille. On utilise d'autre combustible, et des milliers de chercheurs fouillent la science pour trouver un moteur plus économique que la vapeur. Ils entrevoient tous un agent qui joue un rôle formidable dans la nature entière, qui est tout et partout : je veux parler de l'électricité.

Mais on n'est pas encore parvenu à soutirer cette force du grand réservoir commun ; on la produit artificiellement ; mais son prix de revient, dans l'état actuel des découvertes, est trop cher pour qu'elle puisse être d'un emploi économique dans l'industrie.

FIN DE LA MÉCANIQUE USUELLE.

TABLE DES MATIÈRES

INTRODUCTION

PROPRIÉTÉS DES CORPS

DU MOUVEMENT, DU REPOS, DE LA VITESSE

ET DES FORCES

DES MACHINES SIMPLES

DE LA CHALEUR

DES GAZ

DES VAPEURS

DES VAPEURS ET DES LIQUIDES

DES MACHINES A VAPEUR

FIN DE LA TABLE DES MATIÈRES.

Paris. — Typographie MOTTEROZ, 31, rue du Dragon.

www.ingramcontent.com/pod-product-compliance
Ingram Content Group UK Ltd.
Pitfield, Milton Keynes, MK11 3LW, UK
UKHW020428200726
13857UKWH00002B/340

9 782012 698529